化肥减量增效技术模式

全国农业技术推广服务中心　编著

中国农业出版社
北京

编　委　会

赵　凯　赵冬丽　赵永峰　赵春晓　赵彦卿　赵瑞凡
赵嘉祺　郝立岩　胡小斌　胡正传　胡荣根　侯正仿
洪国胜　姚广平　贺　诚　秦秀峰　袁天佑　耿明建
聂龙兴　钱建民　徐　生　徐　君　高　升　高　娃
高永贵　高建国　高祥兴　郭长江　郭跃升　唐　杉
唐晓东　陶姝宇　黄绍富　黄顺坚　黄璐璐　曹　环
曹如亮　曹怀亮　崔同华　寇兴荣　彭　杨　葛承文
董文全　董艳红　董桂军　蒋超球　韩　宝　韩　峰
韩庆忠　韩丽娟　韩秀香　程传方　傅国海　解星明
窦宏举　窦杰凤　蔡德利　管建新　廖春丽　廖桂堂
谭悦庆　滕先宝　颜　芳　潘国良

FORWORD 前 言

化肥减量增效技术集成推广是提高肥料利用率、提升农产品品质、推动农业绿色发展的重要内容。自2005年测土配方施肥项目实施以来，各地围绕“测、配、产、供、施”等关键环节，开展了大量的土壤测试、田间试验，总结提炼了一大批科学施肥技术模式。2015年，农业部启动实施了“到2020年化肥使用量零增长行动”，以“增产施肥、经济施肥、环保施肥”三大理念为引领，强化“精、调、改、替”技术要领，各地围绕测土配方施肥技术落地、施肥方式转变、新型肥料推广应用、有机肥资源利用等方面进行了技术集成，开展了大量工作。为系统总结提炼化肥减量增效工作取得的技术成果，全国农业技术推广服务中心于2017年面向全国征集化肥减量增效技术模式，组织有关专家对技术模式进行审核和遴选，最终确定了187个有特色、有针对性、效果明显的化肥减量增效技术模式。其中，小麦22个、水稻22个、玉米30个、蔬菜25个、果树53个、其他经济作物35个。这些技术模式针对区域土壤和施肥存在的问题，详细阐述解决问题的技术措施，分析技术效果和推广应用的前景，对全面深入开展化肥减量增效工作具有较强的借鉴作用和指导意义。

在化肥减量增效技术模式征集遴选和本书的编写过程中，我们得到了农业部种植业管理司和全国农业技术推广服务中心等有关方面领导的大力支持，各省（自治区、直辖市）以及新疆生产建设兵团、黑龙江省农垦总局土壤肥料推广部门承担了大量的基础性工作，在此一并表示感谢！对于本书中存在的不足之处，敬请广大读者批评指正。

编　者

2017年11月

CONTENTS 目录

第一章　小麦化肥减量增效技术模式

燕山山麓平原区冬小麦高效平衡施肥技术模式

1　技术概述

是否科学施肥直接影响冬小麦产量和品质。目前，在冬小麦种植上，农户施肥普遍存在以下问题：不施有机肥，重施高浓度复混（合）肥，较少施入中微量元素；肥料配比不合理，施肥时期不科学，不注意区分小麦长势及地力条件，开春浇第一水时一次性追肥，随水撒施，致使一类麦苗生长过旺，成穗率高，穗粒数减少，后期易倒伏，对于三类麦田，后期脱肥，千粒重降低，从而影响产量；由于盲目施肥，导致不是营养过剩，就是养分不足，造成耕地质量下降，土壤板结，环境受到污染。

冬小麦高效平衡施肥技术，就是根据冬小麦需肥规律、土壤供肥性能和肥料效应，通过实施秸秆还田、增施有机肥、精细整地、测土配方施肥等技术措施，实现养分元素均衡施入，尽可能多地满足冬小麦生长发育对养分的需求。冬小麦平衡施肥过程中，要注重补充中量元素硫，以及微量元素锌和硼，有条件的地方也可以适当施入锰肥，努力做到缺什么补什么，缺多少补多少，适期适量供应。

2　技术效果

通过冬小麦高效平衡施肥技术模式的实施，可以减少化肥的使用量 2.7 千克/亩（纯量），提高肥料利用率 5 个百分点，小麦每亩增产 25 千克。土壤有机质含量每年提高 0.1%～0.3%，土壤理化性状得到改善，推动了化肥使用量零增长，使过量施用化肥对土壤的污染得到有效遏制。

3　适用范围

该技术适宜应用范围为燕山山麓平原冬麦区，河北省的唐山市、廊坊市的部分地区，冬小麦品种以轮选 987 为主。

4　技术措施

4.1　前茬玉米秸秆还田

4.1.1　玉米秸秆粉碎还田

前茬玉米收获时，采用玉米联合收获机械趁秸秆含水量较高时边收获边粉碎秸秆，把秸秆粉碎精细，均匀地撒在田间，秸秆长度控制在5厘米以下，茬高小于5厘米。

4.1.2 施用秸秆腐熟剂

秸秆腐熟剂能使秸秆等有机废弃物快速腐熟，释放出磷、钾等营养元素，并产生大量有益微生物，促进作物生长，提高土壤有机质，减少化肥施用量。施用秸秆腐熟剂，使用方法为按每亩2～5千克秸秆腐熟剂，将腐熟剂与适量潮湿的细沙土混匀后均匀地撒在田间粉碎的作物秸秆上。

4.1.3 施用适量化肥，加速秸秆腐解

为避免微生物与作物争氮影响作物生长，应适当配施一些化学氮肥，每亩增施5千克尿素调节碳氮比，对缺磷土壤还应配施速效磷肥，以促进微生物的活动，加速秸秆腐解。

4.1.4 深耕深翻

耕作深度25厘米以上，将秸秆全部翻入土层，减少表土秸秆量，加快秸秆腐烂。

4.1.5 调节土壤湿度

秸秆翻入土壤后，利用雨水或灌溉水使土壤保持较高的湿度，达到快速腐烂的效果。如果墒情不足，需浇水调节土壤含水量，土壤水分过多或过少都不利于秸秆的分解，一般认为土壤含水量为田间持水量的60%～70%时，最适于秸秆的分解。

4.2 增施有机肥

增施有机肥是提高土壤肥力的重要措施，有条件的农户要尽可能施用有机肥，施用的有机肥要经过充分腐熟等无害化处理，保证有机肥质量。

4.3 精细整地

深耕深翻后，要进行精细整地，破碎坷垃，塌实土壤，达到土地平整、上虚下实、无明暗坷垃的要求。

4.4 测土配方施肥

4.4.1 制定配方

在上茬作物收获前后，进行取土化验，根据土壤养分测试结果，对照当地冬小麦推荐施肥量，根据产量水平，找出氮、磷、钾肥的施用量，推荐施肥配方。

玉田县冬小麦推荐施肥量（参考）

产量（千克/亩）	N用量（千克/亩）			P_2O_5用量（千克/亩）				K_2O用量（千克/亩）			
	有机质（克/千克）			有效磷（毫克/千克）				速效钾（毫克/千克）			
	>25	15～25	<15	>35	25～35	15～25	<15	>200	150～200	100～150	<100
>450	14～15	15～16	16～17	5	5	6	7	4	4	5	6
400～450	13～14	14～15	15～16	4	4	5	6	3	4	5	6
350～400	12～13	13～14	14～15	3	4	4	5	3	3	5	5
300～350	11～12	12～13	13～14	2	3	4	5	3	3	3	4

大量元素与中微量元素配合施用。在施入大量元素的同时，化验结果中显示中微量元素

缺乏的地块，要适当补充中微量元素。缺硫的地块，注意施入含硫的化肥；一般缺锰的地块，每亩补施硫酸锰 2 千克；缺锌的地块，每亩补施硫酸锌 1 千克；缺硼的地块，每亩补施硼砂 0.5 千克。

土壤部分中微量元素盈亏指标（参考）

土壤养分	缺	偏低	中等	偏高	高
有效硫（毫克/千克）	<13	13～20	20～25	25～40	>40
有效锰（毫克/千克）	<5	5～6	6～7	7～9	>9
有效锌（毫克/千克）	<2	2	3	4	>4
有效硼（毫克/千克）	<0.2	0.2～0.3	0.3～0.4	0.4～0.6	>0.6

4.4.2　合理搭配底肥占追肥比例

有机肥一般在播种前整地时作基肥一次施入，部分氮、磷、钾肥和中量元素在播种时作底肥施入，微量元素肥料可作底肥也可作为根外追肥。氮肥部分作底肥、部分作追肥，通常，中产田氮肥总量的 50%作底肥，50%作追肥；高产田氮肥 40%作底肥，60%作追肥；低产田氮肥 60%作底肥，40%作追肥；对于没有水浇条件、干旱、瘠薄的土壤，氮肥 70%～100%作底肥。

4.4.3　机械施肥

作底肥的肥料，采用机械施肥，在冬小麦播种时施入。要侧位深施，施肥深度 6～10 厘米，肥带宽 3～5 厘米，肥料施入均匀连续，不断条漏施。要种肥隔离，肥料在种子的侧下方 3～5 厘米，防止种子与化肥距离过近造成烧苗。微量元素肥料底施，要选用颗粒状肥料，与大量元素肥料混匀后一同施入。

4.4.4　依据苗情分类追肥，合理调控

一类麦田管理，控促结合。对于群体个体均较壮的一类麦田，实施氮肥后移技术，将追施氮肥时间适当向后推迟，一般后移至拔节期，分蘖成穗率高的品种可以移至拔节期至旗叶露尖时，在冬小麦拔节期追肥浇水，每亩追尿素 7.5～10 千克，提高分蘖成穗率，促穗大粒多。

二类麦田管理，促控结合。亩茎数 50 万左右的二类麦田，在冬小麦起身初期追肥浇水，结合浇水每亩追施尿素 10～13 千克；每亩茎数接近 60 万的二类麦田，在小麦起身中期追肥浇水。

三类麦田管理，以促为主。春季肥水分两次进行，第一次在返青期进行，每亩施尿素 5～7千克，促进春季分蘖增生，提高分蘖成穗率；第二次在拔节期进行，随浇水每亩追施尿素 12～15 千克，提高穗粒数。

有条件的种植大户，在冬小麦追肥时，可采用水肥一体化技术。一般采用微喷灌技术，借助压力灌溉系统，将可溶性固体或液体肥料溶解在灌溉水中，通过可控管道系统直接输送到冬小麦根部附近的土壤供给吸收利用。要求肥料常温下能高度可溶、养分含量高、杂质含量低、溶解速度快，避免产生沉淀，酸碱度为中性至微酸性，一般选用尿素即可，施肥量比常规施肥可减少 30%。

4.4.5　叶面喷肥

冬小麦孕穗阶段，是决定穗粒数的重要时期，从籽粒形成到蜡熟初期是小麦灌浆最盛阶

段。这一时期，要通过喷施叶面肥，防止干热风，延长叶片功能期，保花增粒，加快籽粒灌浆，增加粒重。可选用的叶面肥的喷施浓度为：磷酸二氢钾 0.3%～0.5%，尿素或硫酸钾 1%～2%，硫酸锌 0.05%～0.2%，硼砂 0.05%～0.2%。叶面肥喷洒次数 2～3 次，每次每亩喷施 50～60 千克肥液。

喷施叶面肥时注意：喷雾要均匀，叶片湿润不滴水为宜。选择阴天或晴天的上午 9 时之前或下午 4 时以后喷施效果好，避免烈日高照，叶面蒸腾量大而引起毒害，如果喷后降雨，雨后要及时补喷。对严重脱肥的麦田，或喷肥期出现干热风时，要酌情增加喷肥次数。扬花期喷肥要错开上午 9～11 时和下午 3～6 时两个扬花高峰期，防止影响受精结实。

冀中南潮土类型区冬小麦优化施肥技术模式

1 技术概述

根据冬小麦施肥存在的氮肥用量过多、氮磷钾养分比例不平衡、中微量元素缺乏的问题，采取“减少氮肥用量，稳定磷肥用量，补施钾肥和中微量元素肥料”的技术措施，解决土壤养分不平衡问题，提高肥料利用率。

1.1 理论依据

根据土壤化验结果、田间试验结果及小麦需肥特性，制定小麦施肥指标体系，并确定小麦的施肥种类、数量和施肥时间，然后把所需的各种肥料按照合理的施用比例用作基肥和追肥。

1.2 土壤化验结果

目前辛集市粮田耕层土壤有机质平均含量 17.7 克/千克，碱解氮 140 毫克/千克，有效磷 28.6 毫克/千克，速效钾 138.2 毫克/千克，有效铜 1.5 毫克/千克，有效铁 17.7 毫克/千克，有效锰 19.5 毫克/千克，有效锌 3.38 毫克/千克。有机质为中等含量水平；碱解氮为高含量水平；有效磷、速效钾含量较高。

1.3 小麦的需肥特性

理论上每生产 100 千克小麦籽粒，需从土壤中吸收氮素（N）3 千克，五氧化二磷（P_2O_5）1.5 千克，氧化钾（K_2O）2～4 千克。N∶P_2O_5∶K_2O 为 1∶0.5∶1。

1.4 小麦施肥原则

根据目前地力水平及实际产量，小麦施肥应遵循“减氮、稳磷、配微”的施肥原则。

冬小麦测土配方施肥指标查对表

土壤有机质含量（克/千克）			≥20	15～20	10～15	≤10
亩施 N（千克）	目标产量	600 千克	15	16	17	-
		550 千克	14	15	16	-
		500 千克	13	14	15	-
		450 千克	13	13	14	15
土壤速效磷含量（毫克/千克）			≥30	20～30	10～20	≤10
亩施 P_2O_5（千克）	目标产量	600 千克	7	8	9	-
		550 千克	6	7	8	-
		500 千克	5	6	7	9
		450 千克	4	5	6	7
土壤速效钾含量（毫克/千克）			≥150	120～150	90～120	≤90
亩施 K_2O（千克）	目标产量	600 千克	-	4	5	6
		550 千克	-	3	4	5
		500 千克	-	2	4	5
		450 千克	-	-	3	4

2　技术效果

通过小麦优化施肥技术的推广，亩均增产量 35 千克，减少不合理施肥量（纯量）4.6 千克，增产节支 104.78 元；同时提高了农民的科学施肥意识、环保意识，改变了过去盲目施肥的习惯；实现种地养地相结合，是农业可持续增长的一项重要措施。配方施肥配比合理，减少了化肥用量，降低了环境污染，耕地地力和农产品品质相应地得到提高和改善。

3　适用范围

冬小麦优化施肥技术模式适用于冀中南冬小麦种植区域。

4　技术措施

4.1　取土化验及田间试验示范

4.1.1　取土化验

根据土壤种类、小麦种植情况、农民施肥习惯等进行布点取土，在种麦施肥前进行耕层土样采集并完成土壤 pH、有机质、碱解氮、有效磷、速效钾、有效铜、有效铁、有效锰、有效锌等项目的化验。

4.1.2　田间试验示范

安排小麦“3414 试验”“肥料利用率试验”“配方校正试验”，通过试验结果分析，确定辛集市小麦施肥最佳方案。

4.2 确定配方

以取土化验结果、田间肥效试验数据、校正试验数据和作物目标产量为依据，制定小麦施肥“大配方”2个，即 N－P_2O_5－K_2O 为 18－18－4、16－18－6。

4.3 小麦施肥技术

亩产 550～600 千克小麦，整个生育期亩需要投入纯氮（N）14～17 千克、五氧化二磷（P_2O_5）7～9 千克、氧化钾（K_2O）3～6 千克，缺锌地块每亩底施硫酸锌 1～2 千克，缺硼地块每亩底施硼砂 0.5 千克。

4.3.1 底肥

每亩底施小麦配方肥（16－18－6、18－18－4）40～50 千克。缺锌地块每亩底施硫酸锌 1～2 千克，缺硼地块每亩底施硼砂 0.5 千克。

4.3.2 春季追肥

根据苗情进行追肥。

4.3.2.1 返青前每亩总茎数小于 45 万，叶色较淡、长势较差的三类麦田，应及时进行肥水管理，春季追肥可分两次进行。第一次在返青期，随浇水每亩追施尿素 5～10 千克；第二次在拔节期随浇水每亩追施尿素 10 千克左右。

4.3.2.2 返青前每亩总茎数为 45 万～60 万，群体偏小的二类麦田，在小麦起身期结合浇水每亩追施尿素 15～20 千克。

4.3.2.3 返青前每亩总茎数为 60 万～80 万，群体适宜的一类麦田，可在拔节期结合浇水每亩追尿素 12～15 千克。

4.3.2.4 返青前每亩总茎数大于 80 万、叶色浓绿、有旺长趋势的麦田，应在返青期采取中耕镇压，推迟氮肥施用时间和减少氮肥用量，控制群体旺长，预防倒伏和贪青晚熟。一般可在拔节后期每亩追施尿素 8～10 千克。

4.3.3 叶面喷肥

在小麦灌浆期叶面喷施磷酸二氢钾 0.2%，尿素、过磷酸钙 1%～2%。第一次喷施在灌浆初期，第二次喷施在第一次喷后 7 天左右。

5 推广前景

推广优化施肥，可降低化肥污染、保护生态环境，意义重大，具有很好的推广前景。

晋东南小麦产区小麦—大豆一体化化肥减量增效技术模式

1　技术概述

小麦收获后，仍有四个月的时间，这四个月不仅有充足的光照，也有大量的降雨，作物生长有良好的资源条件。

大豆是豆科作物，根部有固氮菌，与大豆共生，大豆生长过程，也是固氮菌固氮过程，不仅增加土壤中的氮，而且固定了空气游离态中的氮，可减少因生产化肥消耗的原料和能量，同时还可减少氮的流失。

前茬小麦是粮食作物，消耗土壤中的养分，后茬大豆既是作物，也具有养地的功效，其收获后，可减少种植小麦田的化肥投入。

2　技术效果

据调查，小麦复播大豆种植模式与小麦复播玉米模式相比，前者的施肥量只有后者的1/3～1/2，每亩减施纯氮（N）10～15千克、纯磷（P_2O_5）6～9千克。

3　适用范围

年无霜期190天以上，平均气温11.5℃以上，全年积温在4 200～4 600℃。6～9月平均气温22～25℃，≥10℃活动积温2 000～4 000℃；7～8月平均气温20～28℃，9月平均气温20～24℃。

全年降水量600毫米左右，6～9月降水量400毫米左右。6月中、下旬，降雨增多，7、8月降水量大，9月降水量减少。

土层深厚的褐土性土。

4　技术措施

4.1　小麦种植管理

4.1.1　整地

旱地休闲麦田要在伏前隔年深松或深耕25厘米以上。耙地要在墒情适宜的时间进行。时间充足，可在旋后等土壤下沉后，轻耙下种。

标准：田面平整、土壤疏松、土粒细碎、最大坷垃不超3.3厘米，土体成上虚下实，无根茬秸秆（秸秆还田的除外）。要达到这个标准，要根据情况至少耙2次，耙后人站上去，以土只能掩盖鞋底、不能掩盖鞋帮为宜。

4.1.2 品种选用

4.1.2.1 肥旱地和水地

适宜品种为长 6878、长 6359、晋麦 79、临旱 6 号。

4.1.2.2 一般旱地

适宜品种为长 251、晋麦 76、晋麦 93（泽 227）。

4.1.2.3 旱薄地

适宜品种为泽优 1 号、长 8744。

4.1.3 播种

播种时较为理想的墒情是黄墒上限、黑墒下限时播种。播深 3～5 厘米。

旱地在干旱年份要实行深开沟浅覆土的办法，使用全还田防缠绕免耕施肥起埂播种机播种，抗旱保苗，促苗早发，提高肥效。

4.1.4 播期

适宜播种期为 9 月 20 至 10 月 10 日，最适播期为 9 月 28 日至 10 月 5 日。

4.1.5 播量

一般白露播 8～10 千克/亩，秋分播 10～15 千克/亩，寒露前期播 18 千克/亩，寒露后期播 22 千克/亩，立冬后播 25 千克/亩。

4.1.6 生长期间增墒技术

镇压提表墒，为小麦苗期生长提供水分。土壤在黄墒以下时镇压。镇压时间：播前、播种时、冬前和顶凌耙耱时（在 2 月底、3 月上中旬期间）。

4.1.7 麦秸还田

把秸秆切成 10 厘米以下的麦秸，最好小于 5 厘米，留茬高度越低越好，留茬高度不得高于 20 厘米。抛撒要均匀，要平整土地。麦茬作物定苗后必须及时追施氮、磷肥，同时灭茬除草。病虫害严重的地块，秸秆不能直接还田，也不能过腹还田，应高温堆肥腐熟灭菌后，再以肥施用。

调整 C/N 比。一般每 100 千克风干的秸秆掺入 1 千克左右的纯氮（N）比较合适，可使用尿素 5～10 千克/亩。

4.1.8 肥料运筹

增施磷肥。磷对旱地小麦既可提高肥效，又可增强小麦的抗旱抗冻能力，但要做到适宜。一次性施肥用氮、磷、钾总含量 44%（24－14－6）的配方肥，基追结合型用 19－15－5 的配方肥，旱地麦田追肥措施实施困难，要加大基肥比例，尽可能利用土壤墒好、遇雨、降雪追施和春节过后利用返浆墒追施尿素 8～15 千克。

4.1.9 病虫害防治

4.1.9.1 地下害虫

严重地块可用辛硫磷颗粒或乳油制成毒土，在犁地时施于沟中。生长期间可用辛硫・甲拌磷，制成毒土进行防治，也可用喷雾器拧下喷头配兑药剂进行灌根。

4.1.9.2 红蜘蛛

拔节前后 3～4 月要注意防治红蜘蛛。达到尺行长 200 头以上时，可用阿维菌素、哒螨灵药剂进行防治。

4.1.9.3　白粉病和锈病

拔节抽穗后5月要注意防白粉病和锈病。氮肥过多，叶片过大，群体过高，降雨较多的麦田要注意及早防治白粉病和小麦病，药剂防治可用粉锈宁、三唑酮。

4.1.9.4　腥黑穗病

第一要注意适时早播，第二不要在雨后地湿时下种，第三可用粉锈宁或三唑酮拌种。也可出苗期喷三唑酮。

4.1.9.5　小麦全蚀病

戊唑醇拌种，或3月上中旬15%粉锈宁可湿性粉剂喷防。注意适当晚播。

4.1.9.6　化学除草

以播娘蒿（灰蒿）为主的田块，亩用2,4-D丁酯50～75毫升兑水50千克均匀喷雾。

以田紫草、荠菜、婆婆纳等为主的田块，每亩用10～20克苯磺隆兑水50千克均匀喷雾。

杂草混生的田块，可以按除草剂说明将两种或几种以上除草剂混喷，效果较好。

4.1.10　一喷三防

生长中后期，在防病治虫时，混配磷酸二氢钾、尿素等，促生长、增粒重，是小麦后期的一项重要管理措施。

4.2　复播大豆栽培管理

4.2.1　选用良种

可用晋豆15、晋豆25、汾豆95、汾豆98。

4.2.2　抢时早播

4.2.2.1　若麦收后墒情较好，可采用旋耕灭茬，不必耕翻土地，随耕随播种。

4.2.2.2　在时间紧迫而墒情不好的条件下，为了争时抢时抢墒，也可以留茬播种。在小麦收获后不进行整地，趁墒在麦茬行间直接播种复播大豆。在第一次中耕时将麦茬刨除，并消除杂草，此法还可以防止跑墒。

4.2.2.3　若时间充裕，墒情又好，或者具备灌溉条件，也可以进行耕地播种。即在冬小麦收获后，随耕随种，耕地时还可结合施肥。如果墒情不好，或者整地质量差，播种质量得不到保证，反而会导致减产。在时间紧或干旱条件下，此法不宜采用。

为了保证适期播种，种麦时就得做好准备工作。适当加深耕作层，有计划地施基肥，使后作物大豆利用深耕和基肥的后效，做到一次施肥两茬用。种植复播大豆不施肥料的习惯应纠正，播种最好施点氮肥，因大豆固氮需根瘤菌侵入、寄生后，才能再固氮。施用尿素5～10千克/亩，因苗小，不能固氮，需氮肥促苗生长，最好是施用磷酸二铵，氮、磷都可满足，如果苗期磷充足（不足会使大豆营养器官生长受到严重抑制），后期缺磷也不要紧。播种深度3～5厘米。每亩播种量为条播3～4千克，播期过迟的也可到10千克。

4.2.3　及早管理

4.2.3.1　早间苗

复播大豆苗期，不必强调蹲苗，要早间苗早定苗，促进幼苗早发，以防苗弱徒长。间苗时期，以第一片复叶出现时较为适宜。间苗和定苗，需一次完成。间苗时除保证单位面积上一定株数外，还要使单株合理分布，均匀生长。

4.2.3.2 早中耕

苗高5～6厘米时进行第一次中耕，深度7～8厘米；大豆分枝前进行第二次中耕，深度10～12厘米；大豆封垄前进行第三次中耕，深度5～6厘米，同时结合中耕进行培土。应在开花前结束。

4.2.3.3 早追肥

在始花期结合中耕追施速效氮肥，每亩追施尿素7.5千克。土壤肥力差的豆田，植株发育不良时，追肥时间可提前7～10天进行，并适当增加数量，鼓粒期叶面喷肥，每亩用10克磷酸二氢钾或200～400克尿素，兑水35～45千克，充分溶化过滤后喷洒在大豆叶面上，以促进籽粒灌浆，提高产量。土壤缺磷时，在花期也可进行追施，一般可每亩施过磷酸钙23千克左右。

4.2.3.4 巧灌水

有灌溉条件的可提早浇水，使土壤水分保持在20%（黑墒）左右。到花荚期要求土壤含水量保持在30%（湿墒）左右。

4.2.4 合理密植

原则应掌握：晚熟品种宜稀，早熟品种宜密；早播宜稀，晚播宜密；肥地宜稀，薄地宜密。旋播耧播种：行距28～30厘米，株距8～9厘米；木耧或其他机耧播种：行距20～23厘米，株距11～12厘米，每亩留苗2.5万～2.8万株。

4.2.5 适时收获

人工收获期：大豆茎秆呈黄褐色，有90%以上叶片脱落，荚中籽粒与荚壁脱离。收获时应在晴天的上午10点以前进行，以免发生炸角，造成损失。

机械收获期：豆叶全部落尽，籽粒已归圆时，摇动时有响声。

4.3 大豆病虫草害综合防治

4.3.1 草害防治

4.3.1.1 种后出苗前

每亩用50%的乙草胺60～100毫升，兑水30～45千克，均匀喷于地表，进行封闭式除草。

4.3.1.2 茎叶杂草防除

大豆出苗后在3～5叶期，如果田间杂草以禾本科杂草狗尾草、马唐、牛筋草、自生麦苗为主，每亩用10%精喹禾灵乳油40毫升，兑水30～45千克均匀喷雾防治；如果田间杂草以阔叶植物田旋花、败酱、反枝苋、马齿苋为主，每亩用25%氟磺胺草醚水剂50～60毫升兑水30～45千克均匀喷雾进行防治。两种草都有时，可将上述两种农药的用量各使用一半，兑水30～45千克进行喷雾防治。

4.3.2 病害防治

选用抗病品种；适时早播，平衡施肥，加强田间管理，及时中耕除草、培育壮苗，增强抗病虫能力；及时拔除病株带出田外深埋或焚烧，清除秸秆根茬、田边杂草，秋季深耕消灭病源和虫源；实行轮作倒茬，施用充分腐熟的有机肥，不施带病源、虫源的厩肥。

4.3.2.1 孢囊线虫病

播前10～15天每亩用10%的噻唑灵（福气多）颗粒剂1～2千克，混入10～20千克细沙或80%的二氯异丙醚乳油5千克，开沟20～25厘米施入。播时用3%克百威（呋喃丹）颗粒剂，每亩用3～5千克，最多7.5千克，与大豆种子、肥料混播。苗期喷洒0.1%～0.2%硼砂或0.02%～0.05%钼酸铵微肥50～70千克，可减轻大豆孢囊线虫危害。可用20%的丙线磷颗粒，每亩6千克，开沟20～25厘米施入或施于大豆植株旁，也可用1.8%的爱福丁乳油1 000倍液喷雾。

4.3.2.2　霜霉病

雨多湿度大或田间郁蔽易发生。发病初期，用65%代森锰锌可湿性粉剂500倍液，或50%多菌灵1 000倍液喷雾1～2次。每亩用甲霜·霜脲氰600倍液，或用烯酰吗啉1 000倍液喷雾1～2次。

4.3.2.3　花叶病毒病

发病后，病毒病发病初期，可用1.5%植病灵乳剂1 000倍液喷雾，连续喷2～3次。若有蚜虫要先防治蚜虫。

4.3.3　虫害防治

4.3.3.1　大豆蚜（油汉、雨汉，大豆红蜘蛛）

防治蚜虫和红蜘蛛可用吡虫啉、灭蚜威、阿维菌剂等药剂。每亩用10%吡虫啉可湿性粉剂2 000倍液或用5%啶虫脒600倍液喷雾防治。

4.3.3.2　大豆食心虫

幼虫体长不足1厘米，橘黄色。用1.8%阿维菌素乳油2 500～3 000倍液，或Bt乳剂200倍液加2.5%功夫乳油或高效氯氟氰菊酯乳油2 000～4 000倍液喷雾防治。也可用1.8%阿维菌素乳油加2.5%高效氯氟氰菊酯乳油各40克，兑水30～45千克喷雾防治。

4.3.3.3　豆荚螟

在成虫发生盛期或卵孵化盛期前，用80%晶体敌百虫700～1 000倍液，或用20%速灭杀丁乳油1 200～1 500倍液喷雾防治。

4.3.3.4　豆天蛾（八甲）

在幼虫1～3龄期，用90%晶体敌百虫700～1 000倍液喷雾防治。凡药剂防治，一般喷后6小时内遇雨要重喷。

4.3.3.5　豆芫菁

用4.5%高效氯氰菊酯乳油1 000～1 500倍液喷雾防治。

大兴安岭北麓区旱地小麦减肥增效技术模式

1　技术概述

针对该区域耕地质量与小麦施肥中存在的主要问题：一是重用轻养，土壤肥力下降。二是过度开垦，风蚀沙化严重。三是基础设施薄弱，抗逆能力低。四是有机肥投入严重不足，施肥比例不合理。采取“一提、一改、两调”技术措施，改善土壤质量，减少肥料用量。

“一提”即提高耕地质量。通过增施商品有机肥、秸秆还田等措施，改单施化肥为有机、无机配合，并结合深松、保护性耕作等技术，逐步创建深厚、肥沃、安全的耕层土壤，提高土壤贡献率。“一改”即改进施肥方式。将播种时一次性施肥改为以种肥为主，分层深施，配合叶面追肥等技术措施，使底肥与种肥相结合，分层施肥和分期施肥相结合。“两调”即调整施肥用量及比例，调优施肥结构。一是调整氮、磷、钾肥的用量及比例。通过进一步深化测土配方施肥技术推广，逐步稳氮、减磷、增钾，实现精准施肥。二是调优肥料结构。引进和筛选缓控释肥、水溶肥、生物肥等新型肥料，并进行大面积示范推广，逐步优化施肥结构。

2 技术效果

采取保护性耕作、测土配方施肥、增施商品有机肥等技术，可培肥地力使土壤有机质含量提高 0.3 个百分点，化肥利用率提高 5 个百分点，亩均减少不合理施肥量（纯量）0.8 千克左右，小麦增产 10%左右，达到化肥减量增效的目的。

3 适用范围

适用于大兴安岭西北高原丘陵区，包括牙克石市、额尔古纳市、海拉尔区、根河市、陈巴尔虎旗、新巴尔虎左旗、鄂温克族自治旗、海拉尔农牧场管理局的 11 个农牧场和乌拉盖农管局。总土地面积 158 546.4 千米^2，耕地面积 1 082.2 万亩，其中旱地面积 1 017.6 万亩，占耕地面积的 94.0%。该地区是内蒙古自治区重要的小麦生产基地，每年的小麦产量占全区小麦总产量的 30%以上。

4 技术措施

4.1 保护性耕作技术

保护性耕作主要包括五项技术内容：一是改革铧式犁翻耕土壤的传统耕作方式，实行免耕或少耕；二是免耕播种，在有残茬覆盖的地表实现开沟、播种、施肥、施药、覆土镇压复式作业，简化工序，减少机器进地次数，降低作业成本；三是改翻耕控制杂草为喷洒除草剂或机械表土作业控制杂草；四是利用作物秸秆残茬覆盖地表，用秸秆盖土、根茬固土保护土壤，减少风蚀、水蚀和水分无效蒸发，提高天然降雨利用率，同时培肥地力，减少化肥用量；五是实行作物轮作制度，均衡利用土壤养分，抑制杂草及病虫害，增加作物产量，改善品质。

4.1.1 免耕播种技术

以进口美国大平原 CPH－2010、CPH－1510 和中国农业机械化科学研究院自主生产的 MAE6119、2BMG－18 免耕播种机为主。用免耕播种机一次性完成破茬开沟、施肥、播种、覆土和镇压作业。选择优良品种并进行精选处理，播前应适时对所用种子进行药剂拌种或包衣处理。

作业要求：落籽均匀、播深一致、覆土严密、镇压保墒。

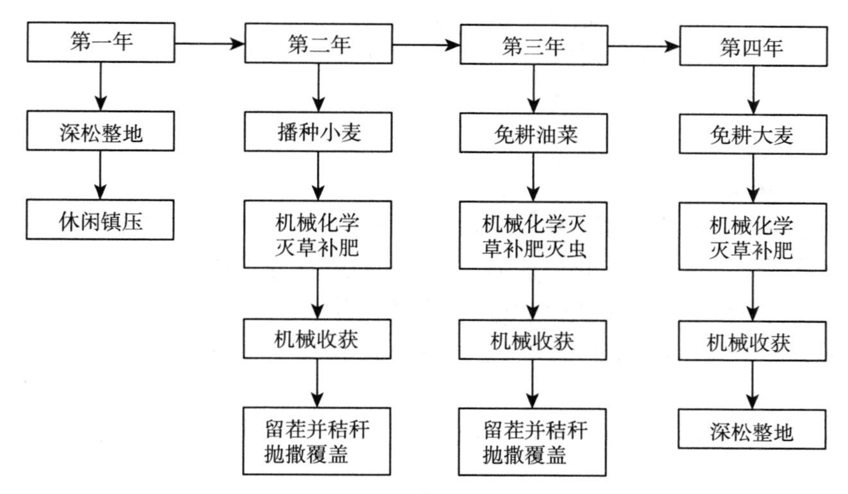

保护性耕作技术路线图

免耕播种机械主要技术参数

机具名称	机　型	技术指标						
		配套动力（千瓦）	作业效率（亩/小时）	油耗（千克/亩）	作业行距（厘米）	开沟器数量（个）	作业幅宽（米）	单价（万元）
大平原免耕播种机	CPH－1510	91.94	52	0.33	19～25	24～18	4.6	42
大平原免耕播种机	CPH－2010	121.36	57	0.31	19～25	32～24	6.2	52
凯斯空气变量播种机	FLEXI－COIL5000HD	275.81	125	0.8	18	85	15.5	146
免耕播种机	2BMG－24	88.26	32	0.38	19～25	24～18	4.6	12.6
免耕播种机	MAE6119	73.55	28	0.39	19	19	3.6	14.8

配套机型：采用迪尔 6603 拖拉机＋大平原 CPH－1510 免耕播种机，国产徐工凯特迪尔 1804 拖拉机＋大平原 CPH－2010 免耕播种机（在深松地上播种），凯斯 190－195 拖拉机＋大平原 CPH－2010 免耕播种机（在深松地上作业），纽荷兰 110－90 或纽荷兰 TM140＋国产免耕播种机，凯斯 375 拖拉机＋空气播种机等几种机械组合进行免耕播种作业。

4.1.2　杂草、病虫害控制和防治技术

为了减少免耕地块农作物生长过程中的病、虫、草危害，保证农作物正常生长，应用化学药品防治病、虫、草害的发生，采用自走式和机载喷雾机在播种后出苗前或出苗后作物生长初期进行药剂喷施。

配套机型：主要采用美国进口凯斯高地隙自走喷药机 3185、3230、3330，约翰迪尔自走喷药机 4720、4730、4930 以及国产中机美诺 3880 型喷药机进行作业。

4.1.3　收获留茬、秸秆抛撒覆盖技术

小麦采取机械收获留茬，留茬高度在 15～20 厘米。抛撒覆盖方式可采用联合收割机自

带抛撒装置和牵引式秸秆粉碎抛撒还田机作业两种。

配套机型：主要采用德国克拉斯，美国凯斯 2388，纽荷兰 CSX7070、CSX6080，约翰迪尔 1075、1076，加拿大 M100、M150 自走割晒机等大型进口机械进行收获和秸秆抛撒作业。

4.1.4 耕整地及深松技术

深松的主要作用是疏松土壤，作业后耕层土壤不乱、动土量小，减少了由于翻耕后裸露的土壤水分蒸发损失，增强土壤抗旱能力。深松可改善土壤通透性，抑制厌氧菌活动，促进土壤熟化，加速养分的分解和积累，提高肥料利用率，减少化肥施用量。根据土壤情况，一般每隔 3 年用全方位深松机进行深松，深度一般在 35～40 厘米，且尽可能不破坏地表覆盖。

作业要求：对于全方位深松后的农田进行镇压处理使地表平整，避免播种机拥堵，提高播种质量。

配套机型：主要采用国产徐工凯特迪尔 1804 拖拉机＋1SL－300 深松整地机，凯斯 190、凯斯 195 拖拉机＋527B 联合整地机，凯斯 375 拖拉机＋耕耘机，凯斯 380 拖拉机＋730B 生态虎联合整地机等几种组合进行深松及整地作业。

4.1.5 休闲轮作技术

麦—油休闲轮作是大兴安岭西北高原丘陵区保护性耕作的重要耕作制度，能够降低田间病、虫、草害，又有较好的培肥地力和土壤调节能力，使作物均衡利用土壤养分。主要采取第一年深松整地休闲，第二年播种小麦、收获留茬、秸秆抛撒覆盖，第三年创茬播种油菜，第四年地表处理（耙茬）、播种大麦的四年一个循环的耕作工艺。

4.2 增施商品有机肥

有机肥与化肥混合施用，可以改良土壤理化性状，增强土壤肥力，使缓效与速效肥料优势互补，减少化肥的挥发与流失，增强保肥性能，较快地提高供肥能力，提高作物抗逆性、改善品质，并对减轻环境污染有显著效果。推荐每亩增施商品有机肥 10 千克，与化肥混合施用，即肥料总量的 2/3 作底肥，深施于种下 3～5 厘米，1/3 作种肥，化肥总施用量可减少 10％左右。

4.3 测土配方施肥技术

在秸秆还田或增施有机肥或深耕深松的基础上，深化测土配方施肥技术推广，提高测土配方施肥技术覆盖率。①取土测土。利用现有的土测值结果或采集土壤样品分析化验土壤全氮、有效磷、速效钾含量。②确定施肥量。根据土测值结果和下表中的建议施肥量确定氮、磷、钾肥或配方肥的用量。③适期适量施肥。基肥的施用提倡秋施肥，将肥料总量 2/3 作基肥，于头年秋季结合整地深施，深度 5～7 厘米，剩余 1/3 作种肥随播种一次性施入；也可将基肥随免耕播种一次性施入，要求实行分层施肥和侧深施，种肥分离，播种时将肥料总量的 3/4 深施于土壤中 8～10 厘米，其余 1/4 与种子混合播入土壤。追肥以叶面喷施为主，苗期结合化学灭草每亩喷施尿素 500 克＋磷酸二氢钾 100 克；扬花后至灌浆期每亩喷施磷酸二氢钾 100 克，促早熟增粒重，提高小麦产量。④补施微量元素。根据土壤微量元素含量，结合苗情长势，补施锌等微量元素肥料，喷施相应叶面肥。

小麦土壤养分丰缺指标及经济合理施肥量

相对产量（%）	丰缺程度	土壤养分含量			氮、磷、钾肥建议施肥量（千克/亩）		
		全氮（克/千克）	有效磷（毫克/千克）	速效钾（毫克/千克）	N	P_2O_5	K_2O
≤50	极低	≤1.71	≤2.9	≤57	≥8.24	≥12.43	≥8.57
50～70	低	1.71～2.60	2.9～9.2	57～121	5.69～8.24	7.48～12.43	5.34～8.57
70～85	中	2.60～3.55	9.2～21.7	121～213	3.78～5.69	3.77～7.48	2.93～5.34
85～95	高	3.55～4.37	21.7～38.3	213～309	2.51～3.78	1.29～3.77	1.31～2.93
>95	极高	>4.37	>38.3	>309	<2.51	<1.29	<1.31

小麦施肥配方及建议施肥量

配　方	16-19-10				
肥力水平	极低	低	中	高	极高
施肥建议（千克/亩）	≥45	30～45	25～30	15～25	<15

河套灌区水浇地小麦化肥减量增效技术模式

1　技术概述

针对河套灌区耕地土壤存在的两方面问题：一是土壤有机质含量低。二是耕层薄、质地黏重、耕性差。根据灌区不同区域有机肥、秸秆资源的分布及利用情况和绿肥种植条件，因地制宜地实施增施有机肥、秸秆还田、麦后复种绿肥等措施，改单施化肥为有机无机配合，并结合深耕深松，逐步创建深厚肥沃的耕层土壤，提高耕地土壤贡献率，减少化肥用量。

小麦施肥方面存在“两多、两少、两低”的问题。“两多”指氮肥和磷肥施用多。“两少”指有机肥和微肥施用的少。“两低”指肥料利用率低和资源利用率低。开展精准施肥和适期适法施肥。一是精准施肥。利用测土配方施肥技术调整氮、磷、钾配比和用量，改盲目过量施肥为精准适量施肥，并有针对性地与中、微量元素配合施用。二是适期适法施肥。将小麦磷、钾肥进行种肥同播，一次性机械深施。氮肥在小麦前期（三叶期、拔节期）分一次或两次表撒施，施用缓控释肥料、液态氮肥随水分期追施，结合叶面喷施磷酸二氢钾和锌、硼微量元素肥料，可提高化肥利用率，减少化肥用量，同时可提高小麦抵御干热风的能力。

2　技术效果

通过推广配方肥，调整施肥结构，改进施肥方式，增施有机肥、秸秆还田等措施，可实现土壤有机质含量提高 0.3 个百分点，亩均化肥总用量减少 10%以上，小麦亩增产 10%。

3 适用范围

适用于地处内蒙古中西部地区的河套灌区，主要包括临河区、杭锦后旗、五原县、乌拉特前旗、乌拉特中旗、磴口县、杭锦旗、达拉特旗、土默特右旗、九原区、土默特左旗、赛罕区、阿拉善左旗等。总土地面积 237 411.3 千米^2，耕地面积 1 461.0 万亩，水浇地 1 323.1 万亩，占总耕地面积的 90.4%。

4 技术措施

4.1 土壤培肥技术措施

4.1.1 增施有机肥技术

通过走访、调查筛选出适宜巴彦淖尔地区推广的平地堆沤有机肥技术模式：①建垛堆沤：将牛、羊、禽粪、秸秆等物料经搅拌充分混合，水分调节在 55%～65%，堆成宽约 2 米、高约 1.5 米的长垛，长度可根据需要而定。②翻堆腐熟：每 2～5 天可用机械或人工翻垛一次，以提供氧气、散热和使物料发酵均匀，发酵中如发现物料过干，应及时在翻堆时喷洒水分，确保顺利发酵，如此经 40～60 天的发酵达到完全腐熟。为加快发酵速度，可在堆垛条底部铺设通风管道，以增加氧气供给。通风管道可以自然通风，也可以机械送风。在通风良好情况下可明显加快发酵。③有机肥施用：在春灌前，将堆沤好的有机肥按 1 000～2 000 千克/亩的用量均匀撒施到地表后深耕翻压，灌水后并及时整地备耕。

4.1.2 秸秆还田技术

通过综合分析多年的小麦秸秆还田试验、示范及当地农机具装备情况，筛选出适宜巴彦淖尔市的小麦机秸秆还田技术，技术模式如下：①机械收获：小麦成熟后及时机械收获，采用联合收割机，同时完成收获和秸秆粉碎工作。②施用秸秆腐熟剂：按每亩施用 2 千克秸秆腐熟剂量，将腐熟剂和适量潮湿的细沙土混匀，再加 5 千克尿素或施碳酸氢铵 15 千克（以调节秸秆碳氮比，以免土壤中失氮过多）混拌后，均匀地撒在秸秆上。③翻耕还田：待腐熟剂完全被秸秆吸收后，将秸秆全部翻入耕层 25～30 厘米处，减少土表秸秆量，加快秸秆腐烂。④补充水分：秸秆翻埋入土壤中后，腐熟速度主要决定于水分与温度。结合灌水进行补充水分。7 月气温比较高，能够满足腐熟需求。

4.1.3 深耕深松技术

利用机械深耕深松，可以使耕层疏松绵软、结构良好，使固相、液相、气相比例相互协调，适应小麦生长发育的要求。沙壤土、壤土、黏壤土等耕层厚度在 20 厘米以上的土壤均能进行深耕深松，土壤盐渍化、土壤板结的耕地适宜进行深耕深松。耕层土壤含水量在 12%～22%时，采用深松旋耕联合整地机作业，耕作深度 25～40 厘米，深耕深松的同时，应配施有机肥。深松周期一般为 2～3 年。

4.1.4 麦后复种绿肥技术

小麦 3 月中旬播种，7 月中旬收获，收获后还有 90 天左右的无霜期，适宜种植绿肥（毛叶苕子、箭筈豌豆等）培肥地力，技术要点如下：①适时播种：在小麦收获前（6 月底至7月初），利用最后一次灌水及时抢种，采用人工撒播的方式进行播种，每亩播种量3～4千克。②水肥管理：小麦收获后，及时灌水施肥，每亩灌水量80米^{3}左右，结合灌水每亩追施尿素10～15千克、硫酸钾3～4千克。在绿肥（毛叶苕子、箭筈豌豆）的现蕾期再次灌水施肥，每亩灌水量80米^{3}左右，结合灌水每亩追施尿素5～6千克、硫酸钾4～5千克。在绿肥生长期，可根据土壤墒情适当增加灌水次数，但切忌过量灌溉，以防田间积水，防止绿肥受渍害。③翻压还田：在绿肥鲜草产量和肥分总量均较高的时期及时翻压还田，毛叶苕子初花期至盛花期进行翻压；箭筈豌豆翻压适期以盛花期为宜。绿肥在翻压前先用灭茬机打碎，并稍加曝晒，便于翻埋，以利于绿肥腐熟分解。由于绿肥（毛叶苕子、箭筈豌豆）为豆科植物，含氮素较多，在翻压时增施磷肥（磷酸二铵）以利于氮、磷养分的平衡供应。翻压深度一般为20～25厘米，因为该层土壤中微生物活动旺盛，有利于绿肥分解。翻压要做到植株不外露、土壤细碎沉实。

4.2　科学施肥技术

4.2.1　测土配方施肥技术

测土配方施肥是实现小麦科学施肥、提高肥料利用率最为直接有效的技术措施。技术要点如下：①取土测土：利用现有的土测值结果或采集土壤样品分析化验土壤全氮、有效磷、速效钾含量。②确定施肥量：根据土测值结果和下表中的建议施肥量确定氮、磷、钾肥或配方肥的用量。③适期适量施肥：磷肥、钾肥或配方肥通过种肥同播一次性深施；氮肥20%作种肥，其余结合灌水分两次追施，第一水追施氮肥总用量的60%，第二水追施总用量的20%。④补施微量元素：在土壤缺锌和缺硼的地块上基施或叶面喷施锌肥。

河套灌区小麦土壤养分丰缺指标及经济合理施肥量

丰缺程度	丰缺指标			经济合理施肥范围（千克/亩）		
	全氮（克/千克）	有效磷（毫克/千克）	速效钾（毫克/千克）	N	P_2O_5	K_2O
极低	≤0.58	≤4.2	≤92	>13.3	>11.5	>5.3
低	0.58～0.80	4.2～8.4	92～125	13.3～11.9	11.5～9.7	5.3～4.4
中	0.80～1.28	8.4～23.6	125～199	11.9～9.9	9.7～6.9	4.4～3.1
高	1.28～1.50	23.6～33.4	199～232	9.9～9.2	6.9～6	3.1～2.7
极高	>1.50	>33.4	>232	<9.2	<6	<2.7

河套灌区小麦施用配方肥的肥料配方及施肥建议

丰缺程度	肥料配方（总养分含量45%）	建议亩用量（千克）	亩追氮量（千克）
极低	10-24-11	>45	≥8.5
低	10-24-11	35～45	8.5
中	9-25-11	25～35	6.7
高	7-28-10	15～20	5.5
极高	7-28-10	<15	<5.5

4.2.2 适期适法施肥技术

根据近年来缓控释肥料试验结果，选择配方为28－14－10或26－12－10的缓控释掺混肥，通过种肥同播一次性深施肥，每亩施肥量30～40千克，比农民常规施肥减少化肥用量15%左右。

有条件的地区（液态氮肥加肥站）施用液态氮肥，分别在小麦三叶期、拔节期、灌浆期追施氮肥总用量的40%、20%、20%，其余20%种肥同播，施肥量比农民常规施肥量减少20%左右。

在小麦基肥中带入锌肥，每亩用量2千克；在分蘖期和拔节期，叶面喷施硼肥，施用方法：将硼砂溶于水，浓度为0.1%，每亩用量50克；在抽穗期和灌浆期，叶面喷施磷酸二氢钾，施肥方法：将磷酸二氢钾溶于水，浓度控制在1%左右，用量0.6千克/亩。

沿海地区小麦配方施肥技术模式

1 技术概述

根据地力差减法依据斯坦福公式确定小麦氮肥施用总量。计算公式为：施氮总量＝（目标产量×施氮区百千克籽粒吸氮量－空白区产量×无氮区百千克籽粒吸氮量）/氮肥当季利用率。根据土壤肥力、所种小麦品种产量潜力和土壤种植小麦的适宜性确定目标产量；根据近年来沿海地区小麦无氮基础地力、精确施氮和“3414”等试验结果，聚类分析确定施氮区百千克籽粒吸氮量、空白区产量、无氮区百千克籽粒吸氮量及氮肥当季利用率。

应用土壤养分丰缺法确定磷、钾肥用量。首先制定土壤养分丰缺评价标准：通过布置田间缺素试验，计算相对产量，对土壤养分含量与相对产量进行回归分析，建立回归方程，根据农业部相对产量分级标准（≥90%高，80%～90%较高，70%～80%中，60%～70%较低，50%～60%低，＜50%极低）确定土壤养分临界值，通过特尔菲法确定土壤养分丰缺评价标准。其次制定不同土壤养分丰缺水平下施肥标准：布置最佳施肥量试验（“3414”试验）、产量与施肥量进行回归分析，确定最佳施肥量、最佳施肥量与土壤养分含量进行回归分析，建立回归方程，根据土壤养分临界值确定相对应的最佳施肥量、特尔菲法确定不同土壤养分丰缺水平下的最佳施肥量。

2 技术效果

根据多年多点试验示范结果，应用本技术较常规施肥每亩节氮（N）1.5千克、节磷（P_2O_5）1.0千克，钾肥用量持平，施肥用工不变。同时，小麦每亩增产2.9%左右。

3 适用范围

江苏沿海小麦主产区。

4 技术措施

在确定施肥总量基础上，氮肥按基肥、分蘖肥、拔节肥运筹比例为5∶1∶4施用，磷、钾肥均一次性作基肥施用。

4.1 品种选择

以冬性及半冬性品种为主。

4.2 播种时间与方法

由北向南，适播期为10月上中旬至11月下旬，以机条播为主，每亩播种量为8～12千克，迟播的相应增加播种量。如人工撒播的比机条播的每亩增加2～3千克。

4.3 秸秆还田

机械化粉碎玉米或水稻秸秆还田，每亩还田量300～500千克。

4.4 增施农家肥

有条件的地区，尽可能施用农家肥或商品有机肥料，一般每亩用腐熟农家肥300～600千克或商品有机肥料150～300千克，施用农家肥或商品有机肥料的田块相应减施化肥，按同效当量法确定。

4.5 施肥参数获取

4.5.1 氮素总量确定

根据上述原理与方法，通过试验得出中筋小麦施肥区百千克籽粒吸氮量平均为2.9千克（折纯，下同），无氮区百千克籽粒吸氮量2.3千克。中等肥力土壤无氮基础地力产量平均为每亩260千克，目标亩产为450千克，氮肥当季利用率40%，小麦全生育期需氮量为17.5千克。

4.5.2 磷、钾用量确定

根据“3414”试验得出土壤磷、钾养分丰缺指标，见下表。一般每亩施磷（P_2O_5）2.5～4.5千克，土壤有效磷较高的地区（田块）施磷量（P_2O_5）1.5～3.5千克。有效钾含量中等水平的地区（田块）可不施钾肥，缺钾地区（田块）每亩施钾（K_2O）4.5～6.0千克。以丰缺等级为中等的田块为例，每亩施用磷肥（P_2O_5）2.0千克、钾肥（K_2O）4.0千克。

土壤有效磷丰缺指标与磷肥推荐用量

有效磷含量（毫克/千克）	>20	13～20	8～13	4～8	<4
磷丰缺等级	丰富	较丰富	中等	缺乏	极缺
磷肥（P_2O_5）用量（千克/亩）	1	1.5	2.0	5.0	7.5

土壤速效钾丰缺指标与钾肥推荐用量

速效钾含量（毫克/千克）	>160	110～160	80～110	50～80	<50
钾丰缺等级	丰富	较丰富	中等	缺乏	极缺
钾肥（K_2O）用量（千克/亩）	0	0～3	4	6	9

4.5.3 施肥方案制定

4.5.3.1 氮肥运筹

根据上述斯坦福公式计算得到的氮素施用总量，实行分期调控。

一般中筋小麦采用3～4次施肥，运筹比例为基蘖肥：拔节孕穗肥为6：4，即基肥：壮蘖肥（或平衡肥）：拔节肥为5：1：4，或基肥：壮蘖肥（或平衡肥）：拔节肥：孕穗肥为5：1：2：2。拔节穗肥分别在倒3叶与倒2叶时施用。对于高肥力土壤，适当降低氮素施肥总量，运筹比例为基肥：壮蘖肥（或平衡肥）：拔节肥：孕穗肥为3：1：3：3。

强筋小麦运筹比例基蘖肥：拔节孕穗肥为5：5，拔节孕穗肥分两次施用，分别在倒3叶和倒1叶时均施。

弱筋小麦运筹比例基蘖肥：拔节孕穗肥为7：3，拔节孕穗肥在倒3叶时施用。

4.5.3.2 磷、钾肥及中微肥运筹

原则上，磷、钾肥一次性作基肥施用。对于保水保肥性差的沙性土壤或目标产量较高的田块，可实行两次施用。基肥中的磷占60%～80%，基、追肥钾素比例为6：4。

对于有效硅、有效锰、有效铁、有效锌缺乏的田块，适当补施相应肥料，以基施为主，对于基肥未施的，可在小麦生长中后期，结合病虫防治，实行肥药混喷2～3次。

4.6 配方肥基施

对于中等肥力土壤，一般亩施33%的配方肥（19-8-6）50千克，或亩施尿素20.5千克、过磷酸钙33千克、氯化钾5千克。结合整地时施用，耕翻入土。

4.7 分蘖肥施用

在小麦三叶期施分蘖肥，一般亩施尿素5千克左右。

4.8 穗肥施用

在小麦叶色正常褪淡，植株基部第一节间接近定长（叶龄余数2.5左右）时追施拔节肥，3月18日左右，一般可每亩施尿素5～10千克和配方肥10千克。群体过小、穗数不足的三类苗、渍害苗和脱力落黄严重麦田，可适当提早施用拔节肥。群体过大、叶色未正常褪淡的麦田，拔节肥应适当推迟施用，做到叶色不褪不施肥，以防倒伏。

在叶龄余数0.5～0.8时，适时适量施用保花肥。稻田套播或少免耕的强筋、中筋小麦，保花肥一般亩施尿素5～8千克。弱筋小麦，以拔节肥为主，一般不施保花肥。

淮北平原旱茬麦区高效平衡施肥技术模式

1　技术概述

针对本区域冬小麦生产存在总体上化肥施用量偏高，尤以氮肥较为突出，且小区域间施肥不平衡等现象，在多年多点肥料效应试验示范的基础上，根据土壤肥力和气候等因素，合理利用秸秆等有机养分资源，建立区域性化肥施用的总量控制技术指标，实行有机肥部分替代化肥及肥料合理运筹，减少农户施肥过高或过低、养分不均衡等不合理现象，提高肥料效率。

2　技术效果

亩节肥5%～15%，增产5%～10%，肥料利用率提高2个百分点以上。该模式实现秸秆全量还田，配合小麦高产栽培技术措施，有效提高水肥资源利用效率，实现小麦生产减肥增效目的。

3　适用范围

本技术模式适用于安徽省淮北平原旱茬麦区。

4　技术措施

秸秆还田条件下，按照稳氮、控磷（先控后渐减）、减钾原则，调整“三要素”比例，合理施用有机肥和微肥。

4.1　秸秆还田

玉米秸秆直接还田的地块，秸秆要充分粉碎，耕深达到25厘米以上，秸秆全部深埋地下，地表不能露出。

4.2　推荐施肥

目标产量500～600千克/亩：每亩基施农家肥2 000千克或商品有机肥200千克，秸秆全量或部分还田（有其他利用方式需要带出田）；氮肥（N）14～16千克，磷肥（P_2O_5）6～7千克，钾肥（K_2O）4～6千克；锌肥（$ZnSO_4 \cdot 7H_2O$）1千克，硼肥0.5千克。目标产量每提高或降低100千克，其无机养分纯用量增加或减少2千克。

4.3　肥料运筹

氮肥基追比例6∶4，科学管理田块可采取5∶5、4∶6或3∶7。沙土类或保水保肥能力差的田块基肥比例少些，追肥比例高些。有机肥、磷、钾肥以及锌、硼肥一次性基施。

4.3.1 根据苗情施用返青肥

于2月上旬，采用机械追肥机，普遍追施缓释尿素7～10千克，或只对二、三类苗机械追施缓释尿素2.5～7.5千克；机械缺乏地区，改用普通尿素，对二、三类苗于降雨前追施尿素2.5～7.5千克，或结合灌溉施肥入土。

4.3.2 重施拔节肥

在已追施缓释尿素的地区，不再施拔节肥。未施缓释尿素的地区，在3月上旬每亩追施拔节肥7～10千克（追施过返青肥的二类苗，推迟至4月上旬追施拔节肥；追施过返青肥的三类苗，推迟至3月下旬追施拔节肥；前期返青肥多的田块，拔节肥用量应适当减少）。

4.3.3 灌浆期叶面喷施粒肥

将叶面喷肥后置，改变长期以来在小麦扬花期“一喷三防”喷施叶面肥的做法，在扬花10天后喷施叶面肥（有条件的地方通过水肥一体化喷施），隔7～10天再喷一次，或利用水肥一体技术喷肥。连喷3次最佳。

4.4 配套技术

4.4.1 选用良种

选用该区域通过国家或省品种审定委员会审定、在当地种植表现优良的小麦品种，如烟农19、济麦22、良星99等，播前精选种子做好发芽试验，药剂拌种或种子包衣，防地下害虫、防病。

4.4.2 标准化机械化栽培技术

播种前机械精细整地，秸秆粉碎还田，耙透、压实、整平，要适期、适墒、适量、适法播种小麦，确保播种质量，实现一播苗全、苗匀、苗齐、苗壮。

4.4.3 全程病虫害绿色防控和统防统治技术

冬前重点做好麦田化学除草，加强地下害虫、麦黑潜叶蝇等病虫调查、预测预报和防治；返青到起身期实行化学除草，科学防治小麦纹枯病、蚜虫和麦蜘蛛；齐穗—初花期普防小麦赤霉病；中后期实行“一喷三防”，防病、防虫、防早衰，养根护叶，增粒增重。

安徽稻茬麦区高效平衡施肥技术模式

1 技术概述

针对安徽省稻茬麦区化学肥料养分配比、施用量及肥料运筹不合理现象，本技术模式以培肥土壤、提高肥料利用效率为核心，采用增施有机肥、秸秆还田、调整施肥结构及运筹、土地深耕深松等措施，在肥料应用中实行有机无机相结合、大中微量元素相结合，培肥土壤以提高土地贡献率、肥料利用效率，降低肥料施用量，实现化肥减量、农业增效、粮食生产与环境保护协同发展的目标。

2 技术效果

本技术模式的推广应用，可使化肥利用率平均提高1个百分点以上，小麦生产亩均减少化肥投入量（折纯量）1.5千克，小麦增产10～25千克。安徽省稻茬麦常年播种面积约1 300万亩，推广本技术模式将会取得很好的增产增收效果。

3 适用范围

本技术模式适用于安徽稻茬小麦种植区域。

4 技术措施

4.1 秸秆全量还田

前茬水稻秸秆处理的质量对小麦播种质量影响很大，秸秆处理要做到“碎”和“匀”。“碎”就是收割水稻时，要尽量选大动力收割机，并且加装粉碎装置，将秸秆尽量粉碎，越碎越好；“匀”就是粉碎后的秸秆要尽量抛匀，不能形成条带状，田块四周由于机器原因，难以抛匀，播种前需要人工适当抛匀。

4.2 增施有机肥

结合整地施用已充分腐熟的农家肥或商品有机肥。一般施用优质农家肥1 000～2 000千克/亩作为基肥，通过精细整地，使肥料与土壤充分混匀，以疏松土壤、提高土壤有机质含量。

4.3 施用新型肥料

使用配方肥、缓（控）释肥等新型肥料，注重氮、磷、钾配合，适当降低氮肥总量，调整基追比例，减少前期氮肥用量。通常施用40%配方肥（18-10-12）40～50千克/亩或45%配方肥（18-12-15）30～40千克/亩作基肥，推荐施用中低浓度复混肥料。整地时与农家肥（或商品有机肥等）一起深施入土壤，或种肥同播。

4.4 精确施肥

4.4.1 肥料品种

区域施肥的基肥配比应根据土壤肥力的高、中、低合理调整，原则上以中低浓度磷、钾配方（缓控释）肥为主。其中，高肥力土壤以低磷低钾配方为主，中等肥力土壤以中磷中钾配方为主，低肥力土壤以高磷中钾配方为主，严重缺钾地区以中磷高钾配方为主。地块施肥要根据目标产量和地块的具体情况，通过施肥量的调节，进行“大配方、小调整”。

4.4.2 施肥方案

高产型：适合于高产攻关点、丰产方、示范片等。亩施纯氮12～14千克、五氧化二磷5～7千克、氧化钾6～8千克。

高效型：适合于一般大田生产。亩施纯氮 10～12 千克、五氧化二磷 4～6 千克、氧化钾 4～6 千克。

4.4.3 肥料运筹

稻茬麦施肥要“前促、中控、后补”。

基肥：全部有机肥和磷、钾肥及氮肥总量 50%作基肥深施。根据土壤缺肥情况适当补充中、微量元素肥料，在缺硫地区可基施硫黄 2 千克/亩左右，若使用其他含硫肥料，可酌减硫黄用量；在缺锌或缺锰的地区，根据情况基施硫酸锌或硫酸锰 1～2 千克/亩；土壤有效硼含量低于 0.35 毫克/千克的田块每亩基施硼砂 0.5 千克。

追肥：分返青肥和拔节肥。返青肥，一般亩追施氮肥总量的 30%；拔节孕穗肥，一般亩追施氮肥总量的 20%。小麦生长后期应结合“一喷三防”，每亩用尿素 0.5～1 千克，加磷酸二氢钾 150 克，兑水 50 千克叶面喷施。

4.5 播种与田间管理

播前晒种 1～2 天或用 40%多菌灵胶悬液或小麦专用拌种剂 75～100 克拌种麦 50 千克，随拌随播。土壤含水量必须达到田间最大持水量的 70%～80%，进行机开沟、机条播。及时防治病虫草害，做好“一喷三防”工作。

胶东平原区小麦化肥减量增效“测土配方施肥＋深耕深松＋秸秆还田”技术模式

1 技术概述

胶东平原区小麦普遍存在氮肥施用过量，氮、磷、钾养分比例不平衡，基肥用量偏高，一次性施肥面积呈增加趋势，后期氮肥供应不足，锌、硼等中微量元素缺乏现象时有发生，土壤耕层浅、保水保肥能力差等问题。针对以上问题提出小麦“测土配方施肥＋深耕深松＋秸秆还田”技术模式。测土配方施肥实现精准施肥减少化肥用量，深耕深松使耕层厚而疏松，结构良好，通气性强，秸秆还田在杜绝了秸秆焚烧所造成的大气污染的同时还能增加土壤有机质、改良土壤结构。结合增施有机肥、化肥深施、喷施叶面肥等栽培技术实现化肥减量，小麦高效、高产、节本和生态生产。

2 技术效果

采用该化肥减量增效示范模式，可减少化肥用量 10%～20%，增产 10%左右，并且能提高土壤有机质含量，提高肥料利用率，实现化肥减量、资源高效、环境安全、节本增效的目标，经济效益、社会效益、生态效益显著。

3　适用范围

该技术模式适用于烟台平原区，适用于机械收获的地块。品种为烟农 19、烟农 24、济麦 22、洲元 9369 等。

4　技术措施

4.1　秸秆还田

玉米联合收获，秸秆粉碎还田，长度在 5 厘米以下，秸秆粉碎后均匀覆盖，耕翻入土并及时耙实，确保还田质量。秸秆还田的地块在基施肥料时每亩需多施尿素 5～7.5 千克，以调节土壤 C/N，加快秸秆的腐解速度，避免在腐熟过程中与小麦争氮，影响小麦正常生长。

4.2　深耕深松

小麦深耕深松，耕层深度达到 25 厘米以上，破除犁底层，耕耙配套，整平耙实，达到上松下实、有利出苗的土壤环境。

4.3　测土配方施肥

小麦施肥坚持控氮、减磷、调钾的原则，配施锌、硼等微量元素肥料。小麦上因地因产确定基肥和追肥的比例。

4.3.1　产量水平在 500 千克/亩以上的高产田

全生育期施用纯氮 14～16 千克/亩、五氧化二磷 6.5～7.5 千克/亩、氧化钾 8～12 千克/亩，其中 30%氮肥基施，追肥采用氮肥后移延衰技术：50%氮肥于拔节后 5～10 天结合浇水追施，20%氮肥于扬花期结合浇水追施。基施硼砂 1 千克/亩、硫酸锌 1 千克/亩。

4.3.2　产量水平在 400～500 千克/亩的中产田

全生育期施用纯氮 12～14 千克/亩、五氧化二磷 6～7 千克/亩、氧化钾 8～10 千克/亩，其中 40%氮肥基施，60%氮肥于拔节后 3～5 天结合浇水追施。基施硼砂 0.75 千克/亩、硫酸锌 0.75 千克/亩。

4.3.3　产量水平在 300～400 千克/亩的低产田

全生育期施用纯氮 10～12 千克/亩、五氧化二磷 4～6 千克/亩、氧化钾 5～8 千克/亩，其中 50%氮肥基施，50%氮肥于起身后至拔节前结合浇水（或降水）追施。基施硼砂 0.5 千克/亩、硫酸锌 0.5 千克/亩。

4.3.4　产量水平在 300 千克/亩以下的低产田

全生育期施用纯氮 8～10 千克/亩、五氧化二磷 3～5 千克/亩、氧化钾 4～5 千克/亩，其中 50%氮肥基施，50%氮肥于起身后至拔节前结合浇水（或降水）追施。基施硼砂 0.5 千克/亩、硫酸锌 0.5 千克/亩。

4.4　与高产节本技术相结合

一是增施有机肥。建议每亩施用优质农家肥 1 000～2 500 千克/亩或商品有机肥 100 千克以上。二是化肥深施。基肥宜与机械耕翻相结合，将有机肥和化肥均匀撒于地表，及时深耕翻入地下。追肥时要将化肥开沟深施，以5～10厘米效果较好，杜绝撒施，以提高肥效。三是“一喷三防”。在小麦灌浆期通过叶面喷施杀菌剂、杀虫剂、植物生长调节剂及叶面肥等混配液，一次喷药达到防病、防虫、防早衰、提高籽粒灌浆效果的目的。

鲁西南潮土区冬小麦化肥施用减量增效技术模式

1　技术概述

冬小麦化肥施用减量增效技术是以测土配方施肥技术为依托，以保障国家粮食安全和重要农产品有效供给为目标，以耕地质量保护与提升为基础，牢固树立“增产施肥、经济施肥、环保施肥”理念，依靠科技进步，创新服务机制，转变施肥方式，深入推进科学施肥，广泛应用有机肥，减少不合理化肥投入，走高产高效、节本增效、优质环保的可持续发展之路。该技术模式主要包括玉米秸秆粉碎还田、深耕深松整地、施用配方肥料和生物菌肥、深施追肥、“一喷三防”等技术。

2　技术效果

冬小麦化肥减量增效技术模式较常规施肥技术模式增产增效明显。本技术模式每亩施用N17.7千克、$P_2O_5$9千克、K_2O2.5千克，施肥总量为29.2千克/亩，与常规施肥相比，节肥量为7.0千克/亩，节肥19.34%；每亩产量为514.2千克/亩，比近三年小麦平均产量478.6千克/亩增产35.6千克/亩，增产7.44%。本技术的实施，使肥料利用率明显提高，耕地质量明显提升，提高了劳动生产率，对促进农业节本增效、农民增收、农业可持续发展具有十分重要的作用和意义。

3　适用范围

本技术模式适用于鲁西南地区潮土区冬小麦种植区域。

4　技术措施

4.1　玉米秸秆粉碎还田

用玉米秸秆还田机械粉碎2～3遍，秸秆长度5厘米左右，翻埋10～20厘米。1吨玉米秸秆相当于主要化肥量：尿素（46%）20千克、过磷酸钙（14%）10.7千克、氯化钾（54%）22千克。

4.2　施用生物菌肥

每亩施用生物菌肥（有效活菌数 20.0 亿/克）4 千克，可以起到活化土壤、平衡营养、拟制病菌的作用。

4.3　施用配方肥料

推荐施用养分含量 45%（18－18－9）和养分含量 40%（17－18－5）两个配方的肥料。养分含量 45%配方肥（18－18－9）的施肥建议：①产量水平 400～500 千克/亩，推荐配方肥底施 40 千克/亩，起身期到拔节期结合灌水追施尿素 15 千克/亩；②产量水平 500～600 千克/亩，40～50 千克/亩，拔节中期结合灌水追施尿素 15～20 千克/亩；③产量水平 600 千克/亩以上，底施 50 千克/亩，拔节后期结合灌水追施尿素 20 千克/亩。养分含量 40%配方肥（17－18－5）的施肥建议：①产量水平 400 千克/亩以下，推荐用量 40 千克/亩，小麦起身期结合灌水追施尿素 10～15 千克/亩或配方肥（30－0－5）20～25 千克/亩；②产量水平 400～500 千克/亩，底施 40～50 千克/亩，拔节期结合灌水追施尿素 15～20 千克/亩或配方肥（30－0－5）20～25 千克/亩；③产量水平 500～600 千克/亩，底施 50 千克/亩，拔节中期结合灌水追施尿素 20 千克/亩或配方肥（30－0－5）25 千克/亩。

4.4　深耕深松整地

采用旋耕的麦田，应旋耕 3 年，深耕翻 1 年，耕深 23～25 厘米，破除犁底层；或用深松机械深松，深度 30 厘米，也可破除犁底层。耕翻或旋耕后及时耙地，破碎土块，达到地面平整、上松下实、保墒抗旱。

4.5　精细播种

用小麦精播机或半精播机播种，播种深度 3～5 厘米。保证下种均匀、深浅一致、行距一致。播种后镇压。

4.6　春季肥水管理

根据产量水平在小麦起身期至拔节期追肥浇水。因地制宜选用化肥深施机械、追肥机械等机械追肥，追肥量为尿素每亩 10～20 千克，浇水量每亩 40 米^3。

4.7　一喷三防

为了提高工效，减少田间作业次数，在小麦孕穗期至灌浆期将杀虫剂、杀菌剂与磷酸二氢钾（或其他的预防干热风的植物生长调节剂、微肥）混配，叶面喷施，一次施药可达到防虫、防病、防干热风的目的。药剂可为每亩用 15%三唑酮可湿性粉剂 80～100 克、10%吡虫啉可湿性粉剂 10～15 克、0.2%～0.3%磷酸二氢钾 100～150 克兑水 50 千克，叶面喷施。

4.8　收获

用带有秸秆粉碎设备的联合收割机在小麦蜡熟末期至完熟初期收获，麦秸均匀抛撒还田。

华北冬小麦分区分类型全生育期减量施肥技术模式

1 技术概述

限定普通小麦、优质强筋小麦、优质弱筋小麦播前施肥量、出苗—越冬期施肥量、返青—拔节期施肥量、孕穗—成熟期施肥量，以及施肥方式、施肥品种，解决用肥不均、用肥过多问题。

2 技术效果

通过调整配方、基追比例、因土因地因品种施肥等措施，亩均减少肥料用量1.5千克左右，改善优质强筋、弱筋小麦品质。

3 适用范围

分别适用于河南省冬小麦豫北高产麦区、豫东及豫北沿黄中高产麦区、豫中南中高产麦区、豫西南中低产麦区、岗岭雨养旱作麦区、沿淮低产麦区及优质强筋小麦、优质弱筋小麦。

4 技术措施

4.1 播前施肥

小麦播前施肥指的是小麦底肥（基肥）的施用，为小麦全生育期生长提供良好的营养环境，确保小麦苗全、苗匀和苗壮。

4.1.1 普通小麦

4.1.1.1 豫北高产麦区

该区主要包括新乡市西北部、焦作市、鹤壁市、安阳市大部及濮阳市北部，农业基础设施条件较好，土壤类型主要为潮土和褐土，区域基肥大配方为18－18－9或相近配方（以养分含量45%为例，下同）。一般亩产600千克以下麦田，底肥用量为40～45千克/亩（实物用量，下同）；600千克以上麦田，底肥用量为45～50千克/亩。

4.1.1.2 豫东及豫北沿黄中高产麦区

该区主要包括开封市、周口市、商丘市、郑州市东部，以及原阳、延津、封丘、长垣、濮阳、范县、台前等沿黄地区，主要土壤类型为潮土和砂姜黑土，区域基肥大配方为22－15－8或相近配方。一般亩产450千克以下麦田，底肥用量为35～40千克/亩；亩产450～550千克麦田，底肥用量为40～50千克/亩。

4.1.1.3 豫中南中高产麦区

该区主要包括许昌市、平顶山市东部、漯河市、驻马店市等黄河以南、淮河以北的广大麦区，主要土壤类型为潮土、褐土、黄褐土和砂姜黑土，区域基肥大配方为 18-15-12 或相近配方。一般亩产低于 450 千克麦田，底肥用量为 40～45 千克/亩；亩产 450～550 千克麦田，底肥用量为 45～50 千克/亩。

4.1.1.4 豫西南中低产麦区

该区主要包括南阳市、平顶山市部分地区，主要土壤类型为黄褐土和砂姜黑土，土壤黏重、肥力偏低，耕作粗放，生产条件较差，土壤普遍缺钾，区域基肥大配方为 19-13-13 或相近配方。一般亩产低于 400 千克麦田，底肥用量为 40～45 千克/亩；小麦亩产 450～550 千克，底肥用量为 45～50 千克/亩。

4.1.1.5 岗岭雨养旱作麦区

该区主要包括洛阳市、三门峡市、济源市全部，安阳市、新乡市、鹤壁市、郑州市、平顶山市部分地区，属于丘陵山区，主要土壤类型为褐土和红黏土，土壤肥力偏低，土壤含钾较丰富，无灌溉条件是限制肥效发挥的主要因子，施肥多为一次性底施，区域大配方为 25-15-5 或相近配方。一般亩产低于 350 千克麦田，底肥用量为 35～40 千克/亩；亩产 350～450 千克的麦田，底肥用量为 40～50 千克/亩。

4.1.1.6 沿淮低产麦区

该区主要为沿淮地区，包括信阳市全部和驻马店、南阳两市南部的广大麦区。主要土壤类型为水稻土和砂姜黑土，土质黏重，耕性差，土壤普遍缺钾，施钾有明显的增产效果，区域基肥大配方为 22-13-10 或相近配方。一般亩产 350～450 千克麦田，底肥用量为 35～40 千克/亩。

4.1.2 优质强筋小麦

优质强筋小麦主要分布在豫北和豫中东部的中高肥力区。该区主要包括新乡市、焦作市全部，安阳市、商丘市、开封市、郑州市、周口市、许昌市部分市县的潮土、褐土、砂姜黑土等区。该区域地势平坦，土层深厚肥沃，质地中壤至黏质，土壤肥力较高。生产上应在增施有机肥的基础上，适当提高氮肥用量，合理施用中量和微量元素肥料。

4.1.2.1 高产麦田

区域基肥大配方为 21-15-9 或相近配方。一般亩产大于 500 千克麦田，底肥用量为 40～45千克/亩，硫 3～5 千克/亩。

4.1.2.2 中高产麦田

区域基肥大配方为 20-15-10 或相近配方。一般亩产 400～500 千克，底肥用量为 35～40 千克/亩，硫 3～5 千克/亩。

4.1.3 优质弱筋小麦

优质弱筋小麦主要分布在豫南淮河两岸，属于长江流域麦区。该区主要包括信阳市、确山县、新蔡县、正阳县和桐柏县等，土壤肥力中等。生产上应在增施有机肥的基础上，适当少施氮肥，增加磷肥、钾肥的施用量。

区域基肥大配方为 15-16-14 或相近配方。一般亩产 400～550 千克麦田，底肥用量为 30～40 千克/亩；亩产 300～400 千克麦田，底肥用量为 30～40 千克/亩。

4.1.4 注意事项

4.1.4.1 肥料用量选择

各类麦田施肥可根据土壤供肥状况、秸秆还田水平、有机肥资源等因素，在推荐的施肥量范围内适当调整。一是连续三年秸秆还田的麦田可减施钾肥；二是同一产量水平下，肥力高的麦田可相应选用低施肥量；三是有条件的地方可亩施农家肥 15 米^3 以上，或商品有机肥 100～200 千克。

4.1.4.2 肥料品种选择建议

由于氮素化学肥料、酸性化学肥料的长期与大量投入以及自然界的酸沉降等，河南省土壤酸化已初现端倪。当前，河南省土壤 pH 介于 4.6～5.5 的酸性土壤，主要分布在河南省南部的信阳、驻马店、南阳和漯河 4 市，以及周口、平顶山等地的零星区域；pH 小于 4.5 的强酸性土壤，集中分布在河南省南部的信阳、南阳、驻马店与漯河 4 市，尤其是黄褐土、砂姜黑土区，土壤 pH 背景值本就偏低，再加上人为使用硫酸亚铁或其他酸性假冒伪劣肥料，导致局部土壤快速酸化，造成农作物减产甚至绝收。因此，酸性土壤区要在保障冬小麦养分供应的基础上，一是调整肥料品种结构，选用偏碱性肥料，如钙镁磷肥、石灰、碱性土壤调理剂等调节土壤 pH；二是禁止底施硫酸亚铁肥料。

4.2 出苗—越冬期施肥

小麦出苗—越冬期是冬小麦根系发育的重要阶段。底肥充足的麦田，一般不再追肥。而对于底肥施用不足或者质量差、叶黄苗弱、播量偏稀的麦田，以及分蘖力弱的品种、迟播的品种，应在冬前小麦分蘖前期每亩追施尿素 8～10 千克；小麦生长较弱或遭遇冻害的麦田，以叶面喷施含氨基酸、腐殖酸以及有机水溶性肥料为主，调节小麦生长。

4.3 返青—拔节期施肥

小麦返青—拔节期习惯上被称为小麦的春季管理阶段，主要包括小麦的返青、起身和拔节 3 个生育期，这是小麦由营养生长向生殖生长转化的阶段，该阶段需肥水较多。肥力较低的麦田可在返青至拔节前追肥，肥力较高的麦田可延迟至拔节期追肥。

4.3.1 普通小麦

4.3.1.1 豫北高产麦区

一般亩产 500 千克以下麦田，每亩追尿素 9～13 千克；亩产 500～600 千克麦田，每亩追尿素 10～15 千克；亩产 600 千克以上麦田，每亩追尿素 15～20 千克。

4.3.1.2 豫东及豫北沿黄中高产麦区

一般亩产 450 千克以下麦田，每亩追尿素 6～7 千克；亩产 450～550 千克麦田，每亩追尿素 7～8 千克。

4.3.1.3 豫中南中高产麦区

一般亩产 450 千克以下麦田，每亩追尿素 6～8 千克；亩产 450～550 千克麦田，每亩追尿素 8～9 千克。

4.3.1.4 豫西南中低产麦区

一般亩产 400 千克以下麦田，每亩追尿素 5～6 千克；亩产 400～450 千克麦田，每亩追尿素 6～10 千克。

4.3.1.5 沿淮低产麦区

一般亩产 350 千克以下麦田，每亩追尿素 5～7 千克。

4.3.2　优质强筋小麦

小麦亩产超过500千克的超高产麦田，拔节期结合灌水每亩追施尿素15～20千克；亩产400～500千克麦田，返青—拔节期结合灌水每亩追施尿素14～16千克。对于早春土壤偏旱且苗情长势偏弱的麦田，可在起身—拔节期及早结合浇水进行追肥。

4.3.3　优质弱筋小麦

返青—拔节期结合灌水，高产麦田每亩追施尿素11～13千克；中低产麦田每亩追施尿素6～9千克。如果发生冻害应提早追肥时间。

4.4　孕穗—成熟期施肥

小麦孕穗—成熟期（中后期）是小麦形成产量的关键时期。各地要根据小麦长势、土壤养分状况，以叶面追施为主，结合“一喷三防”，合理喷施，综合促防。

4.4.1　普通小麦

4.4.1.1　中高肥力或偏旺生长麦田

以喷施磷酸二氢钾为主，每亩喷施量不低于200克，降低干热风的危害，提高小麦粒重。

4.4.1.2　低肥力麦田

有针对性地选用大量元素、微量元素，以及含氨基酸、含腐殖酸的有机水溶肥料，强化营养平衡，增强光合作用，防止早衰，增加粒重，提高品质。

4.4.1.3　晚播与基肥施用不足麦田

视苗情与土壤供肥情况，选用喷施磷酸二氢钾、尿素或大量元素、微量元素，以及含氨基酸、含腐殖酸的有机水溶肥料，迅速补充营养，满足正常生长发育的需要，提高结实率。

4.4.1.4　旱作麦田

以选用具有抗旱作用的黄腐酸液肥为主，同时，结合小麦生长实际，喷施磷酸二氢钾、大量元素、有机水溶肥料等营养类水溶肥料。

4.4.2　优质强筋小麦

小麦抽穗至扬花期、灌浆中后期，每亩用2%的尿素溶液叶面喷施，以促进籽粒氮素积累，提高品质。

4.4.3　优质弱筋小麦

在小麦抽穗前后和灌浆前期喷洒磷酸二氢钾和硼、锰等微肥。在灌浆中、后期，结合“一喷三防”，叶面喷施磷酸二氢钾，同时喷洒多种生长调节剂，利于小麦籽粒灌浆，增加淀粉含量，改善弱筋品质。

豫中南潜在酸化区小麦调整施肥品种减肥增效技术模式

1　技术概述

河南省黄褐土、砂姜黑土区部分地块小麦三叶期后逐渐黄化、枯萎、死苗，造成严重减产甚至绝收。发病地块呈不规则条带状分布，且范围面积逐年扩大，该类地块耕层 pH 下降至 4.5 左右，为酸化造成。针对该问题，提出“二改”技术措施：一是改进耕作方式，变旋耕为深耕，将底层高 pH 土壤与表层土壤混合，中和酸性；二是调整肥料施用品种，在增施有机肥基础上，以钙镁磷肥替代常规化肥，或结合石灰、碱性土壤调理剂改良土壤，施用低氯复合肥料。

2 技术效果

通过多项技术措施结合进行，可提高土壤中 pH，地力水平得到提升；当季即可恢复至 500 千克/亩左右的正常产量水平，最高增产率达 316%，经济效益显著。同时，实施有机肥部分替代化肥，减少化肥用量 20%～30%。

3 适用范围

豫中南土壤酸化区和潜在酸化区。

4 技术措施

4.1 玉米秸秆粉碎翻压还田

主要技术要点包括 5 个关键技术环节：①机械收获。采用玉米联合收获机械边收获边粉碎秸秆，秸秆长度小于 10 厘米，茬高小于 5 厘米。粉碎效果不好的要用秸秆粉碎机进行二次粉碎。②施用秸秆腐熟剂。收获粉碎秸秆后，按每亩 2～5 千克用量及时、均匀喷洒秸秆腐熟剂，促进秸秆腐熟。③调节碳氮比。喷洒腐熟剂的同时，每亩均匀施 5～10 千克的尿素，调节碳氮比。④深翻整地。采用大型耕作机械进行深耕作业，耕作深度 35 厘米以上，将玉米秸秆全部翻入土层，并要及时用旋耕机或圆盘耙耕耙，平整耕地，保证下季作物的播种质量和出苗率。土壤墒情较差的地块要及时灌水使土壤保持较高的湿度，促进秸秆快速腐烂。深耕作业周期为 2～3 年一次。

4.2 增施有机肥

有条件的区域，大力推广施用农家肥、沼渣沼液以及商品有机肥、草木灰等。农家肥施用量 3～4 米^3/亩，商品有机肥施用量应在确定作物目标产量和需肥总量的基础上，采用同效当量法，按 30%替代率确定商品有机肥与化肥施用量，一般为 100～150 千克/亩。

4.3 增施碱性土壤调理剂

在整地前每亩施用 50～100 千克石灰或碱性土壤调理剂，均匀撒于地表，深翻耙实与土壤混合均匀。至少间隔 3～5 天可播种，有灌溉条件的地区结合墒情及时灌溉。

4.4 测土配方施肥

亩产小麦 450～550 千克，氮肥（N）每亩用量控制在 12～14 千克；亩产小麦 450 千克以下，氮肥（N）每亩用量控制在10～12千克。土壤有效磷含量小于10毫克/千克，每亩施磷肥（P_2O_5）5～7千克；含量10～17毫克/千克，每亩施磷肥（P_2O_5）4～6千克；含量大于17毫克/千克，每亩施磷肥（P_2O_5）3千克。土壤速效钾含量小于80毫克/千克，每亩施钾肥（K_2O）3～5千克；含量80～120毫克/千克，每亩施钾肥（K_2O）2～4千克；含量大于120毫克/千克，可不施钾肥。磷、钾肥全部作底肥一次性施入土壤，磷肥撒垡头耕翻掩底或分层底施，钾肥全部分层底施。高产麦田氮肥底追比例控制在7∶3为宜，中产麦田底追比例控制在8∶2，氮肥在返青期追施。减少高氯肥料、酸性或生理酸性肥料投入，提倡用尿素、钙镁磷肥或钙镁磷、钾肥。

4.5 叶面喷肥技术

孕穗至灌浆期，结合病虫害防治，选用2%尿素、0.05%钼酸铵、0.2%硫酸锌、0.3%～0.4%磷酸二氢钾等叶面肥肥液30～50千克/亩喷洒。

鄂中北丘陵岗地麦稻化肥减量增效技术模式

1 技术概况

针对鄂中北丘陵岗地耕地质量差的现状，提出秸秆还田、增施有机肥以及深耕深松等综合地力培肥措施，着力提高土壤有机质和养分含量，增强土壤保水保肥性能。经过多年研究，逐步总结了“增、调、改、替、提”的化肥减量增效集成技术模式。一增为增施有机肥、农家肥等，以提高土壤有机质含量；二调为调整施肥结构和施肥方式，将“秸秆还田前期增施氮肥技术”调整为“氮肥总量不变，前期增加用量，减少追肥数量和次数的氮肥前移”技术；三改为改变施肥方式，将传统的化肥撒施，改为与机械深耕深松结合的机械施肥；四替为利用秸秆还田替代部分化肥，可减少10%钾肥用量；五提是提高耕地质量，通过工程措施、农艺措施，提高耕地综合产出能力。

2 技术效果

与农民习惯比较，应用秸秆还田综合技术，氮肥利用率相对提高5.7～14.3个百分点，磷肥利用率提高6.2～10.8个百分点，钾肥利用率提高5.8～11.5个百分点。不同轮作体系每亩周年平均节省氮肥（N）（折纯量）1.9千克、磷肥（P_2O_5）0.8千克、钾肥（K_2O）2.6千克。同时，土壤有机质含量提高0.5～1.5克/千克，耕地质量状况得到稳步提高。

3 适用范围

适用于鄂中北丘陵岗地冬小麦—中稻轮作区域，江汉平原稻麦轮作区域可参照执行。

4 技术要点

主要流程为小麦（油菜）收割秸秆机械粉碎还田→放水泡田→机械整田→水稻种植→田间管理→水稻机械化收割→整田→种植小麦。具体技术措施如下：

4.1 对小麦栽培的技术要求

4.1.1 播种方式与时间

田块集中区域宜采用机械播种的方式，小块田采用人工方式进行条播或撒播。10 月中下旬至 11 月初播种。早播、肥力高的田亩播 9～10 千克；迟播、肥力低的田亩播 11～13 千克；机械播种田亩播 10～13 千克。

4.1.2 施肥运筹总体原则

施肥推荐量：氮肥（N）10～13 千克/亩，磷肥（P_2O_5）4～6 千克/亩，钾肥（K_2O）3～5千克/亩。

施用方法：氮肥分次施用，基肥占 60%～70%，拔节肥占 25%～30%，视苗情可在冬前（三叶期）追施 10%～15%的氮肥；磷肥、钾肥全部基施。

增施有机肥：增施有机肥或秸秆还田。施用有机肥的田块，基肥用量可适当减少；在常年秸秆还田的地块，钾肥用量可减少 20%～30%。

补充微量元素肥料：重视钼、硫等中微量元素的配合施用。

4.1.3 肥料管理与使用

4.1.3.1 中低浓度配方肥方案

推荐配方：16-6-8（$N-P_2O_5-K_2O$）或相近配方。施肥建议：①一般产量目标，配方肥推荐用量 45～50 千克/亩，苗期、抽薹期分别追施尿素 4～5 千克/亩、5～6 千克/亩；②高产目标，配方肥推荐用量 50～55 千克/亩，苗期、抽薹期分别追施尿素 5～7 千克/亩、6～8 千克/亩。

4.1.3.2 高浓度配方肥方案

推荐配方：22-11-12（$N-P_2O_5-K_2O$）或相近配方。

施肥建议：①一般产量目标，配方肥推荐用量 30～35 千克/亩，苗期、抽薹期分别追施尿素 3～5 千克/亩、5～6 千克/亩；②高产目标，配方肥推荐用量 35～40 千克/亩，苗期、抽薹期分别追施尿素 4～6 千克/亩、5～7 千克/亩。

4.1.4 病虫害和杂草防治

根据生长情况，利用化学药剂或人工进行控制病虫害和杂草。

4.1.5 收割

在小麦完熟期，采用安装秸秆粉碎装置和导流装置的联合收割机进行收割，粉碎的秸秆应均匀抛撒在田面。有条件地区可在亩施 1 000～2 000 千克厩肥后，再利用旋耕机灭茬整田，然后种植水稻。

4.2　对水稻栽培技术的要求

4.2.1　种植方式

移栽、直播、抛秧或机械插秧，可根据劳动力情况进行选择，一般在小麦收割后7～10天，在6月中下旬进行。种植密度以选用水稻品种推荐栽培技术为准，一般移栽每穴栽插2～3粒种子苗，每亩栽插1.8万～2万穴，直播水稻每亩播种量2.5千克。

4.2.2　肥料运筹总体原则

肥料养分推荐用量：氮肥（N）10.5～13.5千克/亩，磷肥（P_2O_5）3～5千克/亩，钾肥（K_2O）5～7千克/亩。

肥料施用方法：氮肥分次施用，氮肥适当后移，提高追肥比例；磷肥全部基施；钾肥以基施为主，缺钾田块可适当追施钾肥。

施用有机肥：增施有机肥，实行秸秆粉碎翻压还田。施用有机肥的田块，基肥用量可适当减少；常年秸秆还田的田块，钾肥用量可减少15%～20%。

补充微量元素肥料：缺锌田块，基施硫酸锌1～2千克/亩。

4.2.3　肥料用量与施用方法

4.2.3.1　中浓度配方肥施用方案

推荐配方：16-6-8（$N-P_2O_5-K_2O$）或相近配方。

施肥建议：①一般产量目标，基施配方肥50～60千克/亩，分蘖肥和穗粒肥分别追施尿素4～6千克/亩、3～5千克/亩。②高产目标，基施配方肥55～65千克/亩，分蘖肥和穗粒肥分别追施尿素4～6千克/亩、3～5千克/亩。

4.2.3.2　高浓度配方肥施用方案

推荐配方：23-10-12（$N-P_2O_5-K_2O$）或相近配方。

施肥建议：①一般产量目标，基施配方肥35～45千克/亩，分蘖肥和穗粒肥分别追施尿素3～5千克/亩、2～4千克/亩。②高产目标，基施配方肥40～50千克/亩，分蘖肥和穗粒肥分别追施尿素4～6千克/亩、3～4千克/亩。

4.2.4　水分管理

采取少量多次灌溉的原则，尽量减少田间水分排出量。小麦秸秆粉碎还田作业后，应浅水泡田5～7天，水深度2～3厘米，沉降5天左右进行种植水稻。浅水栽秧，以秧苗不浮起为原则；直播水稻田面水深不宜超过1厘米，根据田面湿润情况进行补灌。有效分蘖期以田间水深3厘米 为宜。当全田总茎蘖数超过计划穗数的85%时进行晒田。孕穗期田间保持5厘米的水深。到抽穗时尽量自然落干到2～3厘米。灌浆结实期宜干湿交替间歇灌溉。黄熟期后排水落干，促进籽粒饱满，以便收割。

4.2.5　病虫害和杂草防治

根据生长情况，利用化学药剂或者人工方式进行防控病虫害和杂草。

4.2.6　收割

水稻成熟后，采用安装秸秆粉碎装置和导流装置的联合收割机进行收割，粉碎的秸秆应均匀抛撒在田面。整田后，播种小麦。

4.3 秸秆粉碎还田要求

4.3.1 秸秆粉碎和还田量要求

小麦或水稻收获时，采取留茬 5～10 厘米收割，利用秸秆粉碎装置将秸秆粉碎至长度 5～10厘米，利用导流装置将秸秆均匀抛撒在田面。秸秆还田量每亩不宜超过 500 千克，以原位全量还田为主。前茬作物发生严重病虫害的田块禁止秸秆还田。

4.3.2 秸秆翻压

翻耕深度应≥15 厘米，土壤板结或犁底层较浅的田块适当增加耕深。根据田块性状制定作业路线，防止漏耕、重耕。秸秆切碎长度≤15 厘米，切碎长度合格率≥90%，漏切率≤1.5%；留茬高度≤8 厘米，抛撒不均匀率≤20%。秸秆切碎后抛撒均匀，不得有堆积和条状堆积。耕作后大田地表应平整，田块高低差不超过 3 厘米。

4.4 整田要求

4.4.1 小麦田块整理

种植小麦时按宽 2.0～2.5 米开沟分厢，围沟宽、深各 20～30 厘米；腰沟宽、深各 30 厘米；开好厢沟、腰沟和围沟，然后平整厢面。或机械开沟整地，畦宽为 120～150 厘米、沟宽 30 厘米、沟深 15 厘米；腰沟、围沟深 20 厘米。

4.4.2 水稻田整理

种植水稻时应起垄作畦，畦宽 2～3 米，垄宽 10～20 厘米、高 10～15 厘米。

江汉平原小麦—水稻化肥减量增效技术模式

1 技术概况

针对湖北江汉平原施肥不合理的现状，经过多年研究，逐步总结了“增、调、改、替、提”的化肥减量增效集成技术模式。一增为增施有机肥、农家肥等，以提高土壤有机质含量；二调为调整施肥结构和施肥方式并补充中微量元素肥料，将“秸秆还田前期增施氮肥技术”调整为“氮肥总量不变，前期增加用量，减少追肥数量和次数的氮肥前移”技术；三改为改变施肥方式，将传统的化肥撒施，改为与机械深耕深松结合的机械施肥；四替为利用秸秆还田替代部分化肥，可减少 10%钾肥用量；五提是提高耕地质量，通过工程措施、农艺措施，提高耕地综合产出能力。

2 技术效果

与农民习惯比较，应用秸秆还田综合技术，氮肥利用率相对提高 5.7～14.3 个百分点，磷肥利用率提高6.2～10.8个百分点，钾肥利用率提高5.8～11.5个百分点。不同轮作体系每亩周年平均节省氮肥（N）（折纯量）1.9千克、磷肥（P_2O_5）0.8千克、钾肥（K_2O）2.6千克。碳酸氢铵、尿素深施地表以下6～10厘米土层中，比表面撒施利用率提高10%左右，大面积机械深施可提高6%，小麦产量增加5%～10%。通过连续秸秆还田，土壤有机质含量可周年提高0.5～1.4克/千克。

3 适用范围

适用于江汉平原油稻轮作种植区域，其他区域可参照此方案根据测土配方施肥指导意见进行肥料配方调整。

4 技术要点

主要流程为小麦收割秸秆机械粉碎还田→放水泡田→机械整田→水稻种植→田间管理→水稻机械化收割→整田→种植小麦。具体技术措施如下：

4.1 对小麦栽培的技术要求

4.1.1 播种方式

田块集中区域宜采用机械播种的方式，小块田采用人工方式进行条播或撒播。10月中下旬至11月初播种。早播、肥力高的田每亩播9～10千克；迟播、肥力低的田每亩播11～13千克；机械播种田每亩播10～13千克。

4.1.2 施肥运筹总体原则

施肥推荐量：氮肥（N）10～13千克/亩，磷肥（P_2O_5）4～6千克/亩，钾肥（K_2O）3～5千克/亩。

肥料施用方法：氮肥分次施用，基肥占60%～70%，拔节肥占25%～30%，视苗情可在冬前（三叶期）追施10%～15%的氮肥；磷肥、钾肥全部基施。

增施有机肥：增施有机肥或秸秆还田。施用有机肥的田块，基肥用量可适当减少；在常年秸秆还田的地块，钾肥用量可减少20%～30%。

补充微量元素肥料：重视钼、硫等中微量元素的配合施用。

4.1.3 肥料用量与使用方法

4.1.3.1 中低浓度配方肥方案

推荐配方：15-7-8（N-P_2O_5-K_2O）或相近配方。

施肥建议：①一般产量目标，配方肥推荐用量40～45千克/亩，拔节期追施尿素8～10千克/亩；②高产目标，配方肥推荐用量45～50千克/亩，拔节期追施尿素9～11千克/亩。

4.1.3.2 高浓度配方肥方案

推荐配方：23-10-12（N-P_2O_5-K_2O）或相近配方。

施肥建议：①一般产量目标，配方肥推荐用量30～35千克/亩，拔节期追施尿素8～10千克/亩；②高产目标，配方肥推荐用量35～40千克/亩，拔节期追施尿素9～11千克/亩。

4.1.3.3 因缺补缺

在缺硫地区可基施硫黄2千克/亩左右，若使用其他含硫肥料，可酌减硫黄用量；在缺锌或缺锰的地区，根据情况基施硫酸锌或硫酸锰1～2千克/亩。提倡结合“一喷三防”，在小麦灌浆期喷施微量元素叶面肥或用磷酸二氢钾150～200克加0.5～1千克的尿素兑水50千克进行叶面喷施。

4.1.3.4 种肥深施技术

在小麦播种上安装肥箱和排肥装置：侧位深施种肥，肥料位于种子的侧、下方各2.5～4厘米；正位深施种肥，肥料位于种床中下方3厘米以上，要求种肥深浅一致，肥条连续，肥带宽度略大于播种宽。

4.1.4 病虫害和杂草防治

根据生长情况，利用化学药剂或人工控制病虫害和杂草。

4.1.5 收割

直播油菜或者株型较小、成熟度一致的可采用联合收割机进行收割。移栽油菜人工刈割后放置田间后熟，利用自捡式收割机进行脱粒，或者利用人工进行脱粒。

4.1.6 秸秆处理

采用安装秸秆粉碎装置和导流装置的联合收割机进行收割，粉碎的秸秆应均匀抛撒在田面。利用旋耕机灭茬整田后，种植水稻。

4.2 对水稻栽培技术的要求

4.2.1 种植方式

移栽、直播、抛秧或机械插秧，可根据劳动力情况进行选择。一般在小麦收割后7～10天，一般在6月中下旬。种植密度以选用水稻品种推荐栽培技术为准，一般移栽每穴栽插2～3粒种子苗，每亩栽插1.8万～2万穴，直播水稻每亩播种量2.5千克。

4.2.2 施肥运筹总体原则

肥料养分推荐用量：氮肥（N）10.5～13.5千克/亩，磷肥（P_2O_5）3～5千克/亩，钾肥（K_2O）5～7千克/亩。

肥料施用方法：氮肥分次施用，氮肥适当后移，提高追肥比例；磷肥全部基施；钾肥以基施为主，缺钾田块可适当追施钾肥。

增施有机肥：实行秸秆粉碎翻压还田。施用有机肥的田块，基肥用量可适当减少；常年秸秆还田的田块，钾肥用量可减少15%～20%。

补充微量元素肥料：缺锌田块，基施硫酸锌1～2千克/亩。

4.2.3 肥料用量与使用方法

4.2.3.1 中浓度配方肥施用方案

推荐配方：15-6-9（$N-P_2O_5-K_2O$）或相近配方。施肥建议：①一般产量目标，基施配方肥50～60千克/亩，分蘖肥和穗粒肥分别追施尿素4～5千克/亩、3～4千克/亩。②高产目标，基施配方肥55～65千克/亩，分蘖肥和穗粒肥分别追施尿素5～6千克/亩、3～4千克/亩。

4.2.3.2 高浓度配方肥施用方案

推荐配方：22-9-14（$N-P_2O_5-K_2O$）或相近配方。施肥建议：①一般产量目标，基施配方肥 35～45 千克/亩，分蘖肥和穗粒肥分别追施尿素 4～5 千克/亩、3～4 千克/亩。②高产目标，基施配方肥 40～50 千克/亩，分蘖肥和穗粒肥分别追施尿素 5～6 千克/亩、3～4千克/亩。

4.2.4　水分管理

采取少量多次灌溉的原则，尽量减少田间水分排出量。小麦秸秆粉碎还田作业后，应浅水泡田 5～7 天，水深度 2～3 厘米，沉降 5 天左右进行种植水稻。浅水栽秧，以秧苗不浮起为原则；直播水稻田面水深不宜超过 1 厘米，根据田面湿润情况进行补灌。有效分蘖期田间水深 3 厘米为宜。当全田总茎蘖数超过计划穗数的 85%时进行晒田。

孕穗期田间保持 5 厘米的水深。到抽穗时尽量自然落干到 2～3 厘米。灌浆结实期宜干湿交替间歇灌溉。黄熟期后排水落干，促进籽粒饱满，以便收割。

4.2.5　病虫害和杂草防治

根据生长情况，利用化学药剂或者人工方式进行防控病虫害和杂草。

4.2.6　收割

水稻成熟后，采用安装秸秆粉碎装置和导流装置的联合收割机进行收割，粉碎的秸秆应均匀抛撒在田面。整田后，播种小麦。

4.3　秸秆粉碎还田要求

4.3.1　秸秆粉碎和还田量要求

油菜或水稻收获时，采取留茬 5～10 厘米收割，利用秸秆粉碎装置将秸秆粉碎至长度 5～10厘米，利用导流装置将秸秆均匀抛撒在田面。秸秆还田量每亩不宜超过 500 千克，以原位全量还田为主。前茬作物发生严重病虫害的田块禁止秸秆还田。

4.3.2　秸秆翻压

翻耕深度应≥15 厘米，土壤板结或犁底层较浅的田块适当增加耕深。根据田块性状制定作业路线，防止漏耕、重耕。秸秆切碎长度≤15 厘米，切碎长度合格率≥90%，漏切率≤1.5%；留茬高度≤8 厘米，抛撒不均匀率≤20%。秸秆切碎后抛撒均匀，不得有堆积和条状堆积。耕作后大田地表应平整，田块高低差不超过 3 厘米。

4.4　整田要求

4.4.1　小麦田块

种植小麦时按 2.0～2.5 米开沟分厢，围沟宽、深各 20～30 厘米；腰沟宽、深各 30 厘米；开好厢沟、腰沟和围沟，然后平整厢面。或机械开沟整地，畦宽为 120～150 厘米，沟宽 30 厘米，沟深 15 厘米；腰沟、围沟深各 20 厘米。

4.4.2　水稻田块

种植水稻时应起垄作畦，畦宽 2～3 米，垄宽 10～20 厘米、高 10～15 厘米。

成都平原小麦“配方施肥＋秸秆还田”减量增效技术模式

1 技术概述

成都平原耕地集中连片、土壤肥沃、河渠纵横密布，享有天府之国的美称，盛产水稻、小麦和油菜，产量高而稳定，是我国重要的商品粮基地。小麦种植广泛分布于成都平原，施肥上存在的主要问题是：有机肥少用或不用，土壤酸化板结严重；偏施氮肥和过量施用化肥；施肥比例及施肥时期和方法不合理。“配方施肥＋秸秆还田”技术模式在合理施用有机肥料或进行秸秆还田的基础上，提出氮、磷、钾肥料的施用量、施用比例、施肥时期和施用方法。通过精准施肥、改变施肥方式等提升肥料利用效率，减少化肥施用量，避免过量施肥对土壤环境造成污染，同时减少作物病害，提高农产品质量，对农业和环境的持续发展具有重要意义。

2 技术效果

小麦“配方肥＋秸秆还田”技术模式用肥比农户习惯施肥节约了化肥用量（纯量，下同）4千克/亩。在测土配方施肥示范区，该技术模式下比常规区有明显增产。按试验统计结果，配方区比常规区增产约20千克/亩。

小麦“配方施肥＋秸秆还田”技术模式不仅具有良好的经济效益，还具有较大的生态效益。减少化肥用量，有效防治了农业面源污染；农作物秸秆还田，减少了焚烧带来的大气和农业固废污染，农业与生态实现协调发展。

3 适用范围

小麦“配方施肥＋秸秆还田”技术模式适用于成都平原及周边浅丘小麦主产区。

4 技术措施

4.1 施肥原则

4.1.1 提升土壤有机质，施用有机肥或连续实施秸秆还田，进行秸秆粉碎还田、堆沤腐熟还田或秸秆覆盖栽培。

4.1.2 降低氮肥用量，提升磷、钾肥施用比例。

4.1.3 调整基追比例，改变施肥方式为沟施、穴施或深施覆土。

4.2 秸秆还田

农作物秸秆还田有多种模式，包括秸秆粉碎还田、堆沤还田、覆盖还田等。秸秆还田可提升土壤有机质含量，改善土壤结构，减少化肥用量。秸秆还田量一般为上季作物（多为水稻）全部秸秆，还田量达到200千克/亩以上，可减少磷、钾肥施用约6.5千克/亩，减少钾肥施用约2千克/亩。

4.2.1　粉碎还田

水稻进行机械收割时将秸秆粉碎成5厘米左右的小段，使其均匀覆盖地表，按每亩0.5千克的用量撒上秸秆腐熟剂。秸秆在30天左右腐熟，不影响下季耕作。小春季播种前将粉碎后的秸秆和底肥旋入土层，秸秆翻入土壤后，如果土壤过于干旱，需灌水调节土壤含水量。

4.2.2　堆沤还田

在水源条件较好的区域，利用田边地角将秸秆进行叠堆，自然腐熟后待下季作物播种、栽插前即可作有机肥就近施用。堆放秸秆需占地0.02亩左右，秸秆堆下有灌溉水浸泡，上有自然雨水淋湿，不再需要农民翻堆浇水，到下季使用前已经完全腐熟，成为很好的有机肥料。

4.2.3　覆盖还田

小麦种植中最常见的是秸秆覆盖还田，就是小麦播种后，将秸秆均匀覆盖于田块上，厚度5～10厘米，以不影响出苗为宜。秸秆腐熟后直接还田利用，增加土壤有机质、磷、钾等养分，同时有利于田块保水、保温、防杂草和鸟鼠。

4.3　目标产量与配方施肥

4.3.1　在中等地力水平上，目标产量300千克/亩以上时，农民常规施肥为复合肥(15-15-15) 25千克/亩、尿素22千克/亩。通过测土配方施肥，N、P、K施肥比例调整为9-5-5，即施用复合肥（15-15-15）33千克/亩，追施尿素8.7千克/亩，总养分量(折纯) 21.4千克/亩调为19千克/亩。

4.3.2　目标产量200～300千克/亩时，农民常规施肥为复合肥（15-15-15）20千克/亩、尿素19千克/亩。通过测土配方施肥，N、P、K施肥比例调整为8-4-4，即施用复合肥(15-15-15) 27千克/亩，追施尿素8.7千克/亩，总养分量（折纯）17.74千克/亩调为16千克/亩。

4.3.3　在氮肥施用偏高的地区，适当降低氮肥基施用量，并分次施用；施用有机肥或种植绿肥翻压的田块，基肥用量可适当减少；在常年秸秆还田的地块，钾肥用量可适当减少。

4.4　施肥时期与方法

基于农户“一道清”的施肥习惯，增加追肥比例。基肥含50%～60%的氮和全部的磷、钾肥，在小麦播种前一周左右，和腐熟秸秆一起翻耕入土层。小麦分蘖期进行追肥，追肥以氮肥为主，占总氮量的40%左右，拔节期前根据苗情，可追施尿素3～5千克/亩，采用沟施可提高利用率。

南方湿润平原稻—麦轮作区小麦“秸秆还田＋全程机械化＋配方肥”技术模式

1 技术概述

稻—麦轮作区小麦种植在施肥上存在的主要问题有：底肥追肥“一道清”，追肥少，氮、磷、钾搭配不合理。在稻—麦轮作区实施“秸秆还田＋小麦机直播＋配方肥”技术模式可以改变施肥习惯，以测土配方施肥为基础，推进精准施肥、调整化肥施用结构、改进施肥方式（表施转机械深施）、秸秆还田提升土壤有机质减少化肥使用量技术的集成来进行化肥减量增效。

2 技术效果

南方湿润平原区稻—麦轮作实施“秸秆还田＋小麦机直播＋配方肥”技术模式，小麦亩产量可增加约 40 千克，秸秆还田带入养分，亩均化肥使用量（纯量）减少 6.4 千克，肥料利用率提高 5%以上，通过机械作业，生产用工降至 1～2 个。同时，机械深施肥料使肥料养分不易流失，秸秆还田避免野外焚烧带来的大气污染，农业生产达到生态环保的效果。

3 适用范围

该技术模式适用于南方湿润平原区茬口紧、机场周边、高速公路、铁路沿线等粮食播种面积大、秸秆禁烧压力大的水稻—小麦轮作机械化作业区域。

4 技术措施

4.1 选用良种

适宜的主要小麦品种有：川麦 104、绵麦 367、川麦 66、绵麦 51 等品种。

4.2 实施精量播种

4.2.1 适期播种

小麦高产播种期为 10 月 26 日至 11 月 5 日，迟熟品种以 10 月 24～31 日播种为宜，播种期间要关注本地天气预报，抢在降雨之前完成播种，保证全苗齐苗。

4.2.2 精量播种

每亩播种量 9～11 千克（亩基本苗 15 万～18 万株）。土壤墒情差、肥力差的田块可适当加大播种量。排水不畅田块播种前要理好围边沟、厢沟、十字沟；小麦播种前进行药剂拌种，现拌现播，播后稻草均匀覆盖。提倡机械播种，以保证播种深浅一致、麦苗出苗后分布均匀。

4.3　水稻秸秆还田调节碳氮比

水稻实行机械收割时，留茬高度应小于 15 厘米。收割机加载切碎装置，边收割边将全田稻草切成 10 厘米左右长度的碎草。将粉碎的稻草均匀地撒铺在田里，平均每亩稻草还田量为 400～500 千克。水稻收割后，土壤墒情较好，微生物较活跃，秸秆易腐熟。由于微生物腐熟秸秆的过程中，要吸收氮素，需要调节碳氮比至 20∶1～40∶1，每亩需增施氮（纯量）1～2 千克。

4.4　施肥

4.4.1　机械化深施底肥技术

小麦机播采用浅旋播种方式，选用 36.77～58.84 千瓦拖拉机带动播种机和旋耕机。在进行小麦播种作业的同时完成播种、施肥、覆土、镇压作业，使底肥施于种子下方或侧下方位置，与种子之间保持 3～4 厘米厚度的土壤隔离层，避免肥料烧伤种子。按照水稻秸秆每亩还田 400～500 千克计算，转化为氮（N）、磷（P_2O_5）、钾（K_2O）的量为 3.3～4.1 千克、0.5～0.6 千克、6.8～8.5 千克，根据小麦生长需肥量、目标产量≥450 千克/亩，底肥施入时每亩需氮（N）、磷（P_2O_5）、钾（K_2O）的量为 6.1 千克、2.2 千克、2.8 千克，每亩施用 22-8-10 养分含量配方肥 30 千克；目标产量 350～450 千克/亩，底肥施入时每亩需氮（N）、磷（P_2O_5）、钾（K_2O）的量为 5.4 千克、2 千克、2.5 千克，每亩施用 22-8-10 养分含量配方肥 25 千克。

由于水稻秸秆含有丰富的氮、磷、钾元素，后期分解释放可供作物吸收利用，应根据作物目标产量氮、磷、钾需求量，减少配方肥使用量。

小麦播种、施肥机械化采用农机农艺相结合措施，由于机械化适时播种，能够实现苗全、苗齐、苗壮，机械化深施化肥可减少化肥的挥发流失提高化肥利用率，减少环境污染。在减少播种、施肥人工费的同时，还可避免人工施肥的不均匀性，具有显著的经济效益和社会效益。

4.4.2　分蘖期追肥

小麦分蘖期进行追肥，目标产量≥450 千克/亩，施用尿素 6.0 千克＋磷酸一铵 5 千克；目标产量 350～450 千克/亩，施用尿素 5.0 千克＋磷酸一铵 4 千克。兑水喷施。小麦生长期间做好田间管理，适时植保、灌溉保墒抗旱。

4.5　病虫害防治

播种前 7～10 天用 41％草甘膦 150～200 毫升，或 88.8％的飞达红粉剂 80～120 克，或 74.7％农民乐 100～150 克，或 20％草铵膦 150～200 毫升（可提前 3～5 天）兑水 30 千克喷雾防除杂草。

小麦封行前于二叶一心时每亩用 75％异丙隆 70 克兑水 30 千克喷雾除禾本科和阔叶杂草；每亩用骠马 30 毫升兑水 30 千克喷雾除禾本科杂草。

在齐穗至初花期（开花株率 10％左右）实施“一喷多防”，具体方法是：在 4 月上中旬小麦开花期选择适当时机进行“一喷多防”。每亩用 70％甲基硫菌灵 100 克或 46％多·酮 130 克、70％吡虫啉 3 克或 4.5％高效氯氰菊酯 15～20 毫升，条锈病发生的田块可加入

20％三唑酮乳油 60 毫升、磷酸二氢钾 100～150 克，长势差的田块还可以加入 100～150 克尿素进行混合喷雾，可起到综合防治病虫、防高温逼熟，达到养根保叶和增加粒重的目的。

4.6 适时收获

小麦在蜡熟期，籽粒重量最高，是收获的最佳时期，应抢时于晴天用久保田 688 或 886 型联合收割机等进行收打。小麦收后应及时晾晒扬净或用循环式粮食烘干机烘干，在含水量低于 12.5％以下时进仓储藏，预防霉烂。收获后小麦秸秆机械粉碎还田。

5 注意事项

一要选质量好、发芽率高、适宜机收的品种，为全苗打好基础；二要选择适宜的小麦专用配方肥，以满足小麦各个时期的营养需求；三要对机播手进行专门培训，按照小麦机播、机收技术要求进行操作，确保播种、施肥、机收质量。

关中灌区冬小麦化肥减量增效施肥技术模式

1 技术概述

针对耕地质量方面存在土壤有机质含量低、容重大、孔隙度低、土壤板结、耕性差等问题，采取秸秆还田（或增施有机肥）、深耕深松打破犁底层、增加耕层厚度的改土培肥措施，建设深厚肥沃的耕层土壤，提高土壤基础地力的贡献率，减轻小麦对化肥的依赖程度。

针对施肥方面存在的“两重、两轻”施肥结构不平衡，即重化肥、轻有机肥，重大量元素肥料、轻中微量元素肥料的问题，通过“两调、三改、一替”的技术路径，减少化肥用量。“两调”，一是深化测土配方施肥技术调整化肥施用结构，优化氮、磷、钾用量及配比，推进精准施肥；二是适应现代农业发展需要，引导肥料产品优化升级，大力推广缓控释肥、水溶肥、生物肥等高效新型肥料。“三改”，一是改进施肥方式，改氮肥表撒施为机械深追施或水肥一体化施肥；二是改变施肥时期，改氮肥一次追施为根据作物生育期需肥规律分期追肥 1～2 次，实现氮肥后移；三是改只施大量元素肥料为大量元素和微量元素肥料配合施用。“一替”，即有机肥替代化肥，通过合理利用有机养分资源，用有机肥替代部分化肥，实现有机无机相结合。

2 技术效果

通过改土培肥、调整施肥结构、改进施肥方式等化肥减量增效技术措施，每亩化肥使用量减少 6～8 千克（折纯），化肥亩用量降低 15％～20％，土壤有机质含量提高 0.1％～0.3％，肥料利用率提高 6％。土壤理化性状得到改善，盲目过量施肥现象、土壤污染情况得到有效遏制。

3 适用范围

适用于关中灌区可浇地冬小麦。

4 技术措施

在开展测土配方施肥、水肥一体化等措施基础上，调整肥料品种结构，改善盲目施肥和过量施肥，提高和改善耕地质量，实现化肥的减量增效施用。

4.1 秸秆还田技术

秸秆还田的田块，秸秆长度小于 10 厘米，茬高小于 5 厘米。每亩施秸秆腐熟剂 1 袋（1 千克），增加纯氮用量 2～3 千克，调节碳氮比。

4.2 半精量播种技术

全面实施机械条播，积极推广半精量宽幅播种技术，减小播量培育壮苗。灌区小麦高产播期 10 月 10～18 日，每亩播量 8～12.5 千克，若迟于 10 月 25 日后播种的，每迟播一天，每亩播量增加 0.5 千克左右，全面实施机械宽幅条播，适墒播种，播深 3～5 厘米，主推品种农大 1108、矮抗 58、金麦 1 号、中麦 895、登峰 168 等。

4.3 有机肥的施用

有机肥的种类包括多种容易获得的有机肥源（各种圈肥、禽畜粪、沼渣沼液、饼肥等）、商品有机肥以及功能活性炭微生物菌剂产品（液体、固体）。

4.3.1 施用时期

圈肥、禽畜粪、沼渣沼液、饼肥、商品有机肥、微生物菌剂有机肥的最佳施用时期为整地时作为基肥一次性施入。

4.3.2 施用量

农家肥（圈肥、禽畜粪等）2 500～3 000 千克/亩，或商品有机肥 50～100 千克/亩，或饼肥 20～30 千克/亩，或活性炭微生物菌剂 2～4 千克/亩。

4.3.3 施用方法

有机肥施用采取撒施畦表，然后旋耕混匀。

4.3.4 注意事项

农家肥要利用夏季高温时期提前进行堆沤、腐熟，避免直接施用鲜物。

4.4 化肥的施用

化肥可作为基肥和追肥。基肥中施用化肥的作用主要是满足小麦苗期及返青拔节前的养分需要，同时平衡土壤中 碳氮比（C/N）。追肥主要满足作物后期生长的需要。

4.4.1 采用单质化肥的类型和用量

按每生产100千克小麦籽粒需从土壤中吸收氮素（N）2.5～3千克、磷素（P_2O_5）1～1.7千克、钾素（K_2O）1.5～3.3千克，小麦生长需肥规律以及土壤基础地力，需施氮肥总量的80%作底肥。需施纯氮7～8.5千克/亩，折合尿素为15.2～18.4千克/亩；需施纯磷6～8千克/亩，折合过磷酸钙（含磷16%）37.5～50千克/亩；需施纯钾4～5千克/亩，折合硫酸钾肥（含钾50%）8～10千克/亩。

4.4.2 采用复合肥的配方和用量

推广应用小麦专用肥20-15-5（N-P_2O_5-K_2O）或相近配方。每亩用量40～50千克。

4.4.3 基肥施肥时期与方法

总氮肥的80%作基肥，钾肥、磷肥采取撒施畦表，然后旋耕混匀，复合肥可随硬茬播种一次性施入。

4.4.4 追肥时期与方法

一般追施尿素或可溶性复合肥。追肥分别在分蘖与越冬始期（冬灌，追施尿素8～10千克/亩）和拔节孕穗期（追施尿素5～7千克/亩）进行。追肥的方式采用先灌水后施肥的方法，防止肥料随灌水流失，减少肥效损失。

4.5 叶面肥的施用

在小麦拔节前期至灌浆期喷施叶面肥或微肥。具体为喷施磷酸二氢钾（浓度0.2%～1.0%）或锌、锰微肥等。

关中西部冬小麦化肥减量增效技术模式

1 技术概述

1.1 采用肥料效应函数法确定小麦施肥量

整理汇总近年来测土配方施肥187个小麦肥效试验结果，将每个试验的产量与施肥量进行回归分析，建立肥料效应函数36个，通过边际分析，计算每个试验点的最佳施肥量和最高产量施肥量，分类汇总分析不同分区、不同肥力水平下肥效方程式，确定推荐施肥指标。

1.2 氮肥总量控制，分期调控，磷、钾肥实施恒量控制

根据土壤与植物测试推荐施肥，氮肥总量控制，分期调控，实施氮肥后移技术。小麦氮肥按基肥70%、追肥30%计，整地时每亩底施10.0千克，拔节期每亩追施4.3千克。磷肥实施恒量控制，我们对本区的土壤有效磷的丰缺状况划分为4个级别：低于10毫克/千克为低，施磷量（P_2O_5）为9.0千克/亩；10～20毫克/千克为中，施磷量（P_2O_5）为7.0千克/亩；20～30毫克/千克为高，施磷量为4.5千克/亩；大于30毫克/千克为极高，施磷量为

3.0 千克/亩。钾和磷相似，恒量控制，对本区的土壤有效钾养分指标同样划分为 4 个级别，低于 80 毫克/千克为低，钾肥用量为作物带走量的 1.5 倍；80～100 毫克/千克为中，钾肥用量等于作物带走量；100～150 毫克/千克为高，钾肥用量为作物带走量的 0.5 倍；大于 150 毫克/千克为极高，不施钾肥。

1.3　中微量元素根据检测结果，因缺补缺

1.4　化肥与有机肥配合施用，实施秸秆腐熟还田技术

坚持化肥与有机肥配合施用，改良土壤理化性状，增强土壤肥力，秸秆快速腐熟技术使秸秆中所含的有机质及磷、钾等元素成为植物生长所需的营养，并产生大量有益微生物，提高土壤有机质，减少化肥使用量，实现农业的可持续发展。

2　技术效果

通过小麦精准施肥技术的实施，一是施肥比例趋于合理，小麦 N∶P_2O_5∶K_2O 由原来的 1∶0.52∶0.19 提高到 1∶0.62∶0.37，避免了因过量施肥造成的资源浪费和环境污染；二是化肥利用率明显提高，小麦氮肥利用率由原来的 30.3% 提高到 38.6%，平均提高 8.3%，磷肥利用率由原来的 11.3% 提高到 15%，平均提高 3.7%；三是提高了作物的抗逆性和抗病性，缓解了病虫危害；四是改善作物品质，提高作物的商品性。精准施肥田较习惯施肥田小麦籽粒容重、湿面筋、吸水率、面团稳定时间分别增加 5 克/升、1.6%、1.6%、0.2 分钟，氮肥后移与常规施肥相比，小麦湿面筋含量可提高 0.8%，吸水率提高 1.9%，水分下降 1.6%，不完善粒减少 2.1%，小麦品质明显改善。小麦精准施肥技术与习惯施肥相比每亩增产 34.9 千克，平均增产率 11.5%，每亩节约纯氮 1.2 千克。

3　适用范围

本技术模式由陕西省宝鸡市陈仓区试验示范总结而来，适用于该区川塬山各区域、各产量水平的塿土、潮土、黄墡土等主要土壤类型。小麦品种以小偃 22、西农 979 为主，关中西部冬小麦种植区精准施肥可参照此模式。

4　技术措施

4.1　分区精准施肥，提高肥料利用率

针对川、塬、山不同施肥分区，按照“大配方、小调整”的原则，结合播前土壤养分测定结果及历年试验资料，制订小麦各区域施肥配方。坚持“川塬高肥地稳氮磷、补钾微，中肥地稳氮增磷补钾配微，丘陵山区氮磷并重”的原则。一是渭河川道区：每亩施有机肥 2 500～3 000 千克、纯氮 10～14 千克、五氧化二磷 6～8 千克、氧化钾 5～7 千克，配施锰肥 1 千克，即每亩施 40%（25－10－5）小麦配方肥 40～60 千克，或配方接近的复合肥、缓释肥。二是塬区：每亩施有机肥 2 000～2 500 千克、纯氮 8～12 千克、五氧化二磷 5～7 千

克、氧化钾4～6千克，配施锰肥1千克，即每亩用40%（25-10-5）小麦配方肥40～50千克，或配方接近的复合肥、缓释肥。三是丘陵山区：每亩施有机肥2 000～2 500千克、纯氮7～10千克、五氧化二磷4～6千克、氧化钾2～3千克，配施锰肥1千克。实物化肥选用40%（25-10-5）小麦配方肥30～40千克，或配方接近的复合肥、缓释肥。配方肥、锰肥作基肥结合整地一次施入，施肥深度以15～18厘米为宜，扩大机械施肥面积，推广种、肥同施，杜绝撒施。

4.2 应用氮肥后移技术，提高小麦产量及品质

塬旱地、丘陵山区在播前施用有机肥的基础上，可将80%氮肥，全部磷、钾、微肥结合整地一次施入，其余20%氮肥（尿素6～8千克）在小麦拔节期视降雨状况适时、趁墒追施；川道地区在施用有机肥基础上，可将70%氮肥，全部磷、钾、微肥结合整地一次施入，其余30%氮肥（尿素8～12千克）在小麦拔节期随灌水追施。

4.3 实施秸秆还田，增施有机肥料，提高土壤肥力

大力推广有机肥收、积、用技术，扩大有机肥施用面积和施用量，积极引进和推广商品有机肥，倡导施用沼肥、沼液和玉米秸秆还田。结合秋播，一般每亩基施优质腐熟有机肥3 000～3 500千克，或商品有机肥100～150千克，秸秆还田1 000～1 500千克，同时增施15～20千克尿素调节碳氮比，以达到增施有机肥料，提高土壤肥力，增产增收的目的。

4.4 推广缓释肥、有机无机复合肥，提质增效节能环保

通过多年连续试验示范，缓释肥、有机无机复合肥由于肥效长、肥料利用率高，既可实现养分均衡供应，又可解决作物后期脱肥而追肥难以实施的问题。小麦施用缓释肥、增效肥，不仅可促进小麦植株协调生长，构建合理群体结构，提高小麦成穗率，而且能充分满足小麦灌浆成熟期对养分的需求，显著提高粒重，为实现小麦优质高产高效奠定良好的基础。

4.5 示范推广水肥一体化技术，化肥减量增效

水肥一体化是借助压力灌溉系统（滴灌、微喷等），将可溶性固体肥料或液体肥料配兑而成的肥液与灌溉水一起，均匀、准确地输送到作物根部土壤。采用水肥一体化技术，可按照作物生长需求，进行全生育期养分需求设计，把作物所需要的水分和养分适时、定量、定时地根据植物不同的生长期按比例直接提供给作物。应用水肥一体化技术可以做到节水40%、节肥30%、省工10%、增产20%。对于具备灌溉条件的耕地，应大力示范推广水肥一体化技术，节肥增效，提高土地生产能力。

青海东部农业区春小麦化肥减量增效技术模式

1　技术概述

针对耕地质量方面存在的土壤结构不合理，蓄水、保水差等现状，采用机械深耕深松技术，打破犁底层，增加耕层厚度、熟化土壤和改良土体构型，从而改善土壤理化性状，提高降水渗入率，达到“以肥调水、以水促肥”的水肥协同效果，提高农田保水、保肥能力和水肥利用率，达到秋雨春用、保墒安苗、增加产量的目的。

施肥方面针对土壤有机质含量偏低、耕地质量差、耕地基础地力低等现象，采用增施有机肥技术，用有机肥替代部分化肥，实现有机无机相结合。针对化肥撒施、表施等造成的化肥的浪费、利用率低等现象，改变施肥方式，采用深施底肥、分层施肥、深施种肥（也称种肥同播）等化肥机械深施技术，把播种和施肥一次性完成，减少化肥损失；针对氮、磷肥用量多、钾肥和微量元素肥料施用少的现象，推进精准施肥，调整使用结构，优化氮、磷、钾配比，促进大量元素与中微量元素配合，推广配方肥，提高化肥利用率。

2　技术效果

春小麦化肥减量增效技术模式，以测土配方施肥技术为核心，以机械化深耕深松保墒技术和分层施肥条播技术为重点，施肥方法由撒施、表施向机械分层集中深施和因作物施肥转变，降低了化肥投入，节本增产增收效果显著，根据试验测算：每亩可增产5%～8%，可提高肥料利用率3%～5%，亩均减施化肥2～3千克。

3　适用范围

适用于青海东部农业区，主要包括：民和、乐都、平安、互助、湟中等14个县（区）。该区耕地面积648万亩，占全省耕地面积的73%，是青海省小麦、油料、瓜果的主产区。

4　技术措施

4.1　机械化深耕深松保墒技术

4.1.1　地块选择

选择缓坡（15°以下）地块，前茬以豆类、马铃薯、油菜茬口为佳。

4.1.2　秋后深耕深松

在作物收获后，利用秋季雨热条件较好时期，抓紧时间深耕深松整地，利用小四轮拖拉机配套的深松机或翻转犁上安装深松铲进行深耕深松作业，一般耕深在25～30厘米，达到上翻下疏松的程度，充分接纳雨水，增加降水入渗，对农田起到中耕、灭茬、疏松土壤和加快土壤熟化作用，及时耙耱镇压收墒，提高土壤墒情。同时，结合深耕深松整地可增施有机肥，一般每亩施农家肥 2.5～3 吨（商品有机肥 50～100 千克），结合深耕深松翻入土壤，有利于促进有机肥腐熟分解和培肥土壤肥力。

4.2 小麦分层条播技术

4.2.1 精细整地

精细整地，达到地平、面平、土块细碎，确保提高播种质量。

4.2.2 选用新优良品种

选用高原 437、通麦 2 号、互麦 12 号、青春 40、青春 38 等适合当地的优良品种，优良品种覆盖率达 100%。

4.2.3 小麦增施有机肥技术

大力推广测土配方施肥技术，通过取土分析化验，根据养分测定值和作物需肥规律，建立施肥指标体系，指导农户按方施肥，施用配方肥，增加有机肥用量。一般亩施腐熟的有机肥 2.5～3 吨或商品有机肥 100 千克。有机肥包括各种圈肥、禽畜粪、沼渣沼液、饼肥以及商品有机肥类等。

4.2.4 小麦精准施肥技术

小麦使用单质肥料时，按照不同的土种、养分含量的高低以及达到的目标产量，推荐使用不同的肥料用量。采用小麦配方肥 35%（16－14－5），每亩用量为 40～50 千克。

小麦主要土种养分状况及主要作物配方施肥表

土种名称	有机质（克/千克）	全氮（克/千克）	有效磷（毫克/千克）	速效钾（毫克/千克）	目标产量（千克/亩）	尿素（千克/亩）	过磷酸钙（千克/亩）	氯化钾（千克/亩）
黑麻沙土	21.36	1.39	17.00	150.25	470	15.0	29.3	6
红麻土	15.93	1.06	19.50	432.00	560	18.9	41.4	6
黄麻土	18.55	1.14	16.18	236.24	560	18.9	41.4	6
灰黑土	12.11	0.95	14.00	172.33	560	18.9	41.4	6
灰黄土	10.35	0.74	14.17	138.48	560	18.9	41.4	6
灰白土	6.71	0.54	11.50	111.00	470	15.0	29.3	6
厚黑淤土	24.31	1.48	41.00	240.67	560	18.9	41.4	6
厚黄淤土	17.19	1.05	28.00	239.33	560	18.9	41.4	6
黑沙潮土	10.35	0.61	15.00	173.00	470	15.0	29.3	6

4.2.5 分层施肥条播或免耕条播

使用机械牵引 5 行或 7 行小麦分层施肥条播机或免耕条播机，播种时做到“条施肥，肥托种”，把化肥条施在地下 9～12 厘米深处，播种深度 4～5 厘米，条播播幅 8～10 厘米，行距 15～18 厘米。

宁夏自流灌区春小麦“有机肥＋配方肥”化肥减量增效技术模式

1　技术概述

宁夏自流灌区是春小麦的主产区，种植面积70万亩，年产量24.2万吨以上。宁夏自流灌区春小麦种植区存在忽视有机肥的施用，不重视土壤改良培肥，土壤盐碱化严重，氮肥和磷肥过量施用，农户用肥量差异较大，肥料用量、氮磷钾配比、施肥时期和方法不合理等问题。“有机肥＋配方肥”施肥技术模式是通过测土配方施肥技术，根据春小麦需肥规律和土壤供肥能力，制定科学合理的施肥方案，增施有机肥用量、合理施用化肥，在高产情况下配施适量的钾肥，达到改土培肥的目的。

2　技术效果

宁夏自流灌区春小麦“有机肥＋配方肥”技术模式与农民习惯施肥相比，春小麦产量增产2.9%～4.8%；土壤有机质含量平均提高1.4克/千克，增幅9.8%；土壤全盐含量下降，耕地脱盐率提高了16.8%；土壤容重平均下降了0.054克/千克，降幅1.3%；土壤阳离子交换量平均提高了2.4%。耕地质量明显改善，亩均可减少化肥（纯量）3.91千克。

3　适用范围

该技术模式主要适用于宁夏自流灌区的银川、银北及银南的部分地区的单种春小麦。春小麦品种为宁春4号、宁春50号、宁春51号。

4　技术措施

4.1　施肥原则

重视有机肥的施用，在此基础上合理施用化肥；根据地块土壤肥力状况、春小麦长势等情况，建议施肥量可酌减；施肥方式改全田撒施为集中沟施；基、追肥深施，追肥施后再灌水；稻茬田种植春小麦时，都必须施8～10千克/亩磷酸二铵作种肥（其氮、磷量应从基肥中扣除）。

4.2　肥料品种与施肥量

4.2.1　有机肥

主要选择以宁夏当地畜禽粪便等有机肥为原料生产的商品有机肥或堆肥及其他农家肥。施用量：商品有机肥200千克/亩或者堆肥及其他农家肥1 000～1 200千克/亩。

4.2.2 配方肥

养分含量44%配方肥（24－15－5）或相近配方，施用量为42～50千克/亩。若带种肥，种肥用磷酸二铵8～10千克/亩；养分含量42%配方肥（25－7－10）或相近配方，施用量为34～41千克/亩。

4.3 施肥时期与方法

4.3.1 基肥

2月下旬至3月上旬，一般当昼夜平均温度稳定在0～2℃时，按上述推荐施用量的100%的有机肥与养分含量44%配方肥（24－15－5）42～50千克/亩作基肥深施；或养分含量42%配方肥（25－7－10）34～41千克/亩作基肥深施入土，小麦播种时用磷酸二铵8～10千克/亩与种子混匀条施入土。

4.3.2 追肥

在4月中下旬结合灌头水追施尿素15～20千克/亩。头水尽早灌溉，争取4月底前灌完。

4.3.3 喷施叶面肥

在小麦扬花期至灌浆期使用20%三唑酮乳油40毫升＋5%啶虫脒乳油20毫升＋磷酸二氢钾40克或喷施宝20克混配剂进行叶面喷施，达到防病虫害、防干热风、防倒伏、增粒增重的目的。

4.4 注意事项

一般稻茬种春小麦必须增施磷肥。水稻连作3～4年的地块每亩增施普通过磷酸钙40～50千克；水稻连作4年以上的地块每亩增施普通过磷酸钙60～80千克。

塔额盆地春小麦水肥一体化技术模式

1 技术概述

春小麦是塔额盆地主要种植作物，近几年随着春小麦产量的提高和价格的补贴等惠农政策的加大，春小麦种植面积也在平稳中有所增加，春小麦的施肥量也在逐年提高，施肥中存在的问题也日益突显，化肥利用率低，不同区域或是同一区域的农户施肥量都相差很大。针对春小麦生产存在的问题，结合化肥总量控制技术指标，初步形成春小麦化肥减量增效施肥技术模式，为春小麦稳产提质奠定基础。

2 技术效果

春小麦化肥减量增效技术模式较化肥常规施肥技术模式增产增效明显。水肥一体化技术普及推广后，有机肥、配方施肥用量大幅度增加，促进了施肥结构调整，有效节约了化肥资源，保护了小麦产区的生态环境。

3 适用范围

本模式主要适用于塔额盆地冲洪积扇上部和冲洪积扇中部春小麦种植区域。

4 技术措施

4.1 秸秆粉碎还田技术

近几年，随着春小麦种植和产量的提高，机械化程度快速发展，春小麦秸秆粉碎还田比例大幅度提高，春小麦秸秆中氮含量在2.0～4.0克/千克的占60.2%，磷含量在0.1～0.5克/千克的占51.5%，钾含量在10.0～20.0克/千克的占60.9%，因此秸秆还田对于养分归还、提高土壤养分含量、改善土壤性状，都具有很重要的意义。同时，在春小麦收获同时，直接将秸秆粉碎，使其均匀覆盖在地面上，利用机械配合腐熟剂的施用将秸秆深翻入土，通过雨水或是土壤湿度，促进秸秆快速腐烂，从而达到保肥效果。秸秆还田前期需消耗一定量的氮素，应适当增加前期氮肥用量，减少后期氮肥用量。

4.2 测土配方施肥技术

4.2.1 施肥总量

基肥、追肥与叶面肥相结合，亩施农家肥1～3吨，氮、磷、钾肥根据肥力等级施肥。壤土、黏土：磷肥、钾肥及30%的氮肥全部作基肥一次性施入，70%的氮肥作追肥分次施入；沙质、砾质土壤：钾肥、70%的磷肥及30%的氮肥全部作基肥一次性施入，30%的磷肥和70%的氮肥作追肥分次施入；推荐的微肥是锌肥、硼肥和锰肥，基肥硫酸锌（Zn：21%）0.3千克/亩，推荐叶面肥有硼砂0.05%～0.1%、硫酸锰0.1%～0.2%；喷施时期：拔节—抽穗期，喷施次数均为2～3次。塔城市小麦每亩目标产量500千克以上，需每亩施纯氮11.04～11.8千克，亩施纯磷6.26～9.31千克，亩施纯钾0.95～0.96千克，N∶P_2O_5∶K_2O为1∶(0.51～0.79)∶(0.08～0.09)；小麦亩目标产量430～500千克，壤土和沙壤土需亩施纯氮14.01～14.1千克，亩施纯磷2.54～3.94千克，亩施纯钾0.26～1.92千克，N∶P_2O_5∶K_2O为1∶(0.18～0.28)∶(0.02～0.14)；沙质土壤小麦亩目标产量440千克左右，需亩施纯氮7.08千克，亩施纯磷7.2千克，亩施纯钾1.55千克，N∶P_2O_5∶K_2O为1∶1.02∶0.22；小麦亩目标产量400～430千克，需亩施纯氮12.34～14.69千克，亩施纯磷3.97～6.41千克，亩施纯钾0～2.2千克。要求做到种、肥分施，不得与种子混合，施肥深度为8～10厘米。

4.2.2 施用方法

基肥：犁地前均匀撒于地面，结合翻地施入30厘米土层；用秸秆粉碎机粉碎秸秆，施优质、腐熟农家肥1 500～2 000千克/亩，硫酸锌（Zn：21%）0.8～1.5千克/亩，氮、磷、钾分别占总施肥量30%、40%和40%。

追肥：根据小麦不同生育期吸收氮、磷、钾养分的特点，返青期结合滴水，氮肥、磷肥、钾肥的量分别占总施肥量的25%、27%、27%；拔节期结合滴水，氮、磷、钾施肥分别占总施肥量28%、24%、24%；孕穗灌浆期结合滴水，氮、磷、钾施肥分别占总施肥量17%、9%、9%。

根外追肥：拔节期用磷酸二氢钾0.2%～0.4%溶液，混合硫酸锰0.2%～0.4%溶液进行喷雾，用液量30～50千克/亩；孕穗期用磷酸二氢钾0.2%～0.4%溶液，混合硼砂0.1%～0.2%溶液进行喷雾，用液量30～50千克/亩；灌浆期用磷酸二氢钾0.2%～0.4%溶液进行喷雾，用液量30～50千克/亩。

4.3 水肥一体化技术

4.3.1 滴灌带铺设

对播种时没有铺设滴灌带的地块，在春小麦二叶一心前进行铺设，要求4～6行铺设一条滴灌带，每个滴头流量为3.2升/小时以上。铺设时滴灌带迷宫朝上，间隔一定的距离压少量的土，以防止风把滴灌带刮走。

4.3.2 水肥一体化

春小麦在二叶一心时滴头水，此期需滴水2～3次，每次滴水间隔为5～8天，每次滴水量50～60米^3/亩。此期滴水时随水滴施尿素4～6千克/亩，分别为头水随水滴施尿素6～8千克/亩，拔节前随水滴施尿素6～8千克/亩。小麦抽穗后，麦田不能缺水，此期需滴水5～6次，每次滴水量为50～60米^3/亩，每水间隔为7～10天，灌浆初期滴水时随水滴施尿素3～4千克/亩。

天山北坡山前平原小麦
水肥一体化化肥减量增效技术模式

1 技术概述

小麦水肥一体化条件下化肥减量增效技术是在测土配方施肥技术基础上，以“绿色、安全、优质、高效”为目标，主要解决天山北坡山前平原耕地有机质含量低，化肥用量过大，氮、磷、钾肥配比不科学，部分土壤锌元素缺乏，施肥方式落后，化肥利用率低，灌溉劳动强度大等问题。通过减少化肥总量、重点调整施肥结构、有机肥替代部分化肥、水肥一体化高效利用、生育期精准施肥、提高肥料利用率等方式做好化肥减量增效工作。

2 技术效果

2.1 减少化肥用量，增加小麦产量

小麦水肥一体化条件下化肥减量增效技术每亩减少化肥施用量5.3千克，亩均增产24.3千克。

2.2　秸秆还田，提升耕地质量

充分利用有机养分资源，小麦秸秆全部粉碎还田或过腹还田，小麦收获后种植绿肥，替代部分化肥，提高土壤有机质含量，达到改良土壤、培肥地力、减少化肥的目的。

2.3　水肥一体化提高化肥利用率

减少化肥对土壤及地下水的污染，减少土壤板结，保护农业生态环境，为无公害和绿色生产营造良好的环境。

3　适用范围

适宜新疆天山北坡经济带乌伊公路沿线山前平原地带，包括新疆天山以北、准噶尔盆地南缘的带状区域以及伊犁河谷的部分地区。包括：乌鲁木齐市至伊犁沿线各地，以及新疆生产建设兵团第十二师、第六师五家渠市、第八师石河子市、第七师、第四师可克达拉市、第五师双河市及以上各师位于天山北坡的团场。适用品种为新春9号、新春17号等。

4　技术措施

4.1　水肥一体化条件下化肥减量增效技术

以测土配方施肥技术为基础，按照有机无机相结合，根据土壤养分状况、小麦需肥规律和单产水平科学确定施肥量和肥料配比。

采用滴灌水肥一体化技术，按土壤养分含量和小麦需肥规律和特点，将水肥配兑，通过可控管道系统供水、供肥，通过管道均匀、定时、定量地滴施在小麦根系，最大限度满足小麦生长发育对水肥的需求，遏制盲目施肥和过量施肥。

4.1.1　施肥总量及氮、磷、钾的投肥比例

目标产量：每亩小麦产量550千克。全生育期投肥总量，按每亩商品肥65～75千克（纯量：29～33千克）、厩肥1吨配肥、化肥减量5.3千克/亩（纯量：2.5千克）计，全生育期施肥量为氮肥38千克（纯量17千克）左右、磷肥17千克（纯量8千克）左右、钾肥12千克（纯量6千克）左右，氮∶磷∶钾=1∶(0.45～0.5)∶0.35。

4.1.2　限定小麦化肥减量增效总施肥量

天山北坡山前平原不同土壤质地小麦化肥减量增效施肥量

土壤质地	目标产量（千克/亩）	施肥限量（纯量，千克/亩）	N（千克/亩）	P_2O_5（千克/亩）	K_2O（千克/亩）
黏土	550	29	16	8	5
壤土	550	31	17	8	6
沙土	550	33	18	8	7

4.1.3 确定小麦基肥与追肥比例

天山北坡山前平原不同土壤质地小麦基、追肥分配比例

土壤质地		氮肥（%）	磷肥（%）	钾肥（%）	施肥原则
沙土	基肥	<10	5～10	<10	减少基肥，增加追肥比例
	追肥	>90	90～95	>90	
壤土	基肥	10～20	10～20	10	基追肥比例选择适中
	追肥	80～90	80～90	90	
黏土	基肥	<15	10～20	>10	
	追肥	>85	80～90	<90	

4.1.4 小麦主要生育时期追肥比例的确定

天山北坡山前平原小麦生育期追肥比例（%）

小麦	N	P_2O_5	K_2O
拔节—抽穗	40	35	35
抽穗—授粉	35	30	60
灌浆—成熟	25	35	5

4.2 确定微量元素肥料施用量

锌、硼在小麦上均有不同的增产效果，天山北坡山前平原沙土地缺锌、硼非常明显。

4.2.1 硼肥的施用

当土壤有效硼<0.5 毫克/千克时，可以采用随水滴施有机络合微肥，或基施含硼复合肥，或用硼砂 0.5～1 千克/亩基施；如果生育期喷施，则用浓度为 0.1%～0.5%的硼酸，在开花前喷施 2 次。

4.2.2 锌肥的施用

在缺锌土壤中（土壤有效锌<0.5 毫克/千克），可以采用随水滴施有机络合微肥，或每亩用硫酸锌 1～2 千克作基肥，或者在苗期至花期连续喷 2～3 次 0.2%硫酸锌作根外追肥，2 次喷施锌肥之间相隔 7～10 天。

4.3 有机肥替代部分化肥技术

小麦上实行有机肥替代部分化肥，开展“六个一”提升耕地地力工作：100%小麦秸秆粉碎还田或过腹还田，每亩施 1 吨厩肥，或每亩翻压 1 吨绿肥，或翻施羊粪 1 吨，或翻施油渣 100 千克，或施商品有机肥 100 千克。

4.4 推广科学施肥技术

提升水肥一体化技术和施肥水平，大力推广新型高效水溶肥，提高农户科学施肥意识和

技能。宣传引导农户使用成本低、技术成熟、使用便捷的肥料产品，秋季全层施肥和生育期滴施相结合。在巩固基础工作的同时，扩大在小麦上的应用，实现小麦减肥增效技术全覆盖。

4.5　推广提高化肥综合利用效率技术

将氮、磷、钾肥比例调整为1∶(0.45～0.5)∶0.35，降低化肥用量达到提高小麦肥料利用率的目的。

推广应用高效水溶肥料：植物复合营养液、天象腐殖酸大量元素水溶肥、通丰养分平衡剂；氨基酸类提高小麦抗性营养物质：寒克、旱必施；生物肥料：沃健水溶生物有机肥；土壤调理剂：免申耕、简易客；防止肥料损失的产品、技术：肥料增效剂SODM尿素、伴能、氮定；缓释肥料等高效新型肥料和沼液沼渣的示范推广。

增加有机肥的施用量，改善土壤物理化学性状；优化基、追肥比例，提高追肥比例至80%，追肥原则上采取一水一肥、少量多次的方法；重视中、微量元素肥料的施用，采用因缺补缺的矫正施肥策略；选择速溶速效肥料科学合理施用；通过硝化抑制剂、多次少施等产品和技术减少氮肥损失，提高氮肥利用效率；在一些土壤有效磷较丰富的地方可以考虑在试验取得成功的基础上降低商品磷肥（P_2O_5）2～4千克。

4.6　小麦生育期水肥一体化减肥增效灌溉措施

4.6.1　小麦生育期滴管布置

采用3.6米播幅，24行条播机条播，播深3.5～4.5厘米。滴灌带采用1管4行方式，随播种随铺设，滴灌带间距（根据当地土壤蒸发量和风期情况确定）为60厘米，滴灌带滴头流量为3.2升/小时。

4.6.2　小麦滴灌次数及滴水量

全生育期滴水8～10次，每次滴水间隔时间7天左右。每次滴水25～30米^3/亩，采取随水施肥，原则上一水一肥。

4.6.3　其他技术措施

4.6.3.1　种子准备

确定小麦品种，做好小麦种子精选和处理工作。

4.6.3.2　土地准备

整地达到“墒、松、碎、齐、平、净”质量要求。

4.6.3.3　播种质量

播行端直（<0.3%），下籽均匀（24行下种一样），接幅准确（15厘米），深浅一致（3.5厘米），覆土良好（无漏覆土），无浮籽。

4.6.3.4　苗前耙地

对于碱地及未出苗的地应连续耙地1～2次。

4.6.3.5　化除

小麦化除，每亩地用2甲4氯水剂300克（按说明）+小麦有机络合微肥250克+矮壮素150克兑水20千克。

4.6.3.6 防小麦锈病

用粉锈宁（用量见说明）。

4.6.3.7 防蚜虫

可用康福多（氯烟碱类杀虫剂）40克/亩。可结合一喷三防同时进行。

4.6.3.8 收获

蜡熟籽粒变硬开始收获，做好收割机的检修，提高收获质量，割茬15厘米，脱净率98%以上，破碎率小于0.3%，糠含率小于1%，做到颗粒归仓，丰产丰收。

第二章　水稻化肥减量增效技术模式

长江中下游地区稻田“稻虾共作”综合种养技术模式

1　技术概述

稻田养虾是一种稻虾共生互补的生态农业模式。通过种养结合，实现一田多用、一水多用、一季多收，具有减肥、省工、增虾、节地、增收的优点，符合资源节约型、环境友好型农业发展方向。

稻田养虾就是在水稻正常移栽后，及时在田间放养一定数量的龙虾幼苗，与其共生的种养方式。通过稻田养虾，发挥龙虾能吃掉田间杂草或水生生物，消灭部分有害性幼虫的优势，起到防除稻田杂草和部分虫害的作用。随着龙虾的生长，在稻田里游动、觅食等活动，有助于稻田松土、活水、通气、增加水田溶氧量；同时，龙虾的新陈代谢，排出大量排泄物，作为水稻肥料，能减少化肥施用量，促进农业循环发展。

2　技术效果

利用稻田套养小龙虾能有效地利用稻田水域空间，促进稻虾互惠共生。游动的小龙虾，能增加稻田水溶氧量，增强土壤的通气性，并清除田间杂草，同时排出的粪便，能作为肥料供水稻吸收利用，保护水体不受污染，有助于水生生物种群的动态平衡和食物链形成，促使稻虾双丰收。典型调查结果显示，稻虾共作可实现亩产优质稻谷300～450千克、无公害龙虾50～100千克，节约化学氮肥8～10千克。

3　适用范围

长江中下游水稻主产区。

4　技术措施

4.1　稻田改造

4.1.1　挖沟

围沟面积控制在稻田面积的15%以内。稻田面积达30～50亩时，按以下标准挖沟：田埂宽4～5米，平台1～2米，内侧再开挖环形沟，沟宽3～4米，坡比1∶1.5，沟深1～1.5米。稻田面积达50亩以上时，在田中间开挖“十”字沟，沟宽1～2米，沟深0.8米；稻田面积30亩以下时，围沟宽度2～3米即可，不开中间沟。

4.1.2 筑埂

利用开挖环形沟挖出的泥土加固、加高、加宽田埂。田埂加固时每加一层泥土都要进行夯实，以防渗水或暴风雨使田埂坍塌。田埂应高于田面0.6～0.8米，埂宽4～5米，埂顶宽2～3米。稻田内缘四周田埂筑高20～30厘米、宽30～40厘米。

4.2 防逃设施

利用稻田排水口和田埂设置防逃网。其中，排水口的防逃网网片规格为8孔/厘米（相当于20目），田埂防逃网选用水泥瓦作材料，高40厘米。

4.3 进排水设施

按照高灌低排的要求，确保水灌得进、排得出。进、排水口分别位于稻田两端，进水渠道建在稻田一端的田埂高处，进水口用20目的长型网袋过滤进水，防止敌害生物随水流进入。排水口建在稻田另一端环形沟的低处，用密眼铁丝网封闭管口，防止小龙虾外逃。

4.4 苗种投放及注意事项

4.4.1 苗种投放

在就近的养殖基地和有资质的种苗场选购种虾或虾苗，要求体色鲜亮、附肢齐全、无病无伤、活力强、大小规格整齐。主要养殖模式有两种：一是在稻谷收割后将种虾直接投放在稻田内，让其自行繁殖，规格为30克以上，每亩投放20～30千克，雌雄比例2～3∶1，第二年适当补充；二是在水稻栽秧后，每亩投放规格为3～5厘米的幼虾0.5万～0.8万尾，随着投放时间的推迟投放量适当减少。

4.4.2 投放注意事项

选用规格一致、活力强、质量优的幼虾进行放养，放养时一次放足。一般选择晴天早晨、傍晚或阴天进行，避免阳光直射。投放时将虾筐反复浸入水中试水2～3次，每次1～2分钟，使幼虾或亲虾适应水温，温差不超过2℃。要投放在塘边浅水植草处。运输过程中，遮光避风，每筐装幼虾2.5～5千克、亲虾5～7.5千克为宜，覆盖水草，以保持潮湿，运输时间越短越好。

4.5 管理措施

4.5.1 水质管理

根据小龙虾的生物学特性和生长需要，把握好以下主要环节。

4.5.1.1 科学施肥

禁用对小龙虾有害的化肥，如氨水和碳酸氢铵。施用的基肥以腐熟的有机肥为主，在插秧前一次施入耕作层内。追肥时先排浅田水，让幼虾集中到环沟或田间沟中，然后再施肥料，使肥料迅速沉积于底层田泥中，随即加深田水至正常深度。追肥一般每月一次，亩施尿素5千克、配方肥10千克。如生产有机稻，则不施用化肥。

4.5.1.2 维持适宜酸碱度

维持水体pH在7.5～8.5，促进小龙虾脱壳生长，4～8月，每亩施用生石灰5～10千克，化浆全田泼洒。

4.5.1.3　投放水生动物

沟内投放一些有益生物作为小龙虾的饵料，如水蚯蚓（0.3～0.5 千克/米^2）、田螺（8～10 个/米^2）、河蚌（3～4 个/米^2）等。

4.5.1.4　控制水位与水温

日常稻作管理过程中，保持浅湿灌溉，控制水位不超过田埂，保障龙虾正常生长。稻谷晒田宜轻烤，不能完全将田水排干。水位降低到田面露出即可，而且时间要短，发现小龙虾有异常时，则要立即注水。越冬期，适当提高水位进行保温，一般控制在 40～50 厘米；3 月，为促使小龙虾尽早出洞觅食，稻田水位控制在 30 厘米左右；4 月中旬以后，水温控制在 20～30℃，水位逐渐提高至 50～60 厘米，以利于小龙虾生长，避免提前硬壳老化。

4.5.2　饲料投喂

遵循“四定”（定时、定位、定质、定量）和“三看”（看天气、看生长、看摄食）原则，进行饲料投喂。小龙虾活动范围不大，摄食一般在浅水区域，所以饲料应投在四周的平台上。当夜间观察到有小龙虾出来活动时，就要开始投喂。早春 3 月以动物性饵料或精料为主，高温季节以水草和植物性饵料为主。投饲量根据水温、虾的吃食和活动情况来确定。冬天水温低于 12℃，小龙虾进入洞穴越冬，夏天水温高于 31℃，小龙虾进入洞穴避暑，此阶段可不投或少投；水温在 17～31℃时，每半月投放一次鲜嫩的水草，如菹草、金鱼藻等 100～150 千克/亩。有条件的每周投喂 2 次鱼糜、绞碎的螺蚌肉 1～5 千克/亩。每天傍晚投喂一次饲料，如麸皮、豆渣、饼粕或颗粒料等；在田边四周设固定的投饲点进行观察，若 2～3 小时食完，应适当增加投喂量，否则减少其投喂量。要经常观察小龙虾的生长活动情况，当发现大量的小龙虾开始蜕壳或者活动异常、有病害发生时，可少投或不投。

4.6　商品虾捕捞

经过 2 个月饲养的稻田小龙虾，即可进行捕捞，供应市场。按照“捕大留小，繁殖期禁止捕捞”的原则进行捕捞。将达到商品规格的小龙虾捕捞上市出售，未达到规格的继续留在稻田内养殖，以降低稻田小龙虾的密度，促进小规格的螯虾快速生长。在 5 月中旬至 7 月中旬，采用虾笼、地笼网起捕，或利用抄网来回抄捕，最后在稻田割谷前排干田水，将虾全部捕获。2～3 月放养种虾，一般在 9～10 月进入捕捞高峰期。9～10 月放养种虾，一般在翌年 5～6 月进入捕捞高峰期。

4.7　病害防治

小龙虾对许多农药都很敏感，原则上能不用药时坚决不用，需要用药时则选用高效低毒的农药及生物制剂。施农药时要注意严格把握农药安全使用浓度，确保虾的安全，并要求喷药于水稻叶面，尽量不喷入水中，而且最好分区用药。

4.7.1　水稻病虫害防治

防治水稻螟虫，亩用 200 毫升 18%杀虫双水剂加水 75 千克喷雾；防治稻飞虱，亩用 50 克25%扑虱灵可湿性粉剂加水 25 千克喷雾；防治稻条斑病、稻瘟病，亩用 50%消菌灵 40 克加水喷雾；防治水稻纹枯病、稻曲病，亩用增效井冈霉素 250 毫升加水喷雾。水稻施用药物，应尽量避免使用含菊酯类的杀虫剂，以免对克氏原螯虾造成危害。喷雾水剂宜在下午进行，施药前田间灌水至 20 厘米，喷药后及时换水。

4.7.2 小龙虾病害防治

小龙虾养殖过程中，常见病害有病毒病、甲壳溃烂病和纤毛虫病。

4.7.2.1 病毒病防治

遵循“防重于治、防治结合”的原则。①放养健康、优质的种苗；②合理地控制放养密度；③改善栖息环境，加强水质管理；④投种（苗）前用生石灰彻底清塘，杀灭池中的病原；⑤板蓝根、鱼腥草、大黄煮水拌饲料投喂或用三黄散拌饲料投喂，如每千克饲料拌 3 克三黄粉粉剂投喂，每天 1 次，连喂 3 天；⑥聚维酮碘或四烷基季铵盐络合碘 0.3～3.5 毫克/升全池泼洒，或二氧化氯 0.2～0.5 毫克/升全池泼洒，每半月预防一次；⑦症状严重时，聚维酮碘或二氧化氯连续使用 2 次，每次用药间隔 2 天，可采用聚维酮碘 0.3～0.5 毫克/升＋20 毫升/亩三黄粉水剂全池泼洒，同时，中草药制剂拌饲投喂，连续投喂 5 天；⑧用 0.2%维生素 C＋1%的大蒜＋2%双黄连，加水溶解后用喷雾器喷在饲料上投喂，如发现有虾发病，应及时将病虾隔离，控制病害进一步扩散。

4.7.2.2 甲壳溃烂病（细菌性病）防治

①避免损伤；②投足饲料，防止争斗；③每亩用 10～15 千克生石灰化水全池泼洒，或每立方水用 2～3 克漂白粉全池泼洒。生石灰与漂白粉不能同时使用。

4.7.2.3 纤毛虫病防治

①用生石灰清塘，杀灭池中的病原；②用 0.3 毫克/升四烷基季铵盐络合碘全池泼洒；③投喂小龙虾蜕壳专用人工饲料，促进虾蜕壳，蜕掉长有纤毛虫的旧壳。

江苏水稻“配方施肥＋秸秆还田与增施有机肥”技术模式

1 技术概述

针对江苏部分地区水稻生产上存在过量施肥、偏施氮肥、氮磷钾配比不合理、重化肥轻有机肥等问题，推广测土配方施肥技术。氮肥用量通过地力差减法确定，磷、钾用量由土壤养分丰缺指标法确定。针对土壤有机质含量低、基础地力产量不高等问题，以及秸秆资源丰富等特点，实行秸秆就地全量还田并增施有机肥，提高耕地质量。

2 技术效果

2.1 减肥增效

多年试验示范结果表明，水稻应用测土配方施肥技术能节本增效和增产增收。较习惯施肥每亩节氮 3～5 千克，节磷 0.5～1 千克，每亩增产 5%左右。

2.2　提升地力

实行秸秆全量还田，并增施有机肥，能调节土壤理化性状，提高土壤有机质含量和基础地力产量，实现“藏粮于地”。

2.3　保护环境

应用测土配方施肥技术，实行有机无机肥相结合，能控制施肥总量，优化施肥结构，提高肥料利用率，减少养分流失或挥发的风险，减轻对环境的污染。与习惯施肥相比，肥料利用率能由35%左右提高到40%以上。

3　适用范围

江苏稻麦轮作、稻油轮作、稻绿轮作区域。

4　技术措施

4.1　测土配方施肥

4.1.1　施肥总量确定

依据生产百千克籽粒吸氮量和目标产量，利用地力差减法确定氮肥推荐总量。根据“3414”试验得到的相对产量百分比，建立磷、钾丰缺指标，应用特尔菲法确定磷、钾推荐用量。一般目标亩产600～650千克，亩施纯氮（N）14～16千克、磷（P_2O_5）3～5千克、钾（K_2O）6～9千克。宁镇扬丘陵等地力瘠薄地区施肥数量适当增加；土壤钾素富集的沿海地区，适当减少钾肥用量；里下河、太湖等土壤地力肥沃的地区，适当调减氮肥用量。

4.1.2　基肥施用

应用县域测土配方施肥专家系统，筛选确定水稻基肥主推配方。如常熟市水稻基肥主推配方肥配合式为20-5-15、15-10-15、20-12-16；如皋市水稻基肥主推配方肥配合式为10-5-10、15-6-9、20-5-15；东台市水稻基肥主推配方肥配合式为15-10-15、17-15-13、20-5-15。主推配方确定后，委托肥料企业定向生产配送配方肥，农民购买后于整地前施用。机插秧或抛秧可采用旋耕施肥镇压复式作业机进行深施。直播稻施肥采用耕播施肥联合作业一体机，一次性完成“旋耕—施肥—播种—镇压”作业，旋耕深度20～25厘米。

4.1.3　秸秆还田

4.1.3.1　切碎麦秸

在机械收割小麦时，加载秸秆切碎装置，将收割机的切草刀片间距调整为8～10厘米，将小麦秸秆切成8～10厘米长，使90%的麦秸长度小于10厘米，并均匀平铺于田面。然后用旋耕机旋耕入土。

4.1.3.2　施用腐熟剂

麦秸撒铺后，施用适量秸秆腐熟剂。一般每亩施用秸秆腐熟剂2千克以上，或按每千克秸秆施用2亿个以上有效活菌数（CFU）计算秸秆腐熟剂每亩投入量。

4.1.3.3　调节碳氮比

为防止秸秆腐烂分解与水稻争氮，影响壮苗早发，在施用水稻基肥时，适量增施氮肥，将秸秆碳氮比调至 20∶1～25∶1。

4.1.3.4　浅水旋耕

机械旋耕时，把握两个关键环节。一是适度控制田间水层。作业前把水层控制在 3～4 厘米，浸泡 3～4 小时，做到浅水旋耕。如果水层太浅或无水层，容易出现刀滚拖板粘泥及机具作业负荷过大等现象；水层过深时，产生草与泥分离，容易出现秸秆漂浮，埋草效果差，埋茬率降低，对人工插秧和机插秧带来一定的不利影响。二是采用两次作业法。第一次机具前进速度宜慢，旋耕深度在 20 厘米以上，第二次速度可稍快，旋耕深度要求 25 厘米以上，确保 80%以上的秸秆能埋入土中。

4.1.3.5　控水调气

稻苗栽 5～10 天后，采用干湿交替进行水浆管理。一般泡水 1～2 天，通气 2～3 天，切忌深水长沤，通气不畅，防止麦秸在腐烂发酵过程中产生有毒物质抑制稻苗根系生长造成僵苗。中期适时搁田，控制无效分蘖；后期干湿交替，提高水稻根系活力。

4.1.4　增施有机肥

在有条件的地区，基肥每亩施用腐熟的畜禽粪肥 1 000～1 500 千克，或商品有机肥 200～250 千克。

4.1.5　追肥

追肥分为分蘖肥和穗肥。分蘖肥以单质氮肥为主，基蘖肥中，手栽稻的基肥约占 70%，分蘖肥约占 30%，于移栽后一个叶龄施下。机插小苗的基蘖肥分配比例，基肥适当减少，占 40%～50%，以分蘖肥为主，占 50%～60%，于移栽后第二个叶龄（6 叶期）形成发达根系后施下，以促进有效分蘖的发生。穗肥包括促花肥和保花肥。促花肥于倒 4 叶期施用，占穗肥总量的 60%～70%，保花肥于倒 2 叶期施用，占穗肥总量的 30%～40%。促花肥以氮、钾型肥为主，如应用 40%（28－0－12）的穗期专用配方肥，保花肥以单质氮肥为主，如尿素。

浙江粮食生产功能区水稻“紫云英＋有机肥＋配方肥”技术模式

1　技术概述

浙江粮食以水稻为主，年播种面积在 1 900 万亩左右，其中单季稻、晚稻播种面积在 1 000 万亩左右，主要集中在粮食生产功能区。由于人工费用高、水稻种植效益低，农民在耕地保护与质量提升方面不舍得投入，有机肥应用少，单纯以化肥为主的现象较为严重。为推进“增产施肥、经济施肥、环保施肥”的理念，区内推广“紫云英＋有机肥＋配方肥”的施肥技术模式。紫云英鲜草翻耕用作绿肥，有机肥主推商品有机肥，配方肥则为当地土肥技术部门依据测土配方施肥技术主推的产品，目的在于减少不合理化肥投入，促进粮食增产、农民增收和生态环境安全。

2　技术效果

“紫云英＋有机肥＋配方肥”模式，与农民习惯种植方式和施肥模式相比，可以减少水稻上的施肥量：基肥中氮肥用量可减20％，追肥中氮肥用量可减15％～20％。

3　适用范围

在浙江省范围内均可推广应用，适用作物可涵盖水稻、油菜、大小麦等。

4　技术措施

4.1　施肥原则

重施有机肥，推进绿肥种植，注重生物供氮；预防倒伏，应适当补施硅肥；绍兴等缺磷地区要注重磷肥投入；根据土壤肥力状况，优化氮磷钾肥用量、施肥时期和分配比例；基肥以缓释肥、脲铵等稳定性肥料为主；分蘖期后，不建议再施用沼液。

4.2　肥料品种与施肥量

4.2.1　有机肥

主要选择以当地畜禽粪便等有机肥为原料生产的商品有机肥或堆肥及其他农家肥。施用量：商品有机肥100～200千克/亩或者堆肥及其他农家肥150～300千克/亩。

4.2.2　配方肥

选择45％（20－10－15）配方肥或相近配方。施用量：20～30千克/亩。

4.2.3　沼液

单季稻全生育期施用沼液量不宜超过30吨/亩，以1∶2稀释后直接灌溉施用。

4.3　施肥时期与方法

4.3.1　紫云英播种

品种宜选宁波大桥种、平湖大叶种等高产良种。一般在第一年9月下旬至10月上旬直播或套种到单季晚稻田，用种量1.5～2千克/亩。

4.3.2　紫云英田间管理

播种后保持田间湿润，既可满足紫云英种子对水分的需要，也有利于晚稻灌浆结实。为提高紫云英鲜草产量，在12月中旬可施农家肥500千克/亩、过磷酸钙25～30千克/亩；翌年2～3月，追施尿素2～4千克/亩。

4.3.3　紫云英翻压

在水稻种植前7～15天月中旬紫云英结荚成熟时，翻耕入土。

4.3.4 水稻施肥

紫云英作绿肥的，单季稻施肥总量一般为氮肥（N）5～7千克/亩、磷肥（P_2O_5）2.5～3.5千克/亩、钾肥（K_2O）3.0～4.5千克/亩。

基肥：紫云英翻压作绿肥的，土壤肥力较好的田块可不施基肥；肥力较差的，可基施氮肥（N）1.5～2.5千克/亩、磷肥（P_2O_5）1.0～1.2千克/亩、钾肥（K_2O）1.0～1.5千克/亩。

追肥：拔节期和孕穗期追肥1～2次。氮肥（N）2.5～3.5千克/亩、磷肥（P_2O_5）1.5～2.0千克/亩、钾肥（K_2O）1.5～2.5千克/亩。

安徽双季稻区紫云英—水稻秸秆协同还田技术模式

1 技术概述

本技术模式，是针对安徽江淮之间南部及沿江江南双季稻区冬闲田面积增大、早稻生产茬口紧张及水稻化肥减量增效需求，更新了安徽双季稻区紫云英新品种，改良集成了紫云英高产施肥及栽培技术、紫云英—水稻秸秆协同还田、稻田无水层灌溉栽培等技术而成。

通过引种早熟优质紫云英新品种，增加了绿肥养分富集，协调了安徽双季稻区早稻茬口；通过增加调整紫云英基肥中磷钾比例，促进紫云英生长发育，改善其抗旱抗冻能力，提高其鲜草产量；同时将硼砂和钼酸铵作基肥施用，提高了紫云英根瘤数量，增强了根瘤菌的固氮能力，节约了后期叶面喷施劳动力成本。

2 技术效果

本模式的推广应用，紫云英鲜草产量可提高20%以上，土壤全氮、有机质、有效磷、速效钾含量可分别提高7.9%、2.8%、4.4%、4.6%。实施紫云英—秸秆协同还田技术后，早稻可以减施化肥用量20%～30%，可增产稻谷8%～10%。

3 适用范围

本技术模式适用于安徽省江淮之间南部及沿江江南双季稻区。

4 技术措施

4.1 紫云英品种选择

尽可能选用中早熟紫云英品种，江淮之间南部可选择偏早熟紫云英品种，如皖紫1号、闽紫1号等，江淮、沿江、江南地区可以选择早中熟紫云英，如弋江籽、余江大叶等品种。

4.2 水稻收割及紫云英播种

紫云英在9月底或10月初提前稻底套播，一般不宜超过10月10日。双季晚稻采用留高茬收获，留稻茬长度30～40厘米，碎稻草均匀覆盖田面。

4.3 紫云英高产栽培技术

4.3.1 紫云英播种量

稻底套播时，每亩撒播紫云英种子2.0～2.5千克。

4.3.2 紫云英施肥

有紫云英种植历史，或肥力中等的地区，可不施氮肥，多施用磷、钾肥料。一般在水稻收割后每亩施用磷肥（P_2O_5）1～1.5千克、钾肥（K_2O）1～1.5千克、硼砂0.5～0.6千克、钼酸铵0.01～0.02千克。土壤肥力较差或首次种植绿肥区域每亩可增施氮肥（N）2千克，促进紫云英生长。

4.3.3 绿肥田间管理

紫云英生长期，注意及时清沟排渍；冬季如遇到连续干旱，应及时灌“跑马水”抗旱。一般无显著病虫害不需防治。

4.4 紫云英—秸秆协同还田技术

直播早稻一般提前7～10天，移栽早稻提前10～15天实施紫云英—秸秆一起翻压还田，翻压深度10～15厘米。直播早稻每亩绿肥翻压量1 000～1 500千克；移栽早稻每亩翻压量1 500～2 000千克。

4.5 稻田水分管理技术

实行绿肥—秸秆协同还田后，水稻栽培模式宜采用无水层灌溉栽培，水稻插秧约30天，其田间水分管理的原则是根据水稻不同生育期对水分的需要，进行浅水灌溉，这样既能充分发挥绿肥、秸秆养分效果，也可以防止稻田养分流失造成的环境污染。

4.6 后茬化肥施用及运筹

4.6.1 早稻化肥用量

在多年绿肥—秸秆协同还田条件下，紫云英翻压后，后茬早稻化肥总用量中，应注意扣除紫云英季的化肥用量。根据土壤肥力，推荐实际化肥施用总量，高肥力土壤每亩施用N 7.5～8千克、P_2O_5 3.5～4千克、K_2O 4～5千克，中等肥力土壤每亩施用N 9.5～10.5千克、P_2O_5 4～4.5千克、K_2O 6～7千克，低肥力土壤每亩施用N 11～12千克、P_2O_5 4.5～5千克、K_2O 7～8千克。

4.6.2 晚稻化肥用量

在多年绿肥—秸秆协同还田条件下，根据土壤肥力，晚稻推荐化肥施用总量，高肥力土壤每亩施用N 11～12千克、P_2O_5 3.5～4千克、K_2O 5～6千克，中等肥力土壤每亩施用N 13～14千克、P_2O_5 4～4.5千克、K_2O 7～8千克，低肥力土壤每亩施用N 15～16千克、

P_2O_5 4.5～5 千克、K_2O 9～10 千克。

4.6.3 化肥替代减量

在多年绿肥—秸秆协同还田条件下，相对常规化肥施用量，双季稻全生育期每亩可减施化肥 N、P_2O_5、K_2O 分别为 3～4 千克、1～1.5 千克、1.5～2 千克。

4.6.4 化学肥料运筹

采用多年绿肥—秸秆协同还田技术，建议早、晚稻的磷、钾肥仍作为基施，氮肥按基肥：分蘖肥：穗肥为 5：3：2 运筹；土壤肥力偏低的地区，可以适当增加氮肥基肥比例，基肥：分蘖肥：穗肥可按 6：2：2 或 7：3：0 运筹。

江淮丘陵区“水稻秸秆还田+油菜全程机械化种植”减肥增效技术模式

1 技术概述

在传统的费时费工、高成本的育苗移栽方式的发展受到限制的条件下，通过前茬水稻秸秆全量机械翻压还田、油菜全程机械化种植技术，达到肥料深施、秸秆养分循环利用和全程机械化操作的目的。水稻秸秆全量还田实现了秸秆养分的循环利用，油菜全程机械化种植实现了油菜生产轻简化、集成化、规模化、标准化，易于新型农业经营主体规模化操作，节肥增效显著，经济效益可观，具有很好的推广前景。

2 技术效果

实施本技术模式，每亩可减少化肥用量 10%～15%，提高作物产量 10%，提高肥料利用率 5%～10%，节本增效显著。

3 适用范围

本技术模式适用于安徽江淮丘陵区水稻—油菜轮作制下的冬油菜生产。

4 技术措施

4.1 水稻秸秆全量还田

4.1.1 清沟沥水

水稻成熟前，清沟控水降渍，关键是降低土壤墒情，防止烂耕烂种。

4.1.2 切碎抛铺

水稻机收时，开启秸秆粉碎装置，留茬高度控制在 10 厘米左右，切碎长度小于 15 厘米，秸秆全量均匀抛撒，确保全田稻草均匀平铺。

4.1.3　旋耕埋草

秸秆粉碎后最好立即翻耕入土，以避免水分损失而不易腐解。同时使用55.16千瓦以上的大型旋耕机或反旋灭茬机将秸秆均匀埋入土中，旋耕深度稳定在15～20厘米，需二次浅旋，碎土大小控制在3厘米以下。

4.2　油菜全程机械化种植技术

4.2.1　品种选择

油菜品种一般选择株型紧凑、株高适中、成熟期一致、完熟期裂果性差等易于机械收割的“双低”品种，如沣油737、陕油28等。同时选择适宜的机条播机械，如2BG-6（5）A条播机等。

4.2.2　适时适量播种

机条播油菜一般在9月下旬至10月上旬播种。适墒播种，播后机械镇压。每亩播种量为0.25～0.40千克，随播种期推迟应适当增加播种量。4～5叶期定苗，9月下旬播种的每亩留苗2.0万～2.5万株，10月上旬播种的每亩留苗2.5万～3.0万株。

4.2.3　施肥管理

肥料运筹：中等肥力水平的田块建议每亩施肥量为：氮肥（N）10～12千克，磷肥（P_2O_5）3～5千克，钾肥（K_2O）4～5千克，硼肥1千克。其中磷、钾、硼肥全部作基肥施用，氮肥分次施用。氮肥具体运筹为：适当提高氮肥基施比例，70%的氮肥作基肥施用，20%的氮肥作越冬肥施用，10%的氮肥作薹肥施用。作基肥的氮肥可随水稻秸秆翻压时施入，以促进水稻秸秆腐解，保证油菜冬前早发快长。

4.2.4　水分管理

油菜出苗和生长既要湿润又怕淹水。油菜播种后开好三沟，做到沟沟相通，排灌自如。播种后，若遇干旱天气，灌一次跑马水，促进发芽出苗，同时有利于泥草沉实弥合，加速秸秆腐烂分解。

4.2.5　防治病虫草害

播种后土壤及时封闭处理，11月中旬茎叶除草一次。同时做好清沟沥水，可促进油菜生长和降低病虫害发生概率。后期结合病虫害防治追施尿素、叶面肥等。

4.2.6　适时机械收割

在油菜荚角90%呈枇杷黄时收割，同时实施秸秆粉碎还田，粉碎的秸秆应均匀抛撒在田面。

鄂东南早稻—晚稻—油菜化肥减量增效技术模式

1 技术概述

目前在施肥上普遍存在着以下问题：施肥量过大或偏低，肥料配比不合理，利用率不高及忽视有机肥的施用和土壤改良。配方肥＋有机肥＋秸秆还田综合利用技术，在施用有机肥的基础上，根据土壤养分状况、土壤特性、作物需肥规律、确定的目标产量及肥料效应，制定出氮、磷、钾及中微量元素的最适用量、最优比例和最佳施肥时间。同时使用秸秆腐熟剂促进秸秆直接还田，在解决盲目、不当施肥问题的同时，又增加作物产量和品质，还能起到改土培肥，增加耕地质量的效果。

2 技术效果

早稻—晚稻—油菜轮作配方肥＋有机肥化肥减量增效种植技术模式与农民习惯施肥相比，达到每亩每年减少不合理施肥4.1千克（纯量），化肥利用率提高4个百分点，土壤有机质提高0.2%。

3 适用范围

本模式适应于鄂东南稻—稻—油轮作种植区。茬口安排：每季秸秆全量还田，早稻4月上旬育苗，5月中旬移栽，7月底收割；晚稻6月中旬育苗，7月底移栽，10月底收割；油菜9月下旬育苗，10月底至11月底移栽，5月上旬收割。

4 技术措施

4.1 早稻栽培技术

4月上旬育苗，5月上旬油菜收割秸秆粉碎翻耕还田，亩基施45%（20-10-15）配方肥或45%有机无机复混肥（15%有机肥，30%无机肥）20～40千克，亩移栽密度2万蔸左右，移栽后7～10天（分蘖肥）施46%尿素5～10千克，穗期每亩追施46%尿素5～10千克、60%氯化钾5～10千克，7月下旬早稻收割，秸秆全量翻耕还田。氮、磷、钾总养分控制在22～26千克/亩。

4.2 晚稻栽培技术

6月中下旬晚稻育苗，7月底抢季节移栽，密度1.8万～2万蔸/亩，移栽前将基肥施入大田后翻耕，亩施基肥45%（20-10-15）配方肥或45%有机无机复混肥（15%有机，30%无机）40千克，栽后7～10天（分蘖肥）亩施46%尿素5～10千克左右，穗期亩追施

46%尿素 5～10 千克、60%氯化钾 5～10 千克。氮、磷、钾总养分控制在 20～28 千克/亩。

4.3 油菜施肥技术

9 月中下旬油菜育苗，10 月底至 11 月初晚稻收割，机械开沟将秸秆覆盖还田。油菜也可以采取免耕移栽方式移栽，密度 6 000～7 500 株/亩，移栽前施足基肥，亩施 45%配方肥（20-10-15）20～30 千克或 30%配方肥（15-7-8）30～40 千克、含硼 11%以上硼砂 1 千克，10 天后施提苗肥，亩施 46%尿素 3～5 千克，抽薹期亩追施 46%尿素 5～10 千克、60%氯化钾 5～10 千克。氮、磷、钾总养分控制在 20～26 千克/亩。

湘中早稻“测土配方施肥＋种植绿肥”化肥减量增效技术模式

1 技术概述

湘中是双季稻生产主产区。早稻生产中施肥存在重追肥，轻底肥；重化肥，轻有机肥；重氮肥，轻磷、钾肥；重大量元素肥料，轻微量元素肥料。

通过“测土配方施肥＋种植绿肥”化肥减量增效技术模式，化肥施用量减少，提高肥料利用率，减少肥料损失，有效降低化肥面源污染，促进农作物稳健生长，提高农产品品质与质量安全，促进农业的可持续发展。

2 技术效果

通过测土配方施肥，种植绿肥，与农民习惯施肥相比，每亩可减少氮肥用量（N）1.0～2.5 千克、钾肥用量（K_2O）0.5～1.5 千克，每亩共减少化肥用量 1.5～4 千克，每亩增产 10 千克以上。

3 适用范围

湘中双季稻种植区均适用。

4 技术措施

4.1 测土配方施肥

根据早稻目标产量和功能区划，细化、实化测土配方施肥技术方案，因地制宜确定早稻化肥推荐施肥量，加强农企合作和产需对接，扩大配方肥应用规模。

4.1.1 施肥原则

4.1.1.1 坚持有机肥与无机肥相结合

实行测土配方施肥，在科学施用化肥的同时，注重发展绿肥，增施有机肥，实施秸秆还田，推广肥料深施及叶面追肥，提高肥料利用率。

4.1.1.2 坚持基肥与追肥统筹

根据土壤肥力确定目标产量，控制氮肥总量，氮、磷、钾平衡施用，基肥与追肥统筹。化肥施用中氮肥按“541”模式施用，即基肥50%、分蘖肥40%、穗肥10%，基肥深施，追肥“以水带氮”。

4.1.1.3 坚持施肥与改土并重

在土壤pH5.5以下的田块，适当基施生石灰，推广具有调酸功能的土壤调理剂。缺锌田块、潜育化稻田，适量补锌。

4.1.2 肥料品种、施肥量

推荐42%（20-10-12）早稻专用配方肥，或相近配方。

产量水平≥450千克/亩的，配方肥推荐用量32～35千克/亩，分蘖肥追施尿素5～6千克/亩，穗粒肥追施氯化钾1～2千克/亩。

产量水平为375～450千克/亩的，配方肥推荐用量28～32千克/亩，分蘖肥追施尿素4～5千克/亩，穗粒肥追施氯化钾1～2千克/亩。

产量水平≤375千克/亩的，配方肥推荐用量25～28千克/亩，分蘖肥追施尿素4～5千克/亩，穗粒肥追施氯化钾1～2千克/亩。

对缺锌的土壤每亩基施硫酸锌1千克，或用0.2～0.3千克/亩硫酸锌拌泥浆沾秧根，或在水稻秧苗期和移栽返青后每亩分别用硫酸锌100克兑水45千克叶面喷施。

种植绿肥翻压的田块，应酌情减少化肥用量，超级杂交稻适当增加用量。

4.2 种植绿肥

4.2.1 选用良种，适时播种

紫云英选用余江大叶、宁波大桥等品种，肥用油菜选用油肥一号、油肥二号等品种，于9月下旬至10月初在双季晚稻田套播绿肥种子，播种前保持田间湿润，力争一播全苗。每亩大田用种量紫云英为1.5～2.0千克、满园花为0.2～0.3千克、肥用油菜为0.1～0.2千克。

4.2.2 收集稻草、及早补种

双季晚稻机收后，及时将覆盖绿肥幼苗的稻草收集堆于田角，同时禁止在稻田及周围焚烧稻草。对收割机损伤绿肥苗比较严重的地块，应及时进行补种，达到苗齐苗匀。

4.2.3 开好“三沟”

水稻收割后，及时开好三沟，即主排渍沟、围沟、厢沟，做到“三沟”配套，保持土壤润而不渍。

4.2.4 科学施肥

施肥以磷、钾肥为主，适施氮肥，从而达到以磷增氮、小肥养大肥的目的。

4.2.5 加强田间管理

强化基础设施建设，避免牛羊进入绿肥田。

4.2.6 适时翻耕

于绿肥盛花期（3月底至4月上旬）及时翻耕。在紫云英的翻沤时期及早稻的苗期应做到合理灌水，尽量不排水，防止紫云英分解后养分随水流失。避免早稻早期脱氮，绿肥压青后，酸性土壤每亩施用生石灰 30～50 千克，促早稻早生快发。

4.2.7　翻压数量及化肥施用量

绿肥翻压鲜草量 1 500 千克/亩左右，早稻目标产量为 400～500 千克/亩时，化肥用量一般推荐为 N 6～7 千克/亩、P_2O_5 3～4 千克/亩、K_2O 4～5 千克/亩。

洞庭湖双季稻区“紫云英＋有机肥＋稻草还田”减肥增效技术模式

1　技术概述

湘北洞庭湖区有机肥施用量不足，偏施化肥，导致稻田土壤板结、酸化，耕地质量下降，农业面源污染加剧，局部地区稻米重金属超标。湘北洞庭湖区双季稻“紫云英＋有机肥＋稻草还田”减肥增效技术模式：冬季绿肥种植在晚稻晒田前，人工挖好丰产沟，晒好田，晚稻蜡熟期每亩播紫云英种子 1.5～2.0 千克，晚稻收割后机械开沟。紫云英鲜草产量控制在 2 000 千克/亩左右，全部翻耕作早稻基肥。对 pH 小于 5.5 的土壤每亩施石灰 50～75 千克。早稻收割时留高茬，收割机加装稻草粉碎机，实行稻草粉碎还田，并增施农家肥 500 千克或商品有机肥 100～150 千克/亩。

2　技术效果

早稻可每亩减氮（N）1～2 千克、减磷（P_2O_5）0.3～0.5 千克、减钾（K_2O）1～2 千克。晚稻可每亩减氮（N）1～1.5 千克、减磷（P_2O_5）0.5～1 千克、减钾（K_2O）2～2.5 千克。早稻每亩增产 15～20 千克，晚稻每亩增产 20～25 千克。稻米品质有所提高，土壤颜色加深，土壤性状改良、肥力提高，减少农业面源污染，达到生态环保的效果。

3　适用范围

本技术模式适用于湘北洞庭湖区双季水稻生产（目标产量早稻 500 千克/亩，晚稻 550 千克/亩）。

4　技术措施

4.1　绿肥（紫云英）种植

晚稻生长中后期，9 月下旬到 10 月下旬，选用适合种植的湘紫 1 号、湘紫 2 号、湘紫 3 号、湘紫 4 号、宁波大桥、余江大叶等品种，紫云英种子用根瘤菌剂拌种后，播种到大田，播种量 1.5～2.0 千克/亩。紫云英怕涝，不能被水淹，因此应开好三沟（主沟、围沟、厢沟），及时排除积水，防止渍害。翻压时间原则上应在紫云英鲜草产量和总氮量最高的时期进行，紫云英应选择盛花期进行翻压，一般在早稻栽秧前10天进行，紫云英压青量每亩施用鲜草1 000～1 500千克为宜。

4.2 早稻施肥

紫云英翻压后，结合整田，适量施用化肥。化肥施用量主要根据当地测土配方施肥推荐的肥料用量，根据紫云英生物产量，适当减少化肥用量。以紫云英每亩产量1 500千克为例，可每亩施40%（20-10-10）早稻配方肥30～35千克作基肥，移栽后5～7天进行追肥，每亩追施尿素5千克、氯化钾2千克。搞好病虫防治及其他田间管理，实现高产。孕穗期每亩叶面喷施“喷施宝”1包（20毫升/包）提高结实率。

4.3 早稻秸秆还田

早稻收获时，利用大型农业机械，在将稻谷脱粒的同时，最大限度将水稻的生物产量留在田中，留高茬，将秸秆粉碎，再结合整田，将粉碎后的秸秆深耕入泥，为加快腐熟，不造成烧苗，每亩大田可于翻耕前加施秸秆腐熟剂1包（2千克/包）。

4.4 晚稻施肥

秸秆还田后，结合整田，将有机肥深施作基肥，商品有机肥一般亩施100～150千克+40%（20-8-12）配方肥30～35千克，翻耕深施后，再进行稻田平整，将晚稻移栽入大田，机插秧或抛秧均可，保证基本苗充足，移栽后3～5天追肥，追肥量一般为每亩施尿素4～5千克、氯化钾1千克。孕穗期每亩叶面喷施“喷施宝”1包（20毫升/包）提高结实率。

4.5 注意事项

双季稻要实现减肥增效，还必须结合其他技术措施，如全面推广测土配方施肥、改进施肥方式、选用高产优质品种、适当加大用种量，增苗减氮，做好水分管理和病虫害综合防治等，确保既有效减少化肥用量，又能增产增收增效。

湖南双季早稻“紫云英翻压还田+测土配方施肥”化肥减量增效技术模式

1 技术概述

湖南是全国水稻主产区，尤其以双季稻种植为主，水稻播种面积达6 500多万亩，年产量达2 800万吨以上。农民在水稻施肥上普遍存在以下问题：偏施氮、磷肥，轻施钾肥和中微量元素；重施化肥，忽视有机肥的施用与土壤培肥改良。由于水稻连年高产，消耗土壤中的碳素及带走中微量元素量大，造成土壤供肥性能下降。

“紫云英翻压还田＋测土配方施肥”技术模式，即利用冬闲季节播种紫云英，既可美化乡村环境，又可培肥地力。通过紫云英固氮、活化土壤中钾素与微量元素，在盛花期翻压还田，增加土壤有机质含量，可为后期作物早稻提供养分，减少氮肥施用量，同时增加早稻抗寒促分蘖。该技术既能减少化用量，提高稻谷品质，增加收益，又能改良土壤结构与性状，提高土壤肥力。

2　技术效果

多年实践表明：通过该技术模式，每亩可减少当季早稻化肥用量5.5千克（折纯），早稻亩增产5%以上，土壤理化性状也将得到持续改善，同时为推动休闲观光农业发展提供有利条件。

3　适用范围

该技术适应湖南双季水稻种植区。主要包括邵阳市、娄底市、衡阳市、永州市以及郴州市等区域。

4　技术措施

4.1　紫云英种植与翻压还田

4.1.1　晚稻收获前15天左右，即10月上中旬，播入绿肥种子

主要技术要点包括：①播种。每亩播入1.5～2.0千克紫云英种子。②开好“三沟”。紫云英怕旱忌涝，播种前后，及时开好“三沟”，即腰沟、围沟、厢沟，做到三沟相通，既可防止田间渍水，田间过干时又可及时灌入“跑马水”，促进发芽生长。

4.1.2　适时翻压还田

在早稻插秧前15天左右进行翻压还田，即4月上旬，对紫云英进行畜力或旋耕机翻压还田沤制，沤制10～15天，期间保持田块水不外流。

4.2　早稻施肥

4.2.1　施肥量

根据早稻目标产量定氮，丰缺指标法定磷、钾，化肥用量一般推荐为N 6～8千克/亩、P_2O_5 2.5～3千克/亩、K_2O 4～5千克/亩。缺锌土壤每亩施用硫酸锌1千克。

4.2.2　施用方法

4.2.2.1　基肥用量

采用单质化肥的类型和用量：在早稻插秧前一天，即为4月20日左右，将60%的氮肥（折纯N）3.9（3.6～4.2）千克［换算成尿素为8.5（7.8～9.2）千克］、100%的P_2O_5 2.8（2.5～3）千克［换算成12%的过磷酸钙为23.3（20～25）千克］、60%的K_2O 2.7（2.4～3）千克、［换算成氯化钾4.5（4～5）千克］作基肥，最后一次翻耙前施入田块，进行翻耙。

采用复合肥的配方和用量：建议配方为40%（15-10-15）（或相近配方），每亩用量为28千克左右。

4.2.2.2 追肥用量

追肥全部采用单质氮肥与钾肥，即40%的氮肥（折纯N）2.6（2.4～3.4）千克［换算成尿素为5.6（5.2～7.4）千克］、40%的 K_2O 1.8（1.6～2）千克［换算成氯化钾3（2.7～3.3）千克］作追肥，于插完早稻秧苗10天左右施入。

湘西北中低山区中稻“油菜秸秆还田＋测土配方施肥”技术模式

1 技术概述

湖南西北部中低山区包括怀化、张家界、湘西，以及安化、桃江、新化、桃源、石门等县的部分乡镇。该地区地貌以山区为主，为典型的一季稻区，温光资源双季不足、一季有余，一季稻产量潜力大。稻田以梯田为主，田块面积小，人均稻田面积少，形状不规则，分布散，耕种难度较大。针对湖南西北部中低山区以上特点，该区域适宜发展中稻—油菜栽培模式，可实现该区温光资源利用的最大化，弥补温光资源双季不足、一季有余的缺陷，积极促进该区的粮食生产。而且有利于解决该区劳动力不足、稻田耕作难度大、劳动力效率不高的问题。

2 技术效果

湖南西北部中低山区“油菜秸秆还田＋测土配方施肥”技术模式与农民习惯施肥相比，每亩减少化肥（纯量）7千克左右，每亩平增产20千克。

3 适用范围

本技术模式适用于湖南西北部中低山区中稻—油菜种植区。

4 技术措施

4.1 施肥原则

4.1.1 重视施用有机肥，有机肥与无机肥配合，提高土壤肥力。

4.1.2 依据土壤肥力条件和目标产量水平，适当调减氮、磷肥用量、基肥与追肥比例，氮肥分次施用。一般是土壤肥力高和目标产量高的田块基肥用量可以适当降低，增加穗肥施用比例。

4.1.3　基肥深施，追肥“以水带氮”。

4.1.4　依据土壤钾素状况，高效施用钾肥，注意锌肥和硅肥的配合施用，推荐使用缓释肥料。

4.1.5　在油—稻轮作田，需适当减少水稻磷肥用量。

4.1.6　酸化严重的稻田适量施用石灰。

4.1.7　适量补充硅、锌等中微量元素。

4.2　肥料品种

4.2.1　有机肥

主要选择以当地畜禽粪便等有机肥为原料生产的商品有机肥或堆肥及其他农家肥。

4.2.2　配方肥

选择养分含量45%配方肥（20-10-15）或相近配方。

4.3　施肥时期、施肥量与施用方法

4.3.1　油菜秸秆还田

油菜收割后，利用秸秆粉碎装置将秸秆粉碎至长度小于10厘米，均匀抛撒在田面，利用大型旋耕机整田。

4.3.2　一季稻施肥

坚持“增施有机肥料、适量施用速效促蘖肥、早施重施穗肥、巧施粒肥”的施肥原则，施肥量视稻田肥力而定，一般每亩施纯N 8～13千克、P_2O_5 4.5～5.5千克、K_2O 5.5～6.5千克，氮、磷、钾配比1∶0.5∶0.6。有机肥施用量：每亩施商品有机肥200～250千克或者堆沤好的农家肥500～600千克。配方肥施用量：每亩施40～50千克。氮肥中底肥、分蘖肥、穗肥的例为5∶3∶2。底肥提倡以有机肥为主，在犁田时深施；分蘖肥在移栽后5～25天内分2～3次追施；穗肥在晒田复水后施用；粒肥在抽穗后10～15天每亩施尿素2～3千克。在亩产550～600千克的情况下，氮肥（N）用量控制在10～13千克/亩、磷肥（P_2O_5）3.5～5千克/亩、钾肥（K_2O）4.5～6千克/亩。缺锌土壤每亩施用硫酸锌1千克。氮肥基肥占40%～50%，蘖肥占20%～30%，穗肥占20%～30%；有机肥与磷肥全部基施；钾肥分基肥（占60%～70%）和穗肥（占30%～40%）两次施用。

华南双季稻区测土配方施肥技术模式

1　技术概述

按照“增加产量、提高效益、精准减量、优化结构、保护环境”的要求，根据华南地区不同区域土壤的养分状况、栽种水稻品种的需肥特性、肥料效应，通过测土，结合田间肥效试验，确定施肥技术，主要包括肥料种类、施肥量、养分配比、施肥时期、施肥方法和施肥

位置等。通过指导农民科学施肥，在养分需求与供应平衡的基础上，坚持有机肥料与无机肥料相结合，大量营养元素与中、微量营养元素相结合，基肥与追肥相结合，增施有机肥料，施肥与其他科学管理措施相结合，优化肥料的施用比例和结构，加快转变施肥方式，实现作物营养的基本均衡，减少不合理肥料施用量，促进农作物健康生长，有效降低农业面源污染，达到“科学、经济、节本、高效、环保”的用肥目标。

2 技术效果

实施测土配方施肥，优化了肥料施用结构，减少了不合理化肥施用量，提高了肥料利用率。12 年来广东全省累计推广水稻测土配方施肥 2.3 亿亩次，氮、磷、钾化肥的施用比例由农户习惯的 1∶0.41∶0.51 调整为 1∶0.3∶0.75，每亩水稻平均增产 24.1 千克，减少不合理施肥量 2.1 千克。

3 适用范围

适用于华南片区广东双季稻种植与施肥。

4 技术措施

4.1 潮汕平原高产区

亩施 N10～13 千克、P_2O_5 2.7～3.3 千克和 K_2O 6～8 千克。其中，有机肥和磷肥全部作基肥，钾肥分返青肥和幼穗分化肥各 50%施用，氮肥中基肥占 40%～50%、返青肥占 30%～35%、幼穗分化肥占 20%～25%。

4.1.1 基肥

在增施有机肥的基础上，亩施尿素 10～12 千克、过磷酸钙 22～28 千克（土壤速效磷含量较高的田块，过磷酸钙施用量可减至 10～15 千克）。

4.1.2 追肥

返青肥可结合除草剂施用，在移栽后 4～6 天，亩施尿素 7～9 千克、氯化钾 5～7 千克。幼穗分化肥在幼穗分化初期（移栽后 35 天左右）亩施尿素 4～6 千克、氯化钾 5～7 千克。超高产地区，宜增加施肥次数，部分返青肥作促蘖肥施用，齐穗期亩施尿素 1～2 千克。

4.2 粤北地区和粤东北山区

亩施 N 7～9 千克、P_2O_5 2.4～3 千克和 K_2O 5～7 千克，其中有机肥和磷肥作基肥，钾肥分前期肥和幼穗分化肥各 50%施用，氮肥中基肥占 35%～40%、前期肥占 35%～40%、幼穗分化肥占 25%～30%。

4.2.1 基肥

在增施有机肥的基础上，亩施碳酸氢铵 18～20 千克（或尿素 6～8 千克）、过磷酸钙 20～25 千克。

4.2.2　追肥

返青肥可结合除草剂施用，在移栽后4～6天，亩施尿素6～8千克（如果是杂交稻或超级稻可增加尿素2～3千克）、氯化钾4～6千克。在保肥力较差的沙质田，将返青肥按7：3比例分别在插秧后3～4天和8～10天分两次施下。幼穗分化肥在幼穗分化初期（移栽后30天左右）亩施尿素4～6千克、氯化钾4～6千克。

4.3　珠江三角洲和粤西地区

亩施N 8～9千克、P_2O_5 1.8～2.4千克和K_2O 5～7千克，其中有机肥和磷肥作基肥，钾肥分前期肥和幼穗分化肥各50%施用，氮肥中基肥占40%～50%、返青肥占30%～35%、幼穗分化肥占20%～25%。

4.3.1　基肥

在增施有机肥的基础上，亩施尿素8～9千克、过磷酸钙15～20千克（在珠三角有效磷含量丰富的地区，每亩施用过磷酸钙8～10千克）。

4.3.2　追肥

返青肥可结合除草剂施用，在移栽后4～6天，亩施尿素6～7千克、氯化钾4～6千克。幼穗分化肥在幼穗分化初期（移栽后35天左右）亩施尿素4～5千克、氯化钾4～6千克。

4.4　注意事项

4.4.1　结合产量水平推荐施肥

各类地区肥料推荐施用量按该地区总体产量水平（常规稻亩产400千克左右、杂交稻亩产500千克左右）进行推荐，在此产量水平基础上，每增加或减少50千克稻谷，需增施或减施1.5～2千克N、0.5～1千克P_2O_5、1.5～2千克K_2O。

4.4.2　根据土壤测试结果推荐施肥

在开展土壤测试的情况下，根据土壤养分测试结果确定推荐施肥量，详见下表。

各区域土壤氮（碱解氮）肥力等级水稻推荐施氮量

区　域	养分丰缺指标	土壤碱解氮含量（N，毫克/千克）	推荐施氮量（N，千克/亩）
粤北地区	极低	<66	11
	低	66～96	11～10
	中	96～138	10～8.5
	中高	138～200	8.5～6.5
	高	200～240	6.5～5
	极高	>240	5
潮汕平原高产区	极低	<47	13
	低	47～75	13～12
	中	75～118	12～10
	中高	118～187	10～7
	高	187～235	7～5
	极高	>235	5

（续）

区　域	养分丰缺指标	土壤碱解氮含量（N，毫克/千克）	推荐施氮量（N，千克/亩）
粤西地区	极低	<48	12.5
	低	48～77	12.5～11.5
	中	77～122	11.5～10
	中高	122～194	10～6.5
	高	194～244	6.5～4
	极高	>244	4
珠江三角洲	极低	<42	11
	低	42～68	11～10
	中	68～109	10～9
	中高	109～175	9～6.5
	高	175～223	6.5～5
	极高	>223	5

各区域土壤磷（Olsen－P）肥力等级水稻推荐施磷量

区　域	养分丰缺指标	土壤磷含量（Olsen－P，毫克/千克）	推荐施磷量（P_2O_5，千克/亩）
粤北地区	极低	<3	3.8
	低	3～8	3.8～3.7
	中	8～25	3.7～3.1
	高	25～43	3.1～2.4
	极高	>43	2.4
潮汕平原高产区	极低	<4	4.3
	低	4～10	4.3～4.0
	中	10～24	4.0～3.3
	高	24～37	3.3～2.7
	极高	>37	2.7
粤西地区	极低	<3	4.2
	低	3～8	4.2～4.0
	中	8～22	4.0～3.3
	高	22～37	3.3～2.6
	极高	>37	2.6
珠江三角洲	极低	<2	3.9
	低	2～7	3.9～3.7
	中	7～20	3.7～3.1
	高	20～34	3.1～2.5
	极高	>34	2.5

各区域土壤钾（速效钾）肥力等级水稻推荐施肥量

区　域	养分丰缺指标	土壤速效钾含量（K_2O，毫克/千克）	推荐施钾量（K_2O，千克/亩）
粤北地区	极低	＜5	11
	低	5～20	11～10
	中	20～78	10～7
	高	78～156	7～3
	极高	＞156	3
潮汕平原高产区	极低	＜7	11
	低	7～23	11～10
	中	23～81	10～7
	高	81～151	7～4
	极高	＞151	4
粤西地区	极低	＜7	11
	低	7～23	11～10
	中	23～80	10～7
	高	80～147	7～4
	极高	＞147	4
珠江三角洲	极低	＜3	12
	低	3～16	12～11
	中	16～76	11～8
	高	76～165	8～2
	极高	＞165	2

4.4.3　配方肥施用

坚持“大配方、小调整”的原则。在水稻各施肥时期，根据该时期水稻养分需求，在施用配方肥的同时，配施适量的尿素、过磷酸钙或氯化钾等单质肥料，对配方肥“大配方”养分配比进行适当的“小调整”，满足水稻不同生育时期的养分需求。

4.4.4　增施有机肥料

提倡实施绿肥压青和稻秆还田，在绿肥压青、稻秆还田等有机肥料用量较大的田块，应适当减少化肥施用量。

4.4.5　合理密植

一般亩插基本苗1.5万～1.8万穴，在高肥力田块，宜取下限值，低肥力田块，宜取上限值。

4.4.6　补施肥料

由于晚稻的生长期较长以及光照较为充足，晚稻的氮肥施肥量比早稻增加10%左右。施肥后遇强降雨，肥料流失严重时，应在雨停排水后补施适量肥料。

广西晚稻“测土配方施肥+秸秆还田”化肥减量增效技术模式

1 适用范围

本技术模式适用于广西所有种植水稻的地区。

2 技术原理

2.1 测土配方施肥

测土配方施肥是根据水稻需肥规律、土壤供肥性能和肥料效应，在合理施用有机肥料的基础上，选择氮、磷、钾及中微量元素等肥料的施用数量、施肥时期和施用方法。测土配方施肥技术有针对性地补充作物所需的营养元素，作物缺什么元素就补充什么元素、需要多少补多少，实现各种养分平衡供应，满足作物的需要，从而达到减少化肥用量、提高作物产量、降低农业生产成本、保护农业生态环境的目的。

2.2 水稻秸秆粉碎还田或秸秆直接还田

水稻秸秆还田后，秸秆中的有机质、有效营养元素返回土壤，据试验结果，每100千克干稻草含有机质22千克、纯氮0.6千克、五氧化二磷0.1千克、氧化钾2.4千克，为当季作物提供部分氮、磷、钾及多种微量元素营养，坚持秸秆还田几年后，可增加土壤有机质0.2%～0.4%。秸秆还田不仅可以提高土壤肥力，减少化肥使用量，还有利于土壤孔隙度增加，增加土壤通气性，促进作物根系生长，减轻土壤板结程度。

3 技术措施

3.1 测土配方施肥技术要点

3.1.1 施肥原则

水稻测土配方施肥要掌握以土定产、以产定肥、因缺补缺、有机无机相结合、氮磷钾平衡施用（减氮、稳磷、增钾、补微）的原则，确保水稻稳产高产。水稻的需肥量为每生产100千克稻谷需要吸收纯氮2.0～2.4千克、五氧化二磷0.9～1.4千克、氧化钾2.5～2.9千克，在土壤养分中等的情况下，施用肥料中氮、磷、钾配比应为1∶0.4∶0.9。

3.1.2 施足基肥

基肥以有机肥为主，化肥为辅。有机肥：利用早稻稻草还田作为有机肥。化肥：每亩施尿素7～9千克、钙镁磷肥20～30千克、氯化钾4～6千克、硫酸锌1千克。

3.1.3 控制氮素肥

水稻适量施用氮肥可促进稻株发棵生长，但过量施用，不仅会造成无效分蘖增多，变青、倒伏、病虫害加剧，而且导致空秕粒多，结实率下降，影响水稻产量。分蘖期：一般亩施尿素 5～7 千克、氯化钾 4～6 千克。

3.1.4　重视施用磷、钾肥

磷、钾肥是水稻生长发育不可缺少的元素，可增强水稻植株体内活力，促进养分合成与运转，加强光合作用，延长叶片的功能期，使谷粒充实饱满，提高产量。磷肥以基肥为宜，钾肥以追施较好。抽穗期一般每亩施用磷酸二氢钾 0.2 千克加尿素 0.5 千克对水 50 千克喷施，防止早衰；孕穗期每亩施用尿素 6～8 千克、氯化钾 5～7 千克。

3.1.5　适当补充微量元素

缺锌土壤且近几年未根施锌肥（硫酸锌）的田块，作基、蘖肥或结合化学除草每亩用 0.5～1 千克硫酸锌。分蘖期至拔节期结合病虫防治喷施硅肥等中微量元素肥料 1～2 次，穗期喷施优质叶面肥 1 次。

3.1.6　科学管水

在施好肥料的同时，通过合理的水浆管理，提高植株的抗逆能力和肥料利用率。在水浆管理上前期做到浅水灌溉，多次露田；中期要及时晒田；后期灌好跑马水，防止断水过早。

3.2　早稻机械收割秸秆全量还田—晚稻旋耕插秧技术

3.2.1　收获

早稻成熟后，抢晴天采用机械收割，最好在 7 月 25 日之前。

3.2.2　秸秆处理方式

早稻采用机械收割，高留稻茬，稻草还田量 350 千克左右。

3.2.3　肥料及秸秆腐熟剂

适量增施氮肥，每亩施尿素 5～7.5 千克，以调节碳氮比，秸秆腐熟剂用量一般每亩 2 千克。

3.2.4　水分调节

稻草还田后，灌水 10 厘米深泡田，加快稻草腐解，插秧时，田间留 2～3 厘米浅水，分蘖苗足后排干水晒田。

3.2.5　旋耕

用旋耕机旋耕整田，将稻草压埋到泥土耕层。

3.2.6　插秧

用插秧机插秧，漏蔸的地方要人工补齐。

3.3　早稻撩穗收割留高茬—晚稻旋耕插秧技术

3.3.1　撩穗收割

早稻成熟后，做好准备工作，抢晴天收获。收割时自稻穗穗颈下端大约在株高 2/3 处撩穗，留 12～27 厘米高茬，将撩下的稻穗用电动机脱粒。

3.3.2　秸秆处理

将脱粒后的稻穗平铺田面或沟间，掌握适宜的还草量，一般高肥力稻田鲜草还田量为 1/2，中等肥力、低肥力的稻田鲜草还田量为 2/3。将秸秆腐熟剂均匀撒施全田。

3.3.3　肥料及秸秆腐熟剂

稻草还田要与测土配方施肥相结合。采用定量精确施肥方法，确定基肥氮肥用量，并根据土壤测试结果补足磷、钾肥用量。一般翻沤前每亩稻田施用碳酸氢铵40～50千克、过磷酸钙25～30千克、氯化钾5～6千克作基肥。晚稻移栽返青后，每亩稻田施用尿素5～7.5千克作追肥，以防止稻草腐烂分解时产生生物夺氮现象，影响晚稻早生快发。有条件可以施用秸秆腐熟剂，秸秆腐熟剂用量一般每亩2千克。

3.3.4 水分调节

稻草还田后，灌水10厘米深泡田，加快稻草腐解。插秧时，田间留2～3厘米浅水，分蘖苗足后排干水晒田。

3.3.5 旋耕翻沤

秸秆还田腐熟剂施用后，立即旋耕翻沤，防止稻草晒干后影响腐烂速度。因地制宜选择合适的旋耕机械，灌好水层，严格控制旋耕埋草田水层，一般以田面水层高处见墩、低处有水为准，旋耕1～2遍。

3.3.6 适时插秧

待田面平整及耕整施肥后，保持田面薄皮水，采用人工栽插或插秧机栽插。根据不同品种，合理密植，插足基本苗。

海南晚稻化肥减量增效技术模式

1 技术概述

水稻是海南最主要的粮食作物，年播种面积约460万亩，其中晚稻260万亩，产量近7.5万吨。晚稻种植过程中水肥管理粗放，施肥方面存在的主要问题有：忽视有机肥的施用，土壤板结、有机质下降、通透性变差；偏施氮、磷、钾三元复合肥，土壤持续酸化、贫瘠化；农户盲目施肥，浪费肥料，施肥时期不科学，肥料利用率低。海南晚稻化肥减量增效技术模式打破传统习惯，根据水稻的营养规律、目标产量和土壤供肥能力，采取以土定产、以产定肥、因缺补缺、氮磷钾平衡施用的原则，制定科学合理的施肥方案，减少肥料浪费又降低生产成本。

2 技术效果

与农民习惯施肥相比，海南晚稻化肥减量增效技术模式亩均可减少氮肥用量2～5千克，氮、磷、钾（15∶15∶15）三元复合肥8～15千克，稻谷增产6%～12%。同时，本技术模式可改良土壤理化性状，提高土壤有机质含量，降低农业面源污染风险，提高稻谷品质。

3 适用范围

本技术模式适用于海南岛稻—稻—菜水旱轮作种植区域的晚稻种植。主要品种为海南自主选育的品种，如博优 225 和特优 458 等。

4 技术措施

4.1 基肥的施用

基肥包括有机肥与化肥。

4.1.1 有机肥的施用

有机肥的种类很多，包括多种容易获得的有机肥源（各种禽畜粪、沼渣沼液、饼肥等）、商品有机肥等。结合农村实际，为便于田间操作，本技术模式推荐使用商品有机肥。

4.1.1.1 施用时期

晚稻基本上是采取直播或插秧的方式，插秧前采取“一犁两耙”的方式进行匀地。有机肥最佳的施用时期是在第一次耙地的时候。

4.1.1.2 施用量

商品有机肥 200～400 千克/亩，多年持续施用。

4.1.1.3 施用方法

犁地后、耙地前，采取撒施的方式，撒施后再耙田。

4.1.1.4 注意事项

目前市场上有机肥质量参差不齐，在选购商品有机肥时一定要选择合格产品；有机肥撒施也要遵循均匀的原则。

4.1.2 化肥的施用

在基施的有机肥中掺入化肥，主要的目的是提供作物急需的速效养分，提高土壤速效磷的有效性，同时起到调节土壤中的碳氮比（C/N）。

4.1.2.1 单质化肥的类型和用量

按需氮肥总量的 30%施用，纯氮施用量为每亩 2～3 千克，单质氮肥以尿素为主，折合尿素为 4～6 千克。

按需磷肥总量的 100%施用，纯磷施用量为 4～7 千克，磷肥以钙镁磷为主，折合为 25～45千克。

按需钾肥总量的 20%施用，纯钾施用量为 1～2 千克，钾肥以氯化钾为主，折合为 2～4 千克。

4.1.2.2 采用水稻配方肥和用量

建议施用配方为 21：6：26 的水稻配方肥作为基肥，按照 350～450 千克亩产量下每亩施用 8～11 千克为宜。

4.1.2.3 施用时期

采取 4.1.1.1 的方式，直接撒施。

4.1.2.4 施用方法

同 4.1.1.3 的方法，撒施后再耙田。

4.1.2.5 注意事项

华南地区花岗岩发育的土壤，受气候因素影响，绝大部分的水稻田均呈现一定的酸性，因此，在选择磷肥时应避免施用过磷酸钙。

4.2 追肥

追肥是最重要的促产措施，水稻追肥一般分为两次，一次是返青分蘖时期，另一次是穗肥；追肥的类别包括水溶性化肥、叶面肥以及微生物菌剂等活性肥料等。由于近年来水稻的经济效益不高，为减少人工成本，建议采用化肥。

4.2.1 返青分蘖肥

水稻返青分蘖期，是指水稻移栽到幼穗分化前的这时期，南方地区一般需要7～12天。

4.2.1.1 单质化肥的类型和用量

按需氮肥总量的50%施用，纯氮施用量为每亩3～5千克，单质氮肥以尿素为主，折合尿素为6～10千克。

按需钾肥总量的30%施用，纯钾施用量为2～4千克，钾肥以氯化钾为主，折合为3～6千克。

4.2.1.2 水稻配方肥和用量

按照350～450千克/亩产量条件下以每亩施用配方为21∶6∶26的水稻配方肥15～25千克为宜。

4.2.1.3 施肥时期与方法

分蘖肥要早施，促进早期有效分蘖，是争足穗、大穗的重要措施。一般在栽后7～15天内施用。施肥方法采用均匀撒施的方式。

4.2.1.4 注意事项

不同气候、品种、栽培条件下返青分蘖的时期略有不同，所以水稻移栽返青后要注意观察株型，防止僵苗植株徒长的发生；同时，水分管理应当做到“寸水返青”“薄水分蘖”“适时控蘖”。

4.2.2 穗肥

穗肥是指水稻穗期施肥的总称，施好穗肥是促进幼穗分化，攻取大穗，增加粒数、粒重和夺取丰收的重要技术措施，施穗肥应以生育进程（叶龄余数）为基础，依据水稻苗情及叶色褪淡状况，适时适量施好穗肥。

4.2.2.1 单质化肥的类型和用量

按需氮肥总量的20%施用，纯氮施用量为每亩1～2千克，单质氮肥以尿素为主，折合尿素为2～4千克。

按需钾肥总量的50%施用，纯钾施用量为4～6千克，钾肥以氯化钾为主，折合为6～8千克。

4.2.2.2 水稻配方肥和用量

按照350～450千克亩产量下每亩施用配方为21∶6∶26的水稻配方肥5～10千克为宜。

4.2.2.3 施肥时期与方法

在抽穗前16～18天，或水稻叶龄指数达到90%、水稻剑叶刚露尖、幼穗长到1～2毫米时进行追施为宜。施肥方法采用均匀撒施的方式。

4.2.2.4 注意事项

追肥时应灌水3～5厘米深，堵好上下水口，均匀撒施，4～5天后再转为正常管理。遇阴雨连绵天，生长过旺的稻田可不追施穗肥。

海南晚稻化肥减量增效技术模式量化表（千克/亩）

<table>
<tr><td colspan="3" rowspan="2">水稻</td><td>肥力水平</td><td rowspan="3">施肥时间</td><td rowspan="3">施肥方法</td></tr>
<tr><td>中</td></tr>
<tr><td colspan="3">目标产量</td><td>350～450</td></tr>
<tr><td rowspan="8">推荐施肥方法</td><td rowspan="4">基肥</td><td>有机肥</td><td>200～400</td><td rowspan="4">犁地后，第一次耙地</td><td rowspan="4">撒施后，耙地，使肥料在田里分布均匀</td></tr>
<tr><td>尿素</td><td>4～6</td></tr>
<tr><td>氯化钾</td><td>2～4</td></tr>
<tr><td>钙镁磷肥</td><td>25～45</td></tr>
<tr><td rowspan="2">返青分蘖肥</td><td>尿素</td><td>6～10</td><td rowspan="2">移栽后，7～12 天</td><td rowspan="4">灌水撒施，并保持田块的灌水处理封闭状态</td></tr>
<tr><td>氯化钾</td><td>3～6</td></tr>
<tr><td rowspan="2">穗肥</td><td>尿素</td><td>2～4</td><td rowspan="2">幼穗分化期</td></tr>
<tr><td>氯化钾</td><td>6～8</td></tr>
</table>

备注：本推荐施肥量为理论值。具体应用时应根据不同作物品种、地力水平和目标产量做适当调整。

海南早稻化肥减量增效技术模式

1　技术概述

海南水稻产量较低，亩产为 300～350 千克。当前水稻产量水平无法保障海南的粮食安全。目前，海南粮食自给率只有 57%，需要从岛外进口大量稻谷。土壤肥力低下及施肥管理粗放等是海南水稻低产的重要原因之一。通过土壤培肥及科学施肥，海南水稻产量较于全国水稻 443 千克/亩的均产而言，有着较大的提升空间。海南早稻种植面积略少于晚稻，但由于早稻遭台风等自然灾害损害少等而使得产量高于晚稻且产量稳定。采用目标产量法结合测土施肥技术确定作物需肥总量，并合理配比有机肥、速效化学肥料和稳定性化学肥料，并结合水稻养分需求特性及叶片营养诊断法合理科学地运筹施肥，能实现海南早稻产量的大幅提升，同时提高肥料利用效率，减少肥料损失，降低肥料的环境负面影响，还能实现土壤的培肥。

2　技术效果

相较于农民传统的分蘖肥和穗肥两次施肥法相比，该施肥模式在肥料用量、作物产量及土壤培肥等方面有明显的不同。其中，水稻产量比习惯施肥法高 8%～12%，化学肥料投入节省 10%～15%，每亩少投肥 4～6 千克；有机+无机（速效肥料+稳定肥料）配合及适时适量施用，提高了肥料利用率，改善了土壤质量，减少了肥料损失，降低了肥料对水体和大气的污染。

3 适用范围

该施肥模式适合于海南所有灌排水条件良好的早稻田。

4 技术措施

早稻施肥可分为苗床施肥与本田施肥。苗床施肥通过培肥苗床和秧田追肥来实现培育壮苗；本田施肥则通过基肥、分蘖肥、促花肥和粒肥等的施用，以保证获得水稻高产所需的穗数、每穗总籽粒数、结实率和千粒重等指标。具体操作如下：

4.1 苗床施肥

4.1.1 苗床基肥

目的是为了培肥苗床。一般是在起畦后每平方米施入充分腐熟的优质农家肥 2.5 千克左右、复合肥（氮、磷、钾总量 30%）0.1 千克左右，然后拌匀、耥平。

4.1.2 秧田追肥

秧苗长到二叶一心期每亩施 5 千克尿素作为断奶肥。插秧前 3～4 天每亩施 5～7 千克尿素作为送嫁肥，结合每亩用 5%锐劲特 60 克加 75%的三环唑 60 克兑水 50 千克喷施，使秧苗带肥带药下田。

采用育苗盘育苗，可按照大田土质量的 10%及 2%分别加入充分腐熟的有机肥和过磷酸钙，充分混合制成育苗土。秧苗长到二叶一心期可采用亩施 1%的尿素溶液喷施。插秧前 3～4 天用 5%锐劲特 60 克加 75%的三环唑 60 克加 0.75 千克的尿素兑水 50 千克喷施，使秧苗带肥带药下田。

4.2 本田施肥

4.2.1 基肥

每亩施农家肥或充分腐熟的有机肥 350～550 千克，滨海沙土或玄武岩发育母质发育而来的沙质水稻土适当多施，黏重的水稻土适当少施。每亩施钙镁磷肥 20～25 千克，氯化钾 6～8 千克，长效尿素 8～10 千克或尿素 5～8 千克。

4.2.2 分蘖肥

如果基施没有采用长效尿素，分蘖肥可于抛后 5～7 天施一次，主要是用来促分蘖，每亩施尿素 3～5 千克；随后在抛后 12～15 天施壮蘖肥，可采用每亩施尿素 4～6 千克、氯化钾 5～8 千克，或复合肥（15－15－15）8～12 千克。如基肥采用长效尿素，分蘖肥可于抛后 15 天左右施用，可采用每亩施尿素 3～5 千克、氯化钾 5～8 千克，或复合肥（15－15－15）6～10 千克。

4.2.3 促花肥

晒田、复水后，如叶色转青较快，或早上叶片呈弯月形，中午直立则少施或不施用肥料；如叶色不转青，仍较淡，且在露水中叶片直立者，要适当补施肥料。一般在幼穗分化期，每亩施 1～2 千克尿素、3～5 千克氯化钾。此时严防氮肥过量。

4.2.4　粒肥

水稻结实期，一般不再施用肥料，但如遇以下情况，则应酌情施用。如抽穗扬花期，叶色褪淡较快者，或刚出鞘的穗子，颖壳颜色淡绿带白，棱角不清楚者，用 0.3%磷酸二氢钾和 0.5%尿素溶液喷施 2～3 次。

重庆稻—油轮作“秸秆还田＋缓控释肥料＋土壤酸化改良”综合技术模式

1　技术概述

水稻、油菜是重庆主要粮油作物。稻—油轮作是重庆主要高效种植模式。因本区域降雨较多，加之化肥大量施用，造成土壤有机质偏低、酸化严重、化肥施用流失大。

水稻秸秆（干基）中含 N 0.826%、P_2O_5 0.119%、K_2O 1.708%，按水稻秸秆（干基）每亩产量 500 千克计，其 N、P_2O_5、K_2O 折算分别为 4.1 千克、0.6 千克和 8.5 千克；油菜秸秆（干基）中含 N 0.816%、P_2O_5 0.140%、K_2O 1.857%，按油菜秸秆（干基）每亩产量 400 千克计，其 N、P_2O_5、K_2O 折算分别为 3.3 千克、0.6 千克和 7.4 千克；水稻和油菜对土壤要求以中性为宜，对酸性土壤进行调节，使 pH 中性（pH 6.5～7.5），则有利于水稻和油菜生长和对养分的吸收利用；一次施用新型长效缓控释肥料，减少因常规肥料施到田间遇雨水冲刷快速流失，提高肥料利用率，节省劳动力。

因此，针对本地区特点，在进行测土配方施肥基础上，主要搞好水稻和油菜的秸秆还田、一次施用长效缓控释肥和酸性土壤的调节等技术措施，达到增加土壤有机质、减少化肥用量，调节土壤酸性、提高肥料利用率，一次施用新型长效缓控释肥、提高肥料利用率，从而实现化肥减量增效目标。

2　技术效果

通过稻—油轮作“秸秆还田＋缓控释肥料＋土壤酸化改良”综合技术模式的应用，每亩减少化肥用量（纯量）8 千克以上，提高肥料利用率，减少面源污染，保护稻—油种植区的生态环境；提高产量 5%以上，提高水稻和油菜产量，促进粮油的供给，为食品安全提供有力保障。

3　适用范围

稻—油栽培化肥减量增效技术模式适用于重庆水稻—油菜轮作栽培区域，西南地区稻—油轮作区可以借鉴。

4 技术措施

4.1 水稻、油菜秸秆还田技术

在水稻、油菜种植区进行机械收获作业，大力推广秸秆粉碎翻压还田技术。

4.1.1 机械收获

采用联合收获机械边收获边粉碎秸秆，切碎秸秆长度小于10厘米，茬高小于5厘米。

4.1.2 施用秸秆腐熟剂

收获粉碎秸秆后，按每亩2～5千克用量及时、均匀喷撒秸秆腐熟剂，促进秸秆腐熟。

4.1.3 调节碳氮比

喷撒腐熟剂的同时，每亩均匀施5～10千克尿素，调节碳氮比。

4.1.4 深翻整地

采用大型耕作机械进行深耕作业，耕作深度20厘米以上，将秸秆全部翻入土中，并及时用旋耕机平整耕地，保证下季作物的播种质量和出苗率。土壤墒情较差的地块要及时灌水使土壤保持较高的湿度，促进秸秆快速腐烂。

4.1.5 病虫害防治

水稻秸秆还田移栽油菜（或播种油菜）后，出现油菜心叶被水稻螟虫危害较重时，要及时施用阿维菌素等药剂防治螟虫。

4.1.6 注意事项

水稻和油菜秸秆必须切碎，长度小于10厘米，犁田机功率要足，从而保证翻耕质量，确保秸秆还田效果和下茬作物移栽（播种）操作效率。

4.2 新型长效缓控释肥施肥技术

长效缓控释肥能根据作物生长发育特点，按需释放肥料养分供作物吸收利用，减少本地区因雨水较多而造成的肥料流失。

4.2.1 选用适宜品种

根据当地土壤和水稻、油菜全生育期所需氮、磷、钾用量选用适宜的缓控释肥料，通常水稻选用40%（20－10－10）的长效缓控释肥，油菜选用40%（20－8－12）的长效缓控释肥。

4.2.2 确定好施肥量

水稻亩施40%（20－10－10）的长效缓控释肥30～60千克，油菜亩施40%（20－8－12）的长效缓控释肥30～60千克，根据土壤养分情况具体确定用量。

4.2.3 决定施肥时间

均在耙田前将缓控释肥全部施于田间再耙田作底肥一次施下，一般一次施下即可。中、后期出现缺肥时，再看苗酌施适量的速效肥或叶面肥。

4.3 土壤酸性调节技术

4.3.1 选择酸性土壤

主要是对pH小于6.5的土壤施用生石灰、石灰石粉、石灰氮、其他商品调理剂等进行调节。

4.3.2 施用时期

在水稻季，生石灰以秧苗移栽15天前或分蘖盛期施用较好；石灰石粉（碳酸钙粉）则与底肥或返青期追肥一道施用较好；石灰氮及其他商品调理剂按其说明施用；在油菜季，生石灰以秧苗移栽15天前或秧苗移栽后30天左右施用较好；石灰石粉（碳酸钙粉）以底施较好；石灰氮及其他商品调理剂按其说明施用。

4.3.3 施用量

生石灰和石灰石粉亩用量50～300千克，用量根据土壤酸性强弱而确定，酸性强用量大、酸性弱用量小，施入田间与土壤混匀；石灰氮及其他商品调理剂用量按其说明施用。

4.3.4 注意事项

不要在移栽时或移栽后7天以内施用生石灰，石灰氮施于土壤15天以上才能种植作物。石灰石粉（碳酸钙粉）粉末越细效果越好。

成都平原区水稻“种养循环＋沼肥＋配方肥”全程机械化种植技术模式

1 技术概述

广汉市水稻常年种植面积达2.62万公顷，占全年农作物播种面积的56.22%。水稻作为广汉市第一大粮食作物，对稳定农业生产和农村经济起着至关重要的作用。水稻种植主要在平原区。施肥方面存在的问题：忽视有机肥的施用和偏施氮肥和过量施用化肥；农户用肥量差异较大，肥料用量、氮磷钾配比、施肥时期和方法不合理，肥料利用率低。“种养循环＋沼肥＋配方肥”全程机械化种植技术模式是通过测土配方施肥技术，根据水稻需肥规律和土壤供肥特性，制定水稻施肥方案，增加有机肥用量，有机肥主要使用沼肥或腐熟的畜禽粪便。沼液和沼渣总称为沼肥，是生物质经过沼气池厌氧发酵的产物。沼液中含有丰富的氮、磷、钾等营养元素，沼渣是由部分未分解的原料和新生的微生物菌体组成，沼渣中含有较多的腐殖酸，对土壤有改良作用，并且沼渣能增加土壤有机质。以农户土地资源为基础，以新型高效沼气为纽带，形成以农促牧、以沼促农、配套发展的良性农业循环系统。

2 技术效果

成都平原区水稻实施“种养循环＋沼肥＋配方肥”全程机械化种植技术模式，水稻亩产量可增加约60千克，沼肥或腐熟的畜禽粪便带入有机养分，亩均化肥使用量（纯量）减少6～8千克，肥料利用率提高8%以上，通过机械作业，生产用工降至1～2个。同时，机械施肥均匀，深施使肥料养分不易流失，可减少对水等环境资源的面源污染，沼肥或腐熟的畜禽粪便与化肥有机无机结合使用，有利于提高水稻品质，减少化学肥料的使用，提高农业生产的综合效益，实现对农业资源的高效利用，农业生产达到生态环保的效果。

3 适用范围

该技术模式适用于成都平原大中型畜禽养殖场周围水稻全程机械化作业区域。

4 技术措施

4.1 建立粪污收储运用体系

养殖场建立和启用粪污处理设施，集中收集并处理养殖场粪污，有条件的种养殖户建立沼渣沼液施用管网，就近消纳沼渣沼液。鼓励养殖大户就近与种植大户开展“一对一”“一对多”“多对一”等各种形式结对合作。推广“畜—沼—粮”种养循环模式。鼓励转运社会化服务，鼓励种养大户和农机专合社领办转运社会化服务组织，整合和购置专用运输车辆，专门从事把沼渣沼液就近收集运输到田间的社会化服务，成为连接分散养殖场与规模种植区域的专业服务队伍。鼓励规模种植户在田间建设与周边消纳土地面积相匹配的沼渣沼液贮存罐（池）和沼液回用管道，保证养殖废水能有效施用到田。

4.2 苗期管理

4.2.1 因地制宜、选用良种

水稻品种的选用要兼顾单产和品质。中迟熟品种选用C两优华占、德香4103、Ⅱ优602等。中熟品种以川优6203、宜香优2115、晶两优1377、德优4727等为主。

4.2.2 加强秧田管理、培育适龄壮秧

壮秧是水稻高产的基础，本模式育秧以旱育机插秧为主。适时早播，中迟熟品种3月28日至4月2日、中熟品种4月1～7日。播种前都必须进行播前晒种、浸种等种子处理，忌播干谷（药剂浸种可用2%的稻菌清5克兑水1.5千克或用2 000～3 000倍液使百克浸泡24小时）。用旱育保姆拌种时应将吸足水的稻种与旱育保姆拌匀即播（注意鲜拌鲜播）。加强揭膜前的温度管理、揭膜后的肥水管理及苗床病虫害防治。1.5～2叶期用150毫克/千克多效唑均匀喷雾，防止徒长，促进分蘖，培育壮秧；四叶期以后以旱控苗、防止徒长。

4.3 施肥

4.3.1 淹水泡田施底肥

淹水泡田时，按照沼肥使用技术规范（NY 2065—2011），水稻每亩使用腐熟畜禽粪便或沼肥1 500～2 500千克+配方肥（24-6-10）30千克，机械旋耕入土。机械移栽前，根据土壤性状选择适宜机械，旋耕深不超过20厘米。耕整后，泥土上细下粗，细而不糊，上烂下实，不陷机，田面平整，田块内高低落差不大于5厘米，满足机械化插秧要求，机械移栽时水深保持在2～3厘米，浅栽匀栽，尽量做到窝匀、苗匀、深浅匀；合理密植，栽足基本苗每亩移栽1.4万～1.6万窝。

4.3.2 适时追肥

追肥要早，第一次追肥在栽秧后5～7天进行，以速效氮肥为主，促进早发、快发、多

分蘖，每亩施用尿素 3 千克。酌情施用穗肥，每亩用尿素 2 千克＋磷酸二氢钾 1 千克兑水喷施。

4.4　科学管水

稻田管水原则是“浅水露泥栽秧、寸水护苗返青、浅水分蘖、苗足晒田（旱育秧移栽的田块每亩总苗数在 16 万～18 万时立即晒田。六月下旬，每亩苗数还不够 18 万～20 万的中稻，也要立即晒田。晒田时间一般为 5～7 天，进入幼穗分化前及时复水）、浅水拔节、足水抽穗、湿润灌浆，干干湿湿到黄熟”。

4.5　病虫害防治

水稻主要病虫害为二化螟虫、水稻纹枯病和稻曲病。旱育秧要特别重视防治黏虫、稻苞虫、蝗虫。常规稻应注意防治稻瘟病。主要病虫的防治时间及药剂配方如下：

5 月底至 6 月上旬防治一代二化螟，7 月下旬至 8 月上旬防治二代二化螟。治螟虫每亩用康宽乳油 10 毫升或禾生绿源（甜核、苏云菌）30～40 克或 48%毒死蜱 80～100 毫升。

纹枯病在 7 月下旬每亩用井冈霉素精粉 25 克或 25%丙环唑 20～30 毫升或 43%好力克 15～20 毫升防治。

稻曲病在水稻破口前 5 天防治，每亩用纹曲宁水剂 300 毫升或井冈霉素 30 克或 43%好力克 15～20 毫升或 30%嘉润 20 毫升防治。

中迟熟品种 7 月底至 8 月上旬每亩用 90%的敌百虫 100 克或福戈 8 克防治稻苞虫。

常规稻在水稻苗期出现叶瘟发病中心或急性型病斑，应立即喷药防治，叶瘟一般防治两次，第一次喷药后 7 天喷第二次；破口期，7 月中旬水稻处于孕穗末期至抽穗初期，防治穗颈瘟。防治稻瘟病每亩用 20%的三环唑 75～100 克或 75%三环唑 20～30 克。

7～8 月每亩用 25%吡蚜酮 20 克或福戈 8 克防治稻飞虱。

大田除草：在水稻移栽返青后，即栽后 4～7 天，每亩用 25%的精乐草隆 25 克或 2.5%稻杰 40～60 毫升混合 30～40 千克湿润细土均匀撒施除草。

4.6　适时收获

水稻成熟时用久保田 688 或 886 型联合收割机等抢晴收获，晾晒后扬净或用循环式粮食烘干机烘干，稻谷含水量在 13.5%时及时入仓储藏，预防霉变。水稻收获后用幅宽 1.5～2 米秸秆还田机对秸秆进行粉碎后还田。

5　注意事项

首先必须选择重金属不超标、充分腐熟的畜禽粪便或沼肥入田；其次对机手进行专门培训，按照水稻全程机械化技术要求进行操作，确保水稻高产。

南方湿润平原稻—油轮作区油菜“秸秆还田＋机械深施＋配方肥”机播机收技术模式

1　技术概述

稻油轮作区油菜种植在施肥上存在的主要问题有：重施底肥，轻视追肥，基肥中氮肥比例过大，磷、钾肥施用量不足，有机肥用量少；追肥偏少，特别是在蕾薹肥和花肥。在稻—油轮作区实施“秸秆还田＋机械深施＋配方肥”技术模式，可以改变施肥习惯，以测土配方施肥为基础，推进精准施肥、调整化肥施用结构、改进施肥方式（表施转机械深施）、秸秆还田提升土壤有机质减少化肥使用量技术的集成来进行化肥减量增效。

2　技术效果

南方湿润平原区稻—油轮作实施“秸秆还田＋机械深施＋配方肥”技术模式，油菜产量可增加5%以上，秸秆还田带入养分，亩均化肥使用量（纯量）减少8～10千克，肥料利用率提高5%以上，通过机械作业，生产用工减少1～2个。同时，机械深施肥料使肥料养分不易流失，秸秆还田避免野外焚烧带来的大气污染，农业生产达到生态环保的效果。

3　适用范围

该技术模式适用于南方湿润平原区茬口紧、机场周边、高速公路、铁路沿线等粮食播种面积大、秸秆禁烧压力大的水稻—油菜轮作机械化作业区域。

4　技术措施

4.1　品种选择与处理

选择抗倒伏、抗裂角、抗病，株型紧凑，株高适当，适合密植和机械化收割作业的油菜品种。如：华海油1号、川油36等优质杂交油菜品种。精量播种，播种前晒种以提高发芽率；然后药剂拌种或包衣处理，建议用氰霜唑拌种重点防治根肿病，播种头天用10毫升氰霜唑原液拌0.1千克种子，拌匀摊晾备播。

4.2　播前准备

水稻实行机械收割时，留茬高度应小于15厘米。收割机加载切碎装置，边收割边将全田稻草切成10～15厘米长度的碎草。将粉碎的稻草均匀地撒铺在田里浅旋入土，平均每亩稻草还田量为400～500千克。水稻收割后，土壤墒情较好，微生物较活跃，秸秆易腐熟。由于微生物腐熟秸秆的过程中，要吸收氮素，需要调节碳氮比至20∶1～40∶1，每亩增施氮（纯量）1～2千克。也可在水稻秸秆机械粉碎翻压、覆盖还田的同时套用施肥机械或犁上附加施肥装置，将氮肥深施到土层中加速微生物对秸秆的腐熟，促进养分释放。

4.3　施肥

4.3.1　机械化深施底肥技术

油菜机直播采用浅旋直播技术，选用22.06～44.13千瓦的拖拉机带动油菜播种机和旋耕机。油菜播种机一般选用YDC-4型油菜浅旋播种机等进行播种（也可选用旌阳牌小四轮浅旋油菜精量播种机播种，该播种机一次播种3行油菜，行距40厘米，窝距3厘米，每窝1粒。播种时旋耕、播种、施肥、复土一次性完成，1台播种机1天能播35亩左右）。中熟油菜品种播种期一般在9月下旬至10月上旬，每亩播种量300～350克，播种深度5厘米以内，播种作业要求漏播率小于2%，同一品种直播比移栽播种延迟10～15天播种。油菜出苗株数不少于2.5万株/亩。油菜播种前亩用41%草甘膦或20%草铵膦150～200毫升兑水30千克喷雾进行化学除草，草甘膦应在栽前7～10天施用，对常年种植油菜的田块，应施用土壤调理剂，降低油菜根肿病的发生。采用机械播种时一并将底肥施入，底肥施于土壤表层以下一定的深度（一般6～10厘米）。按照水稻秸秆每亩还田400～500千克计算，转化为氮（N）、磷（P_2O_5）、钾（K_2O）的量为3.3～4.1千克、0.5～0.6千克、6.8～8.5千克。根据油菜生长需肥量、目标产量180～220千克/亩，底肥施入时每亩需氮（N）、磷（P_2O_5）、钾（K_2O）的量为7.7千克、3.5千克、2.8千克，每亩施用22-10-8配方肥35千克；目标产量140～180千克/亩，底肥施入时每亩需氮（N）、磷（P_2O_5）、钾（K_2O）的量为6.6千克、3.0千克、2.4千克，每亩施用22-10-8含量配方肥30千克；目标产量<140千克/亩，底肥施入时亩需氮（N）、磷（P_2O_5）、钾（K_2O）的量为5.5千克、2.5千克、2.0千克，施用22-10-8含量配方肥25千克。由于水稻秸秆含有丰富的氮、磷、钾元素，后期分解释放可供作物吸收利用，应根据作物目标产量氮、磷、钾需求量，减少配方肥使用量。

机械化深施化肥同人工表施化肥相比，具有显著的经济效益和社会效益。降低了化肥表施挥发和流失，提高肥料利用率，减少化肥施用。节省成本，增加效益。

4.3.2　追肥

4.3.2.1　油菜开盘期进行追肥

目标产量180～220千克/亩，施用尿素约4千克/亩；目标产量140～180千克/亩，施用尿素约3.5千克/亩；目标产量<140千克/亩，施用尿素约3.0千克/亩。兑水喷施。

4.3.2.2　油菜蕾薹期进行追肥

目标产量180～220千克/亩，施用尿素约3千克/亩；目标产量140～180千克/亩，施用尿素约2.5千克/亩；目标产量<140千克/亩，施用尿素约2.0千克/亩。兑水喷施。

油菜早期田间杂草较重时，应适时进行田间药剂除草；田间做好深沟高厢，以利排水除湿，如遇干旱天气，需要对田块进行浸灌处理。

4.4　病虫防治

直播油菜田除草应注重播前、芽前和苗期各时期的除草，即播前杀灭前期老草，这是油菜田除草的基础；播种后1～2天杂草出土前，亩用50%乙草胺50～75克兑水30千克喷雾施用进行芽前封闭除草，以阻止杂草种子的萌发。苗期除草在油菜3～5叶期进行，用选择性除草剂除草，每亩用精喹禾灵 50～70 毫升兑水 30 千克喷施除禾本科类杂草，每亩用除草灵 SC30～40 毫升兑水 30 千克喷施除阔叶类杂草。油菜苗期和灌浆期亩用 70%吡虫啉 6 克防治蚜虫。油菜花期每亩用 40%菌核净可湿性粉剂 100～150 克或 50%腐霉利可湿性粉剂 30～35 克兑水防治菌核病，可采用机动喷雾器在油菜初花期至盛花期防治菌核病 1～2 次。

4.5 适时收获

采用联合收割机收获时，应在全田 90%以上油菜角果外观颜色全部变黄色或褐色、完熟度基本一致的条件下进行。在早晨田间露水完全蒸干后，采用久保田 886 或 688 型、艾格莱、金阳豹 JYB880（或 750）型、金阳豹 4LYZ-1.4 型等油菜联合收割机一次性收获。割茬高度应根据农户要求在 10～30 厘米。收获后秸秆机械粉碎翻压还田。

机械收获油菜籽含水率高，应及时晾晒或用循环式粮食烘干机烘干，以防霉变。若长期存放，应将含水率降至 8%以下。

贵州水稻化肥减量技术模式

1 适用范围

适用于境内稻—油两熟种植模式水稻施肥。

2 技术原理

2.1 根据水稻目标产量、土壤肥力状况等确定氮、磷、钾施肥量、施肥结构比例、施肥时期、施肥方式等。

2.2 通过作物秸秆还田、施用有机肥等“高产、高效、优质、低耗”施肥技术，提高化肥利用率，减少化肥施用量，达到水稻增产提质、增收增效目的。

3 技术措施

按贵州中等肥力土壤水稻平均亩产 500 千克，平均亩施 N、P_2O_5、K_2O 用量分别为 10.3 千克、6.3 千克、9.0 千克，采用油菜秸秆还田、种植绿肥或施用农家肥或施用商品有机肥技术达到减少 N、P_2O_5、K_2O 用量的效果，同时也相应减少水稻 N、P_2O_5、K_2O 施用量。

3.1 油菜秸秆还田

油菜秸秆还田是指通过收割留高茬、堆腐、人工或机械粉碎等方式将农作物秸秆返还到土壤中，在适宜的水分、温度条件下，经土壤微生物作用腐烂分解成能被植物吸收的有机质、氮、磷、钾和微量元素等营养物质归还土壤，从而减少化肥投入，改善土壤理化性状，提高土壤水、肥、气、热的调控能力，培肥改良土壤，提高作物产量，改善作物品质。

油菜秸秆（干）还田数量150～300千克/亩，还田时间在稻田翻犁—水稻栽插期间。油菜秸秆堆腐还田还需补充占秸秆总量1%～5%的氮素，调节C/N至适宜范围，以利微生物繁殖、秸秆快速分解，同时达到防止秸秆腐解过程中与作物幼苗争夺N肥，影响作物生长。

3.2 施用有机肥

种植专用和兼用绿肥，每亩绿肥鲜草产量1 000千克以上，翻压还田后种植水稻，或每亩施用农家肥1 500千克，或每亩施用商品有机肥100千克以上，再种植水稻。

4 效益分析

据多年多点试验研究结果，油菜秸秆还田后，土壤有机质含量提升，每亩可减少N、P_2O_5、K_2O用量4.7千克。按平均每亩油菜干秸秆还田数量200千克及油菜干秸秆含氮、磷、钾养分计算，油菜干秸秆还田可减少N、P_2O_5、K_2O用量11.8千克。种植绿肥或施用农家肥或施用商品有机肥，平均每亩可减少N、P_2O_5、K_2O用量5.0千克以上。综合分析比较，油菜秸秆还田、种植绿肥或施用农家肥或施用商品有机肥，平均每年每亩至少可减少N、P_2O_5、K_2O用量5.0千克。

油菜秸秆还田减少了秸秆的乱堆乱放、焚烧等现象，有利于保护环境、降低污染、改善生态环境；同时，油菜秸秆还田、种植绿肥或施用农家肥或施用商品有机肥，又减少和降低了因秸秆焚烧及化肥施用过多对土壤、大气、水等造成的危害，土壤理化性状得以明显改善，为作物的生长创造了良好的环境，促进了作物的健壮生长，增强了作物的抗病虫能力，减少了农药、化肥的投入，使作物品质得到改善，获得较好的优质增产效果。秸秆还田、种植绿肥或施用农家肥或施用商品有机肥，土壤有机质、速效氮、有效磷、速效钾等养分较对照（未还田）分别增加1.23～2.99毫克/克、9.2～25.1毫克/千克、1.1～3.9毫克/千克、11.4～38.4毫克/千克，土壤容重下降0.06～0.15克/厘米^3，孔隙度增加2.0%～3.2%。

5 推广前景

油菜秸秆还田、种植绿肥或施用农家肥或施用商品有机肥，能有效增加土壤有机质投入，减少化肥施用，提高土壤肥力，改良土壤，防治土壤退化，减少和降低油菜秸秆焚烧及化肥施用过多对土壤、大气、水等造成的危害，对水稻节本增效、增产提质具有重要的现实意义，因而具有广阔的应用前景。

贵州水稻“有机肥＋秸秆还田技术”化肥减量增效技术模式

1 适用范围

有机肥＋秸秆还田技术模式由于原料是商品有机肥＋秸秆还田（秸秆粉碎还田、快速腐熟还田、过腹还田等技术运用）有效养分能充分保障作物的生长，对作物产品品质有一定的提高，又能充分利用农村和养殖企业畜禽粪便，对于减少化肥用量有着积极的作用。

2 技术原理

水稻在生长过程中，采取测土配方施肥结合施用有机肥，以及秸秆还田技术，能充分保障生长所需养分，减少化肥用量，提高水稻产量，提升水稻品质。

2.1 水稻精准施肥技术

这一技术是在归纳区域水稻生产体系与种植制度特点及土壤养分供应特点等共性规律的基础上，根据养分资源综合管理相关技术原理，确定区域氮、磷、钾及中微肥的适宜用量、比例以及相应的施肥技术，配套相应的施肥技术和农化服务，实现区域高产、优质、资源高效和环境保护的目的。

2.2 测土配方施肥技术

测土配方施肥是根据水稻需肥规律、土壤供肥性能和肥料效应，在合理施用有机肥料的基础上，选择氮、磷、钾及中微量元素等肥料的施用数量、施肥时期和施用方法。测土配方施肥技术有针对性地补充水稻所需的营养元素，作物缺什么元素就补充什么元素、需要多少补多少，实现各种养分平衡供应，满足作物的需要，从而达到提高作物产量、降低农业生产成本、保护农业生态环境的目的。

2.3 农家肥与化肥混合施用技术

有机肥种类多、肥源广、易于积制、成本低、施用简单，是发展优质、高效、低耗农业的一项重要技术。充分腐熟的农家肥养分含量比较齐全，肥效持久而稳定。坚持化肥与农家肥混合施用，可改良土壤理化性状，增强土壤肥力；使迟效与速效肥料优势互补；减少化肥的挥发与流失，增强保肥性能，较快地提高供肥能力。此外，也可提高水稻抗逆性、改善品质，并对减轻环境污染有显著效果。

2.4 秸秆腐熟剂完善秸秆还田技术

秸秆腐熟剂能使秸秆等有机废弃物快速腐熟，使秸秆中所含的有机质及磷、钾等元素成为植物生长所需的营养，并产生大量有益微生物，提高土壤有机质，减少化肥使用量，增强水稻抗逆性，改善作物品质，实现农业的可持续发展。

3　技术措施

3.1　配方肥推广措施

3.1.1　及时制定水稻施肥方案

根据推广计划和重点推广区域，认真制订实施方案。充分发挥推广应用专用配方肥的示范作用，并依据示范面积，做好配方肥在茬口到位、按时按方到田的工作。

3.1.2　科学制定水稻的区域肥料配方

根据水稻配方肥料应用情况，以及田间试验、耕地地力等，及时制定作物配方发布到生产企业，企业按方生产、按方配送到相应区域销售，按照“大配方、小调整”原则，为农民提供更有针对性的水稻施肥技术指导服务。

3.1.3　加强技术培训与指导

农业部门根据通过整合党员培训基地、粮油高产创建、粮食增产工程、阳光工程、雨露计划等科学制订培训计划，开展多层面水稻配方肥应用技术培训。发布县级水稻施肥指导意见到配方肥销售网点，充分利用触摸屏打印施肥建议卡，随每包配方肥料发放到广大农民手中，帮助农民选择配方肥料品种、确定施肥数量和施肥时期，指导农民改进施肥方式。帮助销售网点进行专家施肥咨询系统的维护和升级。

3.1.4　强化宣传

利用墙体广告、施肥挂图、黔信通信息平台等多渠道、多形式，强化水稻配方肥示范推广的应用宣传，同时配合企业做好商业广告的宣传，力争做到农民欢迎、社会了解的良好氛围。

3.1.5　加强示范带动

在县、乡实施的粮油高产创建、粮食增产工程、科技示范户、农业示范基地（园区）等各类示范点上，实施水稻配方肥示范。

3.2　水稻种植中推广农家肥与化肥混合施用

有机肥种类多、肥源广、易于积制、成本低、施用简单，是发展优质、高效、低耗农业的一项重要技术。充分腐熟的农家肥养分含量比较齐全，肥效持久而稳定能充分保证水稻生长所需的养分。坚持化肥与农家肥混合施用，可改良土壤理化性状，增强土壤肥力；使迟效与速效肥料优势互补；减少化肥的挥发与流失，增强保肥性能，较快地提高供肥能力。此外，也可提高水稻抗逆性、改善品质，并对减轻环境污染有显著效果。

3.3　水稻种植推广使用秸秆腐熟剂完善秸秆还田技术

水稻种植的前茬作物油菜、马铃薯等大量秸秆通过腐熟剂能使秸秆等有机废弃物快速腐熟，使秸秆中所含的有机质及磷、钾等元素成为植物生长所需的营养，并产生大量有益微生物，提高土壤有机质，减少化肥使用量，增强植物抗逆性，改善水稻品质，实现农业的可持续发展。据了解，每亩还田秸秆 200 千克，可以少施 20％的磷肥和钾肥，即每亩少施 2 千克氯化钾和 5 千克过磷酸钙。

4 效益分析

4.1 生态效益

通过水稻测土配方施肥结合有机肥+秸秆还田技术模式实施既能培肥地力，又能提高耕地质量，进一步提高土地综合生产能力和可持续发展能力，减少速效肥氮肥的投入，也就减少了化肥厂氮肥生产造成的污染。同时，对基本农田保护和建设无公害农产品、绿色食品、保障农业生产安全、提高和改善农产品安全卫生状况具有十分重要的作用。

4.2 经济效益

通过水稻测土配方施肥结合有机肥+秸秆还田技术模式实施平均每亩油菜、马铃薯秸秆年还田量705千克，秸秆还田后提供的氮（N）、磷（P_2O_5）、钾（K_2）年养分值为2.03千克/亩、0.29千克/亩、4.37千克/亩，共计6.68千克/亩；减少了化肥的使用量，减少了化肥对农产品的污染，大大地提高了农作物的品质，使农作物的产品由高产稳产转向为优质高产稳产；也满足了人民由吃饱转向为吃好的需求，大大地提高了人民的物质生活水平。

4.3 社会效益

通过水稻测土配方施肥结合有机肥+秸秆还田技术模式实施，不但能提高粮食产量、增加农民的收入和保障粮食安全，而且能节省大量劳动力，促进农村劳动力向二、三产业的转移；减少了化肥投入，对基本农田保护和建立无公害农产品、绿色食品基地具有十分重要的促进作用。

4.4 推广前景

水稻测土配方施肥结合有机肥+秸秆还田技术模式实施因地制宜确定本区域水稻经济合理施肥量，优化肥料养分配比，选择适宜施肥时期，改进施肥方式方法，保障水稻稳产高产，提高肥料利用效率。同时，坚持科学施肥与培肥地力相结合，鼓励增施有机肥料，推广秸秆还田，种植和利用绿肥，改良土壤和培肥地力，提高土壤综合产出能力。不但能增加农民收入、减少农民投入，更能减少化肥过度施用和不合理施用造成的土壤污染。通过水稻种植长期实践，这种模式值得推广运用。

滇中地区水稻精准施肥技术模式

1 技术概述

影响水稻产量的因子众多，它们既相互促进又相互制约，且经常处于不断变化之中。

如：磷的不足会影响到氮的肥效；增施钾肥可促进氮的吸收；磷肥施用过量会导致锌的沉淀，容易发生缺锌症状等。所以，为了实现作物施肥效益的最大化，一方面要注重各种营养元素之间的协调配合；另一方面是要将施肥措施与其他栽培措施密切配合，充分发挥综合因子作用效果。

2　技术效果

采用该技术模式可平均亩增产稻谷 30.38 千克，增产 4.85%；每亩减施化肥用量（纯量）0.9 千克。

3　适用范围

本技术模式适用于滇中地区的中海拔一季粳稻区（海拔 1 500～1 900 米）、温凉粳稻区（海拔 1 900～2 150 米）、籼稻区（海拔 1 300～1 500 米）。

4　技术措施

4.1　品种选择

根据各地生态环境、生产条件、栽培水平及病虫害发生情况，合理选择适宜良种。粳稻区可选择楚粳 27 号、楚粳 28 号、楚粳 37 号、楚粳 39 号、楚粳 40 号，云粳 37 号、云粳 38 号、云粳 39 号，凤稻 17 号、凤稻 23 号、凤稻 26 号，丽粳 11 号、丽粳 15 号等；籼稻区可选择宜香和两优系列良种。

4.2　因土施肥

根据水稻土壤质地状况制定相应的施肥技术方案。黏性土，要减少化肥施用总量，适当降低中层肥和分蘖肥用量，并根据分蘖和叶色的长势情况，合理施用穗肥；沙性土，采用少量多次的施肥方法，并根据作物长势调整每次施用量。

4.3　因前作施肥

前作是麦类的田块，氮肥可在推荐施肥量的基础上追加 2～3 千克；前作是豆类、油菜、蔬菜、绿肥或冬闲的田块，氮肥可在推荐施肥量的基础上调减 3～4 千克。氮肥作为中层肥和分蘖肥的比例可达 80%；穗肥可视田间苗情酌情而定，一般不超过 20%，于水稻主茎拔节（基部节间伸长 0.5～1.0 厘米，幼穗分化期）施用。

4.4　增施有机肥

采取秸秆机械粉碎还田、快速腐熟还田、过腹还田、种植绿肥等措施，增加土壤有机质含量。底肥要坚持以农家肥为主，每亩施用 1 000～1 500 千克；在农家肥源有限或缺乏的地方，每亩施用商品有机肥 100～150 千克。

4.5 精准施肥

4.5.1 中海拔一季粳稻区（海拔 1 500～1 900 米）

目标产量 650 千克/亩以上，每亩施用水稻控释配方肥（$N-P_2O_5-K_2O$=24－6－10 或 25－8－10 或相近配方）40～45 千克作中层肥，分蘖肥和穗肥每亩追施尿素 5～11 千克。

4.5.2 温凉粳稻区（海拔 1 900～2 150 米）

目标产量 600 千克/亩以上，每亩施用水稻控释配方肥（$N-P_2O_5-K_2O$=18－5－12 或相近配方）30～45 千克一次性作中层肥施用。

4.5.3 籼稻区（海拔 1 300～1 500 米）

目标产量 650 千克/亩以上，每亩施用水稻控释配方肥（$N-P_2O_5-K_2O$=24－6－10 或 25－8－10 或相近配方）30～35 千克作中层肥，分蘖肥和穗肥每亩追施尿素 8～10 千克。

缺锌区域隔年施用硫酸锌 1～2 千克/亩；在土壤 pH 较低的田块每亩基施含硅碱性肥料或生石灰 30～50 千克。

4.6 推广生态种植

推广稻田养鱼、养鸭技术，促进养分分解，利用鱼、鸭排泄物，提高土壤肥力，增加种植效益。

黑龙江垦区水稻侧深施肥技术模式

1 适用范围

黑龙江垦区是水稻种植主产区，种植面积 2 310.6 万亩，年产量达 1 300 万吨以上。水稻侧深施肥技术是北方粳稻旱育机插栽培模式的施肥技术，凡使用插秧同时带有气吹式侧深施肥装置的插秧机均可实施，肥料为水稻侧深施肥专用肥。水稻侧深施肥技术在测土配方示范的基础上，根据水稻需肥规律和土壤供肥特性，制定水稻施肥方案。侧深施肥技术实现了插秧同步施肥，达到零天施肥的目的。

2 技术原理

2.1 水稻侧深施肥技术改变了传统施肥模式，可以将肥料呈条状准确、定量、集中施在水稻秧苗根系附近侧 3 厘米、深 5 厘米的位置，比表层施肥和全层施肥更接近于水稻根系，利于水稻根部向下生长和吸收养分。肥料集中施于还原层，有效减少了肥料流失，更有利于水稻根系的吸收作用，同传统的撒施相比，降低了稻田水中养分量，进而减少肥料的随水流失和挥发损失。所以侧深施肥肥料利用率高，可提高肥料利用率 15%～20%，从而可实现化肥减量 10%以上，达到节肥增产的目的。

2.2　水稻侧深施肥技术是在水稻插秧的同时，用侧深施肥器将肥料按照农艺要求定位、定量、均匀、可靠地施在稻苗根侧下方泥土中，减少了人工作业次数，相比传统施肥减少了用工量，节约劳动投入成本，可实现减肥、省工、节本、增产增效、降低环境污染的目标。侧深施肥肥料比较集中，保障了水稻前期营养充足，减少无效分蘖，提升水稻产量。

3　技术措施

3.1　侧深施肥对肥料品种、氮磷钾配比、粒径、比重、硬度和均匀度等方面要求较高，需按侧施需求及不同区域水稻需肥规律量身打造专用肥料配方才能实现良好效果。侧深施肥将肥料呈条状集中施于耕层中，提升了水稻根部养分供应量，利于水稻根部向下生长和吸收养分。同时，同传统的撒施相比，降低了稻田水中养分量，进而减少肥料的随水流失和挥发损失。

3.2　侧深施肥地块水整地时要平，埋好稻株残体等杂物严防堵塞肥口；泥浆沉淀时间10天以上，软硬适度，以指划成沟缓缓合拢为标准。

3.3　机械插秧的同时将基、蘖肥或整个生育期所需肥料一次性施在稻株根侧3厘米、深度5厘米处。

3.4　机械作业开始时慢慢平缓地发动机器，途中机械匀速作业，肥料用量准确，施肥均匀。作业中避免停车，如停车需慢慢减速，否则会造成局部区域施肥过量。

3.5　插秧时水深1～2厘米为最佳，水过深时肥料会因水产生移动被水冲走，或浮于水上可能导致无法均匀施肥。

3.6　机器停止作业时，抬起插秧部位，将插秧机调整到液压锁止状态，如插秧部位维持下沉状态，会出现开沟辅助板堵泥土等现象，导致再度作业时肥料堵料。

4　效益分析

同等施肥水平下，使用水稻侧深施肥技术的水稻较传统常规施肥分蘖数增加3%～6%、株高增加1～3厘米、穗长增加0.4～0.8厘米、穗粒数增加2～4粒、千粒重增加0.1～0.2克，实测每亩增产6%～8%；侧深专用肥减量10%（氮、磷、钾纯量减1.3千克/亩）时较传统常规施肥（常量水平）实测每亩增产2%左右，既减肥又增效。

5　推广前景

专家认为，在我国土地流转经营加快、农村合作组织发展迅猛、农村劳动力稀缺与老龄化严重、农业面源污染高发的大背景下，水稻侧深施肥技术是建设环保、健康和可持续农业的一个有效途径。在农业部提倡“一控两减”及黑龙江省、黑龙江省农垦总局提倡“三减”的前提下，水稻侧深施肥技术作为减肥最佳措施之一，已获得农户的广泛认可，推广应用前景广阔，是黑龙江垦区乃至全国水稻施肥今后努力的方向。

黑龙江垦区水稻缓控释肥施用技术模式

1 适用范围

黑龙江垦区是水稻种植主产区，种植面积 2 310.6 万亩，年产量达 1 300 万吨以上。适用于各地区种植的各种水稻。缓控释肥施用范围广泛，可以在所有作物上应用，施用缓控释肥可以起到增产、增收的作用。

2 技术原理

肥料作为重要的农业生产成本投入和增产要素，直接关系到农业的综合效益。大量施肥的实践表明，由于肥料性质与土壤环境条件的综合影响，普通的肥料施用后，一部分要随水流失，易造成土地板结，不利于农作物生长，对土壤环境以及地下水资源造成污染；一部分要挥发到空气中，对大气造成污染，从而使肥料的利用率严重下降；真正被农作物吸收的只是肥料的较少一部分。而缓控释肥作为一种新型肥料正是顺应了现代农业生产的这种需求，被研制生产出来。它有效地解决了既要产量又要质量，既要致富又要健康，既要五谷丰登又要环境优美的生产问题。缓控释肥是一种以多种调控机制使其养分释放按照设定的模式（包括释放率和持续有效释放时间）与作物对养分的吸收相同步，即与作物吸收养分的规律相一致的肥料。与一般肥料相比，这种新型肥料的养分释放速率较慢、释放期较长、在作物的整个生长期都可以满足作物生长需要，具有省时省力、增产增效、节能环保等优点。

3 技术措施

将缓控释肥与测土配方施肥相结合，选择相近的肥料配方，就能更有效地利用土壤养分，既减少缓控释肥料用量，提高肥料利用率，又降低施肥成本。根据作物生育期长短选择不同释放周期的缓控释肥，在水稻插秧时一次性将缓控释肥施下去，解决了农民对水稻需肥用量把握不准的问题，同时又省工、省时、省力。缓控释肥中的氮的释放速率与作物生长的养分吸收基本同步。作物幼苗期对养分的需求量比较低时，缓控释尿素释放的氮很少；作物生长旺盛期对氮的需求量达到高峰时，缓控释尿素中的氮会充分释放，满足作物的需要。

寒地水稻生育期为 120～130 天，要根据水稻的生育期选择合适的缓控释肥。对于水稻这类根系密集且分布均匀的作物，可以在插秧前按照推荐的专用包膜缓控释肥施用量一次性均匀撒施于地表，耕翻后种植，生长期内可以不再追肥。

4 效益分析

缓控释肥与常规施肥相比，水稻增产 9%～14%，缓控释肥可减少单位面积用肥量，纯养分投入减少 5%～10%。水稻减少追肥量和追肥次数，省工省时，节本增效。

5　推广前景

随着人民生活水平的不断提高，市场对优质安全的农产品要求越来越高。保护环境，发展绿色有机产品日益迫切。水稻生产中的分次施肥既不适合现代农业发展的需求，又难以准确地满足水稻在整个生育期的养分需求。而施用缓控释肥，既能解决肥料施用与作物营养需求之间的矛盾，同时提高肥料利用率，简化施肥技术，提高劳动效率，减少肥料流失造成的环境污染，因此，应用前景广阔，具有长久的经济和社会效益。

第三章 玉米化肥减量增效技术模式

天津夏玉米种肥同播化肥减量增效技术模式

1 技术原理

玉米种肥同播技术就是利用玉米种肥一体播种机对玉米种子和缓控释肥料同时播入田间的一种操作模式。该技术可以不用间苗，后期不用追肥，省工省力省时，同时，节约良种、提高肥效、增加产量。

2 技术效果

2.1 省种、省工

采用玉米种肥同播技术可以节省良种。传统播种，每亩用种量2.5～3千克，采用种肥同播用种量1～1.5千克，每亩节种1.5千克。

种肥同播，把播种、间苗、追肥三道工序集为一次用工完成，节省了大量劳动力。

种肥同播一般出苗整齐，缺苗断行少，不用补苗，比一般播种节省人工1～2个。

2.2 增加产量

种肥同播所用高效缓释肥不易流失养分，保证各个时期养分供应，保证肥料养分充分利用，利于形成壮苗健株，达到增产效果。据调查，在天津市实施种肥同播比传统种植每亩增产25千克，增产率5%左右。

3 适用范围

适宜在天津及其周边经济较发达地区在小麦收获后播种夏玉米地区。

4 技术措施

4.1 玉米品种的选择

种肥同播要求玉米种子品种要抗逆性强，丰产性好，种子籽粒大小要均匀一致，颗粒饱满，经过种子包衣，发芽率在95%以上的种子，如京农科728、纪元128、华农138、华农118、郑单958、三北218、蠡玉13等。

4.2　肥料品种的选择

肥料选择缓释肥料，符合国家相关标准要求，肥料氮素养分缓释期在3个月左右，肥料配比为28-8-8、26-10-12、26-12-6等。保证肥料施用后前期不烧苗烧根，中期营养成分足，后期不脱肥，根据土壤养分状况亩施35～40千克。

4.3　播种、施肥机械

播种机要能够进行种肥同播且能单粒播种，种肥间隔5厘米以上，最好达到10厘米以上，种子播种深度在3～5厘米，肥料深度在10～15厘米，实行玉米宽窄行播种，宽行距80厘米，窄行距40厘米，株距20厘米左右。

4.4　整地播种

6月中旬小麦收获后，视土壤墒情情况决定采取旋耕后播种或免耕播种，土壤0～20厘米相对含水量在80%～90%，可以采取旋耕后播种或免耕播种，在相对含水量60%～80%时可以采取免耕播种，小于60%可采取播种后浇蒙头水的措施促进出全苗。播种量1～1.5千克/亩，亩基本苗4 000～5 000株，如果旋耕，旋耕深度大于15厘米。

4.5　田间管理

4.5.1　除草

玉米播种完成后对土壤墒情较好的地块，可喷施金都尔或玉草净进行土壤封闭防除杂草；对土壤墒情较差的地块，可于玉米幼苗3～5叶、杂草2～5叶期每亩用4%玉农乐悬浮剂（烟嘧磺隆）100毫升兑水50L进行喷雾，也可结合中耕进行除草。

4.5.2　病虫害防治

重点做好黏虫、玉米螟、穗蚜、穗斑病、叶斑病等主要病虫害的防治工作。通过选用抗病虫品种、生物与化学药剂等防治病虫害。黏虫用90%固体敌百虫或菊酯类农药兑水2 000～2 500倍液在玉米出苗后间苗定苗前进行喷雾治虫。对玉米螟的防治，可采用放飞赤眼蜂，或喷施生物农药Bt乳剂进行防治。叶斑病用50%多菌灵或50%退菌特或70%硫菌灵500倍液喷雾，推广植保机械化，实现黏虫、玉米螟等主要虫害机械化、专业化防治，提高防治效率和防治效果。

4.6　收获

在不影响后茬作物播种的情况下，要适当晚收。实践证明，在玉米苞叶变白、松散、籽粒乳线消失、内含物完全硬化时的完熟期收获可提高玉米单产。

冀中南地区玉米种肥同播化肥减量增效技术模式

1 技术概述

本区域玉米生产存在总体上化肥施用量偏高且小区域间差异较大，施肥方法不科学、肥料利用率低，造成肥料淋溶挥发、浪费严重等现状。该技术模式基于区域内多年多点试验示范的肥料效应，根据土壤、气候和土壤潜在养分供应水平的特点，合理利用秸秆等有机养分资源，大力推广配方（缓控释）肥，在区域尺度上减少了农户施肥过高或过低、养分不均衡等不合理现象。同时针对传统的玉米种植方式劳动强度大、占用劳力多、成本投入高、经济效益差的现状，采用种肥同播轻简化栽培技术，把播种、施肥等多次用工集为一次用工完成，既节约了劳动力、减轻了劳动强度，有效缓解了农村劳动力严重不足的问题，又可大幅度提高劳动生产效率，推动玉米种植技术转型升级。

2 技术效果

通过秸秆还田、施用缓控释肥、种肥同播等化肥减量增效技术措施，可实现化肥亩用量降低 25%，肥料利用率提高 5 个百分点。种肥同播地块，播种均匀，深浅一致，苗全苗齐苗旺，植株健壮，增产率达到 15%以上，氮肥节省 30%。此外，种肥同播所用肥料不易流失，减少了对水资源的污染，达到了生态环保的效果。

3 适用范围

适用于冀中南平原冬小麦、夏玉米两熟生产的地区。

4 技术措施

在玉米播种时，设置好玉米与肥料之间的有效距离，一次性将玉米种和缓控释肥料施到田地里去的一种操作模式，玉米生育期内不需再追肥。关键技术点如下：

4.1 农艺要求

4.1.1 对玉米品种选择

玉米种选择早熟、高产，种子顶土力强，幼苗生长健壮，抗逆性强，株型紧凑，苗秆坚韧，根系发达，抗倒伏，适合大型联合机械收获的品种，同时注意适当晚播。同时进行播前清选、拌药或包衣处理，处理后的种子要求纯度达到 96%以上，净度达 98%以上，发芽率达 95%以上。

4.1.2 对肥料的选择

肥料要选用长效的缓释肥料，保证用肥后前期不烧苗烧根，中期营养成分足，后期不脱肥，亩施30～40千克。种肥要选用含氮、磷、钾三元素的复合肥，最好是缓控释肥，如40%（26-8-6）智能性缓控释肥料、48%（26-10-12）稳定性复混肥料、51%（31-10-10）包膜缓释肥，玉米生长需要多少、养分就释放多少，还可以减少烧种和烧苗。注意：如果肥料没有包膜一定不是缓控释肥，进行“种肥同播”的话，很容易造成烧种烧苗，后劲不足等问题。

4.1.3 浇蒙头水

播后1～3天要浇蒙头水，注意土壤墒情，避免烧种烧苗。

4.1.4 浇水时可撒施氮肥

如果前茬是小麦，而且是秸秆还田地块，一般每亩还田200～300千克干秸秆，要增施5千克尿素或者12.5千克碳酸氢铵，并保持土壤水分25%左右，有利于秸秆加速腐烂和幼苗生长，防止秸秆腐烂时，微生物与幼苗争水争肥，还可以减少玉米黄苗。氮肥撒在秸秆上面即可。

4.1.5 预防病虫害

播后和幼苗期使用药剂防治灰飞虱，减少玉米粗缩病发生。

4.2 种肥同播技术要求

4.2.1 推广机型

采用具备施肥功能的玉米播种机。播种机要能够进行种肥同播且能单粒播种，种肥间隔5厘米以上，最好达到10厘米（因为化肥集中施于根部，会使根区土壤溶液盐浓度过大，土壤溶液渗透压增高，阻碍土壤水分向根内渗透，使作物缺水而受到伤害。直接施于根部的化肥，尤其是氮肥，即使浓度达不到“烧死”作物的程度，也会引起根系对养分的过度吸收，茎叶旺长，容易导致病害、倒伏等，造成作物减产）。种子播种深度在5厘米左右，肥料深度在10厘米左右，玉米行距60～65厘米，株距25～30厘米。

4.2.2 技术要点

一是合理确定施肥种类与施肥量，根据缓控释肥的特点，选用玉米专用的缓控释肥，并根据作物品种不同、肥料特点及当地土壤条件确定施肥量，一般来讲比同类常规化肥少施10%。

二是机具作业要求，一般要求施肥断条率≤5%、覆土均匀、施肥深度在5厘米以下、种肥距离5～10厘米，具体播种施肥深度、种肥距离要根据作物及缓控释肥种类不同而区别对待。

冀中南夏玉米水肥一体化化肥减量增效技术模式

1 技术概述

利用水肥一体化装置方便、精确的特点，在冀中南夏玉米种植区按玉米生长规律的养分需求特点进行肥料施用，针对玉米不同生育期对养分的不同需求，分次施用，在提高玉米产量的同时，提高肥料利用率，从而达到化肥减量增效的目的。

我们通常选用两种较优模式：①配方肥＋水溶性肥料模式；②配方肥＋水溶肥模式。第一种适用于广大的散户经营者，劳动力水平较低，效益较差，高投入积极性不高的农户。这种模式肥料投入资金较少，科技含量较低，易于被农户掌握。第二种模式适用于经营规模100亩以上的种植大户，他们对农业科技的热情较高，对掌握农业新技术的愿望较迫切，对水溶肥有较强的接受能力，同时这种技术模式也给大户带来了丰厚的回报。

2　技术效果

实现玉米水肥一体化对农业增产增收的作用——节水、节电、节地、节工效果显著：①节水、节肥。微喷及固定式灌溉均属全管道输水和局部微量灌溉，使水分渗漏和损失降低到最低程度。同时，由于能做到适时地供应作物根际所需水分，不存在外围水分损失问题，使水肥利用率大大提高。水肥一体化系统可将肥料加入施肥系统，且使用的冲施肥水溶性强，溶解充分，水肥结合，养分直接均匀地施入作物根际，可实现小范围局部控制，大大提高肥料利用率，减少化肥用量。特别是可解决微量元素不易均匀使用的问题。两年来试验示范，均表现了显著的节水效果。②节约土地，提高土地利用率。实施水肥一体化的田块可免去田埂和垄沟占地，土地利用率可提高10%左右。可提高机收作业质量，减少收获损失。③节约能源。由于节省了浇水，也就节约了用于提水的电能，一般可节电40%左右。④节约用工。减轻劳动强度，缩短灌溉周期。采用微喷等水肥一体化技术，浇水时间由平均每亩2.5小时左右减少到1小时，大大缩短了灌溉周期。同时还可在多个田间管理环节上减少用工，节约用工30%以上，减轻劳动强度、降低生产成本，利于劳动力转移。

3　适用范围

适用于冀中南地区夏玉米安装水肥一体化装置地块。

4　技术措施

两年来试验示范，均表现了显著的节水节肥省工省力的特点。冀中南地区正常年份玉米全生育期灌溉用水一般需180米^{3}左右（按出苗水、拔节水、大喇叭口三水计），采用水肥一体化需浇水施肥四次（出苗水20米^3、拔节水20米^3、大喇叭口期30米^3、穗期30米^3），用水共计100米^{3}左右，节水80米^{3}左右。

4.1　配方肥＋水溶性肥料模式

夏玉米水肥一体化技术。选用耐密性品种，种植密度4 000～4 500株/亩，每亩用配方肥40%（氮、磷、钾25-5-10）20千克，种肥同播。播种期浇水20米^3/亩。拔节期浇水15米^3/亩，追肥尿素5千克/亩左右、磷酸二铵2千克/亩、氯化钾2千克/亩。大喇叭口期浇水10米^3/亩，大喇叭口期追施尿素15千克/亩左右、磷酸二铵2千克/亩、氯化钾

2千克/亩。抽雄期：浇水10米^3/亩，尿素10千克/亩左右，磷酸二铵2千克/亩，氯化钾2千克/亩。灌水定额根据土壤质地、降雨和土壤墒情进行调整，施肥量根据土壤养分状况合理确定。

4.2 配方肥+水溶肥模式

夏玉米水肥一体化技术。选用耐密性品种，种植密度4 000～4 500株/亩，每亩用配方肥40%（氮、磷、钾25-5-10）20千克，种肥同播。播种期浇水20米^3/亩。拔节期浇水15米^3/亩，追肥水溶肥（氮、磷、钾30-10-10）8千克/亩左右。大喇叭口期浇水10米^3/亩，大喇叭口期追施水溶肥20千克/亩左右。抽雄期：浇水10米^3/亩，水溶肥15千克/亩左右。灌水定额根据土壤质地、降雨和土壤墒情进行调整，施肥量根据土壤养分状况合理确定。

5 推广前景

此模式适用于冀中南实施水肥一体化地块，以种植大户或家庭农场效果最好，对中喷、微喷等喷灌模式效果都不错。

玉米机械化深施肥减量增效技术模式

1 技术概述

化肥在农业生产发展增产中起了不可替代的作用，但目前也存在化肥过量施用、盲目施用等问题，带来了成本的增加和环境的污染。为了提高肥料利用率，减少不合理投入，节约资源和保护环境。加快推进供给侧结构性改革，推广玉米水肥一体化条件下的化肥减量技术。

2 技术效果

通过小麦高产节水节肥技术、玉米水肥一体化、玉米种肥同播、玉米深层施肥等化肥减量增效技术措施，可实现土壤有机质含量提高0.3个百分点，化肥每亩用量降低25%，肥料利用率提高5个百分点。特别是种肥同播及深层施肥技术，可实现节肥20%以上，氮肥利用率可达到45%以上，玉米增产15%以上，并有效遏制该区域因盲目过量施肥导致水体富营养化的问题。

3 适用范围

适用于河北邯郸、邢台、衡水等平原地区优质小麦、玉米生产基地。

4 技术措施

4.1 种肥同播技术

一般要选用耐密品种，60 厘米等行矩，种植密度 4 000～4 500 株/亩，种肥同播。氮肥施用量约占全生育期的 30%，施用纯量是 6 千克/亩。磷肥全部作种肥，施用纯量是 2 千克/亩。钾肥全部作种肥，施用纯量 3 千克/亩。

4.2 测土配方施肥技术

技术要点：①取土测土。利用现有的土壤测试值结果或采集土壤样品分析化验土壤全氮、有效磷、速效钾含量。②确定施肥量。根据土测值结果确定氮、磷、钾肥或配方肥的用量。③适期适量施肥。磷肥、钾肥或配方肥通过种肥同播一次性深施；氮肥 24%作种肥，其余结合灌水分三次机械深追施，施肥深度 10 厘米左右。④补施微量元素。在土壤缺锌和缺硼的地块上基施或叶面喷施锌肥、硼肥。

4.3 水肥一体化技术

技术要点：①确定施肥量。根据测土配方施肥成果确定玉米施用化肥的种类及数量。②确定施肥时期。磷、钾肥通过种肥同播一次性施入；氮肥分期施肥，种肥同播 24%的氮肥，其余用作玉米追肥，一般分 2 次进行。大喇叭口期随浇水追施尿素 15 千克/亩左右。抽雄期随浇水追施尿素 10 千克/亩，采用压差式施肥罐法水肥一起施入。③灌溉施肥。追肥前要求先滴清水 15～20 分钟，再加入肥料，一般固体肥料加入量不应超过施肥罐容积的 1/2，然后加注满水，并使肥料完全溶解；提前溶解好的肥液或液体肥料入量不应超过施肥罐容积的 2/3，然后注满水；加好肥料后，每罐肥一般需要 20 分钟左右追完；全部追肥完成后再滴清水 30 分钟，清洗管道，防止堵塞滴头。

4.4 玉米收获

玉米要适当晚收。玉米适当晚收粒重最大，产量最高，还可以增加蛋白质、氨基酸数量，提高商品质量。

技术要点：根据植株长相确定晚收期。当前生产上应用的玉米品种多有“假熟”现象，即玉米苞叶提早变白而籽粒未停止灌浆。玉米果粒下部籽粒乳线消失，籽粒含水量 30%左右，果穗苞叶变白而松散时收获粒重最高，玉米产量也高，可以作为适期收获的主要标志。同时，玉米籽粒基部黑色层形成也是适期收获的重要参考指标。

冀中南平原区域玉米“秸秆还田+精准施肥”技术模式

1 技术概述

针对耕地质量方面存在的耕地土壤有机质含量低、土壤板结、耕性差等问题，采取秸秆还田、综合节水、增施有机肥、深耕深松“四位一体”的土壤培肥措施，建设深厚肥沃的耕层土壤，提高土壤贡献率，减轻玉米对化肥的依赖程度。

针对施肥方面存在的“两多、两少、一低”即：氮、磷肥用量多、钾肥和微量元素肥料施用农户少、分期深追施肥料的比例低的问题，通过“两调、三改”的技术路径，减少化肥用量。“两调”一是深化测土配方施肥技术，调整氮、磷、钾肥的用量及比例，实现精准施肥；二是调优肥料结构，引进筛选并大面积推广缓控释肥、水溶肥、生物肥等新型肥料，逐步优化施肥结构。“三改”一是改进施肥方式，改氮肥表撒施为机械深追施或水肥一体化施肥；二是改变施肥时期，改氮肥一次追施为两次或三次追施，实现氮肥后移；三是改只施大量元素肥料为大量元素和微量元素肥料配合施用。

2 技术效果

通过土壤培肥、调整施肥结构、改进施肥方式等化肥减量增效技术措施，可实现土壤有机质含量提高 0.3 个百分点，可达到生产用水减少 10%～20%，化肥施用量下降 10%～25%，肥料利用率提高 3.7%，农药使用量下降 5%～10%，省工 30%～50%，有效遏制本区域因盲目过量施肥导致水体富营养化的问题。

3 适用范围

适用于地处河北省中南部平原地区，主要包括石家庄市、保定市、沧州市、衡水市、邢台市及邯郸市六市全部及廊坊市一部分，面积 9 万千米^2，是夏玉米生产基地，包括登海、先玉、郑单系列等品种。

4 技术措施

4.1 深化配方施肥，实现精准施肥

推广“减氮、控磷、稳钾、补微”技术，精准配肥，关键就是用好“大配方、小调整”的区域配肥技术。按照耕地地力基础确定施肥方案：

技术要点：①确定施肥量。根据测土配方施肥成果确定玉米施用化肥的种类及数量。②确定施肥时期。磷、钾肥通过种肥同播一次性施入；氮肥分期施肥，种肥同播 50%的氮肥，其余分别在玉米大喇叭口期（25%）、抽穗开花期（25%）分次追施。③增施微肥。依

据历年化验数据，本区域耕地土壤硼和锌含量缺乏，因此要适量补充硼肥和锌肥，在播种前耕地时，每次底施每亩用量为硼砂 0.2～0.5 千克、纯硫酸锌 0.5～1 千克，可和其他化肥混合后施用。

冀中南平原地区玉米土壤养分丰缺指标及经济合理施肥量

土壤养分含量（毫克/千克）			氮、磷、钾肥建议施肥量（千克/亩）		
碱解氮	有效磷	速效钾	N	P_2O_5	K_2O
>120	>30	>120	12～14	不施	2～3
90～120	20～30	90～120	13～15	2～4	3～5
<90	<20	<90	14～16	4～6	4～6

冀中南平原地区玉米施用配方肥的肥料配方及施肥建议（总养分含量 44%）

配　方	26-12-10			
肥力水平	极低	低	中	高
施肥建议（千克/亩）	50	46	35	28

4.2　有机肥与化肥混合施用

推广化肥与有机肥混合施用，加大生物有机肥推广力度，积极试验示范推广改良土壤的微生物菌剂肥料，不断改良土壤从而提高土壤供肥性能。关键技术需要把握施用时间，有机肥数量大，见效慢，应尽量早施，一般在玉米播种时作基肥一次施入，每亩施用 100～200 千克腐熟有机肥；化肥用量少，见效快，磷、钾肥和部分氮肥一般在整地播种时深层底施，每亩施用 20～30 千克，根据玉米不同生长时期在中、后期进行追肥补充氮肥。

通过有机肥和化肥混合施用，一可改良土壤理化性状，增强土壤肥力；二可使迟效与速效肥料优势互补；三可减少化肥的挥发与流失，增强保肥性能，较快地提高供肥能力；四可提高作物抗逆性、改善品质，并对减轻环境污染有显著效果。

4.3　改良施肥方法，实现种肥同播

采用农机、农艺相结合，采用种肥同播的模式深施追肥，底肥由撒施改为集中沟施。通过机械化深施可以减少化肥损失，提高化肥利用率，节省成本，增加效益。

在玉米种肥同播时要严格按照技术标准进行操作，需要注意以下几点：①种肥的选择。种肥要选用含氮、磷、钾三元素的复合肥，可以减少烧种和烧苗。不宜采用碳酸氢铵、过磷酸钙、尿素、氯化钾、硝酸铵、硝酸钾、未腐熟的农家肥。②种子、肥料间隔 5 厘米以上。化肥集中施于根部，会使根区土壤溶液盐浓度过大，土壤溶液渗透压增高，阻碍土壤水分向根内渗透，使作物缺水而受到伤害。保持种子、肥料间隔 5 厘米以上，最好达到 10 厘米，以免直接施于根部的化肥，引起烧苗，或者引起根系对养分的过度吸收，茎叶旺长，容易导致病害、倒伏等，造成作物减产。③肥料用量要适宜。如果玉米播种后不能及时浇水，种肥播量一般不超过 30 千克/亩。如果能及时浇水，而且保证种肥间隔 5 厘米以上时，播量可以达到 30～40 千克/亩。④播后 1～3 天浇蒙头水。注意土壤墒情，减少烧种烧苗。

4.4　玉米秸秆粉碎翻压还田技术

在玉米种植面积较大、秸秆资源丰富、大型机械作业程度较高的区域，推广玉米秸秆粉碎翻压还田技术。

主要技术要点包括4个关键技术环节：①机械收获。采用玉米联合收获机械边收获边粉碎秸秆，秸秆长度小于10厘米，茬高小于5厘米。粉碎效果不好的要用秸秆粉碎机进行二次粉碎。②施用秸秆腐熟剂。收获粉碎秸秆后，按每亩2～3千克用量及时、均匀喷洒秸秆腐熟剂，促进秸秆腐熟。③调节碳氮比。喷洒腐熟剂的同时，每亩均匀施5～10千克的尿素，调节碳氮比。④深翻整地。采用大型耕作机械进行深耕作业，耕作深度25厘米以上，将玉米秸秆全部翻入土层，并要及时用旋耕机旋耕，平整耕地，保证下季作物的播种质量和出苗率。土壤墒情较差的地块要及时灌水使土壤保持较高的湿度，促进秸秆快速腐烂。

4.5　综合节水技术

去除前茬麦田地头的大垄沟和田间的小垄沟，有条件的发展固定式喷灌或卷盘喷灌机，暂时不具备条件的改用地头主管道加田间“小白龙”灌溉，有效增加种植面积12％～15％。

通过晚收抢种，确保前茬麦田有较足的底墒，实施玉米趁墒播种。充分利用夏、秋季较多的降水量，依靠玉米晚收、缩短收种间隔时间、延长田间生物覆盖的保墒效应，达到节水和高产。

4.6　新型肥料试验示范推广

采用缓控释肥料与速效肥料相结合的一次性施肥技术。积极推广缓释肥、控释肥等缓效肥，缓控释肥在玉米播种时一次底施，后期不再追肥，有效减少了化肥用量尤其是氮肥用量。根据近年来缓控释肥料试验结果，选择配方为28-14-10或26-12-10的缓控释掺混肥，通过种肥同播一次性深施肥，每亩施肥量30～40千克，比农民常规施肥减少化肥用量20％左右。

春播中晚熟玉米区化肥减量增效技术模式

1　技术概述

通过秸秆还田可部分归还养分，提高土壤有机质；通过测土配方施肥调整氮、磷、钾肥的用量及比例，实现精准施肥；通过增施有机肥，实现有机肥和化肥的合理配合施用，达到用地养地、提高肥料利用率的效果；通过水肥一体化，实现肥料和水分一体施用，提高肥料利用率和水分利用率。几项技术集成应用，充分发挥培土、科学施肥、提高资源利用效率几方面的综合效应，实现农业的可持续发展。

2 技术效果

每亩可还田秸秆500千克，可以少施10%的化肥，即每亩少施2千克纯磷（P_2O_5）和1千克纯钾（K_2O）。秸秆还田和增施有机肥可提高有机质0.5～1克/千克。水肥一体化技术增产增效情况与传统技术相比，蔬菜节水30%～35%，节肥40%～45%；果园节水40%，节肥30%；蔬菜产量增加15%～22%，水果增产9%～15%。

3 适用范围

本技术适用于春播中晚熟玉米区。

4 技术措施

4.1 秸秆还田技术

4.1.1 整秆覆盖技术

4.1.1.1 主要操作程序

秋耕整地→分带划行→整秆覆盖（过冬）→空档施肥→规格播种。

4.1.1.2 具体步骤

第一年大秋作物收获后深耕整地，按133厘米为一带在田间划行，然后再行中间覆盖66.5厘米宽的整秆，留66.5厘米宽的空当。翌年早春在66.5厘米宽的空当中开一条沟施肥整地。4月中旬在空档中两行玉米（小行距50厘米，株距随品种定），秋收后，不刨茬、不耕地，将新秸秆盖在原玉米种植行上过冬。第二年早春在旧秸秆行间用小型旋耕机整地（或人工刨地），再施肥、播种，逐年轮换播种行。若遇严重春旱，可不整地、不施肥、硬地播种，在玉米拔节期采用从根基旁追肥的方法一次施足肥料。

4.1.2 二元双覆盖技术

4.1.2.1 主要操作程序

分带划行→开沟埋秆（过冬）→施肥起垄→盖膜播种→收获（留膜留茬）→空档开沟埋秆。

4.1.2.2 具体步骤

秋季大田玉米收获后深耕整地，然后按133厘米为一带在田间划行（小行距50厘米，大行距83厘米），在大行距中间开一条27厘米宽、20～27厘米深的沟，将玉米整秆尾压梢铺入沟中，埋土过冬。第二年早春，在埋入整秆的垄上开沟施肥，然后覆土起垄（垄高10厘米），趁墒覆盖80厘米宽的超微膜。4月上旬在地膜两侧打孔（孔深4～5厘米）种两行玉米（小行距50厘米，株距随品种而定）。在玉米生长期间只中耕空当，不培土。秋季玉米收获时不刨茬、不揭膜，在原带距的空档中间开沟埋秆，操作程序同上年秋季。翌年早春如遇特殊春旱，可不揭旧膜、不动旧茬、不施基肥，在旧膜上玉米茬间错位打孔播种（即一膜用两年）。到玉米拔节期时，采用株距间打孔追肥的方法一次性施足肥料，以追肥代基肥。

4.2 测土配方施肥技术

4.2.1 施肥原则

4.2.1.1 有机肥与无机肥相结合。

4.2.1.2 控制氮肥总量，适当增加磷肥用量，调整基、追肥比例，减少前期氮肥用量，实行氮肥用量后移。

4.2.1.3 氮、磷、钾肥配合施用，中微量元素因缺补缺。

4.2.1.4 基肥深施。播种方式采用开沟条施，深度需要在 7 厘米以上。

4.2.1.5 追肥沟施或穴施覆土，覆土深度也应在 7 厘米以上。

4.2.1.6 对缺锌土壤，适量施用锌肥。

4.2.2 施肥建议

氮肥 2/3、磷、钾肥全部用作基肥，一次性施入；氮肥 1/3 作追肥，在大喇叭口期—拔节期进行追施。均采用沟施，施肥沟宽、深分别为 15～25 厘米，施后及时覆土。

在缺锌的地块，每亩基施锌肥 0.5～1 千克，或在苗期和抽雄期用 0.1%硫酸锌兑水 50 千克/亩叶面喷施。

4.2.3 施肥方案

参照历年玉米肥料试验示范结果及农民施肥习惯，制定玉米推荐施肥方案。

4.2.3.1 基追结合施肥方案

推荐肥料：$N-P_2O_5-K_2O$ 为 20－13－5 或相近配方的复合（混）肥。

施肥建议：产量水平 400～500 千克/亩，底施配方肥推荐用量 45～60 千克/亩，拔节至大喇叭口期追施尿素 5 千克/亩；产量水平 500～650 千克/亩，底施配方肥推荐用量 60～70 千克/亩，拔节至大喇叭口期追施尿素 5 千克/亩；产量水平 650 千克/亩以上，底施配方肥推荐用量 70～80 千克/亩，拔节至大喇叭口期追施尿素 5 千克/亩。

4.2.3.2 一次性施肥方案

推荐肥料：$N-P_2O_5-K_2O$ 为 25－15－6 或相近配方的复合（混）肥。

施肥建议：产量水平 400～500 千克/亩，配方肥推荐用量 40～50 千克/亩，作为基肥或苗期追肥一次性施用；产量水平 500～650 千克/亩，可以有 30%～40%释放期为 50～60 天的缓控释氮素，配方肥推荐用量 50～60 千克/亩，作为基肥或苗期追肥一次性施用；产量水平 650 千克/亩以上，建议有 30%～40%释放期为 50～60 天的缓控释氮素，配方肥推荐用量 60～70 千克/亩，作为基肥或苗期追肥一次性施用。

4.3 增施有机肥

每亩增施优质农家肥 1 500～2 000 千克，或者商品有机肥 200 千克。

4.4 水肥一体化技术

水肥一体化技术是将施肥与灌溉结合在一起的农业新技术。它通过压力管道系统与安装在末级管道上的灌水器，将肥料溶液以较小流量均匀、准确地直接输送到作物根部附近的土壤表面或土层中的灌水施肥方法，可以把水和养分按照作物生长需求，定量、定时直接供给作物。其特点是能够精确地控制灌水量和施肥量，显著提高水肥利用率。

5 推广前景

通过以上综合技术应用，可有效减少化肥施用量，推广前景良好。

西辽河灌区水浇地玉米减肥增效技术模式

1 技术概述

西辽河灌区耕地质量与肥料施用方面主要存在的问题有：①重化肥轻有机肥，重氮、磷肥轻钾肥。②土壤养分含量低，耕作层浅。③土壤质地轻，保水保肥能力低。④植被覆盖率低，风蚀沙化严重。根据本区域水浇地玉米生产实际情况及施肥中存在的问题，主要从两个方面实现化肥减量增效的目标，即培肥地力提高耕地质量和科学施肥提高肥料利用率。通过“一增、二提、三改”的技术路径，降低肥料用量。“一增”是增加耕作层厚度。通过深松深翻技术，打破犁底层，提高耕层厚度。“二提”一是提高耕地土壤贡献率。采取秸秆还田或增施有机肥技术措施，培肥土壤，提升耕地质量。二是提高肥料利用率。加强测土配方施肥技术的应用，调整氮、磷、钾施用比例，达到精准施肥，提高肥料利用率。“三改”一是改变施肥时期。改氮肥一次性施用为两次或者三次追施。二是改变施肥方式。改氮肥表撒施为机械深施或者水肥一体化施肥。三是改变传统施用大量元素肥料为使用新型肥料。

2 技术效果

以秸秆还田及其配套技术为主导的化肥减量增效技术模式可充分利用丰富的玉米秸秆资源，变废为宝，有效遏制秸秆焚烧，同时改善土壤理化性状，增加土壤有机质含量，培肥地力，而且减少了化肥用量，提高了作物产量。连续实施 2～3 年可提高土壤有机质含量5%～12%，提高土壤全氮含量 4%～9%，亩产平均提高 10%～15%。

3 适用范围

适用于西辽河灌区，主要包括奈曼旗、元宝山区、科尔沁左翼中旗、开鲁县、科尔沁左翼后旗、科尔沁区、松山区、红山区。总土地面 43 609.8 千米^2，耕地面积1 853.7 万亩，其中旱地 746.9 万亩，水浇地 1 106.8 万亩。该区域是内蒙古自治区的玉米主产区，被誉为“玉米黄金带”。玉米年播种面积 1 200 万亩以上，玉米产量占全区玉米总产量的 25%左右。

4 技术措施

4.1 玉米秸秆粉碎催腐还田技术

该区域秸秆资源丰富、机械化程度较高，推广玉米秸秆粉碎催腐还田技术。

主要技术要点为：①秸秆粉碎。玉米成熟后，采用联合收获机械边收获玉米穗边切碎秸秆，秸秆长度小于10厘米；也可采用人工摘穗、人畜力运穗出地后，再用秸秆粉碎机粉碎秸秆，使其均匀覆盖地表。②喷撒腐熟剂，调节碳氮比。在秸秆覆盖后，趁秸秆青绿（最适宜含水量30%以上），将腐熟剂按秸秆量的0.2%用量混合细沙土后均匀地撒在作物秸秆上，同时按秸秆量的0.3%施用尿素将C/N比调节至20～25∶1，促进秸秆腐烂分解。③深翻整地。采用大型耕作机械进行深翻作业，耕作深度达到25厘米以上，将粉碎的玉米秸秆、腐熟剂和氮肥全部翻入土层，尽量减少表土秸秆量，及时耙实，以利保墒。为防止玉米病株被翻埋入土，在翻埋玉米秸秆前，及时进行杀菌处理。④田间管理。在秸秆翻入土壤后，需浇水调节土壤含水量，利用雨水或者灌溉水使土壤相对含水量保持在40%以上，保持适宜的湿度，达到快速腐解的目的。⑤病虫害防治。在玉米秸秆还田地块，早春地温低，出苗缓慢，易患丝黑穗病、黑粉病，可选用包衣种子或相关农药拌种处理。发现丝黑穗病和黑粉病植株要及时深埋病株。玉米螟发生较严重的秸秆，可用Bt乳油200倍液处理秸秆。

4.2 有机肥积造施肥技术

技术要点：①厩肥堆沤。用农作物秸秆等垫圈舍，拌和禽畜粪便，每周清理2～3次，运到圈外集中堆放堆沤发酵，堆方60～70厘米高，其间通过在堆肥中添加马粪、水分及盖厚土等措施来控制堆肥的温度50～60℃，发酵中如发现物料过干，应及时在翻堆时喷水，确保顺利发酵，每周翻倒1次，3周可腐熟。②农家肥堆沤。将畜禽粪、秸秆等物料经搅拌充分混合，堆成宽约2米、高约1.5米的长垛，长度可根据发酵场地长度而定。湿度保持在55%～65%。发酵中如发现物料过干，及时在翻堆时喷洒水分，堆肥时加入适量的人畜粪尿、化学氮肥等来调节碳氮比，调至35∶1左右。每2～5天可用机械或人工翻垛一次，以提供氧气、散热和使物料发酵均匀，通过在堆肥中添加马粪、水分及盖厚土等措施将温度控制在50～60℃。③农家肥施用。采用农家肥作基肥，结合深翻全层、全田施用，深翻25厘米以上。农家肥用量为2 500千克/亩。

4.3 深耕深松技术

4.3.1 深松

主要用于作物播前管理，分全面深松和局部深松。全面深松适宜于工作幅宽较大的田块，局部深松常结合施肥、除草等田间管理措施同时进行。深松形式分为间隔深松、浅翻深松、灭茬深松、中耕深松、垄作深松、垄沟深松等。深松应保持耕层土壤适宜的松紧度和保水保肥能力，深度控制在15～20厘米，易漏水、漏肥、漏气的田块不进行深松。

4.3.2 深翻

时间在秋季收获后进行，3年深翻一次。深翻深度以打破犁底层为宜，秋翻深度大于20厘米。深翻的同时配合施用有机肥，休闲地在耕翻后及时耙耱镇压。把握好土壤适耕性，土壤适耕性以土壤含水量表示，含水量10%～25%为宜。

4.4 膜下滴灌水肥一体化技术

①确定施肥量。目标产量600～700千克/亩：每亩施45%配方肥30～40千克，追施尿素25～35千克或施磷酸二铵15～17.5千克，氯化钾5～8千克，追施尿素25～35千克，缺锌地块在玉米拔节期追施硫酸锌1.5千克/亩；目标产量700～800千克/亩：每亩施45%配方肥40～45千克，追施尿素35～40千克或施磷酸二铵17.5～20千克，氯化钾8～10千克，追施尿素35～40千克，缺锌地块在玉米拔节期追施硫酸锌1.5千克/亩。②确定施肥时期。磷、钾肥通过种肥同播一次性施入，氮肥分期施用，种肥同播20%的氮肥，其余分别在玉米拔节期（40%）、大喇叭口期（20%）、抽穗开花期（20%）采用压差式施肥罐法将水肥一起施入。③灌溉施肥。追肥前要求先滴清水15～20分钟，再加入肥料，一般固体肥料加入量不应超过施肥罐容积的1/2，然后注满水，并使肥料完全溶解。提前溶解好的肥液或液体肥料加入量不应超过施肥罐容积的2/3，然后注满水，加好肥料后，每罐肥一般需要20分钟左右追完，全部追肥完成后再滴清水30分钟，清洗管道，防止堵塞滴头。

4.5 测土配方施肥技术

技术要点：①取土测土。利用现有的土测值结果或采集土壤样品分析化验土壤全氮、有效磷、速效钾含量。②确定施肥量。根据土测值结果和下表中的建议施肥量确定氮、磷、钾肥或配方肥的用量。③适期适量施肥。磷肥、钾肥或配方肥通过种肥同播一次性深施；氮肥20%作种肥，其余结合灌水分三次机械深追施，施肥深度10厘米左右。第一水追施氮肥总用量的40%，第二水、第三水分别追施20%。

西辽河灌区玉米土壤养分丰缺指标及合理施肥量

相对产量（%）	丰缺程度	丰缺指标			经济合理施肥范围（千克/亩）		
		全氮（克/千克）	有效磷（毫克/千克）	速效钾（毫克/千克）	N	P_2O_5	K_2O
<65	极低	<0.50	<3.5	<63	>14.1	>11.6	>5.1
65～75	低	0.50～0.73	3.5～6.2	63～91	14.1～12.1	11.6～9.2	5.1～4.2
75～90	中	0.73～1.29	6.2～15.2	91～155	12.1～9.2	9.2～5.7	4.2～3.0
90～95	高	1.29～1.55	15.2～20.4	155～185	9.2～8.2	5.7～4.5	3.0～2.6
>95	极高	>1.55	>20.4	>185	<8.2	<4.5	<2.6

西辽河灌区玉米肥料配方及施肥建议（总养分含量45%）

生态区	作物	配　方	施用量建议（千克/亩）				
			极低	低	中	高	极高
西辽河灌区	春玉米	12-23-10	50	45	32	22	20

大兴安岭南麓区旱地玉米减肥增效技术模式

1　技术概述

大兴安岭东南浅山丘陵区耕地质量和玉米施肥方面存在的主要问题有：一是掠夺式经营，土壤肥力衰退。二是农田基础设施薄弱，抗逆能力差。三是水土流失严重，黑土层变薄。四是有机肥施用量少，施肥比例不合理。针对以上存在的问题，主要采取“增、保、养、节”技术途径。“增”，增加土壤有机质含量。采用秸秆翻压还田、堆沤还田、秸秆粉碎覆盖还田、增施畜禽粪便堆沤的有机肥增加土壤有机质含量。“保”，保水保肥。通过深耕深松整地将秸秆掺混到耕作层，打破犁底层，改善耕地理化性状，增强耕地保水保肥能力。“养”，黑土养育。通过粮豆轮作套作、固氮肥田等措施，实现耕地用养结合、持续利用。“节”，节水节肥节药。推进节水灌溉、测土配方施肥、病虫草害综合防治等技术措施，提高水肥利用率，减少化肥、农药投入。

2　技术效果

通过秸秆还田，有效解决秸秆焚烧或乱堆乱放造成的环境污染和农村环境脏、乱、差的问题；通过畜禽粪便堆腐、使用，解决随意丢弃或腐熟不完全造成的环境污染和病虫草害严重的问题。秸秆还田和增施有机肥，结合深耕深松，又能创建深厚肥沃的耕层土壤，提高土壤贡献率。通过精准施肥、调整化肥使用结构、改进施肥方式，提高肥料利用率。每亩减少化肥用量 2.5～4.2 千克，玉米平均增产 30～45 千克/亩。

3　适用范围

适用于大兴安岭东南浅山丘陵区，区域包括阿荣旗、扎兰屯市、莫力达瓦达斡尔族自治旗、扎赉特旗、突泉县、科尔沁右翼前旗、科尔沁右翼中旗、鄂伦春旗、乌兰浩特市和海拉尔农管局的 13 个农场和兴安盟农管局。总土地面积 159 797.6 千米^2，耕地面积 4 195.2 万亩，其中旱地 3 769.4 万亩、水浇地 425.8 万亩，分别占本区耕地面积的 89.8%、10.2%。年播种玉米 1 700 万亩以上，产量 750 万吨左右。

4　技术措施

4.1　玉米秸秆粉碎还田免耕播种技术

操作流程如下：①玉米收获。机械收获时，尽量选用大中型玉米收获机械，对玉米秸秆进行初步粉碎。②秸秆粉碎。玉米收获后，根据动力选用配套的秸秆粉碎机械，选择适宜的时间开展秸秆粉碎还田作业。粉碎的秸秆长度在 5 厘米以下，粉碎后均匀抛撒在地表。③免耕播种。在有秸秆残茬覆盖的地表用免耕播种机进行播种和施肥作业。免耕播种技术不用翻地、不用整地，简化了工序，减少机械进地次数，降低作业成本。免耕或少耕播种常用机型有三种：一是破茬免耕播种机，适用于留高茬地的破茬播种作业，一次完成破茬开沟、播种、施肥、覆土、镇压作业；二是圆盘开沟播种机，适合秸秆还田地块免耕播种作业；三是带状旋耕播种机，一次完成带状旋耕、开沟、播种、施肥、覆土、镇压作业。免耕播种作业可根据地块秸秆量与地块现状选择适宜的免耕播种机械。

机具要求：①玉米收获机械。选用大中型玉米收获机械，大中型机械功率大，作业效果好，玉米损失率低，同时还可对玉米秸秆进行初步处理。②粉碎还田机械。选择专用粉碎还田机，根据动力配套适宜作业幅宽的粉碎还田机械。选用73.55千瓦以上动力机械配套3.3米宽4Q双轴秸秆切碎还田机、玉米专用秸秆粉碎还田机作业效果最好。③免耕播种机械。选择圆盘开沟免耕播种机，也可根据地块现状选择适宜的免耕播种机具。播种机具要与动力机械配套，确保播种作业达到标准。

4.2 有机肥积造及使用技术

在农区畜牧业较发达和大型养殖场周边地区，以畜禽粪便为主要原料堆沤和施用有机肥，重点采取坑式堆沤、平地堆沤和发酵池堆沤模式，技术要点如下：

4.2.1 坑式堆沤模式

①选坑或建坑。在田头地角、村边住宅旁或牲畜棚圈旁边，依照牲畜粪便的数量建堆沤池，或利用自然地形凹坑作为积肥坑。②积肥。每天及时打扫棚圈，将清除出去的粪便堆积在积肥坑中，可添加作物秸秆、细土与畜粪相间堆置。同时根据粪便的类型，增加热性肥料，如果堆沤材料以厩肥为主，添加一定比例的过磷酸钙，不仅可以加快厩肥腐熟，防止厩肥中氮素挥发流失，还能增加肥料中有机磷含量，提高磷肥功效；如果堆沤材料中人粪尿比重较大，添加0.5%的硫酸亚铁，可使人粪尿中碳酸铵转化成性质稳定的硫酸铵，起到保肥除臭，防止氮素挥发的作用。③翻堆腐熟。秋季入冬前或者春季翻混肥料，并加水腐熟。温度过低时，可在粪堆中刨一个坑，内填干草等易燃物点燃，通过缓慢烟熏提高肥堆温度，促进堆肥快速升温、发酵腐熟。

4.2.2 平地堆沤模式

将畜禽粪便、秸秆等物料经搅拌充分混合，水分调节在55%～65%，堆成宽约2米、高约1.5米的长垛，长度可根据需要而定。每2～5天可用机械或人工翻垛一次，以提供氧气、散热和使物料发酵均匀，发酵中如发现物料过干，应及时在翻堆时喷洒水分，确保顺利发酵，经40～60天的发酵达到完全腐熟。为加快发酵速度，可在堆垛条底部铺设通风管道，以增加氧气供给。通风管道可以自然通风，也可以机械送风。在通风良好情况下可明显加快发酵。

4.2.3 发酵池堆沤模式

发酵池为水泥、砖砌成，每个发酵池高1～1.5米，宽5～6米，便于机械翻动或铲车翻动，长5～10米甚至更长。可在发酵池底部设通气管，装入混合物料后用送风机定时强制通风。将畜禽粪便运至大棚，加发酵菌剂，调节水分在55%～65%，物料翻堆使用移动翻堆机械，每隔5天翻堆一次，发酵温度55～75℃，经过20～30天的好氧发酵，温度逐渐下降至稳定时即可进行后熟。后熟时间为2周至2个月（施肥方法及注意事项：一是要按玉米生长营养需求规律来施肥，可作底肥一次性施入，一般大田每亩施有机肥1 500千克并配合化肥平衡施肥。二是尽量将有机肥深施或盖入土里，避免地表撒施肥料现象，减少肥料的流失浪费和环境污染。三是控制玉米苗期氮肥的施用量）。

4.3 秸秆掺拌深松联合整地技术

操作流程：①玉米收获。根据农民要求，采用人工收获和机械收获两种方式。人工收获用工量大，收获时间长，除小面积地块及收获机械难以作业的地块外，一般不建议采取人工收获。机械收获时，尽量选用大中型玉米收获机械，在摘取玉米果穗时，对玉米秸秆进行初步粉碎处理。②秸秆掺拌深松联合整地。玉米收获后，根据动力选用配套的秸秆粉碎掺拌联合整地机具，选择秸秆干湿度和土壤墒情适宜的时间开展秸秆掺拌联合整地作业。粉碎的秸秆和根茬长度在 5 厘米以下，粉碎后均匀撒在地表。同时，通过联合整地机对耕作层进行旋耕作业，使粉碎的秸秆、根茬混拌入耕层内。深松要求 30 厘米以上，达到“深、平、细、实”的要求，做到田面平整，土壤细碎，没有漏耕，深浅一致，上虚下实，达到良好的待播状态。③注意事项。开展该项作业时，要注意田间秸秆量不宜过多，否则秸秆粉碎后掺拌入耕层中，耕层漏风易造成土壤失墒，尤其是春播后失墒可能造成出苗困难或缺苗断垄，对产量影响较大。

作业机具与时间要求：①玉米收获机械。玉米收获机械选用大中型玉米收获机械，大中型机械功率大，作业效果好，玉米损失率低，同时还可对玉米秸秆进行初步处理。②作业机械。选择专用联合整地机械，根据动力机械配套适宜作业幅宽的作业机械。选择宽幅双轴灭茬旋耕机，配套 73.55 千瓦以上动力机械进行作业。③作业时间。该项技术对作业时间要求不严，在秋季收获后或春季播种前均可。一般开展该项作业时，要注意秸秆含水量不要太高，土壤墒情不宜过高。

4.4 测土配方施肥技术

技术要点：①取土测土。利用现有的土测值结果或采集土壤样品分析化验土壤全氮、有效磷、速效钾含量。②确定施肥量。根据土测值结果和下表中的建议施肥量确定氮、磷、钾肥或配方肥的用量。③调整化肥使用结构。大力推广高效新型肥料，根据示范区土壤化验结果，推广使用玉米缓控释配方肥。④改进施肥方式。改进施肥方法，由传统的浅施、表施、撒施，改为机械深施、分层施、叶面喷施等，与深耕、旋耕、播种等农机措施相结合，提高施肥效果。

大兴安岭南麓玉米土壤养分丰缺指标及经济合理施肥量

相对产量（%）	丰缺程度	土壤养分含量			氮、磷、钾肥建议施肥量（千克/亩）		
		全氮（克/千克）	有效磷（毫克/千克）	速效钾（毫克/千克）	N	P_2O_5	K_2O
≤50	极低	≤0.64	≤4.3	≤53	≥12.27	≥7.56	≥7.06
50～70	低	0.64～1.78	4.3～11.6	53～100	8.09～12.27	5.96～7.56	4.65～7.06
70～85	中	1.78～3.84	11.6～24.4	100～161	4.95～8.09	4.76～5.96	2.84～4.65
85～95	高	3.84～6.42	24.4～40.1	161～221	2.86～4.95	3.97～4.76	1.64～2.84
>95	极高	>6.42	>40.1	>221	<2.86	<3.97	<1.64

大兴安岭南麓玉米施肥配方及建议施肥量

配方	11－19－15				
肥力水平	极低	低	中	高	极高
施肥建议（千克/亩）	≥40	30～35	20～30	15～20	<15

4.5 粮豆轮作技术

轮作方式：①定区轮作。开展粮豆定区轮作，一般在规定轮作区内三年轮作一次，即轮作区每年轮作面积不大于整区面积的 1/3。②大比例间作轮作。玉米、大豆间作幅宽按照 2∶1或 1∶1 确定，其中每个作业幅宽不少于 20 米，玉米、大豆间作种植幅宽要根据播种机及配套收获等机具的作业幅宽来确定。③肥料使用。全面推进使用缓控释配方肥，其中大豆肥料施用量不超过 20 千克/亩，玉米肥料施用量不超过 26.7 千克/亩，全部作为基肥一次投入，大豆后期不追肥。④注意事项。第一，选择适宜种植区域的大豆种子，充分发挥轮作区的自然条件和积温，确保大豆增产；第二，选择合理的化学除草剂，避免下茬种植玉米、大豆出现药害；第三，使用根瘤菌剂拌种，使种植大豆的固氮肥田作用发挥到最大。

种植机具选择：①玉米种植机具。玉米种植机械选用大型机械式或气吸式精量播种机械，可以做到精量点播，同时还可对底肥进行侧深施。②大豆种植机械。选择垄三栽培或大垄高台栽培技术，根据栽培技术选择专用精量播种机具。选择品牌的精量播种机，调整播种体就可以种植大豆、玉米，调整链轮即可调整播种密度。

河套灌区水浇地玉米“改土培肥＋精准施肥”技术模式

1 技术概述

针对耕地质量方面存在的耕地土壤次生盐渍化和土壤有机质含量低、养分贫瘠、质地黏重、土壤板结、耕性差等问题，采取施用石膏改碱排盐、掺沙降容、秸秆还田（或增施有机肥）、深耕深松“四位一体”的改土培肥措施，建设深厚肥沃的耕层土壤，提高土壤贡献率，减轻玉米对化肥的依赖程度。

针对施肥方面存在的“两多、两少、一低”即：氮肥和磷肥用量多、钾肥和微量元素肥料施用农户少、分期深追施肥料的比例低的问题，通过“两调、三改”的技术路径，减少化肥用量。“两调”一是深化测土配方施肥技术调整氮、磷、钾肥的用量及比例，实现精准施肥。二是调优肥料结构。引进、筛选并大面积推广缓控释肥、水溶肥、生物肥等新型肥料，逐步优化施肥结构。“三改”一是改进施肥方式。改氮肥表撒施为机械深追施或水肥一体化施肥。二是改变施肥时期。改氮肥一次追施为两次或三次追施，实现氮肥后移。三是改只施大量元素肥料为大量元素和微量元素肥料配合施用。

2　技术效果

通过改土培肥、调整施肥结构、改进施肥方式等化肥减量增效技术措施，可实现土壤有机质含量提高 0.3 个百分点，化肥亩用量降低 20%，肥料利用率提高 5 个百分点。特别是水肥一体化技术，可实现节肥 30%以上，氮肥利用率可达到 60%以上，玉米增产 20%以上，并有效遏制该区域因盲目过量施肥导致水体富营养化的问题。

3　适用范围

适用于河套灌区，主要包括巴彦淖尔市、鄂尔多斯市、包头市和呼和浩特市的 13 个旗（县、市、区）。总土地面积 237 411.3 千米^2，耕地面积 1 461.0 万亩，水浇地 1 323.1 万亩，占总耕地面积的 90.4%。该地区是内蒙古自治区优质小麦、玉米、油料、瓜果生产基地。

4　技术措施

4.1　玉米秸秆粉碎翻压还田技术

在玉米种植面积较大、秸秆资源丰富、大型机械作业程度较高的区域，推广玉米秸秆粉碎翻压还田技术。

主要技术要点包括 5 个关键技术环节：①机械收获。采用玉米联合收获机械边收获边粉碎秸秆，秸秆长度小于 10 厘米，茬高小于 5 厘米。粉碎效果不好的要用秸秆粉碎机进行二次粉碎。②施用秸秆腐熟剂。收获粉碎秸秆后，按每亩 2～5 千克用量及时、均匀喷撒秸秆腐熟剂，促进秸秆腐熟。③调节碳氮比。喷撒腐熟剂的同时，每亩均匀施 5～10 千克的尿素，调节碳氮比。④深翻整地。采用大型耕作机械进行深耕作业，耕作深度 25 厘米以上，将玉米秸秆全部翻入土层，并要及时用旋耕机或圆盘耙耕耙，平整耕地，保证下季作物的播种质量和出苗率。土壤墒情较差的地块要及时灌水使土壤保持较高的湿度，促进秸秆快速腐烂。⑤病虫害防治。在玉米秸秆还田地块，早春地温低，出苗缓慢，易患丝黑穗病、黑粉病，可选用包衣种子或相关农药拌种处理；发现丝黑穗病和黑粉病植株要及时深埋病株；玉米螟发生较严重的秸秆，可用 Bt 乳油 200 倍液处理秸秆。

4.2　有机肥积造施肥技术

在农区畜牧业较发达和大型养殖场周边地区，以畜禽粪便为主要原料堆沤和施用有机肥，重点采取坑式堆沤模式，技术要点如下：

①选坑或建坑。在田头地角、村边住宅旁或大型养殖场周边，依照牲畜粪便的数量建堆沤池，或利用自然地形凹坑作为积肥坑。②积肥。在饲养牲畜的过程中，每天及时打扫棚圈，将清除出去的粪便堆积在积肥坑中，可添加作物秸秆、细土与畜粪相间堆置，并添加一定比例的过磷酸钙，不仅可以加快厩肥腐熟，防止厩肥中氮素挥发流失，还能增加肥料中有机磷含量，提高磷肥功效。③翻堆腐熟。秋季入冬前或者春季翻混肥料，并加水腐熟。温度

过低时，可在粪堆中刨一个坑，内填干草等易燃物点燃，通过缓慢烟熏提高肥堆温度，促进堆肥快速升温、发酵腐熟。④有机肥施用。将堆沤好的有机肥按 1 000～2 000 千克/亩的用量均匀撒施到地表后深耕翻压，并及时耙耱整地。

4.3 深耕深松技术

在实施秸秆还田、增施有机肥的地块，结合深耕，耕翻深度 25 厘米以上。秸秆和有机肥资源紧缺、土壤板结程度严重的区域，用深松旋耕联合整地机作业，打破犁底层、旋耕、镇压一次完成，深松深度根据犁底层出现的部位和犁底层的厚度确定，一般 25～40 厘米。深松作业一般在玉米收获后 10 月进行，适宜在土壤含水率为 10%～20%时进行，深松作业周期一般 2～3 年一次。

4.4 改碱降容技术

在耕层质地黏重的中轻度盐碱化耕地上，秋季作物收获后撒施脱硫石膏（或磷石膏）1～2吨/亩改碱，撒施明沙 10 吨/亩、腐熟有机肥 2 吨/亩（或秸秆还田）降低土壤容重，增加土壤有机质含量，并及时深翻灌水洗盐。

4.5 测土配方施肥技术

在秸秆还田、增施有机肥或深耕深松的基础上，深化测土配方施肥技术推广，提高测土配方施肥技术覆盖率。

技术要点：①取土测土。利用现有的土测值结果或采集土壤样品分析化验土壤全氮、有效磷、速效钾含量。②确定施肥量。根据土测值结果和下表中的建议施肥量确定氮、磷、钾肥或配方肥的用量。③适期适量施肥。磷肥、钾肥或配方肥通过种肥同播一次性深施；氮肥 20%作种肥，其余结合灌水分两次机械深追施，施肥深度 10 厘米左右。第一水追施氮肥总用量的 40%，第二水追施 40%。④补施微量元素。在土壤缺锌和缺硼的地块上基施或叶面喷施锌肥、硼肥。

河套灌区玉米土壤养分丰缺指标及经济合理施肥量

土壤养分含量			氮、磷、钾肥建议施肥量（千克/亩）		
全氮（克/千克）	有效磷（毫克/千克）	速效钾（毫克/千克）	N	P_2O_5	K_2O
<0.42	<3.6	<57	>14.8	>12.0	>6.1
0.42～0.67	3.6～7.6	57～85	14.8～12.4	12.0～9.3	6.1～5.0
0.67～1.36	7.6～23.2	85～153	12.4～8.7	9.3～5.2	5.0～3.4
1.36～1.72	23.2～33.7	153～186	8.7～7.4	5.2～3.9	3.4～2.9
>1.72	>33.7	>186	<7.4	<3.9	<2.9

河套灌区玉米施用配方肥的肥料配方及施肥建议（总养分含量45%）

配　方	12-22-11				
肥力水平	极低	低	中	高	极高
施肥建议（千克/亩）	55	48	33	21	18

4.6　水肥一体化技术

在河套灌区的乌拉特前旗、九原区、土默特右旗、土默特左旗、托克托县、赛罕区等旗县的井灌区，有滴灌设施并种植玉米的区域，采用水肥一体化技术施肥。

技术要点：①确定施肥量。根据测土配方施肥成果确定玉米施用化肥的种类及数量。②确定施肥时期。磷、钾肥通过种肥同播一次性施入；氮肥分期施肥，种肥同播20%的氮肥，其余分别在玉米拔节期（40%）、大喇叭口期（20%）、抽穗开花期（20%）采用压差式施肥罐法水肥一起施入。③灌溉施肥。追肥前要求先滴清水15～20分钟，再加入肥料，一般固体肥料加入量不应超过施肥罐容积的1/2，然后注满水，并使肥料完全溶解；提前溶解好的肥液或液体肥料加入量不应超过施肥罐容积的2/3，然后注满水；加好肥料后，每罐肥一般需要20分钟左右追完；全部追肥完成后再滴清水30分钟，清洗管道，防止堵塞滴头。

4.7　新型肥料试验示范推广

根据近年来缓控释肥料试验结果，选择配方为28-14-10或26-12-10的缓控释掺混肥，通过种肥同播一次性深施肥，亩施肥量40～50千克，比农民常规施肥减少化肥用量10%左右。

有条件的地区（液态氮肥加肥站）施用液态氮肥，分别在玉米拔节期、大喇叭口期、灌浆期追施氮肥总用量的40%、30%、10%（其余20%种肥同播），施肥量比农民常规施肥量减少15%左右。

辽宁西北部玉米水肥一体化减肥增效技术模式

1　技术概述

水肥一体化技术就是按照玉米需水需肥要求，通过管道系统与安装在毛管上的滴水器，将玉米需要的水肥一滴一滴、均匀而又缓慢地滴入作物根区土壤中的施肥方法。通过实施水肥一体化技术可以节水节肥，提高水肥利用效率；小范围局部控制，微量灌溉，水肥渗漏较少，故可节省化肥。可以保持土壤结构，水肥一体化不破坏土壤结构，土壤内部水、肥、气、热经常保持适宜于作物生长的良好状况。

2 技术效果

玉米实施水肥一体化，可以提高产量，肥料利用率也大大提高，与传统测土配方施肥相比，可以减少纯氮施入量5～7千克/亩，磷、钾施入量基本保持不变。

3 适用范围

玉米节水滴灌施肥技术模式具备“节本增效、增产增收”的特点，同时提高了氮肥的利用率，减少了肥料对农田生态环境的胁迫。特别适用于辽宁西北部褐土、风沙土的干旱地区。

4 技术措施

4.1 播种时期

在春季农田土壤化冻后，连续5天土壤10厘米温度达到8～10℃时开始播种，一般时间限定在4月25日至5月10日。

4.2 播前整地

玉米播种前的主要土壤耕作任务是精细整地，为玉米的播种和种子萌芽出苗创造适宜的土壤环境。先把有机肥均匀撒施于地表，再通过大功率牵引机械牵引旋耕机完成浅耕灭茬工作，土壤旋耕深度在20厘米左右，然后用圆盘耙破碎土块和切碎前茬作物秸秆和根茬，达到地面平整、土壤松碎、掩埋残茬和杂草、耕层土壤上虚下实、团粒结构多、土质松散适度的效果。

4.3 品种选择

选择高产、优质、抗性强的耐密型优良品种。品种可选择：东单6531、东单1331、辽单565、联达99、先玉508、良玉88、良玉66、东裕108、哲单39、哲单41、浚单20等耐密植品种。

4.4 种子处理

选择包衣种子，种子包衣是预防玉米丝黑穗病发生的有效方法。对未包衣的种子，播前要进行精选，剔除破粒、病斑粒、虫蚀粒及其他杂质，精选后种子要求纯度99%以上，净度98%以上，发芽率95%以上，含水量不高于14%。种子精选后选择适宜的复合型种衣剂实施药剂拌种，主要防治地下害虫、玉米丝黑穗病、玉米顶腐病等病虫害。

4.5 机械精量播种，铺设地膜和滴灌带

4.5.1 机械精量播种

当土壤耕层10厘米温度达到8～10℃时，即4月下旬至5月上旬播种。一般以4月25

日至5月10日播种为宜。选用适宜的机械，按规定的播种密度、播种深度，在短时间内完成播种任务。做到播种深浅一致，不漏播、不重播，减少空穴，做到行直、行距准确均匀。机械化播种，一般亩播量2～3千克，播种深度为3～5厘米。

种植密度根据品种特征特性和当地生产条件因地制宜将现有品种普遍每亩增加500～1 000株。如每亩保苗为4 000株，株（穴）距一般为28～30厘米；如每亩保苗为4 500株，株（穴）距一般为25～27厘米。

4.5.2 机械铺设地膜和滴灌带

结合机械化播种铺设地膜和滴灌带，地膜一般选用厚度0.008毫米、宽度900毫米的聚乙烯农用地膜，滴灌带应选择内镶贴片式滴灌带，可有效防止滴灌孔堵塞。

4.6 科学配方施肥

4.6.1 施足有机肥

整地前，每亩施入腐熟农家肥2～4米^3。

4.6.2 适当补充微肥

当土壤有效锌检测值低于0.5毫克/千克时，底肥每亩施入0.5～1.0千克硫酸锌。

4.6.3 合理施用三大营养元素

全部的磷钾肥、1/2的氮肥作底肥，1/2的氮肥在玉米拔节期、大喇叭口期分两次采用水肥一体化方式施入。底肥：45%（10-20-15）或相近配方复混肥25～35千克/亩；拔节期施用速溶尿素5千克/亩或水溶肥液5升/亩；大喇叭口期施用速溶尿素或水溶肥液10升/亩。

“水肥一体化”实施过程中要注意：肥料必须速溶于水；加入量不得超过施肥罐体积的60%；滴肥前、后各留出0.5小时洗清管路，防止堵塞管路；如果追肥时期降雨充沛，及时采用其他方法追肥。

4.7 合理灌溉

4.7.1 灌水时机

依据“三看”：一是看天，10～15天不降透雨；二是看土，土壤攥后松开就散裂的；三是看苗，新叶枯萎或叶片中午高温打绺，傍晚不能完全展开。

依据测墒数据：建议玉米土壤相对含水量在出苗期至拔节期低于45%、拔节期至抽雄期低于60%、抽雄期至开花期低于65%、灌浆期低于60%、成熟期低于55%开始灌溉，达到田间持水量时停止灌溉。

4.7.2 需水时期

播种期、苗期：植株小，以生长根系为主，蹲苗促壮，需水量不大；拔节期、大喇叭口期：生长迅速，需水量逐渐增大；抽雄期：抽雄前10天至抽雄后20天这一个月内，消耗水量多，水需求很敏感；开花期：玉米的需水临界期，容易出现“卡脖旱”而减产；乳熟期：消耗水量逐渐减少，但缺水影响粒重。

4.7.3 灌水量

通过多年的田间监测、调查、记录和产量分析，研究出了玉米各生育时期的滴水深度和滴水量，一般滴灌地块玉米全生育期内灌溉5～6次，滴灌时期和滴水量见下表。

滴灌时期	滴水深度（厘米）	滴水量（米^3/亩）
播种期	15	10
拔节期	25	20
抽雄期	30	20
开花期	30	20
成熟期	30	20
合计		90

辽宁北部平原地区“土壤改良＋种肥同播”技术模式

1 技术概述

针对土壤有机质含量低的问题，集成了以秸秆机械粉碎腐熟还田、秸秆集中堆沤还田、玉米秸秆覆盖还田、增施有机肥等为主要内容的地力培肥技术模式。

针对土壤耕层变浅、犁底层变厚，土壤蓄水保肥能力差的问题，制定了以深翻、深松为主要内容的耕层构建技术模式。

针对化肥利用率低的问题，采用测土配方施肥技术，制定以配方肥、高效缓释肥应用等为主要内容的科学施肥技术模式。

针对玉米生产劳动强度大、投入成本高、经济效益低的现状，采用机械种肥同播技术，将播种、整地、施肥一次性完成，既减轻了劳动强度，缓解了农村劳动力不足的问题，又大幅度提高劳动生产效率。

2 技术效果

该技术的实施，可以有效地改良土壤，改善土壤的物理性状，增加土壤有机质。同时，减少土壤污染。该技术的实施，可以提高土壤有机质含量、改良土壤结构、改善了土壤的理化性状。同时可减少10%～20%的化肥投入，提高了肥料利用率，减轻了劳动强度，节省了大量人力、物力。这些技术的实施使广大农民充分认识到保护耕地质量、提高耕地生产能力对保证粮食安全生产的重要作用。

3 适用范围

此技术模式适用于辽宁北部平原适宜机械化生产的玉米种植区，主要包括铁岭大部分地区和沈阳部分地区。该区域是我国主要商品粮基地。其他平原地区也可借鉴。

4 技术措施

4.1 玉米秸秆机械粉碎还田技术

收割粉碎：玉米成熟后，采用机械联合收割，边收割边粉碎，粉碎效果不好的，使用秸秆粉碎机进行二次粉碎，使秸秆长度低于10厘米，覆盖于地表。

深翻整地：采用大型耕作机械进行深翻作业，深度必须在30厘米以上，将玉米秸秆全部翻入土层，并及时用圆盘耙对深翻地块进行耙地作业，将翻起的土块打碎耙平，并起垄镇压。对于秋季时间紧或土壤墒情过高无法进行秋季耙地作业的地块，可在春季耙地作业。春季耙地主要在3月下旬，土壤化冻深度达到20厘米左右时，及时对深翻地块进行再次耙地作业，同时进行起垄镇压，使地块进入待播状态。

4.2 增施有机肥技术

①增施商品有机肥技术。在测土配方施肥基础上，推荐玉米基施商品有机肥150千克/亩。②农家肥堆沤施用技术。利用畜禽粪便和秸秆堆沤有机肥，有机质含量不低于30%，在翻地或起垄前每亩施用1.5米^3。实施玉米秸秆粉碎翻压还田的同时，配套增施有机肥。

4.3 深耕深翻技术

在实施秸秆还田、增施有机肥的地块，用土壤深翻（松）机深翻（松）土壤，深度不低于30厘米，深松间距50厘米，每隔2～3年深翻或深松一次，打破犁底层。秋整地采用联合整地机一次完成灭茬、旋耕、起垄作业。未实行秋深松的地块可在春季深松或苗期对垄沟或行间进行深松作业，深度25～30厘米。

4.4 测土施肥技术

根据土壤养分状况、目标产量、玉米需肥规律实施测土配方施肥。推荐选用44%（24-10-10）玉米炭基肥或相近配方玉米炭基复混肥，施用量为40～50千克/亩；选用48%（26-12-10）或者相近配方的缓控释配方肥料，施用量40～50千克/亩。

4.5 种肥同播技术

该技术模式是玉米种子和缓控释肥料同时播入田间的一种操作模式。春季农田土壤化冻后，连续5天土壤10厘米温度达到8～10℃时开始施肥播种。利用机械进行一次性侧深施底肥、播种、覆土、起垄镇压等作业。底肥与种子间距10～15厘米；种肥与种子距离5～7厘米。

吉林中东部玉米秸秆粉碎还田减肥增效技术模式

1 技术概述

吉林省中东部地区玉米秸秆粉碎还田技术的主要做法是：在玉米秋季收获后，将秸秆粉碎，通过旋耕或翻压等措施，进行秸秆还田。吉林省中东部地区降水相对较多，根据吉林省气候分区，本区位处吉林省半湿润气候区及湿润气候区。以四平—长春一线为界，自此线往东是以上升剥蚀为主的老爷岭—长白山隆起区，海拔高度逐步升高。此区在施肥中存在过量施用化肥、有机肥料养分投入相对较少的问题。实施玉米秸秆粉碎还田，可以将玉米秸秆中所含的作物生长必需养分归还土壤，提高土壤有机质含量，改善土壤理化性状，培肥地力，最后实现以有机肥料养分替代部分化肥的目的，以减少化肥施用量。

2 技术效果

玉米秸秆全量粉碎还田可实现培肥地力、保护耕地、改善土壤理化性状、蓄水保水、保护环境、节能减排、稳产高产、节本增效。连续5年秸秆粉碎还田后，可有效培肥地力，土壤有机质含量呈递增趋势，减少化肥投入量20%左右。同时应用此项技术有效避免了因秸秆露天焚烧造成的大气污染。

3 适用范围

吉林省中东部农业机械化水平较高、配套大马力农机具比较健全的地区。

4 技术措施

4.1 秸秆粉碎

秋季收获后，将玉米秸秆粉碎旋耕或翻压于土壤中。秸秆粉碎旋耕还田要求旋耕深度20厘米以上，秸秆粉碎翻压还田要求翻压深度30厘米以上。

4.2 确定施肥量

结合测土配方施肥工作，根据土壤中氮、磷、钾养分的含量，以及历年田间试验结果等基础资料，应用测土配方施肥专家咨询系统制定科学的肥料配方，并依据相关数量关系，确定肥料的施用量。技术连续实施5年后，减少肥料施用量20%。

4.3 耕整地、施肥、播种

要求秋季实施深松，深松深度达到30厘米以上。传统垄作方式采用三犁川打垄。分次施肥要求基肥与种子间隔离10厘米以上；一次性施肥要求基肥与种子间隔离12～15厘米。

保护性耕作方式施肥与播种应用免耕播种机一次完成作业，种子与肥料隔离 12～15 厘米，减少肥料损失，提高肥料利用率。机械化精量单粒播种方式，根据品种特性与要求，合理密植。播种深度原则上以 3～4 厘米为宜，根据土壤质地和墒情合理确定播种深度。

吉林省玉米施用有机肥减肥增效技术模式

1　技术概述

吉林省是全国的玉米主产区，全省玉米种植面积近年来始终稳定在 5 000 万亩以上。全省玉米生产施肥中普遍存在重视化肥施用、轻视有机肥料施用的问题，始终没有做到有机肥与化肥合理配施。吉林省玉米施用有机肥减肥增效技术模式主要做法是：在现有耕作模式下，每亩增施商品有机肥（有机质含量≥45%，总养分含量≥5%，水分含量≤30%）66.7 千克或发酵腐熟优质农家肥 2 米^3 以上，连续实施后，可减少化肥用量 10%～15%。

2　技术效果

增施有机肥可实现培肥地力、提高耕地质量水平、改善土壤生物活性、蓄水保肥、节能减排、稳产高产、节本增效。同时，有效消纳畜禽粪便及有机废弃物，保护生态环境。连续增施有机肥，土壤有机质含量明显增加，3 年后可减少化肥投入量 10%左右。

3　适用范围

适用于吉林省玉米产区。

4　技术措施

4.1　耕整地

农家肥在秋季收获后或春季整地前，结合旋耕施于土壤中，商品有机肥于春季结合旋耕施于土壤中。

4.2　确定施肥量

结合测土配方施肥工作，根据土壤中氮、磷、钾养分的含量，以及历年田间试验结果等基础资料，应用测土配方施肥专家咨询系统制定科学的肥料配方，并确定化肥施用量。技术连续使用 3 年后，可减少化肥用量 10%～15%。

4.3　施肥

施肥与耕整地相结合。应用机械化深施肥技术将化肥深施或侧深施入土壤，分次施肥要求种子与化肥隔离10～12厘米，一次性施肥要求种子与化肥隔离12～15厘米，减少肥料损失，提高肥料利用率。低洼冷凉田块要求使用种肥，种肥以磷酸二铵为主，种子与肥料隔离3～5厘米。

4.4 播种

采用机械化精量单粒播种方式，根据品种特性与要求，合理确定播种密度。播种深度原则上以3～4厘米为宜，根据土壤质地和墒情合理确定播种深度。

黄河流域夏玉米化肥减量增效技术模式

1 技术概述

该技术主要是针对过量施肥、肥料配比不合理、施肥时期和施肥方式不佳、重视化肥轻视有机肥和微肥以及耕地质量方面存在的问题，通过推广“精、调、改、替”的技术路径，促进化肥减量增效。通过推广测土配方施肥技术，实现精准施肥，减少化肥用量；通过推广机械化深施肥技术，减少化肥损失，通过提高化肥利用率，减少化肥用量；通过农家肥与化肥混合施用，增施微肥提高土壤肥力和肥料利用效率，可提高土壤有机质0.1%和各种养分含量，减少玉米化肥施用量，实现减肥增效；通过推广新型施肥技术满足作物不同生育阶段水分和养分需要，提高肥料用效率，实现化肥减量增效。

2 技术效果

通过推广测土配方施肥技术、机械化深施肥技术、农家肥与化肥混合施用技术和推广新型施肥技术，可以大大降低玉米化肥使用量，每亩可减少化肥施用量（折纯）5千克。肥料成本降低的同时，玉米病虫害可大大减轻，玉米品质明显提高，玉米单产可增加50千克/亩以上。可使耕地质量提升，土壤有机质含量提高0.1%，对降低农业面源污染、保护环境也具有意义。

3 适用范围

该项技术适用于黄河流域夏玉米产区，包括山东、河南、河北、安徽、山西等夏玉米主产区，“小麦—夏玉米”一年两熟种植模式，种植的玉米必须是适宜于当地的高产品种。

4 技术措施

4.1 测土配方施肥技术

以测土配方施肥为基础，合理制定针对不同土壤类型、肥力水平、玉米目标产量和作物亩均化肥施用限量标准，推广配方施肥，减少盲目施肥行为，减少化肥用量。亩产 600～700 千克目标产量需要亩施氮（纯 N）14～16 千克、磷（P_2O_5）5～6 千克、钾（K_2O）8～10 千克、硫酸锌 1 千克，分 2～3 次施肥（种肥同播或苗期施肥、穗期施肥、粒期施肥），磷、钾肥及其他肥料苗期施用，氮肥苗肥占 30%～40%、穗肥占 50%～60%、粒肥占 10%，在玉米行一侧 8～10 厘米处条施或沟施。测土配方施肥技术有针对性地补充玉米所需的营养元素，作物缺什么元素就补充什么元素、需要多少就补多少，实现各种养分平衡供应，满足玉米的需要，从而达到提高肥料利用率和玉米产量、降低生产成本、保护农业生态环境的目的。因此，通过配方施肥技术，可以大大降低玉米化肥使用量，降低肥料成本，玉米每亩增产 50 千克。

4.2 机械化深施肥技术

机械化深施肥技术主要是指使用农业机械深施种肥（也称种肥同播）、深施追肥。机械化深施可以减少化肥特别是氮肥损失，提高化肥利用率 5%，节省肥料成本，提高产量，增加效益。

4.3 农家肥与化肥混合施用

利用畜禽粪便和秸秆等有机废弃物为原料生产有机肥，易于积制、成本低、施用简单，是发展优质、高效、低耗农业的一项重要技术。充分腐熟的农家肥养分含量比较齐全，肥效持久而稳定。坚持化肥与农家肥混合施用，一可改良土壤理化性状，增强土壤肥力；二可使迟效与速效肥料优势互补；三可减少化肥的挥发与流失，增强保肥性能，较快地提高供肥能力；四可提高玉米抗逆性、改善品质，并减轻环境污染。在玉米苗期，通过在玉米一侧 8～10 厘米沟施有机肥 1 000 千克/亩，可以改善土壤物理性状和化学性状，增强土壤微生物活性，提高土壤肥力和肥料利用效率，可提高土壤有机质和各种养分含量，减少玉米化肥施用量，实现减肥增效。

4.4 推广新型施肥技术

一是施用高含量的多元复合肥，减少施用低含量的复混肥；二是积极施用高效有机无机复合肥；三是推广有机无机复混肥；四是配施高含量有益微生物的肥药兼用肥；五是应用高效缓控释肥、水溶性肥料、生物肥料、土壤调理剂等新型肥料；六是采用水肥一体化方法均匀施用液体肥料，加强水肥同步管理，促进水肥耦合与一体化下地，做到精准投放化肥，避免过量使用。根据作物不同生育期需肥规律，确定施肥次数、施肥时期和每次施肥量，按照肥随水走、少量多次、分阶段拟合的原则，合理确定基追肥比例，以及不同生育期灌溉施肥次数、时间、施用量等，满足作物不同生育阶段水分和养分需要，提高肥料和水资源利用效率 10%以上。

鲁东南地区夏玉米缓释肥施用技术模式

1 技术概述

玉米是本区重要的粮食作物。但玉米施肥存在氮、磷、钾施肥比例不当、追肥表施等突出问题；而且夏玉米大喇叭口期雨热同季，追肥困难且劳动强度非常大。目前推广的玉米高效缓释肥配方合理、养分释放与玉米需求同步，是当前国际公认的科技含量最高的肥料产品。施用高效缓释肥，可减少化肥施用量、提高利用率，可大幅减少因养分残留、损失对土壤、水体的污染，有利于保护土壤和环境健康；能够降低因过量施肥造成作物营养不平衡、品质下降的影响。玉米高效缓释配方肥肥效期长达 120 天，采用种肥同播等轻简化栽培技术，一次施肥不再追肥，既调整、优化了施肥比例，又解决了玉米大喇叭口期雨热同季追肥困难的问题，省工省时，顺应农事简约化需求。

2 技术效果

采用本技术模式，可使夏玉米增产 8％；亩节约化肥纯养分 3～4.6 千克，降幅 11％～17％；节省用工 0.5 个。可减少化肥流失和土壤残留，有效地保护土壤和环境质量，减少面源污染，减缓土壤酸化和盐渍化趋势。

3 适用范围

本技术模式适用于临沂市沭河沿岸平原小麦—玉米轮作制下的夏玉米生产。

4 技术措施

根据土壤肥力状况，结合夏玉米各生育期需肥特性、目标产量等因素，确定适宜的缓释肥配方，推荐合理的施肥数量、施肥方法以及适合的缓释肥产品，建立高效缓释肥集成技术推广模式。

4.1 确定适宜配方

根据土壤养分测试结果和作物全生育期生长特点确定适宜的缓释肥配方。夏玉米在中磷高钾土壤上选用 27 - 8 - 8、28 - 6 - 8 或近似配方，在高磷中钾土壤上选用 26 - 6 - 12、26 - 6 - 10或近似配方。据测定，莒南县沭河沿岸耕地平均土壤有机质含量为 13.7 克/千克，碱解氮 105.6 毫克/千克、有效磷 44.4 毫克/千克、速效钾 102.0 毫克/千克，pH 5.6。其特点是有效磷含量较高，因此夏玉米选用 28 - 6 - 8 或 26 - 6 - 10 的缓释肥配方，其中缓释氮肥含量为 8％。

4.2 推荐合理用量

本标准条件下，夏玉米亩产600千克，高效缓释肥（28-6-8或26-6-10）亩施用量50～60千克；玉米品种选用适合机械化作业、耐密植、抗倒伏、高产潜力大的登海605、金海5号、鲁单818、伟科702等品种；品种质量要求，种子纯度≥98%、发芽率≥95%、净度≥98%、含水量≤13%，种子包衣。

4.3 实施种肥同播

小麦收获秸秆粉碎后，利用多功能高精度玉米播种机，一次性将玉米种子和高效缓释肥播到地里，实现种肥同播、高效缓释肥一次性深施。播种行距60厘米、株距24.7厘米，每亩下种4 500粒左右；播种深度3～5厘米。缓释肥实行行间串施，侧位深施7～10厘米，做到种肥隔离7～10厘米，防止烧苗。播种前，根据农艺要求安装调整机械，测定调整好基肥用量和玉米种子播量。

播种的同时，采用带有喷药装置的播种机喷洒土壤封闭型除草剂，一次完成；或于苗前土壤墒情适宜时，用40%乙阿合剂或48%丁草胺·莠去津或50%乙草胺等除草剂兑水封闭除草。结合除草喷洒杀虫杀卵剂，杀灭麦茬上的二点委夜蛾、灰飞虱、蓟马麦秆蝇等害虫。

4.4 注意事项

一是处理好小麦秸秆，否则严重影响播种质量。小麦收获使用带秸秆切碎和抛撒功能的联合收割机，秸秆切碎长度≤10厘米，切碎合格率≥95%，抛撒不均匀率≤20%，漏切率≤1.5%；根茬高出地面不超过15厘米。二是农机手要通过培训，按农艺要求调整安装好机械，基肥要侧位深施，切忌肥下种上，以防烧苗。三是播种时经常检查播种机，以防堵塞漏播。四是若遇土壤墒情不足，可先机械播种再浇蒙头水，以利抢时播种培育壮苗。

河南夏玉米分区限量控肥减肥增效技术模式

1 技术概述

玉米施肥的增产效果取决于生态环境、土壤肥力水平、产量水平、品种特性、种植密度及肥料种类、配比与施肥技术等。将河南省行政区划图、土壤类型图、积温图、降水图、日照分布图与耕地等级图进行空间叠加，依据作物养分吸收特点、产量水平、土壤供肥能力、保肥特征等参数，将河南省划分为4个玉米减量施肥分区，因区限量施肥，解决玉米大水大肥问题。

2 技术效果

可实现氮肥用量减少5%～10%，实现减氮稳磷控钾效果。

3 适用范围

分别适用于夏玉米豫东暨豫北平原潮土区、豫中南暨豫西南砂姜黑土黄褐土区、豫西暨豫北山地丘陵褐土红黏土区、沿淮砂姜黑土黄褐土区。

4 技术措施

4.1 不同区域总量控制目标

根据测土配方施用研究成果，制定了不同区域单项化肥施用总量控制指标，单项化肥施用量不能超过推荐指标。

不同区域的单项化肥施用量控制指标

区　域	总量控制指标（千克/亩）			产量水平（千克/亩）
	氮（N）	磷（P_2O_5）	钾（K_2O）	
豫东、豫北平原潮土区	18	7	9	550
豫中南、豫西南砂姜黑土、黄褐土区	16	6	8	500
豫西北、豫北山地丘陵褐土、红黏土区	15	7	5	350
沿淮砂姜黑土、黄褐土、水稻土区	16	6	7	450

4.2 施肥技术指标与区域大配方

结合玉米测土配方施肥各区域土壤、气候特点，以地定产、以产定氮，以土壤磷、钾丰缺等级确定磷、钾肥用量，制定、推荐河南省玉米区域限量施肥技术指标与大配方，区域大配方以45%含量计。

河南省夏玉米区域大配方推荐

区　域	区域大配方						
	以产定氮			丰缺定磷、钾			
	氮（N）			磷（P_2O_5）		钾（K_2O）	
	产量水平（千克/亩）	施肥量（千克/亩）	底追比	分级指标（P_2O_5）（毫克/千克或千克/亩）	施肥量（P_2O_5）（千克/亩）	分级指标（K_2O）（毫克/千克或千克/亩）	施肥量（K_2O）（千克/亩）
豫东、豫北平原潮土区	<400	10～12	4∶6～6∶4	<5	5～7	<50	7～9
	400～500	12～14		5～10	3～5	50～70	5～7
	500～600	14～16	3∶7～4∶6	10～15	2～3	70～120	3～5
	>600	16～18		>15	1～2	>120	1～3

（续）

区　域	区域大配方						
	以产定氮			丰缺定磷、钾			
	氮（N）			磷（P_2O_5）		钾（K_2O）	
	产量水平（千克/亩）	施肥量（千克/亩）	底追比	分级指标（P_2O_5）（毫克/千克或千克/亩）	施肥量（P_2O_5）（千克/亩）	分级指标（K_2O）（毫克/千克或千克/亩）	施肥量（K_2O）（千克/亩）
豫中南、豫西南砂姜黑土、黄褐土区	＜350	8～10	4∶6～7∶3	＜10	4～6	＜65	6～8
	350～450	10～12		10～15	2～4	65～90	4～6
	450～550	12～14	3∶7～4∶6	15～20	1～2	90～130	2～4
	＞550	14～16		＞20	0～1	＞130	0～2
豫西北、豫北山地丘陵褐土红黏土区	＜300	8～10	-	＜300	0～3	＜300	1～2
	300～400	10～13	-	300～400	3～5	300～400	2～3
	＞400	13～15	-	＞400	5～7	＞400	3～5
沿淮砂姜黑土、黄褐土、水稻土区	＜400	8～10	5∶5～7∶3	＜10	4～6	＜70	4～7
	400～500	10～14		10～20	2～4	70～120	2～4
	＞500	14～16	4∶6～5∶5	＞20	1～2	＞120	1～2

	苗期追肥			喇叭口期追肥		一次性施肥			
	产量水平（千克/亩）	配合式	施肥量（千克/亩）	品种	施肥量（千克/亩）	配合式（45%）	施肥量（千克/亩）	配合式（40%）	施肥量（千克/亩）
豫东、豫北平原潮土区	＜400	17-13-15或相近配方	35～40	尿素	9～11	27-8-10或相近配方	35～45	25-7-8或相近配方	40～45
	400～500		40～45		11～14		40～50		40～50
	500～600		40～45		14～17		40～50		40～50
	＞600		40～50		17～20		45～50		45～50
豫中南、豫西南砂姜黑土、黄褐土区	＜350	15-15-15或相近配方	35～40	尿素	7～8	25-9-11或相近配方	35～45	22-8-10或相近配方	40～45
	350～450		40～45		8～10		40～50		40～50
	450～550		40～45		10～13		40～50		40～50
	＞550		40～50		13～15		45～50		45～50
豫西北、豫北山地丘陵褐土红黏土区	＜300	24-12-9或相近配方	30～40	尿素	3～5	30-10-5或相近配方	30～40	27-9-4或相近配方	35～40
	300～400		35～45		4～6		40～45		40～50
	＞400		40～45		5～7		40～50		40～50
沿淮砂姜黑土、黄褐土、水稻土区	＜400	18-15-12或相近配方	30～40	尿素	7～8	27-10-8或相近配方	35～45	24-9-7或相近配方	35～45
	400～500		40～45		8～10		40～50		40～50
	＞500		40～50		10～12		40～50		40～50

4.3 分区施肥建议

4.3.1 豫东、豫北平原潮土区

该区为玉米主产区，农业基础设施较好，地势平坦，土壤类型主要为潮土、风沙土，间有小部分褐土和砂姜黑土。有效磷、有效硼、有效锌含量高，有效铜、有效铁含量低，其他养分含量中等。雨热同季，光照积温充足，灌排设施较好，机械化水平较高。通体质地较轻的耕地，宜于苗期、喇叭口期分次施肥，追肥应采用机械深施或开沟条施覆土，不可地表撒施；质地黏重的，可于苗期一次性机械深施。潮土因土体构型差异较大，可根据 1 米土体内质地构型，确定合理的肥料运筹与适宜的施肥方式，其中 1 米土体内质地构型下部黏性较重的中产田块，可采用一次性施肥技术，施肥量为原分次施肥的基础上，增加 5%～10%氮（N）肥用量，缓释肥可适当调减。该区为减肥增效主要区域，亩产 500 千克以上田块，当季可适当调减 5%～10%氮肥用量。

4.3.2 豫中南、豫西南砂姜黑土、黄褐土区

该区降水较充沛，光照积温充足，土壤类型主要为砂姜黑土、黄褐土，间有潮土，耕层较浅，质地较重，部分有黏盘层、砂姜层。有效硼含量高，有机质、全氮、速效钾含量低，其他养分含量中等，土壤酸度降幅明显。中高产田块，可采用一次性施肥技术，但中产田块氮肥用量应在原分次施肥的基础上，增加 5%～10%。中低肥力地块分次施肥。

4.3.3 豫西北、豫北山地丘陵褐土、红黏土区

地势复杂，自然与生产条件差异大，分雨养和可灌区两类。土壤类型主要有黄褐土、褐土、红黏土、潮土。土壤肥力整体偏低，速效钾含量高，有效磷、有效硼、有效铁含量低，其他养分含量中等偏低。区域内丘陵山区农业生产条件较差，主要依靠自然降水，水分是限制肥效发挥的重要因素，可采用一次性施肥。可灌区宜于定苗期、喇叭口期两次施肥。

4.3.4 沿淮砂姜黑土、黄褐土、水稻土区

降雨积温充沛、光照略显不足，黄褐土多在缓坡隆岗地带，砂姜黑土区平坦低洼。有效铜、有效锰、有效铁含量高，速效钾含量低，其他养分含量中等，施用钾肥有明显增产效果。肥料宜于定苗期、喇叭口期两次机械深施，高肥力地块可采用一次性施肥。低洼易涝区注意田间排水，防止渍涝和肥料养分随水下渗损失。

豫北潮土区夏玉米单粒、种肥异位同播（缓释肥）技术模式

1 技术概述

夏玉米单粒、种肥异位同播技术是在玉米播种时，设置好玉米与肥料之前的有效距离，一次性将纯度、发芽率高的玉米种和缓控释肥料施到土壤中的一种技术模式。肥料建议施用稳定性长效缓控释肥料，控制肥料缓慢释放，使肥料释放与玉米吸收同步。该项技术模式，

解决了农民习惯撒施、浅施、一炮轰及对用肥量把握不准的问题和传统播种技术易出现一穴双苗或多苗的情况，达到了精良播种和施肥，实现了化肥深施，提高了化肥利用率，减少了间苗、定苗劳动强度，确保了苗齐、苗匀、苗壮。

2 技术效果

该技术是由玉米种肥同播机一次完成播种和施肥，比传统播种技术减少了播种、施肥两个环节 60%的用工量，减少了生产成本，单粒播种使空间群体趋于合理，通风透光，空秆率较传统播种模式降低 8.1%，减轻了病虫害的发生，肥料直接施入土壤，减少了地表流失和挥发，提高了肥料利用率 10%～20%。

3 适用范围

该技术模式适用于豫北潮土区夏玉米贴茬抢种免耕直播区域，以及劳动力短缺、玉米大面积规模化种植区域。

4 技术措施

4.1 种子、肥料、机械的选择

4.1.1 选择适宜品种

该技术对种子要求非常严格，玉米品种一般选择抗逆性强、丰产性好、适宜机收的品种，例如隆平 206、浚单系列等精选优质种。种子籽粒要求大小均匀一致，颗粒饱满，纯度达到 96%以上，净度达 98%以上，发芽率达 95%以上，确保一播全苗。

4.1.2 选择玉米专用缓控释肥料

近年来，种肥同播技术虽然被广泛使用，但有的农民为了省时省力，一次性底施肥料 40～50 千克，后期不再追肥，容易导致后期因肥水跟不上而出现叶片早衰、秃尖及籽粒不饱满现象。因此，建议施用稳定性长效缓控释肥料，控制肥料缓慢释放，使肥料释放时间和玉米生长阶段养分的需求相一致，达到肥料释放与玉米吸收同步，确保用肥后前期不烧苗烧根，中期营养成分足，后期不脱肥。

4.1.3 播种机械的选择

播种机要选择能够进行种肥同播且能单粒播种的玉米免耕施肥精量播种机，能一次性完成开沟、施肥、播种、覆土、镇压等多道工序。播种时要求种肥间隔 5 厘米以上，一般种子播种深度在 5 厘米左右，肥料深度在 10 厘米左右。

4.2 播种技术要点

4.2.1 适时足墒播种

夏玉米一般在麦收后及时播种。对贴茬抢种、墒情不足的地块，可在播后 1～3 天浇蒙头水，保证出苗水分需求。

4.2.2 合理密植

根据玉米品种种植密度和肥力水平，机械种子铲调到合适的间距，控制好播种量和播种深度。一般单粒播种每亩用种量1.5～2.0千克，播种深度3～5厘米。

4.2.3 合理施肥

一般要求玉米专用缓控释肥每亩用量40千克，用种肥同播机播深8～10厘米，与种子垂直间隔5厘米以上。

4.2.4 加强播后田间管理

播种后，适时适量喷施化学除草剂和病虫害药剂，加强田间管理，保证苗齐苗壮。

鄂西山地玉米“绿肥种植＋酸化土壤改良”技术模式

1 技术概况

湖北省玉米主产区主要集中在鄂西、鄂北等山地，包括恩施土家族苗族自治州、十堰市、宜昌市等地。该区域是湖北省土壤酸化最为严重地区，土壤酸化制约了玉米生产。以恩施土家族苗族自治州为例，全州70%以上的土壤 pH$\leqslant$6.5，其中 pH$<$4.5 的耕地面积也达到了50%左右。玉米生长过程对酸性土壤较为敏感，因此发展玉米产业，首先要改良酸性土壤。

2 技术效果

通过技术集成，可增产玉米7.7%、减少化肥用量20%、化肥利用率提高8.6%～14.4%。多点测定结果表明，玉米田连续3年种植利用光叶紫花苕子平均提高土壤有机质含量2.13克/千克，增幅6.60%；土壤全氮平均提高0.22克/千克，增幅8.43%。

经过筛选，绿肥品种以光叶紫花苕子效果最好。光叶紫花苕子与化肥等养分替代试验表明，在绿肥养分等量替代化肥90%以上时，与100%化肥比较，玉米产量显著降低。在绿肥养分等量替代化肥30%～75%时，玉米产量与100%化肥无显著差异，但以替代化肥30%效果最好，玉米产量比100%化肥增加219千克/公顷，增产幅度为3.07%。

3 适用范围

鄂西、鄂北山地。

4 技术要点

4.1 绿肥种植技术要点

4.1.1 绿肥播种

在玉米收获后整地播种光叶紫花苕子，也可在玉米收获前1个月左右直播，播种量60

千克/公顷左右，光叶紫花苕子在12月茎长约60厘米、全部覆盖地面时可刈割一次，收获的鲜草晾干后加工草粉，可用于养猪、养牛等，牲畜粪便沼气发酵后还田。

4.1.2　绿肥翻压

在玉米播种前15～20天翻压光叶紫花苕子较为合适，翻压量一般为15 000～22 500千克/公顷，如鲜草量过高，可将多余的绿肥割掉一部分用作其他田块翻压绿肥。

4.2　酸性土壤改良技术

酸性土壤改良主要以使用石灰为主，一般第一年每亩石灰使用量为200千克，第二年减半，第三年可暂不使用。也可使用钙镁磷肥、土壤调理剂等碱性物质中和土壤pH。

4.3　玉米施肥基本原则

4.3.1　肥料养分推荐用量

氮肥（N）13～15千克/亩，磷肥（P_2O_5）3～5千克/亩，钾肥（K_2O）4～6千克/亩。

4.3.2　施肥方法

以基肥为主，追肥为辅；以穗肥为主，粒肥为辅。氮肥分次施用，基施∶分蘖期追施∶孕穗期追施比例可按6∶2∶2或5∶3∶2；高产田适当增加氮肥、钾肥的用量。

4.3.3　增施有机肥

增施有机肥，鼓励秸秆还田，培肥地力。

4.3.4　配套技术

提倡高山地区及城郊鲜食玉米种植区结合地膜覆盖，重视硫、锌等中微量元素的配合施用，基施七水硫酸锌1～2千克/亩。

4.4　肥料配方及用量

4.4.1　中浓度配方肥施用方案

推荐配方：15-7-8（N-P_2O_5-K_2O）或相近配方。

施肥建议：①一般产量目标，基施配方肥50～60千克/亩，大喇叭口期和孕穗期分别追施尿素6～8千克/亩、5～7千克/亩。②高产目标，基施配方肥55～65千克/亩，大喇叭口期追施尿素6～8千克/亩，孕穗期追施尿素5～7千克/亩、氯化钾2～3千克/亩。

4.4.2　高浓度配方肥施用方案

推荐配方：22-10-13（N-P_2O_5-K_2O）或相近配方。

施肥建议：①一般产量目标，基施配方肥35～45千克/亩，大喇叭口期和孕穗期分别追施尿素6～8千克/亩、4～6千克/亩。②高产目标，基施配方肥40～50千克/亩，大喇叭口期追施尿素6～8千克/亩，孕穗期追施尿素4～6千克/亩、氯化钾2～3千克/亩。

4.5　喷施叶面肥

在玉米拔节期喷施0.2%～0.3%的磷酸二氢钾2～3次，可使玉米增产10%以上，在苗期和拔节期喷施0.1%～0.3%的硫酸锌水溶液，可防止玉米白苗花叶病的发生。

川中丘陵区春玉米“有机肥＋配方肥＋秸秆还田”减量增效技术模式

1 技术概述

川中丘陵区施肥方面存在的问题：有机肥施用量较少；氮肥用量偏低，磷、钾肥施用时期和方式不合理；氮、磷、钾施用比例不合理，忽视锌肥的施用。“秸秆还田＋有机肥＋配方肥”施肥技术模式是通过测土配方施肥技术，根据玉米需肥规律和土壤供肥特性，优化氮、磷、钾肥合理施用量和时期，注重增施有机肥，大力实施秸秆还田，以扩大有机肥源，从而达到化肥减量增效的目的。

2 技术效果

春玉米“秸秆还田＋有机肥＋配方肥”技术模式与农民习惯施肥相比，玉米产量可增产8%～10%，亩均可少施纯氮 1.5 千克、五氧化二磷 0.5 千克、氧化钾 3.5 千克，总减少化肥施用量 5.5 千克/亩以上。

3 适用范围

玉米“有机肥＋配方肥＋秸秆还田”技术模式主要适用于川中丘陵区种植的春玉米。

4 技术措施

4.1 施肥原则

重视有机肥的施用，大力实施秸秆还田；根据玉米品种、土壤肥力状况，优化氮、磷、钾肥用量、施肥时期和分配比例，适量补充锌等微量元素肥的施用；施肥方式改撒施为集中穴施或沟施，施后立即覆土；对缺锌的玉米地补施锌肥。

4.2 肥料品种与施肥量

4.2.1 有机肥

主要选择以当地畜禽粪便、农作物秸秆等为原料生产的商品有机肥或堆肥及其他农家肥。施用量：商品有机肥 100 千克/亩或者堆肥及其他农家肥 1 000～1 200 千克/亩。

4.2.2 配方肥

选择 35%（22－8－5）测土配方肥或相近配方。施用量：50～60 千克/亩。

4.2.3 尿素

施用量：10～12 千克/亩。

4.2.4 锌肥

施用量：施用硫酸锌 1 千克/亩。

4.3 施肥时期与方法

4.3.1 基肥

在 3 月 25 日至 4 月 5 日，每亩按上述推荐施用量的 35%（22-8-5）配方肥 20～25 千克作基肥深施，缺锌土壤每亩加施 1 千克硫酸锌肥。

4.3.2 提苗拔节肥

在 4 月 25 日至 5 月 5 日（4 叶期），每亩施 6～8 千克尿素提苗促拔节。

4.3.3 攻苞肥

在 5 月 20～30 日（10～11 叶期），每亩施 35%（22-8-5）配方肥 30～35 千克。

4.4 玉米秸秆还田

4.4.1 机械收获直接还田

采用小型行走式玉米秸秆还田收获机，进行玉米收获及秸秆粉碎还田；用 4 千克/亩左右的尿素，兑水喷施在已粉碎秸秆上，提高秸秆 C/N 比，以加快秸秆腐解；病虫害发生严重的地块不宜直接还田。

4.4.2 人工收获堆沤还田

人工收获玉米后，用小型秸秆粉碎机尽快对玉米秸秆进行粉碎（粉碎长度应小于 10 厘米），堆放于田边地角或闲散坑塘、水沟；每亩秸秆用尿素 4 千克充分混合成堆后，用人畜粪尿 100 千克兑水浇透；将达到标准（一般 30 天左右就可达到黑、烂、臭的质量标准）的玉米秸秆堆肥撒施还田。

贵州玉米油菜轮作制度下化肥减肥增效技术模式

1 适用范围

贵州玉米油菜轮作制度下玉米种植区域。

2 技术原理

2.1 地力差减法

根据玉米目标产量与基础产量之差计算需肥量，计算公式为：

$$需肥量（千克/亩）=\frac{（目标产量-基础产量）\times 玉米单位经济产量养分吸收量}{（肥料中有效养分含量\times 肥料利用率）}$$

2.2 目标产量

根据玉米种植区最近正常年景玉米产量情况，确定合理的目标产量为600千克/亩。

2.3 施肥参数的确定

根据测土配方施肥项目实施取得的试验数据，得到相关施肥参数。

2.3.1 玉米单位经济产量养分吸收量

形成百千克玉米经济产量需要吸取氮（N）2.38千克、磷（P_2O_5）0.78千克、钾（K_2O）2.06千克。

2.3.2 基础产量

根据玉米肥料效应田间试验中的无肥区产量确定，平均值为350千克/亩。

2.3.3 肥料中有效养分含量

肥料产品标称的有效养分含量，以肥料市场大量销售的肥料品种确定，尿素含N 46.4%、磷肥含P_2O_5 15%、钾肥含K_2O 60%。

2.3.4 肥料当季利用率

利用“3414”肥效试验施肥区作物吸收的养分量减去无肥区作物吸收的养分量，其差值视为肥料供应的养分量，再除以施用肥料养分量得肥料利用率。尿素利用率为35%、磷肥利用率为22%、钾肥利用率为43%。

2.3.5 施肥量计算结果

实现目标产量所需的养分量：N 18.05千克/亩、P_2O_5 7.43千克/亩、K_2O 11.46千克/亩，折合化肥：尿素（含N 46.4%）38.9千克/亩、磷肥（含P_2O_5 15%）61.9千克/亩、钾肥（含K_2O 60%）19.1千克/亩。

2.3.6 肥料运筹

采取施足底肥、轻施苗肥、巧施秆肥、重施穗粒肥策略，在玉米需肥重要时期施肥，尿素30%作基肥、20%作苗肥、25%作秆肥、25%作穗籽肥；磷肥全部作基肥施用；钾肥60%作基肥，40%作穗籽肥。

2.3.7 配方肥

在保证基肥施用量的前提下，通过总需肥量和肥料运筹确定玉米配方肥养分比例为N：P_2O_5：K_2O=7：10：9，施用75千克/亩作基肥。

3 技术措施

在玉米油菜轮作制度条件下，4月下旬至5月上中旬播种，采取宽窄行拉绳打点定距规范种植，栽种密度为每亩0.33万～0.35万株，施足基肥，两种施肥方案选择其中一种：一是施用玉米配方肥（N：P_2O_5：K_2O=7：10：9）75千克/亩；二是尿素12千克/亩，钙镁磷肥60千克/亩，氯化钾12千克/亩。在三个时期追肥，苗期追施尿素8千克/亩；拔节期追施尿素10千克/亩；大喇叭口期追施尿素8千克/亩、氯化钾8千克/亩。

4 效益分析

4.1 经济效益

玉米种植区主要习惯施肥方式是基肥施用尿素、磷肥，或只施复合（混）肥（养分含量25%～35%），苗期追施尿素10～12千克/亩，拔节期追施尿素15～20千克/亩，全程施肥量平均为N 22.3千克/亩、P_2O_5 9.2千克/亩、K_2O 7.5千克/亩。采用玉米稳产栽种配方施肥技术模式可省N 4.25千克/亩、P_2O_5 1.77千克/亩，增加K_2O 3.96千克/亩，总体节省化肥（纯量）2.06千克/亩。

在多年的测土配方施肥技术推广中，各地与玉米高产创建、粮增工程项目捆绑实施，有针对性地开展了测土配方施肥专题研究，制定了玉米稳产栽种配方施肥技术措施，并得到推广应用，达到600千克/亩以上的目标产量，与习惯施肥相比，增产10.2%以上，同时减少了氮、磷肥用量，技术应用取得了显著的经济效益。

4.2 社会效益

玉米稳产栽种配方施肥技术措施推广应用后，提高了农民群众的科学施肥意识，配方施肥技术受到广泛重视，促进和推动了各项农业工作的开展。

4.3 生态效益

玉米稳产栽种配方施肥技术模式推广应用可避免施肥过多造成浪费，避免施肥不足导致减产，有效解决过量施肥造成的成本增加和有效防治农业面源污染，对保护生态效益产生积极作用。

5 推广前景

其他生产条件均一性较好的区域，可以参照玉米稳产栽种配方施肥技术模式，在摸清基础产量和主要施肥参数的前提下，制定区域性玉米配方施肥方案。

滇中玉米精准施肥技术模式

1 技术概述

影响玉米产量的因子众多，它们既相互促进又相互制约，且经常处于不断变化之中。如：磷的不足会影响到氮的肥效；增施钾肥可促进氮的吸收；磷肥施用过量会导致锌的沉淀，容易发生缺锌症状等。所以，为了实现作物施肥效益的最大化，一方面要注重各种营养元素之间的协调配合；另一方面是要将施肥措施与其他栽培措施密切配合，充分发挥综合因子作用效果。

2 技术效果

采用该技术模式可平均每亩增收玉米籽粒 31.59 千克，增产 6.22%，每亩减施化肥用量（纯量）1.39 千克。

3 适用范围

滇中玉米适宜种植区域。

4 技术措施

4.1 品种选择

根据各地生态环境、生产条件、栽培水平及病虫害发生情况，合理选择适宜良种。海拔 1 900 米以下区域可选择楚单 7 号、北玉 16 号、北玉 21 号、云瑞 47、云瑞 88、五谷 1 790 等；海拔 1 900 米以上区域可选择云瑞 999、云瑞 505、纪元 8 号等。

4.2 因土施肥

根据耕地土壤类型特点制定相应的施肥技术方案。红（黄）壤耕地应适当增加磷、钾肥用量，增施含硅碱性肥料或生石灰调节土壤酸性；紫色土和紫色性水稻土，应适当调减磷、钾肥用量。

4.3 因前作施肥

前作是麦类的田块，氮肥可在推荐施肥量的基础上追加 2～3 千克；前作是豆类、油菜、蔬菜、绿肥或冬闲的田块，氮肥可在推荐施肥量的基础上调减 3～4 千克。氮肥用量的 20%～30%作底肥，20%～30%氮肥在 5～6 片展开叶时追施苗肥壮秆，40%～60%氮肥在 9～11 片展开叶时追施秆肥攻穗。

4.4 增施有机肥

采取秸秆机械粉碎还田、快速腐熟还田、过腹还田、种植绿肥等措施，增加土壤有机质含量。底肥要坚持以农家肥为主，每亩施用 1 000～1 500 千克；在农家肥源有限或缺乏的地方，每亩施用商品有机肥 100～150 千克。

4.5 精准施肥

4.5.1 基追结合施肥法

海拔在 1 900 米以上地区：目标产量 650 千克/亩以上，每亩施用玉米专用复合肥（$N-P_2O_5-K_2O$=15-15-15 或 15-10-10 或相近配方）35～40 千克作基肥，秆肥和穗肥每亩追施尿素 19～26 千克。

海拔在 1 900 米以下地区：目标产量 650 千克/亩以上，每亩施用玉米专用复合肥（$N-P_2O_5-K_2O$=15-15-15 或 15-10-10 或相近配方）40～45 千克作基肥，秆肥和穗肥每亩追施尿素 26～35 千克。

缺锌区域隔年施用硫酸锌 1～2 千克/亩；在土壤 pH 较低的田块每亩基施含硅碱性肥料或生石灰 30～50 千克。

4.5.2　一次性施肥法

海拔在 1 900 米以上地区：目标产量 650 千克/亩以上，每亩一次性施用玉米控释配方肥（$N-P_2O_5-K_2O$=28-6-8 或相近配方）50～55 千克作基肥。

海拔在 1 900 米以下地区：目标产量 650 千克/亩以上，每亩一次性施用玉米控释配方肥（$N-P_2O_5-K_2O$=28-6-8 或相近配方）55～60 千克作基肥。

缺锌区域隔年施用硫酸锌 1～2 千克/亩；在土壤 pH 较低的田块每亩基施含硅碱性肥料或生石灰 30～50 千克。

4.6　推广规范化间套种植

少耕覆盖，推广规范化间套种，用养结合，保持水土，增加种植收益。

关中灌区玉米化肥减量增效施肥技术模式

1　技术概述

针对耕地质量方面存在土壤有机质含量低、容重大、孔隙度低、土壤板结、耕性差等问题，采取秸秆还田（或增施有机肥）、深耕深松打破犁底层、增加耕层厚度的改土培肥措施，建设深厚肥沃的耕层土壤，提高土壤基础地力的贡献率，减轻玉米对化肥的依赖程度。

针对施肥方面存在的“两重、两轻”施肥结构不平衡，即重化肥、轻有机肥，重大量元素肥料、轻中微量元素肥料的问题，通过“两调、三改、一替”的技术路径，减少化肥用量。“两调”，一是深化测土配方施肥技术调整化肥施用结构，优化氮、磷、钾用量及配比，推进精准施肥；二是适应现代农业发展需要，引导肥料产品优化升级，大力推广缓控释肥、水溶肥、生物肥等高效新型肥料。“三改”，一是改进施肥方式，改氮肥表撒施为机械深追施或水肥一体化施肥；二是改变施肥时期，改氮肥一次追施为根据作物生育期需肥规律分期追肥 1～2 次，实现氮肥后移；三是改只施大量元素肥料为大量元素和微量元素肥料配合施用。“一替”，即有机肥替代化肥，通过合理利用有机养分资源，用有机肥替代部分化肥，实现有机无机相结合。

2　技术效果

通过改土培肥、调整施肥结构、改进施肥方式等化肥减量增效技术措施，每亩化肥使用量减少 3～5 千克（折纯），化肥每亩用量降低 20%～25%，适当增加有机肥投入，土壤有机质含量提高 0.1%～0.3%，肥料利用率提高 5%，每亩增收 10%～15%。土壤理化性状得到改善，盲目过量施肥现象、土壤污染情况得到有效遏制。

3 适用范围

适用于关中灌区玉米种植。

4 技术措施

在开展测土配方施肥、水肥一体化等措施基础上，调整肥料品种结构，改善盲目施肥和过量施肥，提高和改善耕地质量，实现化肥的减量增效施用。

4.1 秸秆还田技术

在玉米种植面积较大、秸秆资源丰富、大型机械作业程度较高的区域，推广玉米秸秆粉碎翻压还田技术。采用玉米联合收获机械边收获边粉碎秸秆，秸秆长度小于 10 厘米，茬高小于 5 厘米。收获粉碎秸秆后，按每亩 2～5 千克用量及时、均匀喷撒秸秆腐熟剂，促进秸秆腐熟。喷撒腐熟剂的同时，每亩均匀施 3～4 千克的尿素，调节碳氮比。采用大型耕作机械进行深耕作业，耕作深度 25 厘米以上，将玉米秸秆全部翻入土层，并要及时平整耕地，保证下季作物的播种质量和出苗率。

4.2 深耕深松技术

在实施秸秆还田、增施有机肥的地块，结合深耕，耕翻深度 25 厘米以上。秸秆和有机肥资源紧缺、土壤板结程度严重的区域，用深松旋耕联合整地机作业，打破犁底层、旋耕、镇压一次完成，深松深度根据犁底层出现的部位和犁底层的厚度确定，一般为 25～40 厘米。深松作业一般在玉米收获后的 10 月进行，适宜的土壤含水率为 10%～20%，深松作业周期一般 2～3 年一次。

4.3 有机肥的施用

有机肥的种类包括多种容易获得的有机肥源（各种圈肥、禽畜粪、沼渣沼液、饼肥等）、商品有机肥以及功能活性炭微生物菌剂产品（液体、固体）。

4.3.1 施用时期

圈肥、禽畜粪、沼渣沼液、饼肥、商品有机肥、微生物菌剂有机肥的最佳施用时期为整地时作为基肥一次性施入。

4.3.2 施用量

农家肥（圈肥、禽畜粪）等 2 500～3 000 千克/亩，或商品有机肥 50～100 千克/亩，或活性炭微生物菌剂 2～4 千克/亩。

4.3.3 施用方法

有机肥施用采取撒施畦表，然后旋耕混匀。

4.3.4 注意事项

农家肥要利用夏季高温时期提前进行堆沤、腐熟，避免直接施用鲜物。

4.4 化肥的施用

化肥可作为基肥和追肥施用。

4.4.1 采用单质化肥的类型和用量

根据一般每生产 100 千克籽粒需吸收氮（N）3.43 千克、磷（P_2O_5）1.23 千克、钾（K_2O）3.26 千克，氮、磷、钾的比例为 3∶1∶2.8，结合玉米生长需肥规律以及土壤基础地力，需施纯氮 12～15 千克/亩，折合尿素为 26～32.6 千克/亩，需施纯磷 4～5 千克/亩，折合过磷酸钙（含磷 16%）25～31.25 千克/亩，需施纯钾 4～5 千克/亩，折合硫酸钾肥（含钾 50%）8～10 千克/亩。

4.4.2 采用复合肥的配方和用量

推广应用玉米专用肥 $N-P_2O_5-K_2O$=25-10-5 或相近配方。每亩用量 40～50 千克。

4.4.3 基肥施肥时期与方法

总氮肥的 70%作基肥，钾肥、磷肥撒施于畦表，然后旋耕混匀，或者沟施，复合肥可随硬茬播种一次性施入。

4.4.4 追肥时期与方法

一般追施尿素或可溶性复合肥，进入拔节孕穗期，营养生长与生殖生长显著加快，夏玉米或麦田套种玉米，应早施、重施拔节肥，一般以 60%～70%的肥料施在拔节前后，以 30%～40%的肥料施在攻穗上。

4.5 补充微量元素肥料

微量元素肥料对玉米的生长发育影响很大，玉米对锌的反应敏感，锌肥属微量元素肥料。作物需要量小，微量元素肥料配合氮、磷、钾肥施用效果显著，试验表明，每亩施用硫酸锌 0.75 千克，可增产 8%～15%。

关中西部玉米化肥减量增效技术模式

1 技术概述

本技术模式以“3414”试验为基础，采用肥料效应函数法，以减少肥料用量、提高肥料利用效率为目的，达到节本增效，改善土壤安全环境，提高作物产量及品质。

1.1 氮肥采用总量控制、分期调控技术

玉米目标产量为 650 千克/亩，氮素的吸收总量为 650×2.5/100=16.25 千克/亩，空白产量为 300 千克/亩，则土壤供氮量为 300×2.5/100=7.5 千克/亩，氮素损失按（30%）

3 千克/亩计算：

$$施氮量 = 目标产量需氮量(16.25\ 千克/亩) + 氮素损失量(3\ 千克/亩) - 土壤供氮量(7.5\ 千克/亩) = 11.5\ 千克/亩$$

1.2 磷肥采用实地恒量监控技术

将土壤有效磷划分为三个级别：低于 10 毫克/千克为低，施磷量（P_2O_5）为 7.5 千克/亩；10～30 毫克/千克为中，施磷量（P_2O_5）为 5.0 千克/亩；大于 30 毫克/千克为高，施磷量（P_2O_5）为 2.5 千克/亩。

1.3 钾肥采用实地恒量监控技术

将土壤速效钾划分为三个级别：低于 80 毫克/千克为低，施钾量（K_2O）为 6.0 千克/亩；80～120 毫克/千克为中，施钾量为 4.0 千克/亩；大于 120 毫克/千克为高，施钾量为 2.0 千克/亩。

1.4 中微量元素根据检测结果，因缺补缺

2 技术效果

通过测土配方施肥技术的实施，一是施肥比例趋于合理，玉米 N∶P_2O_5∶K_2O 由原来的 1∶0.39∶0.12 提高到 1∶0.56∶0.2，避免了因过量施肥造成的资源浪费和环境污染。二是化肥利用率明显提高，玉米氮肥利用率由原来的 25.5% 提高到 30.6%，平均提高 5.1%；磷肥利用率由原来的 11.3% 提高到 14.4%，平均提高 3.1%。三是提高了作物的抗逆性和抗病性，缓解了病虫危害。四是有效地改善作物品质，提高作物的商品性。

3 适用范围

本技术模式由陕西省宝鸡市陈仓区试验示范总结而来。陈仓区位于关中平原西部，属于半干旱暖温带季风气候类型，土壤类型以潮土、𪣻土、黄墡土为主。关中西部川道玉米化肥减量增效可参照此技术模式。

4 技术措施

4.1 分区精准施肥，提高肥料利用率

针对玉米施肥中存在的问题，坚持降氮、稳磷、增钾、补微的施肥原则，科学配方，减少化肥用量，增施生物有机肥，大力宣传推荐玉米配方肥料产品，改进施肥方法，改一次施肥为 2～3 次施肥。加强农技农机技术措施的有效融合，积极示范推广玉米单粒精量施肥播种一体机，解决玉米播种时基肥施用问题，减少肥料养分损失，提高肥料利用率。

川塬灌区玉米施肥配方及施肥方法：目标产量 500～600 千克/亩，施肥配方：每亩施氮肥（N）15～16 千克、磷肥（P_2O_5）4～6 千克、钾肥（K_2O）3～5 千克，或配方(28－6－6)

≥40%玉米配方肥 50 千克，硫酸锌 1.0 千克，生物有机肥 40 千克。

塬旱区玉米施肥配方及施肥方法：目标产量 400～500 千克/亩，施肥配方：每亩施氮肥（N）14～15 千克、磷肥（P_2O_5）4～6 千克、钾肥（K_2O）3～5 千克，或配方（25-8-7）≥40%玉米配方肥 45 千克，硫酸锌 1.0 千克，生物有机肥 40 千克。

4.2　推广应用新型肥料

结合高产创建和绿色增产模式攻关，示范推广缓释肥料、水溶性肥料、液体肥料、叶面肥、生物肥料、土壤调理剂等高效新型肥料，不断提高肥料利用率。

4.3　多措并举，推进玉米施肥减量增效

一是深入推进测土配方施肥，推进农企对接，开展大范围的配方肥进村入户。二是切实改进施肥方式，推进农机农艺融合，因地制宜推广化肥机械深施、机械追肥、种肥同播等技术，减少养分挥发和流失。推广滴灌施肥、喷灌施肥等水肥一体技术，提高肥料和水资源利用效率。三是大力提倡增施生物有机肥，减少化肥用量，活化土壤，提高肥料利用率，改善作物。

4.4　提高有机肥资源利用率

一是推进秸秆养分还田。推广秸秆粉碎还田、快速腐熟还田、过腹还田等技术，使秸秆来源于田、回归于田。二是推进畜禽粪便资源化利用。支持规模化养殖企业利用畜禽粪便生产有机肥，鼓励引导农民积造农家肥，推广应用商品有机肥。三是因地制宜种植绿肥。充分利用秋闲田光热和土地资源，推广种植秋绿肥。在有条件地区，引导农民施用根瘤菌，促进豆科作物固氮肥田。

甘肃中东部全膜玉米化肥减量技术模式

1　技术概述

目前甘肃省部分地区存在化肥过量施用、盲目施用等问题，带来了成本的增加和环境的污染，急需提升施肥水平，提高肥料利用率，减少不合理投入，保障农业生产绿色优质高产高效。同时，针对陇中、陇东部分地区全膜双垄沟播玉米后期容易脱肥等问题，提出利用缓控释肥和种肥同播原理，实现玉米生长期化肥减量增效。

2　技术效果

经试验示范数据显示，应用全膜玉米化肥减量增效技术模式，经济、生态效益显著。较传统种植，每亩增加产量 10%～15%，提高肥料利用率10%～20%，经济效益明显。同时，减少化肥使用量，减少养分流失，提高化肥利用率，减少不合理投入，以达到减肥控污、节本增效的目标，保障粮食等主要农产品有效供给，促进农业可持续发展。

3 适用范围

本技术适合于甘肃全膜双垄集雨沟播技术玉米种植区域。

4 技术措施

4.1 玉米全膜双垄沟播缓释化肥减量增效技术

4.1.1 新膜

起垄前，在小垄的中间锄开深 10～15 厘米、宽约 15 厘米的浅沟，将肥料均匀撒施于沟内，肥料距播种沟约 10 厘米，然后覆土。再按照大小垄规格要求起垄覆膜，完成施肥起垄覆膜作业，每亩总施肥量 60 千克。

机械作业技术模式是用起垄、施肥、施药、覆膜一体机作业，肥料集中施入小垄的中间，随起垄集中沟施，每亩总施肥量 60 千克。

4.1.2 旧膜

该技术模式是在播种的同时，一人播种（在上年播种的两株中间播种），另一人随后在距播种穴约 10 厘米处用同样的播种器播施肥料，调节播种器深度，每穴约施 0.02 千克。每亩总施肥量 60 千克。

4.2 玉米种肥同播化肥减量增效技术模式

4.2.1 适宜玉米品种

选择早熟、高产，种子顶土力强，幼苗生长健壮，抗逆性强，株型紧凑，苗秆坚韧，根系发达，抗倒伏，适合机械收获的品种，并注意适当晚播。

4.2.2 适宜肥料品种

选用缓控释肥。该肥优点是利用高分子活性硫、聚乙烯、树脂等包膜材料，控制肥料的缓慢释施，使肥料释放时间和玉米生长阶段养分的需求相一致，达到肥料释放与玉米对养分吸收同步。种肥在安全距离内施用，不会造成烧苗，经过试验示范，玉米增产明显，同时抗旱、耐涝、抗倒伏能力明显增强。

4.2.3 适宜同播方式

由于机播化肥比较集中成行，施于根部会使根区土壤盐溶液浓度过大，使作物缺水而受到伤害。尤其是氮肥，即使浓度达不到“烧死”作物的程度，也会引起根系对养分的过早吸收，造成作物减产。由于作物具有向地性，所以肥料施用深度应比种子播深 5～7 厘米，若平行横播，种肥间隔也应在 5 厘米以上。

4.2.4 适宜肥料用量

如果玉米播种后不能及时浇水，树脂膜的控释肥种肥播量一般不超过 20 千克/亩，在玉米大喇叭口时，再追施 20～30 千克/亩。如果能及时浇水，并能保证种肥间隔 5 厘米以上并且选肥正确，施肥量可以达到 30～40 千克/亩。

青海东部农业区全膜覆盖
春玉米减肥增效技术模式

1 技术概述

施肥方面针对土壤肥力水平低、耕地质量差、耕地基础地力低等现象，根据春玉米的需肥规律和不同区域土壤条件、作物生产潜力和养分综合管理要求，统筹水肥资源，以水定肥、以肥调水，合理制定施肥方案，科学配比氮、磷、钾及微量元素等肥料，推广配方肥，提高肥料利用率；采用增施有机肥技术，用有机肥替代部分化肥，实现有机无机相结合。针对化肥撒施、表施等造成的化肥浪费、利用率低等现象，改变施肥方式，改表施、撒施为集中深施。

针对青海省降雨少、土壤蒸发量大、水肥不平衡的现状，采用全膜覆盖栽培技术，地膜全地面覆盖，在垄两侧播种作物的种植技术，最大限度地减少了土壤蒸发，保墒增墒效果明显；同时能提高地温，使有效积温增加，延长作物生育期，有利中晚熟品种发挥生产潜力，具有明显增产效果。

2 技术效果

全膜覆盖春玉米减肥增效技术模式，通过以精准施肥和优化施肥结构技术为核心，以地膜覆盖集雨保墒技术和化肥机械化深施技术为重点，极大地改善了农田水肥条件，最大限度地减少了养分流失，节本增产增收效果显著。根据试验测算：每亩可增产30%以上，可提高肥料利用率5%～7%，每亩减施化肥3～5千克。

3 适用范围

适用于青海东部农业区，主要包括：民和、乐都、平安、互助、湟中等14个县（区）。

4 技术措施

4.1 推广测土配方施肥技术，优化施肥结构

在确定作物目标产量和施肥参数前提下，应用测土配方施肥成果，按照“稳氮、控磷、调钾、补锌”施肥原则，确定各类肥料的用量，实现各种养分平衡供应，从而达到提高作物产量和施肥效益的目标。在施用有机肥的基础上，结合机械起垄，将45%（17-21-7）玉米配方肥每亩80千克，用起垄机集中深施于垄中。同时，施入锌肥2千克。

在大喇叭口期（14片叶）根据玉米长势每亩追施尿素5～10千克，方法是将尿素溶在150～200千克水中，制成液体肥，在两株玉米中间打孔，深度达到5～10厘米，每孔灌注50毫升。

4.2 增施有机肥，减少化肥的投入

结合秋季覆膜，增加有机肥的使用量，一般每亩施农家肥 3～4 吨或商品有机肥 100～150 千克，可减少化肥纯量 5～7.5 千克。

4.3 改进施肥方法，变化肥撒施为集中沟施，提高肥料利用率

按照农艺农机相结合的要求，使用机械牵引起垄机一次性完成起垄施肥，把化肥集中沟施在地下 18 厘米深处，播种时深度 12～15 厘米，做到了基肥深施和分层施肥，减少养分挥发和流失，提高化肥利用率，节省成本，增加效益。

4.4 推广新型肥料使用技术

推广缓控释肥料，可提高肥料利用率，减少化肥用量。为减轻秋覆膜玉米翌年播种前氮肥损失，加大尿素缓控释肥的推广施用力度，一般尿素缓控释肥较普通尿素节约肥料 3～5 千克。

4.5 覆膜抑蒸，增温保墒技术

前茬收获后，选择地势土壤肥沃的梯田或缓坡（15°以下）地，前茬茬口以豆类、小麦为佳，及时进行深翻整地，并耙平耱细。秋覆膜时，采用起垄机按大小垄总宽 110 厘米机械起垄施肥，形成底宽 40 厘米、垄高 18～20 厘米的小垄和底宽 70 厘米、垄高 10～15 厘米的大垄，然后用幅宽 120 厘米的地膜对农田全覆盖。覆膜后增加了地温，提高了农田保水、保肥能力和水肥利用率，达到“以水定肥、以肥调水”的水肥协同效果，实现秋雨春用、保墒安苗、增产节支的目的。

宁夏南部山区全膜双垄集雨沟播玉米一次性施肥技术模式

1 技术原理

宁夏南部山区海拔高、干旱风沙大、年降水量偏少且年季分布不均，主要集中在 7～9 月。全膜双垄集雨沟播玉米种植技术具有集雨、增温、保墒、增产等优点，该技术的推广使宁夏南部山区玉米的种植面积和产量提高很大。但覆膜种植玉米费工费时，后期脱肥严重。全膜双垄集雨沟播玉米一次性施肥技术就是在覆膜时用施肥机械将玉米测土配方施肥目标产量推荐数量的专用控释型配方肥一次性施入土壤中满足玉米全生育期营养需求，玉米生长直到收获整个生育期不再追肥的施肥技术。

2 技术效果

经过多点、多种施肥方法四年试验、两年示范，该技术模式可使每亩生产用工降至 1～

2个，玉米平均产量641.0千克/亩。该技术既解决了玉米后期脱肥的问题，又达到了节本增效、保护环境、减轻劳动强度等目的，是一项切实可行的化肥减量增效技术模式。

3　适用范围

本技术模式适用于海拔低于1 800米的宁夏南部山区覆膜玉米生产，宁夏中部干旱带旱作雨养区也可借鉴。玉米品种为当地主栽品种先玉335、大丰30等。

4　技术措施

该模式技术流程可以概括为“选地整地＋施肥＋起垄覆膜及管理＋选用良种＋合理密植＋田间管理＋适时收获”。

4.1　选地整地

选择地势平坦、土层深厚、土质疏松、肥力中上，土壤理化性状良好、保肥保水能力强，以及坡度小于15°的地块。前茬收获后，及时深耕灭茬，耕深25～30厘米，耕后及时耙耱，平整地表，做到地面平整、土壤细碎、上虚下实、无根茬、无坷垃。

4.2　选肥施肥

根据玉米目标产量，选择原料符合HG/T 4215—2011、GB/T 23348—2009、NY/T 496—2010等要求的玉米专用控释型配方肥。该配方肥是根据玉米养分吸收规律、土壤供肥能力和测土配方技术，将释放期从45～150天的控释尿素和磷、钾肥按一定比例混合而成的满足玉米全生育期氮、磷、钾养分需求的复（掺）混肥料。施肥方法：将控释配方肥料均匀撒施在土壤表层，然后旋耕耙耱；或划行后将控释肥均匀撒在小垄的垄带内；或采用施肥、覆膜一体机将玉米专用控释型配方肥全部施入土壤，施肥覆膜同时完成。

4.3　起垄覆膜

秋季覆膜：在前茬作物收获后，及时深耕耙地，在10月中下旬起垄覆膜。此时覆膜能够有效阻止秋、冬、春三季水分的蒸发，最大限度地保蓄土壤水分，但是地膜在田间保留时间长，要加强冬季管理，秸秆充足的地区可用秸秆覆盖护膜。顶凌覆膜：早春3月土壤消冻15厘米时，起垄覆膜。此时覆膜可有效阻止春季水分蒸发，提高地温，保墒增温效果好。可利用春节刚过，劳力充足的农闲时间进行起垄覆膜。覆膜方式：选用厚度0.008～0.01毫米、宽120厘米 的地膜。沿边线开5厘米深的浅沟，地膜展开后，靠边线的一边在浅沟内，用土压实，另一边在大垄中间，沿地膜每隔1米左右，用铁锨从膜边下取土原地固定，并每隔2～3米横压土腰带。覆完第一幅膜后，将第二幅膜的一边与第一幅膜在大垄中间相接，膜与膜不重叠，从下一大垄垄侧取土压实，依次类推铺完全田。覆膜时要将地膜拉展铺平，从垄面取土后，应随即平整；或选用全膜覆盖双垄集雨沟播覆膜机进行机械覆膜。

4.4 选用良种

选用先玉 335、大丰 30 等，要求发芽率>95%。

4.5 合理密植

依据土壤肥力状况、降雨条件和品种特性确定种植密度。年降水量300～350 毫米的区域以 3 000～3 500 株/亩为宜，株距为 35～40 厘米；年降水量 350～400 毫米的区域以 3 500～4 000 株/亩为宜，株距为 30～35 厘米；年降水量 450 毫米以上的区域以 4 500～5 000 株/亩为宜，株距为 24～27 厘米。肥力较高、墒情好的地块可适当加大种植密度。

4.6 田间管理

覆后管理：覆膜后一周左右，当地膜与地面紧贴时，在沟中间每隔 50 厘米处打一直径 3 毫米的渗水孔，使垄沟内的集雨入渗。田间覆膜后，严禁牲畜入地践踏造成地膜破损。若有破损及时用细土盖严，防止大风揭膜。播种方法：采用穴播机和点播器按规定的株距将种子破膜穴播在沟内，每穴下籽 1～2 粒，播深 3～5 厘米，点播后随即踩压播种孔，使种子与土壤紧密结合，或用细沙土、牲畜圈粪等疏松物封严播种孔，防止播种孔散墒和遇雨板结影响出苗。破土引苗：在春旱时期遇雨，覆土容易形成板结，导致幼苗出土困难，使出苗参差不齐或缺苗，所以在播后出苗时要破土引苗，不提倡沟内覆土。打杈掰穗：全膜双垄集雨沟播玉米一次性施肥技术在玉米生长过程中，由于水肥热条件好，玉米生长旺盛，要勤查勤看，定苗后至拔节期要及时掰掉分蘖（权），拔节至抽雄期掰掉第三穗，防治消耗养分。此时要注意玉米顶腐病、白化苗及虫害。

4.7 适时收获

当玉米苞叶变黄、籽粒乳线消失、籽粒变硬有光泽时收获。

4.8 川道地全膜双垄集雨沟播玉米一次性施肥方案

推荐配方：45%（30-15-0）或相近配方。

施肥建议：①目标产量水平 700 千克/亩以上，配方（缓控释）肥推荐用量 56～59 千克/亩，覆膜前一次性基施。②目标产量水平 600～700 千克/亩，配方（缓控释）肥推荐用量 47～49 千克/亩，覆膜前一次性基施。③目标产量水平 500 千克/亩以下，配方（缓控释）肥推荐用量 38～40 千克/亩，覆膜前一次性基施。

4.9 丘陵山坡地全膜双垄集雨沟播玉米一次性施肥方案

推荐配方：45%（30-15-0）或相近配方。

施肥建议：①目标产量水平 600 千克/亩以上，配方（缓控释）肥推荐用量 51～54 千克/亩，覆膜前一次性基施。②目标产量水平 500～600 千克/亩，配方（缓控释）肥推荐用量 42～44 千克/亩，覆膜前一次性基施。③目标产量水平 400 千克/亩以下，配方（缓控释）肥推荐用量 33～35 千克/亩，覆膜前一次性基施。

4.10 注意事项

一是秋季覆膜的地块直接施肥起垄覆膜；春季覆膜时秋整地质量好的地块，春季尽量不耕翻，直接起垄覆膜；春季覆膜时秋整地质量差的地块，覆膜前要浅耕。二要选质量过硬、发芽率高、早中熟的包衣种子，为全苗、成熟打下基础。三要选择适宜的玉米专用控释型配方肥，以满足覆膜玉米各个时期的营养需求。四要起垄后覆膜前每亩用5%的乙草胺乳油100克兑水50千克全地面喷施预防杂草，防止杂草顶破膜面，影响保墒保温。五要适时早播，4月10日左右当地温稳定达到10℃时，连续晴天即可播种，防止山区玉米后期早霜危害，影响产量及品质。六要对机手进行专门培训，按照覆膜、施肥和播种技术要求进行操作，确保覆膜播种播肥质量。

北疆地区玉米化肥减量增效技术模式

1 技术概述

针对玉米施肥结构不平衡（化肥使用量过大）、土壤板结、土壤盐渍化问题严重等现象，以绿色发展为引领，树立"增产施肥、经济施肥、环保施肥"理念，通过推进精准施肥、调整化肥使用结构、改进施肥方式、利用有机肥代替化肥等方法，提高肥料利用率，提升耕地质量，从而全面提升新疆化肥减量增效、精准施肥水平，走高产高效、优质环保、可持续发展之路，促进农业增产、农民增收和生态安全。

2 技术效果

玉米化肥减量增效技术模式较化肥常规施肥技术模式增产增效明显，玉米增产15%以上。肥料每亩用量减少15%～18%，利用率提高5%。水肥一体化技术节水30%以上、节肥20%～30%，氮肥利用率可达到50%以上。

3 适用范围

适用于天山北麓、准噶尔盆地东南缘的新疆北疆地区，包括昌吉市、玛纳斯县、呼图壁县、阜康市、吉木萨尔县、奇台县、木垒县及昌吉国家农业园区8个地区。本标准适用于年≥10℃有效积温2 700℃以上的玉米种植区域。一般中晚熟玉米品种目标产量为1 000千克/亩。

4 技术措施

4.1 土壤生态修复、培肥地力技术

4.1.1 秸秆还田

在玉米种植面积较大、秸秆资源丰富、大型机械作业程度较高的区域，推广玉米秸秆粉碎翻压还田技术。于每年秋收后，将玉米秸秆粉碎并施以秸秆腐熟剂及氮肥，增强秸秆腐熟效果，进行深翻秋灌。

4.1.2 增施有机肥

有机肥除能提高土壤有机质含量，具有维持肥力、改良土壤结构、提高作物品质等特点。结合秋翻施足基肥，犁地前施优质农家肥 1 000 千克/亩，均匀撒施于地面，深翻入土作基肥。

4.1.3 深耕改土

疏松耕层土壤、降低土壤容重、增加土壤孔隙度，提高土壤水分的保蓄能力，促进根系发育。深松深度根据犁底层出现的部位和犁底层的厚度确定，一般 30～40 厘米。深松作业一般在玉米收获后 10 月进行，适宜的土壤含水率为 10%～20%，深松作业周期一般 2～3 年一次。

4.1.4 合理轮作倒茬

选择适合该区域种植的棉花、小麦、绿肥、豆类等作物进行轮作倒茬，这对培育和形成土壤团粒结构有良好的促进作用，还能有效预防作物病虫害的发生。

4.2 测土配方施肥技术

4.2.1 土样采集与化验

每年秋季采集土样，分析土壤全氮、有效磷、速效钾、微量元素等含量。

4.2.2 确定施肥量

根据测土结果，制作配方卡，于春耕两周前发放到农户手中，并就施肥技术进行指导培训。

4.2.3 调整施肥结构

4.2.3.1 氮肥后移，分期追肥

施优质农家肥 1 000 千克/亩＋磷酸二铵 20 千克/亩、硫酸锌肥 3 千克/亩，均匀撒施于地面，深翻入土作基肥。第一次滴水时追施尿素 15 千克/亩，第二次滴施尿素 7 千克/亩，第三次滴施尿素 5 千克/亩＋磷酸一铵 3 千克/亩。

4.2.3.2 补施微量元素

在播种前施基肥时加入少量锌肥和硼肥，或在玉米大喇叭口期，叶面喷施锌肥、硼肥。

4.3 水肥一体化技术

水肥一体化是实现节水、节肥、提高肥料利用率的重要途径，在北疆地区的昌吉市、玛纳斯县、呼图壁县、阜康市、吉木萨尔县、奇台县及昌吉国家农业园区大量种植玉米且已安装滴灌设施的区域，采用水肥一体化技术进行施肥。

4.3.1 施肥量

根据测土配方施肥成果确定该区域玉米施肥结构及数量。

4.3.2 施肥时期

磷、钾肥主要通过底肥、种肥同播一次性施入；氮肥分期施肥，种肥同播10%的氮肥，其余分别在玉米拔节期（45%）、大喇叭口期（25%）、抽穗开花期（20%）采用压差式施肥罐将水肥一起施入。

4.3.3 施肥方法

追肥前要求先滴清水20～40分钟，施肥罐加入肥料，一般肥料加入量不应超过施肥罐容积的1/2，将施肥罐注满水，并使肥料完全溶解。将提前溶解好的肥液或液体肥料加入施肥罐，加入量不应超过施肥罐容积的2/3，加好肥料后，每罐肥一般需要20分钟左右追完。全部追肥完成后再滴清水30分钟，清洗管道，防止堵塞滴头。

4.3.4 各生育阶段肥水管理措施

追肥是整个生育期最重要的技术环节。采用滴灌设备加智能施肥灌，进行水肥一体化追肥。追肥的种类主要以不同养分配比的高效水溶肥为主，不同生育期追施不同含量的肥料。

4.3.4.1 苗期（出苗—拔节）

玉米苗期是以长根为中心和分化茎叶为主的生长阶段，本阶段地下部根系发育较快，而地上部茎叶生长较缓慢。田间管理的主要目标是促进根系发育、培育壮苗，达到苗早、苗足、苗齐、苗壮的四苗要求，为穗粒期的健壮生长和良好发育奠定基础。播种后及时滴出苗水，滴水量25～30米^3/亩。定苗时间掌握在3～4片叶。二水要赶，宁可头水迟，不可二水晚，蹲苗至头水。此阶段以蹲苗为主，加强中耕，在施好底肥的基础上，不滴水施肥。

4.3.4.2 穗期（拔节—抽雄）

营养器官和生殖器官分化同时进行，是玉米一生中生长发育最旺盛的时期，也是田间管理的关键时期。田间管理的主要目标是增加穗部以上叶面积，提高茎秆强度，加强肥水调控，防止抽雄期缺水，达到丰产长相，为穗大粒多打好基础。

根据品种特性、苗情和地力，滴灌3次，第一次灌水量55米^3/亩，第二、第三次各滴灌水量45米^3/亩。

追肥类型以含微量元素、低氮、高磷、高钾的水溶肥为主。滴肥建议肥料配方为（N-P_2O_5-KO_2）10-15-25。头水一般在可见叶11～13片（6月上中旬）时进行。第一次追肥时间掌握在6月10日左右，施用量为配方肥5千克/亩+尿素15千克/亩；第二次时间掌握在6月20日左右，滴肥施用量为配方肥3千克/亩+尿素8千克/亩；第三次时间掌握在7月1日左右，滴灌间隔掌握在8～10天，滴肥施用量为配方肥3千克/亩+尿素5千克/亩+有机肥250毫升/亩。

4.3.4.3 花粒期（抽雄—籽粒成熟）

此阶段营养体停止生长，植株进入以开花散粉、受精结实和籽粒建成为中心的生殖生长阶段。田间管理的主要目标是延缓叶片衰老，提高光合强度与光合转化效率，减少籽粒败育，增加成粒数与粒重，从而达到丰产的目的。此期田间管理主要技术措施是追施粒肥，适当晚收。

4.3.4.3.1 追肥时间与方法

此期共滴水5次，追肥3次。第四次滴水时间掌握在7月10～12日，第五次时间掌握在7月12～25日，第六次时间掌握在7月25日至8月8日，第七次时间掌握在8月8～20日，第八次时间掌握在8月20日至9月5日。其中，第四至六次滴水时每次都要追肥，每次滴水量40米^3/亩，第七、八次滴水量分别为30米^3/亩和20米^3/亩。

4.3.4.3.2 追肥类型与用量

追肥类型以含微量元素、低氮、中磷、高钾的水溶肥为主，滴肥配方肥为（$N-P_2O_5-K_2O$）10-15-10。第四次滴肥用量为配方肥4千克/亩＋腐殖酸尿素3千克/亩，第五次滴肥用量为配方肥3千克/亩＋尿素2千克，第六次滴肥用量为配方肥3千克/亩＋尿素2千克/亩＋有机肥250毫升/亩。

4.4 推广应用新型肥料

大力推广施用配方复合肥料（如腐殖酸尿素）、高效水溶肥料、生物有机肥料、有机肥等高效新型肥料，不断提高肥料利用率，达到节肥增效的目的。

天山北坡山前平原玉米
水肥一体化化肥减量增效技术模式

1 技术概述

玉米水肥一体化条件下化肥减量增效技术是在测土配方施肥技术基础上，以“绿色、安全、优质、高效”为目标，减少化肥总量，调整和优化施肥结构，采用水肥一体化高效利用替代常规开沟施肥，用大量元素水溶肥、滴灌专用肥替代常规肥料，用有机肥替代部分化肥。从以基肥为主优化为以全生育期滴施肥料为主，提高肥料利用率，实现化肥减量增效。

2 技术效果

2.1 减少化肥用量

玉米水肥一体化化肥减量增效技术是集成测土配方、施用有机肥、膜下水肥一体化技术，减少化肥用量，提高肥料利用率和产投比，玉米产量有一定幅度增长。天山北坡山前平原在水肥一体化玉米上进行的化肥减量增效示范推广工作取得了较好的效果，每亩减少化肥施用量4.8千克，亩均增产32.7千克。

2.2 增产提质

水肥一体化条件下的玉米化肥减量增效技术模式的推广有利于推进农业供给侧结构性改

革，降低农业生产成本，保护农业生态环境，促进绿色生产，提高农产品质量，增加职工收入。

2.3　提升耕地质量，保护环境

玉米水肥一体化化肥减量增效技术推广可以提高化肥利用率，减少化肥对土壤及地下水的污染，减少土壤板结，保护农业生态环境，为无公害和绿色生产营造良好的环境。

3　适用范围

3.1　适宜地区

天山北坡经济带乌伊公路沿线山前平原地带，包括天山以北、准噶尔盆地南缘的带状区域以及伊犁河谷的部分地区。

包括：乌鲁木齐市至伊犁沿线各地，以及新疆生产建设兵团第十二师、第六师五家渠市、第八师石河子市、第七师、第四师可克达拉市、第五师双河市及以上各师位于天山北坡的团场。

3.2　玉米春播中晚熟品种

选择郑单958、先玉335、SC-704、新玉18号、kx2564、登海3672等中晚熟高产玉米品种。

4　技术措施

4.1　玉米化肥减量增效技术

以测土配方施肥技术为基础，按照有机无机相结合，根据土壤养分状况、玉米需肥规律和单产水平科学确定施肥量和肥料配比。

4.1.1　施肥总量及氮、磷、钾的投肥比例

玉米目标产量：1 000千克/亩。全生育期投肥总量，每亩商品肥65～74千克，折合纯量30～34千克，比化肥减量增效前减少4.8千克（纯量2.2千克）商品肥，玉米秸秆100%粉碎还田或过腹还田，翻地前每亩施优质厩肥1吨。全生育期施肥量：氮肥42千克（纯量20千克）左右，磷肥14千克（纯量6千克）左右，钾肥12千克（纯量6千克）左右；氮∶磷∶钾=1∶0.35∶0.33。

4.1.2　限定玉米化肥减量增效总施肥量

天山北坡山前平原不同土壤质地玉米施肥量

土壤质地	目标产量（千克/亩）	施肥量（纯量，千克/亩）	N（千克/亩）	P_2O_5（千克/亩）	K_2O（千克/亩）
黏土	1 000	30	19	6	5
壤土	1 000	32	20	6	6
沙土	1 000	34	21	6	7

4.1.3 玉米基肥与追肥比例的确定

天山北坡山前平原不同土壤质地玉米基、追肥分配比例

土壤质地		氮肥（%）	磷肥（%）	钾肥（%）	施肥原则
沙土	基肥	<10	5～10	<10	减少基肥，增加追肥比例
	追肥	>90	90～95	>90	
壤土	基肥	10～20	10～20	10	基追肥比例选择适中
	追肥	80～90	80～90	90	
黏土	基肥	<15	10～20	>10	
	追肥	>85	80～90	<90	

4.1.4 玉米主要生育时期追肥的确定

天山北坡山前平原玉米生育期追肥比例推荐

生育时期		出苗—拔节	拔节—开花	开花—成熟
追肥比例（%）	氮	3	51	46
	磷	1	64	35
	钾	3	97	

4.2 微量元素肥料的确定

锌、硼在玉米上有不同的增产效果，特别是在缺锌土壤上施锌肥效果非常明显。

4.2.1 锌肥的施用

在缺锌土壤中（土壤有效锌<0.5毫克/千克），可以采用随水滴施有机络合微肥，或每亩用硫酸锌1～2千克作基肥，或者在苗期至花期连续喷2～3次0.2%硫酸锌作根外追肥，2次喷施锌肥之间相隔7～10天。

4.2.2 硼肥的施用

当土壤有效硼<0.5毫克/千克时，可以采用随水滴施有机络合微肥，或基施含硼复合肥，或用硼砂0.5～1千克/亩基施；如果生育期喷施，则用浓度为0.1%～0.5%硼酸，在开花前喷施2次。

4.3 有机肥替代部分化肥技术

玉米上施行有机肥替代部分化肥，开展“六个一”提升耕地地力工作：100%玉米秸秆粉碎还田或过腹还田，亩施1吨厩肥，或亩翻压1吨绿肥，或翻施羊粪1吨，或翻施油渣100千克，或施商品有机肥100千克。

4.4 推广科学施肥技术

提升水肥一体化技术和施肥水平，大力推广新型高效水溶肥，提高农户科学施肥意识和技能。宣传引导农户使用成本低、技术成熟、使用便捷的肥料产品，秋季全层施肥和生育期滴施相结合。在巩固基础工作的同时，扩大在玉米上的应用，实现玉米减肥增效技术全覆盖。

4.5 推广提高化肥综合利用效率技术

将氮、磷、钾肥比例调整为1∶0.35∶0.33，降低化肥用量，达到提高玉米肥料利用率的目的。

增加有机肥的施用量，改善土壤物理化学性状；优化基、追肥比例，提高追肥比例至80%，追肥原则上采取一水一肥、少量多次的方法；重视中、微量元素肥料的施用，采用因缺补缺的矫正施肥策略；选择速溶速效肥料科学合理施用；通过硝化抑制剂、多次少施等产品和技术减少氮肥损失，提高氮肥利用效率；在一些土壤有效磷较丰富的地方可以考虑在试验取得成功的基础上降低商品磷肥2～4千克。

4.6 其他技术措施

4.6.1 选地

选择地势平坦、灌溉方便、中等肥力以上的农田，土壤有机质含量1.2%以上，碱解氮≥50毫克/千克，速效磷≥8毫克/千克，土壤含盐量0.2%以下。

4.6.2 深施肥

以测土配方施肥为基础，以化肥减量增效为原则，采取水肥一体化，基肥采取有机肥与化肥相结合，做到100%深施肥，翻地前亩施优质厩肥1吨，按施肥方案将氮、磷、钾肥在翻地前一次深施，以提高肥料利用率。

4.6.3 秋翻秋灌

耕翻深度在28厘米以上，要求耕深一致、翻垡均匀、不拉沟、不漏犁；冬前灌水做到均匀一致，每亩灌水量80米^{3}左右。

4.6.4 播前整地

播前整地要勤查墒，严格掌握适宜整地期。整地前每亩喷施50%乙草胺100～120克，兑水30～40千克，均匀喷洒土壤表面对杂草进行土壤封闭，喷后立即进行对角耙地混土。整地质量达到“墒、松、碎、齐、平、净”和上虚下实质量标准，整地深度7～8厘米。

4.6.5 种子质量

种子质量应保证种子纯度不低于96.0%，净度不低于99.0%，成苗率不低于85%，水分含量不高于13.0%。

4.6.6 种子处理

在播前7～10天采用玉米种子包衣剂包衣晒干、装袋。播前晒种2～3天，提高种子的发芽势，确保出苗一致、长势整齐。

4.6.7 播种

主攻目标：适时早播，一播全苗。

4.6.7.1 播期

当5厘米膜内地温稳定在10～12℃即可播种，适时早播能延长营养生长期，增加干物质积累，利于穗大籽饱、提早成熟。

4.6.7.2 播种方式

采用70厘米×50厘米的行距配置，株距18～20厘米。

4.6.7.3 播种量和播深

精量点播每亩2.5～3千克，半精量点播3.5～4.0千克/亩（根据种子千粒重大小调整），每亩下种10 000～12 000粒。播种深度4～5厘米。

4.6.7.4 铺膜播种质量

确保播行笔直、铺膜平展、压膜严实、采光面大、下籽均匀、接行准确、播深适宜、镇压确实、到头到边。

4.6.8 苗期管理

主攻目标：苗全、苗匀、苗壮、根多、根深。此阶段玉米地上部分生长缓慢，生长中心是根系，各项措施要为保苗、促根、促壮苗服务。

4.6.8.1 早管促早发

现行中耕，早中耕、深中耕，促进根系下扎。苗期中耕3次，深度14～18厘米，护苗带8～10厘米，做到不铲苗、不埋苗、不拉膜、不拉沟、不留隔墙、不起大土块，达到行间平、松、碎的质量要求。

4.6.8.2 定苗

3～4叶期及时定苗，每亩留苗密度6 000～6 500株。做到留苗均匀、去弱留壮、去小留大、去病留健、不留双苗，去除自交株，定苗要挖除根系生长点。结合定苗做好株间松土和灭草工作。

4.6.8.3 蹲苗打杈

蹲苗应掌握"蹲黑不蹲黄，蹲肥不蹲瘦，蹲湿不蹲干"的原则。玉米分蘖要及时去除，切不可动摇根系损伤全株。

4.6.8.4 防虫

5月中下旬防治地老虎、金针虫，用90%的晶体敌百虫0.5千克加水喷在50千克左右炒香的麦麸或油渣等饵料中，傍晚撒施在玉米幼苗旁边，每亩用量3～4千克。也可在5月中下旬用菊酯类农药连喷两次，间隔时间5～7天。

4.6.9 拔节至抽穗阶段（孕穗期）管理

主攻目标：促进玉米迅速生长发育，争取秆壮、穗大、粒多。此阶段是玉米拔节期雄穗生长锥开始伸长、植株进入快速增长期；大喇叭口期进入雌穗小穗分化，茎叶生长达到高峰，是水肥管理关键时期，也是促进穗多、穗大、粒多的关键时期。

4.6.9.1 水肥耦合

采用滴灌水肥一体化技术，按土壤养分含量和玉米需肥规律和特点，将水肥配兑，通过可控管道系统供水、供肥，通过管道均匀、定时、定量地滴施在玉米根系，最大限度满足玉米生长发育对水肥的需求，遏制盲目施肥和过量施肥。

从出苗水至蜡熟、完熟阶段，共滴水9次，从拔节开始原则上一水一肥，前期培育壮苗，中后期营养生长和生殖生长并进。配合肥料每次每亩滴水量25米^3。

4.6.9.2 喷施玉米健壮素

大喇叭口期喷施玉米健壮素，每亩用量50～60克，可有效降低玉米株高10～30厘米和穗位10～15厘米，提高玉米抗倒伏能力，改善玉米授粉条件，达到增产效果。

4.6.9.3 病虫防治

玉米螟及棉铃虫防治，在大喇叭口期，每亩用1.5%辛硫磷或3%呋喃丹颗粒剂2千克，加细沙5千克拌匀灌心，也可用Bt乳剂稀释2 000倍液灌心。细菌性条斑病用150～200毫升/米^{3}农用链霉素喷防；玉米小斑病用50%多菌灵500倍液喷施防治，隔15天再喷一次。

4.6.10 抽雄至灌浆成熟阶段（花粒期）管理

主攻目标：防早衰，促灌浆，争取粒多粒重。

4.6.10.1 滴水滴肥

抽雄至灌浆成熟期滴灌4～5次，每次亩滴量25米^3，灌水既要满足需要，又要谨防过量，后期不能停水过早，只要植株青绿，就要保持田间湿润。着重做好抽雄期、扬花期、吐丝期、灌浆期随水施肥。

4.6.10.2 人工辅助授粉

散粉后期，在上午9～11时采用人工拉绳法，在玉米植株顶部来回拉几次，实施人工辅助授粉，此项工作每隔一天进行一次，连续2～3次，可提高玉米结实率。

4.6.10.3 病虫害防治

重视种子药剂处理，预防玉米黑穗病发生；对于红蜘蛛和叶蝉加强田间调查，点片发生时可选用三氯杀螨醇1 000倍液或40%乐果乳油1 500倍液喷雾，或用敌敌畏、异丙磷（200克）加锯末（或麦糠）混匀，每隔2～3行撒于行间进行熏蒸。

4.6.11 收获、脱粒、贮藏

4.6.11.1 收获

当苞叶发黄、籽粒变硬、籽粒种胚背面基部出现黑层时并呈现出品种固有的颜色和光泽时为成熟。可进行机械或人工收获（对秸秆进行黄贮再利用）。

4.6.11.2 脱粒

及时晒干脱粒，扬净入库。一般玉米籽粒含水量在14%以下可安全贮藏。

4.6.11.3 贮藏

贮藏在干燥通风的地方，并经常检查，防止鼠害和霉坏变质。

黑龙江垦区玉米缓释尿素减量增效技术模式

1 适用范围

黑龙江垦区玉米的种植面积为674万亩，为全面实现农场化肥减量、玉米产出高效，大力推广绿色优质、资源节约、环境友好的现代农业，结合农业生产主推栽培技术模式，做好技术措施落实，切实达到玉米减肥不减产、作物保丰收的目的。缓释尿素用于生长期长、需氮量大的作物，蓄肥能力差的土壤，效果更佳，可提高氮肥肥效，促进增产，降低肥料用量，节约成本。

2 技术原理

利用缓释尿素延长持效期，可明显提高肥效，减少挥发或淋溶造成的浪费，节肥增产效果显著。

传统的普通尿素由于施入土壤中很快分解，转化为铵态氮和硝态氮，一部分挥发，一部分淋溶，持效期仅一个多月。玉米播种同时施肥，一般在5月上旬，肥效可持续到6月中旬。普通尿素持效期短的问题是影响玉米产量的重要原因。玉米需肥最多的时期是抽雄至灌浆期，大约是7月中旬至8月下旬，如果遇旱或渍涝，普通尿素的利用率明显降低，玉米长势及产量波动较大。

3 技术措施

3.1 施用缓控释肥的选择

玉米一般选择控释期为三个月的肥料较为适宜，土壤肥力较低的地区，应选择养分含量较高的缓控释肥。施用缓控释肥后，肥效稳定长效，后期不脱肥，抗病害、抗倒伏。

3.2 施用缓控释肥的时期

缓控释肥一般要作基肥。玉米可在播种时施用，也可在幼苗六叶前施用，再晚不宜用；施用比较方便，省工安全。它可以与速效肥搭配用作基肥一次性施用，用工量可减少1/3左右，并且施用相当安全，可防止肥害。

3.3 施用缓控释肥的用量

施肥量太低会造成玉米后期生长脱肥，施肥量为35～45千克/亩。施用缓控释肥减少了肥料的用量，提高了肥料利用率。肥料的用量跟常规的施肥量相比可以减少8%～10%，极大地节约了成本。而且缓控释肥的肥效比一般的未包膜的肥料肥效长一个月以上，减少了淋溶挥发的损失。

3.4 施用缓控释肥的方法

要求种肥隔离，侧深施肥，种子和肥料的间隔距离在8～10厘米，施入土中的深度在10厘米左右。缓控释肥一般用作底肥，应当注意在原来常规施肥量的基础之上相应地减少氮肥的用量。而且这种肥料含钾量比较低，在使用的时候应该搭配钾肥施用。

4 效益分析

缓释尿素虽然较普通化肥价格高，但应用缓释尿素，减少了氮肥的用量，两者在化肥投入上差不多。但是用缓释尿素一般可增产3%～5%，经济效益相对也有所增加。

5　推广前景

鉴于目前农村的劳力情况和我国施用肥料利用率低的状况，通过近两年玉米一次性施用缓控释肥试验示范表明，玉米施用缓控释肥能够提高肥料利用率，同时适合一次性施用，节约成本，省时省力。

黑龙江垦区玉米秸秆综合利用技术模式

1　适用范围

黑龙江垦区玉米的种植面积为674万亩，为全面实现农场化肥减量、玉米产出高效，应大力推广绿色优质、资源节约、环境友好的现代农业模式，结合农业生产主推栽培技术模式，做好技术措施落实，切实达到玉米减肥不减产、作物保丰收的目的。为实现农业的可持续发展，应大力推广秸秆还田技术，避免秸秆焚烧造成环境污染。黑龙江省农垦总局各农场积极推广应用秸秆翻埋、秸秆碎混和秸秆覆盖免耕3种秸秆还田技术模式，减少化肥用量，提高耕地质量，改善农业生态环境，促进现代化农业发展。

2　技术原理

收获后将秸秆归还于农田，经过一段时间的腐解作用，可以将秸秆中含有大量的新鲜有机物料转化成有机质和速效养分。既改善土壤理化性状，也可供应一定量的钾等养分。秸秆还田可促进农业节水、节本、增产、增效，并从源头控制秸秆焚烧带来的大气污染，改善生态环境。

3　技术模式

3.1　秸秆翻埋技术

3.1.1　技术路线

机械收获—秸秆粉碎—深翻扣埋秸秆—耙地—起垄镇压—春季播种。

3.1.2　应用机械

联合收获机、秸秆还田机或灭茬机、147.1千瓦以上拖拉机、翻转犁、重耙、起垄机、镇压器、播种机。

3.1.3　技术关键

第一个环节是玉米收获和秸秆粉碎。在玉米联合收获机作业后，留茬高度要在5～10厘米，秸秆切碎长度原则上要小于10厘米，以秸秆撕裂为宜，抛撒均匀，可以全量还田。第二个环节是翻埋作业。在秸秆翻埋作业之前先进行有机肥抛撒作业。在采用大功率拖拉机带翻转犁或先进的浅翻深松犁进行翻埋作业。耕翻深度控制在30厘米以上，扣垡严密，不出现回垡现象，无堑沟，不重不漏，翻后地表平整，地表残茬不超过10%。第三个环节是耙地、碎土作业。耙深达到15～20厘米，每平方米大于10厘米的土块不得超过5个。第四个环节是起垄作业及时镇压。根据起垄机大小配备相应功率段的拖拉机，起垄标准达到垄向笔直、垄体饱满、不起垡块、不出张口垄、地头整齐。第五个环节是播种作业。在春季播种机配备自动导航系统进行播种作业。

3.2 秸秆碎混技术

3.2.1 技术路线

机械收获—秸秆粉碎—深松联合整地—耙地—起垄镇压—春季播种。

3.2.2 应用机械

联合收获机、秸秆粉碎机、联合整地机、重耙、起垄机、镇压器及与其配套拖拉机。

3.2.3 技术关键

一是秸秆全量还田。玉米收获后，用秸秆粉碎还田机将秸秆打碎，秸秆切碎长度原则上要小于10厘米，以秸秆撕裂为宜，抛撒均匀。二是深松整地作业。联合整地作业之前进行有机肥抛撒作业。在采用147.1千瓦以上大拖拉机，带大型深松联合整地机深松作业，作业深度要达到30厘米以上，使玉米秸秆和根茬与耕层土壤充分混合。三是进行耙地作业。采用重耙作业两遍，耙深要达到16～18厘米；进一步切碎秸秆，并将秸秆跟土壤充分混拌、不漏耙、不拖堆、地表平整、土壤细碎。四是起垄、镇压作业。起垄后及时镇压。要达到垄向笔直、垄体饱满、不起垡块、不出张口垄、地头整齐。如果玉米秸秆量过大，可以在碎混作业前，采用73.55千瓦以上拖拉机带捡拾打捆机实现部分秸秆出地，出地量以不影响碎混作业为原则。五是播种作业。在春季，播种机配备自动导航系统进行播种作业。

3.3 秸秆覆盖免耕技术

3.3.1 技术路线

机械收获—秸秆粉碎覆盖还田—春季免耕播种—机械植保。

3.3.2 应用机械

联合收获机、免耕播种机及与其配套的拖拉机、喷药机。

3.3.3 技术关键

秸秆覆盖免耕技术的前提条件是地块前两年必须有深松或者深翻基础。一是进行秸秆粉碎覆盖地表还田作业。在玉米联合收获机作业后，根据秸秆覆盖量大小确定是否需要使用专业秸秆粉碎还田机或灭茬机再次作业，最终以秸秆不影响播种、确保出苗为宜，抛撒均匀，可以全量还田。二是进行春季免耕播种作业。采取原茬播种方式。用带圆盘清障切碎、开沟装置的免耕播种机进行播种，实现开沟、播种、施肥、覆土、镇压一条龙作业，播种均匀、播深一致。三是配套实施好机械植保作业。在播后苗前或苗期进行药剂灭草作业，避免造成草荒，影响作物生长。

4　效益分析

采取秸秆翻埋和松耙碎混方式，这种作业方式后效十分显著，既蓄水保墒、培肥地力、减少化肥用量，又抗旱、抗涝、抗倒伏。玉米产量平均增产幅度在8%，每亩增产为44千克，实现增产增收。

5　推广应用前景

秸秆综合利用是保护环境、提高土壤质量、增加效益的重要方式，玉米秸秆还田耕作技术减少了化肥的施用量，综合减少了肥料的损失，提高了化肥利用率，减少环境污染；同时伴随着近年来生产资料价格不断攀升、玉米价格低迷，合理减少肥料使用量可为广大农户节本增效提供保障。

第四章 蔬菜化肥减量增效技术模式

北京日光温室番茄化肥减量增效技术模式

1 适用范围

京津冀地区日光温室。

2 技术原理

2.1 测土配方施肥技术

测土配方施肥技术的核心是解决作物需肥与土壤供肥之间的矛盾。在土壤测试和肥料田间试验的基础上，根据作物需肥规律、土壤供肥性能和肥料效应，结合有机肥料的合理施用，提出氮、磷、钾及中、微量元素等肥料的施用数量、施肥时期和施用方法。实现各种养分平衡供应，满足作物的需要，提高肥料利用率和减少用量；提高作物产量，改善农产品品质；节省劳力，节支增收。

2.2 水肥一体化技术

水肥一体化就是借助灌溉设备将作物生长发育需要的水分、养分同时供应给作物的一种水肥管理方式。水肥一体化技术是一项综合水肥管理的技术，具有显著的节水、节肥、省工、高效、环保等优点。

移动便携式微喷灌溉技术一项利用传统机井实现单个农户棚室水肥一体化灌溉技术。利用传统机井通过加装 PVC 分流首部，缓解水流压力实现单个棚室的微喷灌溉，由于农户棚室缺少电源，本套设备采用移动电源加低压潜水泵的方式注肥，最终实现传统农户棚室微喷水肥一体化灌溉。

2.3 有机肥替代部分化肥技术

通过合理利用有机养分资源，用有机肥替代部分化肥，实现有机无机相结合，提升耕地基础地力，替代外来化肥养分投入。

3 技术措施

3.1 整地作畦和基肥施用

整地作畦：深翻土壤，整平后按大小行作小高畦，畦宽 40～60 厘米，高 15 厘米；沟宽

70～80 厘米。每个高畦上铺滴灌管，建议覆盖地膜，定植两行，同一行内植株间距为 0.35～0.40 米。

基肥施用：底施腐熟农家肥 6～7 米^3/亩或商品有机肥 1.5～2 吨/亩，低磷硫酸钾型果类蔬菜专用配方肥（N－P_2O_5－K_2O＝18－9－18）20～30 千克/亩。

3.2 灌溉追肥方案

北京市主推的适用于果类蔬菜的滴灌肥有 N－P_2O_5－K_2O＝18－8－26、19－8－27、16－8－34 或相似配方。

由于日光温室不同种植茬口番茄的水肥需求有差异，按照北京市主要种植的日光温室冬春茬和秋冬茬制定以下滴灌条件下的灌溉施肥制度。

3.2.1 冬春茬设施番茄追肥方案

品种选择：金冠 58，天马 54

生育期：1 月上、中旬育苗，2 月中旬定植，3 月中下旬至 7 月多次收获

目标产量：6 000～7 000 千克/亩

灌溉模式：水肥一体化

日光温室冬春茬番茄灌溉追肥方案

生育时期	灌溉次数（5～7 天/次）	每次灌水量（米^3/亩）	建议肥料配方	每次灌溉肥料投入量（千克/亩）	生育期内肥料用量（千克/亩）	追肥养分量（千克/亩）		
						N	P_2O_5	K_2O
定植后	1	20	－	－	－	－	－	－
苗期（20～25 天）	3	3	18－8－26	1	3	0.54	0.24	0.78
结果初期（25～30 天）	5	5	18－8－26	3	15	2.7	1.2	3.9
结果盛期（55～60 天）	11	7	18－8－26	3	33	5.94	2.64	8.58
结果末期（20～25 天）	4	7	18－8－26	2	8	1.44	0.64	2.08
全生育期	25	164		40	96	10.62	4.72	15.34

3.2.2 秋冬茬设施番茄追肥方案

品种选择：仙客 5 号、迪安娜粉尼娜（这两个品种春秋茬都可以种植）

生育期：7 月中、下旬播种，8 月下旬至 9 月中旬定植、10 月中旬至翌年 1 月收获

目标产量：6 000～7 000 千克/亩

灌溉模式：水肥一体化

日光温室秋冬茬番茄灌溉追肥方案

生育时期	灌溉次数（5～7天/次）	每次灌水量（米³/亩）	建议肥料配方	每次灌溉肥料投入量（千克/亩）	生育期内肥料用量（千克/亩）	追肥养分量（千克/亩）		
						N	P_2O_5	K_2O
定植后	1	20	-	-	-	-	-	-
苗期（20～25天）	5	3	18-8-26	0.5	2.5	0.45	0.2	0.65
结果初期（25～30天）	4	7	18-8-26	4	16	2.88	1.28	4.16
结果盛期（50～55天）	7	7	18-8-26	4	28	5.04	2.24	7.28
结果末期（20～25天）	3	6	18-8-26	3	9	1.62	0.72	2.34
全生育期总量	20	135			55.5	9.99	4.44	14.43

3.3 灌溉施肥注意事项

3.3.1 避免过度灌溉

新安装滴灌的用户，总担心水量不够，有意延长灌溉时间。过量灌溉不仅浪费宝贵的水资源，而且养分会随水淋洗到根层以下土壤中，不能被作物根系吸收，造成肥料浪费。

3.3.2 控制施肥浓度

叶面喷施的适宜浓度为0.1%～0.3%（或者1吨水加入1～3千克水溶肥）。如果盐分浓度过高，蒸发又快，很容易“烧”伤叶片。

3.3.3 设备维护保养

每次灌溉施肥操作可以分为3个步骤：第一步，先灌溉清水10～15分钟，把表层土润湿；第二步，依据作物灌溉肥料溶液；第三步，灌溉清水20～30分钟，清洗灌溉系统，防止滴头堵塞。

要定期检查、及时维修系统设备，防止漏水；及时清洗过滤器，定期对离心过滤器集沙罐进行排沙。冬季来临前应进行系统排水，防止结冰爆管，做好易损部件保护。

4 效益分析

水肥一体化技术模式与农户传统沟灌冲施相比有效提高了水肥的利用率，节水节肥增产效果显著。保护地滴灌施肥的灌水定额应比畦灌方式减少40%～50%，节约化肥用量20%左右。

5 推广前景

设施番茄水肥一体化技术模式适合在京津冀地区日光温室冬春茬、秋冬茬两大主栽茬口推广应用。

华北地区设施番茄水肥一体化化肥减量增效技术模式

1 技术原理

1.1 技术概念

设施番茄水肥一体化技术模式是在加压微灌条件下，根据作物对水分、养分的需求和土壤水分、养分状况，将肥料按照科学配方溶解在灌溉水中，把水和养分适时、适量地输送到番茄根部的一种新的节水、省肥、省工、高效的灌水施肥技术。

1.2 水肥耦合

按照肥随水走、少量多次原则，按照番茄目标产量、需水、需肥规律、土壤养分含量状况，将番茄总灌溉水量和施肥量在不同的生育阶段分配，制定灌溉施肥方案（基肥与追肥比例，灌溉施肥的次数、时间、灌水量、施肥量等）。

2 技术效果

设施水肥一体化实现了灌水、施肥、用药等一体化管理，进而达到节水、节肥、减药、省工、改善生态环境、提高作物产量和改善品质等综合目标。

3 适用范围

适合华北地区越冬茬、早春茬和秋冬茬设施番茄高垄栽培。种植基地应具备有压水源、完备的输水管网基础条件，以选择土层深厚，质地适中，疏松、肥沃，排灌方便的地块为最佳。

4 技术措施

4.1 栽培种植

番茄一般为越冬茬、早春茬种植，越冬茬 11 月下旬育苗，翌年 1 月中旬移栽到 6 月收获；早春茬 2 月初育苗，4 月初定植，7 月初采收完毕。目标产量为 10 000 千克/亩。采用宽窄行垄作种植，按垄宽 70 厘米，垄高 10 厘米，沟宽 50 厘米起垄。每亩定植 2 700～2 800 株。

4.2 设备安装

设施番茄属于条播密植作物，灌溉系统采取滴灌方式，施肥一般采取重力罐施肥、压差罐施肥、文丘里施肥等。灌溉施肥系统由水源、首部枢纽、输水管网（干、支、毛管，管件及阀门）和灌水器等组成，根据番茄需水规律、种植土壤、气候等确定系统设计参数。一般支管和毛管采用 PE 软管，支管壁厚 2～2.5 毫米，直径为 32 毫米或 40 毫米。毛管壁厚 0.2～1.1 毫米，直径为 8～16 毫米。滴头间距一般选 30 厘米，流量 1.0～1.6 升/小时。系统应由专业技术人员设计、指导安装。

4.3 肥料选择

底肥施用品种与传统施肥相同。追肥的肥料品种必须符合国家标准或行业标准，要求纯度高、杂质少、溶解性好；选择水溶性好的固体肥或高浓度的液体肥，如尿素、磷酸二氢钾、硝酸钾、硝酸铵、氯化钾等，或者水溶肥料，推荐选用专用水溶肥（20－20－20 和 15－10－30）。但在使用硝酸钾、硝酸铵时应严格按照危险品管理和使用。

4.4 水肥方案

定植前基肥每亩施用腐熟有机肥约 5 000 千克或商品有机肥 2 000 千克、复合肥（15－15－15）50 千克、过磷酸钙 50 千克；深翻 20～30 厘米，将肥料旋耕混入土壤中。定植前浇足底水，定植一周后浇缓苗水，水量不宜多，在苗期缓苗水后进行适度蹲苗、促进根系生长；底肥充足时，定植至坐果前可不追施肥。越冬茬番茄水肥方案参照下表，早春茬栽培生育期较短，在采收期灌水施肥次数可减少 2～3 次。不宜使用含氯化肥，采收成熟期可加入钙、镁肥。

设施番茄水肥一体化技术水肥方案

生育时期	灌水次数	灌水定额（米^3/亩）	每次灌水配用肥量（千克/亩）	每次养分量（千克/亩）$N-P_2O_5-K_2O$	备注
定植前	1	造墒 22	50	7.5－7.5－7.5	根据土壤 N、P、K 含量，适当调节化肥基施比例。
移栽—开花	1	9	5	1.0－1.0－1.0	一般不浇水施肥或者浇水施肥一次，注意保温。
开花—结果	2	12	8（×2 次）	1.6－1.6－1.6	依据气候和土壤水分情况一般浇水施肥 1～2 次。
结果—采收期	10～15	12	10（×10 次）	1.5－1.0－3.0	采收前期 10～15 天灌溉施肥一次，采收后期，7～10 天一次灌溉施肥。
合　计	13～18	153～213	-	26.7－21.7－41.7	

4.5　灌溉施肥操作

4.5.1　灌溉操作

灌溉时应关闭施肥罐（器）上的阀门，把滴灌系统支管的控制阀完全打开，按照微灌方案灌溉。灌溉结束时先切断动力，然后立即关闭控制阀。滴灌湿润深度一般为30厘米。

4.5.2　施肥操作

先将肥料溶解于水，也可在施肥前一天将肥料溶于水中。施肥前先灌水20～30分钟，施肥时用纱（网）过滤后将肥液移入压差式施肥罐，或倒入重力施肥罐，或敞开的容器中用文丘里施肥器吸入，施肥后继续灌水20～30分钟冲洗管道。微重力自压施肥法：将化肥倒入蓄水池进行搅拌，待充分溶解后，即可进行微灌施肥。压差式施肥法：施肥时，拧紧罐盖，打开罐的进水阀，罐注满水后再打开罐的出水阀，调节压差以保持施肥速度正常。加肥时间一般控制在40～60分钟。文丘里施肥法：将事先溶解好的肥液经过过滤后，倒入敞开容器中，将文丘里施肥器的吸头放入肥液中，吸头应有过滤网，打开吸管上阀门并调节主管上的阀门，使吸管能够均匀稳定地吸取肥液。

4.6　系统维护

初次使用前应打开支管、毛管的管堵冲洗管路；开始灌溉时要注意排气，顺序是先开田间阀门，再开泵；经常检查过滤器前后压差，及时清洗过滤器；判断是否有漏水、堵塞；冬季将管路上的放水阀门打开，放空管路后关闭；间作作物耕种时避免损伤灌溉系统。间隔运行一段时间，应打开过滤器下部的排污阀放污，施肥罐（或容器）底部的残渣要经常清理。毛管和支管不要折，用完后，支管圈成圆盘，堵塞两端存放。毛管集中捆束在一起，两头用塑料布包裹，伸展平放。

冀中南设施番茄水肥一体化技术模式

1　技术概述

近年来，河北省蔬菜种植面积稳定在120万亩左右，产量在7 000万吨以上，居全国第二位。其中设施蔬菜比例占50%～60%，以设施黄瓜、番茄规模最大。然而，由于规模化经营程度低，仍以一家一户式经营为主，加之农民日常管理存在盲目性，导致不合理施肥问题表现突出，以肥水投入超量、养分配比失衡、供需时期失调表现最为明显。设施番茄水肥一体化技术的核心是借助压力灌溉系统将完全水溶性固体肥料或液体肥料按设施番茄生长各阶段对养分的需求和土壤养分的供给状况，使肥液与灌溉水融为一体，适时、定量、均匀、准确地输送到番茄根部土壤。该技术解决了正确施肥总量、正确施肥模式、正确肥料运筹、正确肥料产品、正确施肥位置、正确滴灌制度等关键问题，具有节工、节水、节肥、节药、高产、高效、优质、环保的优点。

2 技术效果

从设施番茄的生产观察来看，水肥一体化技术模式的应用，具有节水、节肥、省力、降低设施环境湿度、减少病害、有效缓解土壤养分积累和次生盐渍化等优势特点，可以提供及时的水肥供生长需要。与传统技术相比较，温室番茄果实增重明显，色泽鲜亮，提高了商品率，产量提高20%以上，农药使用量减少60%，节水30%，节约肥料35%，增强植株综合抗性，并可有效防止早、晚疫病及灰霉病的发生，病虫害显著减少。

3 适用范围

水肥一体化技术模式可广泛应用于番茄的田间生产，特别是冀中南地区设施番茄秋冬茬、冬春茬和越冬长茬的生产，是增强农产品竞争力、提高设施农业生产效益、保持农业和农村经济可持续发展的有效措施。

4 技术措施

4.1 管道布置

根据土地面积、形状设置合理的管道布置方式。对于50米×10米规格的温室，主管道长一般设48米为宜（两端各留1米），支管长8.3米（北边空1.2米，南边空0.5米）选择功率为370瓦，扬程16米的喷射泵，主管道为直径32毫米的黑色橡胶管，支管选20毫米直径的黑色塑料管，滴管口间距30厘米左右，支管间距为：小间距（之间无过道）为50～55厘米，大间距（之间设过道）为1～1.2米。

4.2 选择适用的化肥种类

水肥一体化要求肥料必须是水溶性肥料，以防堵塞管道，促进根系对养分的吸收。

4.3 灌溉施肥方案确定

需根据土壤地力状况、茬口安排等确定合理的灌溉施肥方案。通常将地力划分为低、中、高3个等级。为获得较高的产量（目标产量20 000千克/亩），中等地力的土壤施肥每亩总用量为尿素、过磷酸钙、硫酸钾分别为80～100千克、90～100千克、100～120千克，低等地力及高等地力土壤施肥量在此基础上分别增加和降低15%～20%。

4.4 灌溉施肥方法

4.4.1 设施番茄滴灌技术

重点推广应用膜下滴灌技术，选择适宜的滴灌设备、施肥设备、储水设施、水质净化设施等，根据番茄长势、需水规律、天气情况、棚内温度、适时土壤施肥状况，以及番茄不同生育阶段对土壤含水量的要求（如秋冬茬番茄在苗期、开花坐果后、进入冬季后保持土壤含水量分别为土壤最大持水量的75%～90%、80%～95%和75%～85%），调节滴灌水量和次数（一般每亩每次滴灌水量为10～12米^3，根据具体情况调节滴水量），使番茄不同生育阶段获得最佳需水量。

4.4.2　设施番茄滴灌追肥运筹技术

设施番茄整地时每亩施用农家肥等有机肥5 000千克左右，定植前每亩随水施基肥尿素、过磷酸钙、硫酸钾分别为15千克、30千克、10千克左右，浇足底水。定植后3～4天灌1次缓苗水，中耕松土，促进发棵，促使根系向纵深发展，缩短缓苗期。缓苗水后1周内不再浇水，用于蹲苗，为以后生长、开花、坐果打下良好基础。

生育期间追肥结合水分滴灌同步进行。根据设施番茄不同生育期、不同生长季节的生育特点，按照平衡施肥的原则，在设施番茄生育期分阶段进行合理施肥。①定植至开花期间，选用高氮型滴灌专用肥（因土施用螯合态微量元素），如高浓度完全水溶性专用肥$N-P_2O_5-K_2O$为23－8－19，每亩每次用4～6千克，5～7天滴灌1次；②果实膨大期及采收期，选用高钾型滴灌专用肥（因土施用螯合态微量元素），如高浓度完全水溶性专用肥$N-P_2O_5-K_2O$为19－7－24，每亩每次用6～9千克，7～10天滴灌1次。如使用低浓度滴灌专用肥，则肥料用量需要相应增加。在农化服务指导下，菜农也可按设施番茄不同生育阶段专用肥配方自配滴灌专用肥。采收盛期严防土壤忽干忽湿，为防早衰和畸形果的产生，应增施适量叶面肥或微肥。

浇水施肥宜选在晴天上午10点左右，正午温度过高、阴雨天时不浇，浇水时开启顶通风和底通风，以便降低空气湿度。每次浇水施肥时间比例按1∶2∶1，即每次施肥前1/4和最后1/4的时间浇清水，中间1/2的时间随水施肥，以利肥料的充分吸收。

4.5　注意事项

为使水肥浇灌均匀，需将地面整平。过滤器和滴灌孔需定期（1周1次）检查清洗，以防堵塞；需要根据当地土壤、气候条件等做出适当调整，更好地与当地环境相结合，以增加产量，提高效益。

辽宁设施番茄“秸秆简化还田＋有机肥＋水肥一体”技术模式

1　技术概述

辽宁设施蔬菜发展迅猛，其中设施番茄发展规模最大。但随着蔬菜种植规模逐年增加，施肥量过大、施肥结构不合理等施肥不当造成菜田土壤肥力退化、土壤盐渍化加重、蔬菜宜种性降低等相应诸多问题日趋明显，严重地影响了番茄的产量和品质。

“秸秆简化还田＋有机肥＋水肥一体”技术模式，即通过机械将秸秆与有机肥旋耕简化还田，采用管道滴灌追肥，简单易操作，有利于菜农应用。

秸秆在分解腐熟的过程中，放出大量的热量和二氧化碳，提高棚内温度，促进土壤中微生物的活性和养分的分解利用，有利于作物根系的生长发育。秸秆还田具有缓解盐害的作用，确保棚室蔬菜的可持续生产。

水肥一体化技术是将灌溉与施肥融为一体的农业新技术。水肥一体化是借助压力系统或地形自然落差，将可溶性固体或液体肥料，按土壤养分含量和番茄需肥规律，配兑成的肥液与灌溉水一起通过可控管道系统供水、供肥，使水肥相融后，通过管道和滴头形成滴灌，均匀、定时、定量地浸润作物根系发育生长区域。

2 技术效果

通过秸秆简化还田＋有机肥与水肥一体化技术结合，既改良土壤又大幅度提高水肥利用率，具有省工、节水、节肥、节药、高产、高效、优质、环保等优点。具体优势：节水节肥；改善微生态环境、减轻病虫害的发生；提高经济效益。

3 适用范围

适宜于机械化程度较好，有井、水库、蓄水池等固定水源且水质好、符合微灌要求，并已建设或有条件建设微灌设施的区域推广应用。

4 技术措施

4.1 设施番茄化肥推荐施肥技术

在正常施用有机肥基础上，设施番茄氮、磷、钾施用量推荐如下：产量水平 4 000～6 000千克/亩：氮肥（N）15～20 千克/亩，磷肥（P_2O_5）5～8 千克/亩，钾肥（K_2O）20～25 千克/亩；产量水平 6 000～8 000 千克/亩：氮肥（N）20～30 千克/亩，磷肥（P_2O_5）7～10 千克/亩，钾肥（K_2O）30～35 千克/亩；产量水平 8 000～10 000 千克/亩：氮肥（N）30～38 千克/亩，磷肥（P_2O_5）9～12 千克/亩，钾肥（K_2O）35～40 千克/亩。

秸秆粉碎还田和水肥一体结合施用可以减施化肥 20%以上。以产量水平 8 000～10 000 千克/亩计算，氮肥可以减到（N）24～30 千克/亩，磷肥（P_2O_5）7～10 千克/亩，钾肥（K_2O）28～32 千克/亩。

4.2 秸秆简化还田

夏季或者秋季设施番茄定植前进行。将 1 000～2 000 千克/亩秸秆粉碎成 2～3 厘米，均匀平铺地面，秸秆上撒施有机肥，用 16.18 千瓦以上的拖拉机进行耕翻深旋，将秸秆有机肥与土混均。每年进行一次。

4.3 有机肥施用

秋冬茬和冬春茬番茄每亩施腐熟有机肥 4 000 千克（或商品有机肥 800～1 000 千克）；越冬长茬番茄每亩施腐熟有机肥 5 000 千克（或商品有机肥 1 200～1 500 千克）。针对次生盐渍化、酸化等障碍土壤，每亩补施 100 千克的生物有机肥或土壤调理剂，均匀撒施到粉碎的秸秆上。

4.4　施底肥定植

作畦、铺设滴灌管道；开沟条施蔬菜专用配方肥或生物炭基复混肥，秋冬茬和冬春茬施化肥 10～15 千克；越冬长茬施化肥 20～25 千克。与土混匀，栽苗。

4.5　追肥

4.5.1　供水方式与设备

水肥一体化模式的给水方法采用膜下滴管。给肥设备采用文丘里式供肥方式，配备施肥桶；也可用水肥一体化智能控制系统，配备标准的施肥桶与回液蓄水池，更能精准地施肥给水。

4.5.2　滴灌水量的运筹方案

选择适宜的滴灌设备、施肥设备、储水设施、水质净化设施等，根据番茄长势、需水规律、天气情况、棚内湿度、实时土壤水分状况，以及番茄不同生育阶段对土壤含水量的要求（如秋冬茬番茄苗期、开花坐果后、进入冬季后保持土壤含水量分别为土壤最大持水量的 75%～90%、80%～95%和 75%～85%），调节滴灌水量和次数（一般每亩每次滴灌水量为 8～12 米^3，根据具体情况调节滴水量），使番茄不同生育阶段获得最佳需水量。

4.5.3　滴灌追肥的运筹方案

设施番茄生育期间追肥结合水分滴灌同步进行。根据设施番茄不同生育期、不同生长季节的需肥特点，按照平衡施肥的原则，在设施番茄生育期分阶段进行合理施肥。

4.5.3.1　定植至开花期间，选用高氮型滴灌专用肥

如 $N-P_2O_5-K_2O$=22-12-16+TE+BS（TE 指螯合态微量元素，BS 指植物刺激物），或氮、磷、钾配方相近的完全水溶性肥料，每亩每次 4～6 千克，定植后 7～10 天第一次滴灌追肥，之后 15 天左右 1 次，温度较高的季节 7 天左右 1 次。

4.5.3.2　开花后果实生长期，选用平衡型滴灌专用肥

如 $N-P_2O_5-K_2O$=20-20-20+TE+BS，或氮、磷、钾配方相近的完全水溶性肥料，每亩每次 8～10 千克，温度较低季节 15 天左右 1 次，温度较高季节 10 天左右 1 次。

4.5.3.3　果实膨大转色期

如 $N-P_2O_5-K_2O$=15-5-30+TE，或氮、磷、钾配方相近的完全水溶性肥料，每亩每次 8～10 千克，温度较低季节 15 天左右 1 次，温度较高季节 10 天左右 1 次。

滴灌专用肥尽量选用含氨基酸、腐殖酸、海藻酸等具有促根抗逆作用功能型完全水溶性肥料。根据天气情况、番茄长势、土壤水分、棚内湿度等情况，调节滴灌追肥用量和时间。

另外，逆境条件下需要加强叶面肥管理，如花蕾期、花期和幼果期叶面喷施硼肥 2～3 次，第一穗果前期叶面喷施钙肥 3～4 次，开花期至果实膨大前叶面喷施镁肥 2～3 次。

上海设施番茄化肥减量增效技术模式

1 技术原理

番茄属茄科番茄属一年生或多年生草本植物，茎秆有强烈气味，叶片羽状，浆果扁球状或近球状，肉质而多汁液，种子黄色，花果期为夏秋季。番茄是世界范围内重要蔬菜种类之一，中国各地普遍栽培，且许多地区有温室或塑料大棚栽培，现广泛种植于温室和热带地区。番茄是最喜肥的作物之一。整个生育期除了从土壤中吸收大量水分外，还必须从土壤中吸收氮、磷、钾、钙等大量元素和硼、锰、锌、钼等微量元素。每生产1 000千克商品番茄需氮（N）2.1～3.4千克、磷（P_2O_5）0.64～1.03千克、钾（K_2O）3.73～5.28千克、钙2.52～4.19千克、镁0.43～0.9千克。在定植前番茄对养分的吸收量较少，定植后随生育期的推进逐渐增加，从第一穗果膨大开始，养分吸收量迅速增加。在番茄定植后各时期，吸收的氮、钾量均大于吸磷量。定植后20～40天，养分吸收速率明显加快，吸收量增加，盛果期的番茄对养分吸收量达到高峰，氮、磷、钾的吸收率高达21.9%、36.8%和13.9%。

2 技术效果

通过有机肥化肥配合施肥和水肥一体化追肥可以减少化肥使用量，提高肥水效率。

有机肥替代无机肥：在设施番茄生长过程中，全生育期的施纯氮量13.8千克/亩，用量较低。而前期投入的商品有机肥可替代部分化肥，据估算，2吨商品有机肥可替代化肥30千克（折纯氮量），直接减少化肥投入量，减轻肥料流失。

水肥一体化：设施番茄一生共需3次灌水，第一次为移栽后，仅灌足水；第二、三次灌水是与水溶肥配合，按照稀释1 000倍计算，需灌水+肥15吨/亩，其中水为14.99吨/亩，三次总计用水量为44.97吨/亩。而农户常规用水量为56.5千克/亩，比常规节水20.41%，大大减少用水量，防治面源污染，保护生态环境。

3 适用范围

本模式规定了上海市设施番茄生产中的化肥减量增效技术模式，主要适用于上海市内春茬设施番茄（品种为桃星）的生产。

4 技术措施

在设施大棚中，在开展测土配方施肥、水肥一体化等措施基础上，与嫁接商品种苗、地膜覆盖、膜下微灌、绿色病虫害防控等措施有机结合，实现化肥的减量增效施用。

4.1 基肥的施用

有机肥与化肥配合使用，翻耕混合入耕作层土壤。

4.1.1 有机肥的施用

有机肥的种类包括多种容易获得的有机肥源（腐熟的畜禽粪便、植物残体、沼渣沼液等农家肥）以及优质的商品有机肥。

4.1.1.1 施用时期

在番茄苗栽植前一周施用，以利肥料溶入土壤中，不会对幼苗产生接触性伤害。

4.1.1.2 施用量

农家肥（禽畜粪、植物残体）等 2 000 千克/亩，或商品有机肥 500～1 000 千克/亩。

4.1.1.3 施用方法

各类有机肥基肥采取撒施土表，然后旋耕混匀，最后筑畦。

4.1.1.4 注意事项

农家肥要充分腐熟杀菌，避免直接施用鲜物。

4.1.2 化肥的施用

基肥中施用化肥的作用主要是促进作物苗期根系的生长，同时平衡土壤中碳氮比（C/N），促进土壤有益微生物繁殖，提高养分转化利用效率。

4.1.2.1 采用复混肥的配方和用量

基肥配方采用 15－15－15 平衡速效型复混肥，每亩施用 10 千克。

4.1.2.2 施肥时期与方法

春番茄基施时期在三月初，平地后整畦前进行，距番茄幼苗移栽一周左右。可利用小型施肥机械，沿栽植沟划施，也可沿栽植沟开沟施入再掩埋。

4.2 追肥

追肥是最重要的促产措施，追肥的类别包括水溶肥、微生物菌剂等活性肥料等，建议采用水肥一体化进行施肥，叶面喷施只适合番茄生长后期植株根系吸收能力下降时进行。

4.2.1 追肥类型与用量

由于番茄需要多次施肥，推荐使用高浓度水溶性肥料（20－20－20 等），更有利于节约人工，不易堵塞管道。

设施番茄在整个种植过程中，采用有机替代无机、水肥一体化手段，能够有效减少化肥投入量，提高肥料利用率，切实推进科学施肥。

4.2.2 施肥时期与方法

春茬设施番茄生长期正值梅雨时节，会发生霉病等病害，故在喷施叶面肥时与药剂防治相结合，全生育期内进行药剂防治 2 次，具体喷施时间为 5 月初，叶面肥＋药，叶面肥稀释 1 000 倍，用量为 0.5 千克/亩，隔 10 天左右再喷一次，共喷 2 次。而滴施水溶肥是在 5 月初、5 月 20 日和 6 月 10 日左右各滴灌一次，稀释 1 000 倍，用量为 10 千克/亩。建议的水肥制度如下表所示。

大棚春番茄灌溉施肥表

施肥时间	施肥种类	建议用量（亩/次）	使用方法
基肥（3月上旬）	商品有机肥 普通复合肥 15-15-15	500～1 000 千克 10 千克	整地作畦时施入
定植后—现蕾期（5月初）	20-20-20+TE（水溶肥）	0.5 千克	1 000 倍液叶面喷施，根据植株长势间隔 10 天/次，共 2 次
现蕾期—采收期（5月初至、6月中滴施 3 次）	20-20-20+TE（水溶肥）	10 千克	1 000 倍液滴灌

黄淮海平原设施番茄膜下滴灌水肥一体化技术模式

1 技术概述

设施番茄膜下滴灌水肥一体化是集地膜覆盖、微灌、施肥为一体的灌溉施肥技术。根据作物需水需肥规律、土壤状况等因素，通过借助压力系统（或地形自然落差），将适宜配比的可溶性固体或液体肥料，以微灌系统为载体，实行水肥耦合，通过管道和滴头形成滴灌，均匀、定时、定量供应水分和养分，以解决灌溉与施肥系统不配套、肥料配方针对性不强、水溶肥料溶解性不高等问题，实现水肥同步管理和高效利用。

在测土配方施肥基础上，设施番茄应用膜下滴灌水肥一体化技术，能有效地将灌溉和施肥结合起来，精确调控土壤水分和作物所需养分。

2 技术效果

与传统灌溉和施肥相比，设施番茄应用膜下滴灌水肥一体化技术，能显著节水、节肥、增产，有效防止土壤次生盐渍化。水分利用效率可提高 40%～60%，肥料利用率可提高 30%～50%，番茄增产 10%～20%。

3 适用范围

江苏黄淮海平原实行设施番茄栽培的区域，主要包括淮安、宿迁、徐州、连云港所有县（市、区）及盐城部分县（市、区）。

4　技术措施

4.1　产地环境

产地环境应符合 GB/T 18407.1《农产品安全质量 无公害蔬菜产地环境要求》。实施区域应地势开阔平坦、水源清洁。

4.2　灌溉水质

4.2.1　水源

水源应清洁、无污染，灌溉水质符合 GB 5084《农田灌溉水质标准》的生食类蔬菜灌溉水质相关要求。

4.2.2　水质净化

对于水质达不到使用标准要求的地表水或循环用水，应采取水质净化措施。通常将灌溉水引入蓄水池澄清过滤后再使用。如灌溉水受污染、杂质多时，可根据污染物性质和污染程度在灌溉水中加入污水净化剂，将污染物分解、吸附、沉淀，使其符合 GB 5084《农田灌溉水质标准》要求。

4.3　设施安装

4.3.1　管网系统

4.3.1.1　给水管

给水管一般使用硬聚氯乙烯（PVC－U）管材及管件，应符合 GB/T 10002.1《给水用硬聚氯乙烯（PVC－U）管材》和 GB/T 10002.2《给水用硬聚氯乙烯（PVC－U）管件》的规定。给水管先端宜安装止回阀使给水管内一直充满水，方便水泵启动。

4.3.1.2　输送管网

一般采用三级管网，即主干管、支管和滴灌带（或滴灌管，下同）。主干管、支管常用硬聚氯乙烯管材和管件，应符合 GB/T 13664《低压输水灌溉用硬聚乙烯（PVC－U）管材》的要求。通常在整地起畦后铺设滴灌带，可沿畦中间铺设 1 条滴灌带或沿畦两边的种植沟铺设 2 条滴灌带。滴灌带有内镶式和单翼迷宫式，额定工作压力通常为 50～150 千帕，滴灌孔流量一般为 1.0～3.0 升/小时。

4.3.2　动力装置

动力装置由水泵和动力机构成。根据田间灌溉水的扬程、流量选择适宜的水泵，并略大于工作时的最大扬程和最大流量，其运行工况点宜处在高效区的范围内，选择好配套动力机。田间灌溉水流量一般为每亩 1～4 吨/小时。供水压力 150～200 千帕为宜。采用水压重力灌溉时要求供水塔与灌溉区的高度差达 10 米以上。

4.3.3　水肥混合装置

4.3.3.1　母液贮存罐

选择塑料等耐腐蚀性强的贮存罐，根据田块面积和施肥习惯选用适当大小的容器。

4.3.3.2　施肥设备

根据具体条件选用注射泵、文丘里施肥器、施肥罐或其他泵吸式施肥装置。

4.3.3.2.1　注射泵

使用水力驱动注射泵或动力驱动注射泵，将肥料母液注入灌溉系统，通过调节水肥适宜混合比例和施肥时间精确控制施肥量。

4.3.3.2.2　文丘里施肥器

利用水流在管道狭窄处形成高速射流后使管径壁产生负压，将肥料母液从侧壁小孔吸入灌溉系统。通过调节肥料母液管的孔径大小来控制施肥浓度。

4.3.3.2.3　施肥罐

施肥罐的进、出口由2根细管分别与灌溉系统的管道相连接，在主管道上2条细管接点之间设置一个截止阀以产生一个较小的压力差，使一部分水从施肥罐进水管直达罐底，水溶解罐中肥料后，肥料溶液由出水管进入灌溉系统，将肥料带到作物根区。

4.3.3.2.4　自压微灌系统施肥装置

将肥料母液贮存罐安装在高于蓄水池水面1.0米以上的位置，通过阀门和三通与给水管连接，肥料母液通过自身重力和水泵吸力流入灌溉系统，调节控制肥料母液流量和施肥时间，精确控制施肥量。

4.3.4　过滤装置

如果利用地表水进行灌溉，常使用叠片式过滤器过滤灌溉水，以使用125微米以上精度的叠片过滤器为宜。蓄水池的吸水管末端和肥料母液的吸肥管末端都宜使用0.15毫米以上精度的叠片过滤器。

4.3.5　控制系统

4.3.5.1　手动控制系统

安装压力表监测系统。通过人工操作，完成对水泵、肥料母液贮存罐阀门的开启、关闭等作业，确定适宜的灌溉时间和灌溉定额等。

4.3.5.2　自动控制系统

主要由中央控制器、自动阀门、水分传感器、压力传感器等组成。根据作物需水需肥的参数预先编好灌溉施肥的电脑控制程序，可长期自动启闭，进行灌溉和施肥。

4.4　番茄种植要点

4.4.1　品种选择

一般选用丰产、坐果率高、果实发育快、中型或者大型、抗病性强、高产优质的杂交一代品种。

4.4.2　茬口安排

一般春季温室在12月中旬育苗，第二年的1月底或2月初定植。春大棚一般在1月中、下旬播种，3月中旬定植，秋大棚番茄一般在6月上、中旬播种即可。

4.4.3　整畦施肥

前茬作物收获后及时整地，清除上茬作物秸秆。深耕应结合增施基肥，每亩施用腐熟有机肥3～5米^3、配方肥50～75千克，搅拌均匀，回土起垄，垄高15～20厘米，垄宽40厘米，每亩定植2 500～3 000株，株距35～45厘米。同时铺设滴管，覆好地膜。

4.4.4 追肥

4.4.4.1 肥料选择

选择与其他肥料混合不产生沉淀、不会影响灌溉水 pH、水溶性好的固体肥或高浓度的液体肥，如尿素、磷酸二氢钾、硝酸钾、硝酸铵、氯化钾等，或根据田间试验，筛选确定养分配比适宜的追肥品种。

4.4.4.2 施肥品种与用量

定植至开花期滴灌 2 次，第一次滴灌可不施肥，每亩用水量为 15 米^3。第二次滴灌每亩施肥量为尿素 10.9 千克、硫酸钾 8 千克，用水量为 14 米^3 左右。

结果期根据气温情况，约每隔 15 天滴灌施肥 1 次，一般每亩用水量为 8～18 米^3、尿素 8.7 千克、硫酸钾 10 千克。

果实采收期一般 15～20 天进行 1 次滴灌施肥，具体时间以天气情况或土壤墒情确定。每亩施尿素 8.7 千克、硫酸钾 10 千克，用水量 12～18 米^3。气温高时，7～10 天浇 1 次水，每亩用水量可增加到 15～18 米^3。

4.4.4.3 追肥方法

追肥时先用清水滴灌 5 分钟以上，然后打开肥料母液贮存罐的控制开关使肥料进入灌溉系统，通过调节施肥装置的水肥混合比例或调节肥料母液流量的阀门开关，使肥料母液以一定比例与灌溉水混合后施入田间。注意水肥混合液的 EC 值宜控制在 0.5～1.5 毫西/厘米，不能超过 3.0 毫西/厘米。

4.5 设施维护

4.5.1 过滤器

选用带有反冲洗装置的叠片式过滤器，否则应定期拆出过滤器的滤盘进行清洗，保持水流畅通，并经常监测水泵运行情况，一般过滤器前后压力相差应为 10～60 千帕，若超过 80 千帕表明过滤器已被堵塞，应尽快清洗滤盘片。

4.5.2 滴灌带

滴肥液前先滴 5～10 分钟清水，肥液滴完后再滴 10～15 分钟清水，以延长设备使用寿命，防止肥液结晶堵塞滴灌孔。发现滴灌孔堵塞时可打开滴灌带末端的封口，用水流冲刷滴灌带内杂物，使滴灌孔畅通。

沿江大棚番茄“有机无机配合+水肥一体化施肥”技术模式

1 技术概述

在设施栽培条件下，由于设施内部具有的独特气候特征，在生产过程中过量灌溉和过量施肥，导致设施蔬菜栽培土壤中各种养分比例失调、土壤盐渍化程度加重，出现土壤逐年酸化的现象。通过秸秆还田、无机和有机养分配施，可改善土壤理化性质，提高土壤肥力，减少化肥损失，提高肥料利用率。同时，改善农业生态环境，达到节本增效，增加经济效益的目的。

2 技术效果

番茄采用有机肥和化肥配合＋水肥一体化追肥的技术模式，可节水、节肥、节工，节本增效，经济效益明显。据试验分析，每亩设施栽培番茄可节水约12米^3，节约化肥、农药支出100元以上，节约用工约12小时以上，与常规灌溉施肥相比，番茄产量增产11%左右。同时，由于减少了农药化肥投入，减轻了对环境的污染。与肥料撒施相比，水肥一体化施肥氮肥损失少，土壤溶液能保持较高的磷浓度，可显著减少氮、磷肥使用量20%～30%，肥料利用率提高约10%。

3 适用范围

本技术模式适用于沿江地区常规番茄品种大棚种植。

4 技术措施

以土壤测试结果为依托，在增施有机肥的基础上，开展配方施肥，采用水肥一体化追肥技术。

4.1 施好基肥

实行有机肥与无机肥配合施用。提倡施用优质堆肥，一般每亩施用腐熟有机肥1 000千克、配方肥（15-10-15）30千克，另根据土壤中微量元素含量适当补施钙、镁、硼、锌等中微量元素肥料。如土壤缺乏锌、硼，可补施硫酸锌1～2千克、硼砂0.5～1千克。

4.2 采用水肥一体化追肥

采用水肥一体化追肥技术，遵循少量多次的微滴灌施肥原则，推荐施肥应与微滴灌相结合，进行合理追施。根据番茄不同生育期、不同生长季节的需肥特点，按照平衡施肥的原则，分阶段进行合理施肥。

4.2.1 定植至开花期间追肥

选用高氮型滴灌专用肥，如高浓度完全水溶性专用肥N-P_2O_5-K_2O为22-12-16或氮、磷、钾配方比例比较接近22-12-16的完全水溶性肥料，每亩每次4～6千克，间隔7天左右滴灌1次。

4.2.2 坐果后至拉秧期间好追肥

选用高钾型滴灌专用肥，如高浓度完全水溶性专用肥N-P_2O_5-K_2O为18-6-30或氮、磷、钾配方比例比较接近18-6-30的完全水溶性肥料，每亩每次3～5千克，间隔10天左右滴灌1次。如果使用低浓度滴灌专用肥，则肥料用量需相应增加。一般追施3～5次。

4.3 注意事项

根据市场和消费习惯选择对病虫害具有抗性和耐性、优质、高产、耐贮运、商品性好的品种。定植前6月下旬至8月上旬利用太阳能进行1次高温闷棚。选择透光性好的棚膜，冬春低温季节保持膜面清洁，定期对棚膜进行擦拭，白天揭开保温覆盖物。夏秋高温季节，覆盖遮阳网降温。采用行间铺草（如稻壳、麦糠、玉米秸等）、放风、温度调控等措施调控温室空气相对湿度。白天空气相对湿度控制在不大于75%，夜间不大于85%。

华北地区设施番茄化肥减量增效技术模式

1 技术概述

番茄是连续开花的蔬菜，生长期较长，产量较高，生长期对养分的需要量较大，吸收养分以钾为主、氮次之、磷养分较少。每生产1 000千克番茄，需吸收氮（N）2.6～4.6千克（平均3.5千克）、磷（P_2O_5）0.5～1.3千克（平均1.0千克）、钾（K_2O）3.3～5.1千克（平均4.2千克）。

在设施番茄生产中菜农受传统生产方式、经验性施肥的影响，在施肥管理上出现了一些亟待解决的问题，形成了番茄生产的土壤障碍，主要表现在：一是土壤有益微生物缺乏，目前采用的土壤消毒技术如高温闷棚、熏蒸等，在杀灭有害病菌的同时，也杀死了有益微生物，造成了土壤中有益微生物骤减，影响了蔬菜根系生长和对营养物质的吸收；二是连年过量施用化肥破坏了土壤物理性状，导致土壤板结；三是土壤氮、磷、钾养分比例失衡；四是土壤出现次生盐渍化。

增施有机肥、生物有机肥及应用水肥一体化技术是番茄化肥减量增效的有效技术，同时，有机肥、生物有机肥既能减少化肥用量，又可改良土壤、提高肥力；番茄推广水肥一体化可节肥30%以上，是减少化肥用量的最佳措施。

2 技术效果

本技术主要在测土配方施肥技术的基础上，通过增施生物有机肥、水肥一体化等技术措施实现科学施肥，改善土壤物理性状，促进根系发育，提高植株对养分的吸收，延缓植株衰老，提高番茄产量，实现减少化肥用量30%、节水50%，番茄增产10%以上的目标。

3 适用范围

适用于北纬35°～37°地区日光温室保护地番茄栽培。亩产量可达15 000千克以上。适用土壤类型为褐土、潮土等，质地为轻壤或中壤。

4 技术措施

在日光温室中，通过基施生物有机肥，栽培管理中配合水肥一体化技术等措施，实现化肥的减量增效施用。

4.1 基施生物有机肥料

采用高温闷棚，选择晴天，土壤深耕后覆盖大棚膜和地膜，使中午前后棚内最高气温达60℃以上，进行高温闷棚5～7天或者采取土壤火焰高温消毒等方式杀灭棚内病菌和虫卵。

土壤处理后，生物有机肥按照每亩1 000千克的用量均匀撒于土壤表面，旋耕于地下或者开沟施用，同时亩基施（10-20-15）复混肥料30～50千克。

4.2 番茄生长过程中肥水管理

水肥一体化技术可以把水肥直接输送到根系最发达部位，充分发挥养分的作用和促进根系的快速吸收。

4.2.1 浇水

根据番茄需水规律、土壤墒情、根系分布、土壤性状、设施条件和技术措施，制定灌溉制度，内容包括番茄全生育期的灌水量、灌水次数、灌溉时间和每次灌水量等。根据番茄根系状况确定湿润深度（0.2～0.3米）。番茄灌溉上限控制田间持水量在85%～95%，下限控制在55%～65%。

移栽时浇一次透水，灌溉量每亩40米^{3}左右，到幼苗7～8片真叶展开开始滴灌。

冬季浇水应根据天气变化情况加以合理掌握，并做到“下午不浇上午浇，阴天不浇晴天浇”，每次浇水都要随水冲施水溶肥料。

选择滴头流量1升/小时，滴头间距0.2米，滴灌带间距0.7米，垄间距1.4米，每垄2条滴灌带，不同生育期灌溉时间见下表。

设施番茄不同茬口浇水时间参考表

日光温室春茬口番茄灌溉方案			秋冬茬口番茄灌溉方案	
月份	生育期	灌溉时间（分钟/周）	生育期	灌溉时间（分钟/周）
1月中旬至月底	定植—花前	30	拉秧	50
2月上旬至中旬	花期—坐果	50		
2月中旬至月底	花期—坐果	60		
3月上旬至月底	坐果—果实膨大	150		
4月上旬至中旬	果实膨大—收获	300		
4月中旬至6月上旬	收获	300		
6月上旬至中旬	拉秧	350		

（续）

日光温室春茬口番茄灌溉方案			秋冬茬口番茄灌溉方案	
月份	生育期	灌溉时间（分钟/周）	生育期	灌溉时间（分钟/周）
7月中旬至月底			定植—花前	180
8月上旬至月底			花期—坐果	200
9月上旬至月底			坐果—果实膨大	300
10月上旬至11月中旬			果实膨大—收获	200
11月中旬至收获			收获	100

4.2.2 追肥

结合浇水，利用水肥一体化技术追施水溶肥料，番茄幼苗期需肥量较小，用肥量要少而精，确保根、茎、叶生长以及花芽分化，到坐住第一穗果始，需肥量开始逐渐增加。第一穗果开始膨大到收获，对养分的吸收量猛增，要求及时、足量地追施肥料，并且营养元素比例要合理，根据土壤养分含量状况，具体用量见下表。

日光温室番茄各生育期养分推荐施用量

适宜土壤养分条件	生育期	（千克/亩）			目标产量（千克/亩）
		N	P_2O_5	K_2O	
土壤有效磷 80～200 毫克/千克；速效钾 250～400 毫克/千克	定植—花期	0.5	1.0	1.0	10 000
	花期—坐果	5.5	5.0	4.0	
	坐果—第一次收获	6.0	3.0	11.0	
	收获期	26.0	10.0	34.0	
	全生育期	40	19	50	
土壤有效磷高于 200 毫克/千克；速效钾高于 400 毫克/千克	定植—花期	0.5	1.0	1.0	10 000
	花期—坐果	5.5	4	3	
	坐果—第一次收获	6.0	1.5	6	
	收获期	24.0	3.5	30	
	全生育期	38	10	40	

注：请参照日光温室番茄土壤养分含量丰缺状况确定施肥数量，此表数据仅供参考。

日光温室番茄土壤养分丰缺情况

项　目	养分分级标准				
	1	2	3	4	5
土壤有机质（克/千克）	≤10	10～20	20～30	30～40	>40
土壤 pH	≤5.5	5.6～6.5	6.5～7.5	7.5～8.5	>8.5
土壤水解氮（毫克/千克）	≤50	50～150	150～250	250～300	>300
土壤有效磷（毫克/千克）	≤50	50～70	70～120	120～150	>150
土壤速效钾（毫克/千克）	≤100	100～200	200～300	300～400	>400

豫西北丘陵区设施番茄化肥减量增效技术模式

1 技术概述

番茄是喜肥作物，番茄在不同生育时期对养分的吸收量不同，其吸收量随着植株的生长发育而增加，在幼苗期以氮素营养为主，在第一穗果开始结果时，对氮、磷、钾的吸收量迅速增加，氮在三要素中占50%，钾只占32%，到结果盛期和开始收获期，氮只占36%，而钾占50%。

番茄虽然是喜肥作物，但过量施肥会增加农田土壤氮、磷流失量，导致土壤养分积累，最后导致水体富营养化和地下水受到污染，同时硝酸盐的累积会导致土壤盐渍化，所以做到配方施肥、减量施肥尤为重要。

番茄施肥中应施足基肥，及时追肥，并且需要边采收边供给养分，合理施用有机肥，调整氮、磷、钾化肥数量，生长前期不宜频繁追肥，重视花后和中后期追肥。

2 技术效果

本技术是在遵从番茄生物学特性与需肥规律基础上，通过增施有机肥、减少化肥用量，并对番茄进行分类施肥，达到改善土壤理化性质、提高番茄果品品质等效果。

3 适用范围

适宜用于豫西北丘陵区大棚早春番茄、大棚秋延后番茄、日光温室番茄等设施番茄。

4 技术措施

4.1 施肥量

4.1.1 在原来施肥的基础上，增施有机肥，如腐熟鸡粪、猪粪、沼液等。

4.1.2 产量水平5 000～6 000千克/亩：氮肥（N）18～20千克/亩，磷肥（P_2O_5）9～10千克/亩，钾肥（K_2O）10～12千克/亩；产量水平4 000～5 000千克/亩：氮肥（N）16～18千克/亩，磷肥（P_2O_5）8～9千克/亩，钾肥（K_2O）9～10千克/亩；产量水平3 000～4 000千克/亩：氮肥（N）14～16千克/亩，磷肥（P_2O_5）7～8千克/亩，钾肥（K_2O）8～9千克/亩。

4.1.3 70%以上的磷肥作基肥条（穴）施，其余随复合肥追施，20%～30%氮、钾肥基施，70%～80%在花后至果穗膨大期间分3～10次随水追施，每次追施氮肥不超过5千克/亩。

4.1.4 根外补施2～3次0.1%硼肥。

4.2　施肥要求

4.2.1　增施有机肥

商品有机肥和充分腐熟的农家肥对设施番茄的施用有重要的影响：一是改善土壤的理化性状。施用有机肥增加了土壤的通气性和孔隙度，减少土壤板结，但施用一季对作物影响不明确，需要长期坚持施用才能达到改土培肥的目的。二是肥效持久。有机肥养分较全面，有较高的有机质含量以及氮、磷、钾大量元素，硼、锌、钼等微量元素，肥效持久，肥料利用率高。三是增强设施番茄的商品性能。施用有机肥可增加植株养分，可使果品色泽鲜艳、个头整齐、成熟集中且口感更好，提高农产品品质，增加设施番茄的商品性能。

需要注意的是：当前有机肥种类有很多，重点有商品有机肥、充分腐熟的农家肥、沼液沼渣等。针对农家肥来源少、动物粪便原料缺乏、积制方式落后等特点，可用商品有机肥、生物有机肥代替。

4.2.2　减少化肥

在设施番茄中要加大有机肥的施用，减少化肥施用量。

一是有机肥料含有大量的有机质，具有明显的改土培肥作用；化学肥料只能提供作物无机养分，长期施用会对土壤造成不良影响，使土壤“越种越馋”。二是有机肥料含有多种养分，所含养分全面平衡；而化肥所含养分种类单一，长期施用容易造成土壤养分不平衡。三是有机肥料肥效时间长；化学肥料肥效期短而猛，容易造成养分流失，污染环境。四是有机肥料来源于自然，肥料中没有任何化学合成物质，长期施用可以改善农产品品质；化学肥料属纯化学合成物质，施用不当能降低农产品品质。五是有机肥料在生产加工过程中，只有经过充分的腐熟处理，施用后才可提高作物的抗旱、抗病、抗虫能力，减少农药的使用量；长期施用化肥，由于降低了植物的免疫力，往往需要大量的化学农药维持作物生长，容易造成农产品中有害物质增加。六是有机肥料中含有大量的有益微生物，可以促进土壤中的生物转化过程，有利于土壤肥力的不断提高；长期大量施用化学肥料可抑制土壤微生物的活动，导致土壤的自动调节能力下降。

4.3　分类施肥

4.3.1　大棚早春番茄

大棚早春番茄整地前要施足底肥，每亩施腐熟鸡粪 5 000 千克，然后翻耕整平，再按行距开沟，沟内施入 1 500 千克鸡粪。

复合肥施用量为每亩 25 千克，可以作为大棚早春番茄复合肥推荐施用量，比农民习惯施肥减少 28.5%。

4.3.2　大棚秋延后番茄

每亩施腐熟鸡粪 3 000 千克，过磷酸钙 50 千克，硫酸钾 30 千克，尿素 15 千克，深翻 30 厘米，整平耙细。

复合肥施用量为每亩 35 千克，可以作为大棚秋延后番茄复合肥推荐施用量，比农民习惯施肥减少 30.4%。

4.3.3 日光温室番茄

日光温室番茄生长时间长，需肥量大，只有施足底肥才能获得高产。每亩温室施入充分腐熟猪粪 3 000 千克或鸡粪 5 000 千克，尿素 15 千克，过磷酸钙 50 千克，硫酸钾 40 千克，硫酸锌 3 千克，深翻 2 遍，整平。

复合肥施用量为每亩 40 千克，可以作为日光温室番茄复合肥推荐施用量，比农民习惯施肥减少 27.2%。

当全田植株有 80%左右第一穗果膨大至直径 3 厘米时，进行定植后第一次追膨果肥，浇促果水，每亩施复合肥 10～20 千克或冲施肥 10 千克左右。以后根据生长情况每 10～15 天浇一次水，并只在膜下暗灌。严禁浇水过勤和浇水量过大，造成棚内空气湿度和土壤温度过大。采用每浇一次水，随水进行施肥。

北京日光温室黄瓜化肥减量增效技术模式

1 适用范围

京津冀地区日光温室。

2 技术原理

2.1 测土配方施肥技术

测土配方施肥技术的核心是解决作物需肥与土壤供肥之间的矛盾。在土壤测试和肥料田间试验的基础上，根据作物需肥规律、土壤供肥性能和肥料效应，结合有机肥料的合理施用，提出氮、磷、钾及中、微量元素等肥料的施用数量、施肥时期和施用方法。实现各种养分平衡供应，满足作物的需要，提高肥料利用率和减少用量；提高作物产量，改善农产品品质；节省劳力，节支增收。

2.2 水肥一体化技术

水肥一体化就是借助灌溉设备将作物生长发育需要的水分、养分同时供应给作物的一种水肥管理方式。水肥一体化技术是一项综合水肥管理的技术，具有显著的节水、节肥、省工、高效、环保等优点。果类蔬菜适合采用滴灌施肥设备，生产中一般采用大小行栽培，大行是进行农事操作的过道。

2.3 有机肥替代部分化肥技术

通过合理利用有机养分资源，用有机肥替代部分化肥，实现有机无机相结合，提升耕地基础地力，替代外来化肥养分投入。

3 技术措施

3.1 整地作畦和基肥施用

整地作畦：深翻土壤，整平后按大小行作小高畦，畦宽 40～60 厘米，高 15 厘米；沟宽 70～80 厘米，每个高畦上铺滴灌管，建议覆盖地膜，定植两行，株距 25 厘米，嫁接苗株距 30～37 厘米。

基肥施用：底施腐熟农家肥 6～7 米^3/亩或商品有机肥 1.5～2 吨/亩，低磷硫酸钾型果类蔬菜专用配方肥（N－P_2O_5－K_2O＝18－9－18）20～30 千克/亩。

3.2 灌溉追肥方案

北京市主推的适用于果类蔬菜的滴灌肥有 N－P_2O_5－K_2O＝18－8－26、19－8－27 或相似配方。

由于日光温室不同种植茬口黄瓜的水肥需求有差异，按照北京市主要种植的日光温室冬春茬和秋冬茬制定以下滴灌条件下的灌溉施肥制度。

3.2.1 冬春茬设施黄瓜追肥方案

品种选择：津优 35 号、中农 26 号、金胚 98、北农佳秀

生育期：1 月上、中旬育苗，2 月中旬定植，3 月下旬至 7 月下旬多次收获

目标产量：8 000～10 000 千克/亩

灌溉模式：水肥一体化

日光温室冬春茬黄瓜灌溉追肥方案

生育时期	灌溉次数（5～7 天/次）	每次灌水量（米^3/亩）	每次灌溉肥料投入量（千克/亩）	生育期内肥料用量（千克/亩）	追肥养分量（千克/亩）		
					N	P_2O_5	K_2O
定植后	1	25	-	-	-	-	-
苗期（20～25 天）	3	5	2	6	1.08	0.48	1.56
结瓜初期（25～30 天）	4	8	7	28	5.04	2.24	7.28
结瓜盛期（60～65 天）	12	8	7	84	15.12	6.72	21.84
结瓜末期（20～25 天）	4	5	5	20	3.6	1.6	5.2
全生育期	24	188		138	24.84	11.04	35.88

3.2.2 秋冬茬设施黄瓜追肥方案

品种选择：津优 1 号、中农 16 号、金胚 98、北农佳秀

生育期：8～9 月播种，9～10 月定植，10 月至翌年 2 月下旬收获

目标产量：6 000～8 000 千克/亩

灌溉模式：水肥一体化

日光温室秋冬茬黄瓜灌溉追肥方案

生育时期	灌溉次数（5～7天/次）	每次灌水量（米^3/亩）	每次灌溉肥料投入量（千克/亩）	生育期内肥料用量（千克/亩）	追肥养分量（千克/亩）		
					N	P_2O_5	K_2O
定植后	1	25	-	-	-	-	-
苗期（20～25天）	3	5	2	6	1.08	0.48	1.56
结瓜初期（25～30天）	3	6	6	18	3.24	1.44	4.68
结瓜盛期（55～60天）	10	6	6	60	10.8	4.8	15.6
结瓜末期（20～25天）	3	5	4	12	2.16	0.96	3.12
全生育期	20	133		96	17.28	7.68	24.96

3.3 灌溉施肥注意事项

3.3.1 避免过度灌溉

新安装滴灌的用户，总担心水量不够，有意延长灌溉时间。过量灌溉不仅浪费宝贵的水资源，而且养分会随水淋洗到根层以下土壤中，不能被作物根系吸收，造成肥料浪费。

3.3.2 控制施肥浓度

叶面喷施的适宜浓度为0.1%～0.3%（或者1吨水加入1～3千克水溶肥）。如果盐分浓度过高，蒸发又快，很容易“烧”伤叶片。

3.3.3 设备维护保养

每次灌溉施肥操作可以分为3个步骤：第一步，先灌溉清水10～15分钟，把表层土润湿；第二步，依据作物灌溉肥料溶液；第三步，灌溉清水20～30分钟，清洗灌溉系统，防止滴头堵塞。

要定期检查、及时维修系统设备，防止漏水；及时清洗过滤器，定期对离心过滤器集沙罐进行排沙。冬季来临前应进行系统排水，防止结冰爆管，做好易损部件保护。

4 效益分析

水肥一体化技术模式与农户传统沟灌冲施相比有效提高了水肥的利用率，节水节肥增产效果显著。保护地滴灌施肥的灌水定额应比畦灌方式减少40%～50%，节约化肥用量20%左右。

5 推广前景

设施黄瓜水肥一体化技术模式适合在京津冀地区日光温室冬春茬、秋冬茬两大主栽茬口推广应用，灌水用量可根据气象条件，施肥用量和专用肥配方可根据实际种植地块土壤养分状况进行微调应用。

华北地区设施黄瓜水肥一体化化肥减量增效技术模式

1　技术原理

1.1　技术概念

黄瓜水肥一体化技术是在加压灌溉条件下，根据作物对水分、养分的需求和土壤水分、养分状况，将肥料按照科学配方溶解在灌溉水中，把水和养分适时、适量地输送到黄瓜根部土壤的一种新的节水、省肥、省工、高效的灌水施肥技术。

1.2　水肥耦合

按照肥随水走、少量多次原则，按照黄瓜目标产量、需水、需肥规律、土壤养分含量状况，将黄瓜总灌溉水量和施肥量在不同的生育阶段分配，制定灌溉施肥方案。

2　技术效果

设施黄瓜水肥一体化实现了黄瓜灌水、施肥、用药等一体化管理，进而达到节水、节肥、减药、省工、改善生态环境、提高作物产量和改善品质等综合目标。

3　适用范围

适宜华北地区早春茬和秋冬茬设施黄瓜起垄栽培。种植基地应具备有压水源、完备的输水管网基础条件，以选择土层深厚，质地适中，疏松、肥沃，排灌方便的地块为最佳。

4　技术措施

4.1　选用优良品种

选用通过国家和市级农作物品种审定委员会审定或登记的并在天津市示范成功的高产、优质、耐寒、耐瘠薄、抗病性强的新品种，如博耐 7 号、博美 66、津绿 3 号、津春 4 号、津春 5 号等。

4.2　生产管理措施

4.2.1　育苗

提前育苗，冬茬一般在 9 月中、下旬，春茬一般在 1 月中旬育苗，委托专业种苗企业育苗。

4.2.2　整地、施肥和作畦

亩施腐熟的有机肥料 4 000～5 000 千克或商品有机肥 2 000 千克，复合肥（15－15－

15）50千克，过磷酸钙50千克，然后翻耕晒地，定植前10天进行整地起垄作畦。种植行垄宽80厘米、高30厘米，行（沟）宽40厘米，在每垄上铺2条毛管，间距40厘米，将毛管与支管连接好，进行试灌水，检查整个管道及每个滴头的出水情况，冬春茬黄瓜要覆盖地膜，秋冬茬黄瓜可在黄瓜定植后的10月底再铺地膜。随后进行一次滴灌造墒，根据土壤墒情灌水量为15～20米^3/亩。

4.2.3 定植

冬春季定植时必须保证10厘米地温在15℃以上。温室越冬栽培定植时间为10月下旬至11月初；春茬在3月中旬定植，棚内白天气温高于20℃的时间应不少于6个小时，夜间的最低气温应不低于3℃，3天以上的晴天方可定植，双层覆盖，根据天气情况，选在晴天无风的天气定植。秋季定植时注意通风降温。

4.2.4 定植后的环境控制

春冬季定植后到缓苗期棚内要密闭保温，尽量提高棚室温度，白天28～30℃，夜间20～22℃，特别是地温不能低于15℃，夜间棚室外围盖草苫，以利于提高温度。此时不放风，空气相对湿度控制在80%～90%。定植后还应及时中耕松土，以提高地温。

缓苗后进入初花期要促根控秧，白天25℃，夜间12～15℃。严格控制水分，不发现干旱不浇水，以控制地上部生长，促进根系发育。要适当通风。

进入结瓜期，要加大昼夜温差，进行变温管理，白天室内气温控制在24～28℃，超过30℃开始放顶风，20℃左右闭风，午后棚室温降至18℃覆盖草苫，前半夜保持15℃以上，后半夜11～13℃，早晨揭草苫前10℃左右，但不能低于8℃。开花、结果期空气相对湿度调控为75%～80%。

进入结瓜盛期，白天保持25～30℃，前半夜15～20℃，后半夜13～15℃。注意通风降温，调节棚室内的温度与湿度。当外界夜间气温不低于15℃时，进行昼夜通风。

4.3 灌溉施肥设备

4.3.1 设备安装

保护地黄瓜属于条播密植作物，灌溉系统采取滴灌方式，施肥一般采取重力罐施肥、压差罐施肥、文丘里施肥等。灌溉施肥系统由水源、首部枢纽、输水管网（干、支、毛管，管件及阀门）和灌水器等组成，根据黄瓜需水规律、种植土壤、气候等确定系统设计参数。滴头间距一般选30厘米，流量1.8～2.0升/小时。系统应由专业技术人员设计、指导安装。

4.3.2 设备维护

初次使用前应打开支管、毛管的管堵冲洗管路；开始灌溉时要注意排气，顺序是先开田间阀门，再开泵；经常检查过滤器前后压差，及时清洗过滤器；定期对整个管网系统进行冲洗，防止堵塞；定期检查系统流量、压力情况，判断是否有漏水、堵塞；冬季将管路上的放水阀门打开，放空管路后关闭；间作作物耕种时避免损伤灌溉系统。设备运行一段时间后，就应打开过滤器下部的排污阀放污，清理施肥罐（或容器）底部的残渣。毛管和支管不要折，用完后，支管圈成圆盘，堵塞两端存放。毛管集中捆束在一起，两头用塑料布包裹，伸展平放。

4.4　水肥管理

4.4.1　水肥需求特点

黄瓜喜湿又怕涝，设施栽培时，土壤温度低、湿度大时极易发生寒根、沤根和猝倒病。黄瓜在不同的生育阶段，对水分的要求不同。幼苗期水分不宜过多，否则容易发生徒长。但是也不宜过分控制水分，否则容易形成老化苗。初花期要控制水分，防止植株地上部徒长，以促进根系发育，为结瓜期打下良好基础。结果期营养生长和生殖生长同步进行，对水分需求多，必须供应充足的水分才能获得高产。

黄瓜既喜肥，但又不耐肥。由于植株生长发育迅速，短期内生产大量果实，因此需肥量大。但是黄瓜根系吸收养分的范围小，能力差，忍受土壤溶液的浓度较小，所以施肥应该以有机肥为主。只有在适量施用有机肥、提高土壤缓冲能力的基础上，才能适量多次地施用速效化肥。

4.4.2　水肥方案

定植前，每亩施有机肥 4 000～5 000 千克或商品有机肥 2 000 千克，复合肥（15-15-15）50 千克，盐渍化土壤增加过磷酸钙 50 千克，深翻 20～30 厘米，将肥料旋耕混入土壤中。黄瓜生长前期应适当控制水肥，灌水和施肥量要适当减少，以控制茎叶的长势，促进根系发育，促进叶片和果实的分化。

定植前造墒，定植一周后浇缓苗水，缓苗后至坐瓜前视土壤墒情可不浇水、不追肥，以控水促根为主。黄瓜进入盛瓜期浇水量应该加大，灌水量每亩 10～12 米^3，随水追施肥料，方案如下：

设施黄瓜滴灌施肥方案

生育时期	灌溉次数	灌水定额（米^3/亩・次）	每次灌溉加入的纯养分量（千克/亩）				备注
			N	P_2O_5	K_2O	$N+P_2O_5+K_2O$	
定植前	1	22	15.0	15.0	15.0	22.5	滴灌
定植—开花	2	9	1.4	1.4	1.4	4.2	滴灌，可不施肥
开花—坐果	2	10	2.1	2.1	2.1	6.3	滴灌
坐果—采收	17	12	1.7	1.7	3.4	6.8	滴灌
合计	22	266	50.9	50.9	79.8	159.1	

注：在春茬或夏茬栽培生育期短，在采收期灌水施肥次数可减少 3～5 次；盛果期需水量大，灌水施肥间隔可缩短，灌水量可增大。

4.4.3　肥料选择

底肥可采用传统的复合（混）肥，追肥的肥料品种必须符合国家水溶肥料标准，要求纯度高、杂质少、溶解性好。可选择（20-20-20）和（15-15-30）或相近配方的水溶性肥料，在生长前期和中后期施用。也可以用完全水溶的尿素、磷酸二氢钾、硝酸钾、硝酸铵等为主原料自行配制使用。但在使用硝酸钾、硝酸铵时应严格按照危险品管理和使用。

4.5 滴灌施肥

4.5.1 灌溉操作

灌溉时应关闭施肥罐（器）上的阀门，把滴灌系统支管的控制阀完全打开，按照滴灌方案灌溉。灌溉结束时先切断动力，然后立即关闭控制阀。滴灌湿润深度一般为30厘米。

4.5.2 施肥操作

先将肥料溶解于水，也可在施肥前一天将肥料溶于水中。施肥时用纱（网）过滤后将肥液移入压差式施肥罐，或倒入重力施肥罐，或敞开的容器中用文丘里施肥器吸入。

每次加肥时必须控制好肥液浓度，一般施肥量不超过灌水量的千分之一，肥料用量不宜过大，防止浪费肥料和系统堵塞；每次施肥前先灌水20～30分钟，施肥结束后再灌溉20～30分钟，以冲洗管道。

辽宁中西部地区设施黄瓜“秸秆反应堆+水肥一体化”减肥增效技术模式

1 技术概述

秸秆反应堆技术即在设施蔬菜种植行间，挖沟铺设作物秸秆，拌上特制的菌种，使秸秆快速分解放出大量CO_2、热量。大量的有机质留在大棚的土壤中，会使土壤变得肥沃而且松软，为根系生长创造了良好的环境。从而使设施黄瓜大幅度提高产量、改善品质。

水肥一体化技术是将灌溉与施肥融为一体的农业新技术。水肥一体化是借助压力系统或地形自然落差，将可溶性固体或液体肥料，按土壤养分含量和黄瓜需肥规律，配兑成的肥液与灌溉水一起通过可控管道系统供水、供肥。

秸秆反应堆和水肥一体技术结合，可以彻底改变设施大棚黄瓜传统施肥存在的诸多问题，如土壤板结与盐渍化、土传病害的连年发生以及黄瓜产量与品质下降、土壤与生态环境的污染等。该技术模式应用最大的优点就是可以直接和间接地改善与缓解上述问题的发生，有利设施蔬菜的良性可持续性的发展。

2 技术效果

应用秸秆生物反应堆和水肥一体技术，每亩平均增产黄瓜1 000～1 500千克，增产率为10%～15%。

3 适用范围

适合辽宁中西部多年生产的秋冬春季设施黄瓜生产区域。

4　技术措施

4.1　设施黄瓜推荐施肥技术

根据设施菜田的肥力状况和黄瓜需肥规律，在施足有机肥料的基础上，提出优化灌溉条件下目标产量水平的氮、磷、钾肥料的施用量。黄瓜目标产量 10 000～15 000 千克/亩，每亩适宜 N、P_2O_5 和 K_2O 用量范围分别为 35～45 千克、15～20 千克和 40～50 千克。推荐的 N、P_2O_5 和 K_2O 总量根据黄瓜生育阶段需肥规律和追肥次数进行分配。采用秸秆反应堆和水肥一体技术模式，可以减施化肥 30%以上。以目标产量 10 000～15 000 千克/亩计算，氮肥可以减到（N）24～28 千克/亩、磷肥（P_2O_5）10～12 千克/亩、钾肥（K_2O）28～35 千克/亩。

4.2　秸秆生物反应堆操作程序

行下内置式秸秆反应堆操作程序：开沟、铺秸秆、撒菌种、拍振、覆土、浇水、整垄、打孔和定植。

4.2.1　开沟

在定植行下挖铺料沟，大垄双行定植的沟宽 40～50 厘米，沟深 20～25 厘米；单行定植的沟宽 20～25 厘米。沟长与行长相等，开挖土壤按等量分放沟两边。

4.2.2　铺秸秆

开沟完毕后，在沟内铺放秸秆（玉米秸、麦秸、稻草等）。一般底部铺放整秸秆（玉米秸、高粱秸、棉柴等），上部放碎软秸秆（例如麦秸、稻草、玉米皮、杂草、树叶以及食用菌下脚料等）。铺完踏实后，厚度 25～30 厘米，沟两头露出 10 厘米秸秆茬，以便利于通气。

4.2.3　撒菌种

每亩推荐应用秸秆腐熟剂 6 千克，均匀撒在秸秆上，并用锹轻拍一遍，使菌种与秸秆均匀接触。

4.2.4　覆土

将沟两边的土回填于秸秆上，覆土厚度 20～25 厘米，形成种植垄，并将垄面整平。

4.2.5　浇水

浇水以湿透秸秆为宜，隔 3～4 天，将垄面找平，秸秆上土层厚度保持 20 厘米左右。

4.2.6　打孔

在垄上用 12＃钢筋（一般长 80～100 厘米，并在顶端焊接一个 T 形把）打三行孔，行距 25～30 厘米，孔距 20 厘米，孔深以穿透秸秆层为准，以利进氧气发酵，促进秸秆转化，等待定植。

4.2.7　定植

一般不浇大水，只浇小水。定植后高温期 3 天、低温期 5～6 天浇一次透水。待能进地时抓紧打一遍孔，以后打孔要与前次错位，生长期内每月打孔 1～2 次。

4.3　基肥

秋冬茬和冬春茬黄瓜每亩施腐熟有机肥 5 000 千克（或商品有机肥 1 000～1 500 千克），

复合肥（15-15-15或相近配方）20～30千克。越冬长茬黄瓜每亩施腐熟有机肥6 000千克（或商品有机肥1 500～2 000千克），复合肥（15-15-15或相近配方）30～40千克。有机肥撒施，化肥采取条施。针对次生盐渍化、酸化等障碍土壤，每亩补施100千克的生物有机肥或土壤调理剂。

4.4 追肥

氮、磷、钾总施肥量减去基肥量就是追肥量，根据气候条件、黄瓜不同生育阶段需肥规律分配每次追肥量。

4.4.1 供水方式与设备

水肥一体化模式的给水方法一般采用膜下滴管，给肥设备可采用文丘里式供肥方式，配备简易的施肥桶设备；也可用水肥一体化智能控制系统，配备标准的施肥桶与回液蓄水池，更能精准地施肥。建议在越冬与早春生产棚内建蓄水池，容积为每亩一次用水量的1.2倍为宜，一般为10米^3。防止水温过低对黄瓜的根系生长有影响。

4.4.2 滴灌水量的运筹方案

选择适宜的滴灌设备、施肥设备、储水设施、水质净化设施等，根据黄瓜长势、需水规律、天气情况、棚内湿度、实时土壤水分状况，以及黄瓜不同生育阶段对土壤含水量的要求（如秋冬茬黄瓜苗期、生长中期、进入冬季后保持土壤含水量分别为土壤最大持水量的75%～90%、80%～95%和75%～85%），调节滴灌水量和次数（一般每亩每次滴灌水量为8～12米^3，根据具体情况调节滴水量），使黄瓜不同生育阶段获得最佳需水量。

4.4.3 滴灌追肥的运筹方案

设施黄瓜生育期间追肥结合水分滴灌同步进行。根据设施黄瓜不同生育期、不同生长季节的需肥特点，按照平衡施肥的原则，在设黄瓜茄生育期分阶段进行合理施肥。

4.4.3.1 定植至初花期间

选用高氮型滴灌专用肥，根据黄瓜的秧长势追肥，当有2～3条根瓜达到5～8厘米时，叶片绿而小时，晴天随水给肥，反之则延后，以“上控下促中保”为原则，这样有效防止黄瓜秧徒长而不结瓜。如$N-P_2O_5-K_2O$=22-10-20+TE+BS（TE指螯合态微量元素，BS指植物刺激物），或氮、磷、钾配方相近的完全水溶性肥料，每亩每次4～6千克，定植后7～10天第一次滴灌追肥，之后15天左右1次，温度较高季节7天左右1次。

4.4.3.2 果实生长中期

选用平衡型滴灌专用肥，如$N-P_2O_5-K_2O$=20-10-20+TE+BS，或氮、磷、钾配方相近的完全水溶性肥料，每亩每次8～10千克，温度较低季节15天左右1次，温度较高季节10天左右1次。

4.4.3.3 生长期落蔓

应选用壮秧促根氨基酸类和水溶肥一起使用，氨基酸或优质黄腐酸每亩用量为3～5千克，可适当减少水溶肥用量。

滴灌专用肥尽量选用含氨基酸、腐殖酸、海藻酸等具有促根抗逆作用功能型完全水溶性肥料。肥料选择一定要高品质的全水溶肥料，不易造成滴管的堵塞，并且有较好的相容性。应根据天气情况、黄瓜长势、土壤水分、棚内湿度等情况，调节滴灌追肥用量和时间，逆境条件下需要加强叶面肥管理，注重微量元素与氨基酸型功能叶面肥的使用，提高叶片的光合能力。

上海设施黄瓜化肥减量增效技术模式

1 技术原理

黄瓜属葫芦科甜瓜属植物，果实颜色呈油绿或翠绿色，表面有柔软的小刺，是世界范围内重要蔬菜种类之一，中国各地普遍栽培，且许多地区有温室或塑料大棚栽培，现广泛种植于温室和热带地区。黄瓜生长快、结果多、喜肥，但根系散布浅，吸肥、耐肥力弱，对土壤营养条件要求比较严格。每形成100千克果实约需吸收N 0.2千克、P_2O_5 0.092千克、K_2O 0.232千克，比例为1：0.46：1.16。设施黄瓜氮、磷、钾需求最大期为盛瓜期，其需求量约占总量的80%。从吸收速率上看，黄瓜三要素吸收速率同积累表现一样，生育前期吸收速率较慢，初瓜期开始加快，至盛瓜期后期呈递增趋势。

2 技术效果

实行有机无机配施和高浓度水溶性肥料水肥一体化施肥，可以比常规施肥减少化肥纯量用量30%，节约肥料成本5%；比常规施肥节约人工1.5个，省工率达77.6%，每亩节约成本100元；采用水肥一体化技术可比常规节约用水30%；产量比常规增加20%，增加收入22%。

利用水肥一体化技术有利于降低土壤容重，改善土壤的透气性，提高土壤孔隙25%左右，可提高地温2.7℃，提高棚内温度1～2℃，有利于增强土壤微生物的活性和数量，促进作物对养分的吸收。

3 适用范围

本模式规定了上海设施黄瓜生产中的化肥减量增效技术模式，主要适用于上海市内春茬设施黄瓜（品种为春秋王）的生产。

4 技术措施

在有机肥替代部分化肥、水肥一体化等施肥技术措施基础上，采用嫁接种苗、地膜覆盖、膜下微灌、绿色病虫害防控等措施，实现化肥的减量增效。

4.1 基肥的施用

基肥包括有机肥与化肥。

4.1.1 有机肥的施用

有机肥的种类包括多种容易获得的有机肥源（腐熟的畜禽粪便、植物残体、沼渣沼液等农家肥）以及优质的商品有机肥以及促进根系生长的功能活性炭微生物菌剂产品（液体、固体）。

4.1.1.1 施用时期

黄瓜苗栽植一周前施入。促进根系生长的微生物产品最佳施用时期为植株定植以及定植后一个月。

4.1.1.2 施用量

农家肥（禽畜粪、植物残体）等2 000千克/亩，或商品有机肥500～1 000千克/亩。有条件的可施用液体微生物菌剂10千克/亩。

4.1.1.3 施用方法

各类有机肥基肥采取撒施土表，然后旋耕混匀。

4.1.1.4 注意事项

农家肥要充分腐熟杀菌，避免直接施用鲜物。

4.1.2 化肥的施用

大棚黄瓜苗期对磷肥需求量较高，基肥中施用磷化肥的作用主要是促进作物苗期根系的生长，同时平衡土壤中碳氮比（C/N）。

4.1.2.1 复混肥的配方和用量

基肥配方采用15-15-15平衡速效型复混肥，每亩施用10千克。16-8-18缓释配方肥，每亩施用20千克。

4.1.2.2 施肥时期与方法

最佳时期在三月底，在黄瓜幼苗移栽前一周左右，平地后整畦前和有机肥料同时施入。

4.2 追肥

追肥是最重要的促产措施，追肥的类别包括水溶肥、微生物菌剂等活性肥料等，采用水肥一体化进行施肥，叶面喷施只适合黄瓜生长后期植株根系吸收能力下降时进行。

4.2.1 追肥类型与用量

由于黄瓜需要多次施肥，推荐使用高浓度水溶性肥料，有利于节约人工，不易堵塞管道。果实结果期开始每隔7～10天灌水施肥1次，每次灌水4～8米^3/亩，初始期追施高氮水溶性肥料（28-8-15+TE）1～2次，每次亩用4～5千克，坐果后用氮、磷、钾平衡型水溶肥（18-18-18+TE）间隔10天1次，每次亩用5～7千克，至拉秧约10次。

春黄瓜在采用水肥一体化技术后，在生长前期可以减少一次灌水。在采收中期可以减少一次施肥，但仍需灌水。拉秧前10～15天停止滴灌施肥。

4.2.2 施肥时期与方法

追肥一般采取随水滴灌滴施的形式进行。因黄瓜生长期正值梅雨时节，霜霉病发生程度较重，故在药剂防治时可结合部分水溶肥喷施，具体喷施时间为5月初，水溶肥+药（防治霜霉病的药剂），每隔10天左右喷一次，连续喷3～4次。之后滴施水溶肥是在5月中旬和6月初各滴灌一次。建议的水肥制度如下表所示。

大棚黄瓜灌溉施肥表

施肥时间	施肥种类	建议用量（亩·次）	使用方法
基肥（三月中旬）	商品有机肥 普通复混肥（15-15-15） 缓释肥配方肥（16-8-18）	500～1 000千克 10千克 20千克	整地作畦时施入
坐瓜始期	高氮水溶肥（28-8-15+TE）	4～5千克	800～1 000倍液滴灌，根据植株长势间隔7～10天1次，1～2次
结果期—采收期	平衡型水溶肥（18-18-18+TE）	5～7千克	800～1 000倍液滴灌，根据植株长势间隔10天1次，约7次

华北地区设施黄瓜化肥减量增效技术模式

1 技术原理

黄瓜根系稀疏且浅，吸肥能力弱，喜湿但不耐涝，喜肥但不耐肥。每生产1 000千克黄瓜果实约需吸收氮（N）4.0千克、磷（P_2O_5）3.5千克、钾（K_2O）5.5千克，黄瓜为喜硝态氮和喜钾肥作物。氮、钾肥的利用率为45%～50%，磷肥约为35%。黄瓜定植后30天内吸氮量呈直线上升，到生长中期吸氮量最多；进入生殖生长期，对磷的需要量剧增，而对氮的需要量略减；黄瓜全生育期都吸收钾。

在典型大棚土壤养分含量为pH7.5，有机质16.0克/千克，碱解氮110毫克/千克，有效磷50毫克/千克，速效钾200毫克/千克，土壤的氮、磷、钾供肥系数分别为0.6、0.4和0.6。肥料当季利用率分别为0.45、0.3和0.5的条件下，达到每亩15 000千克的产量需要施入纯氮（N）113.3千克、磷（P_2O_5）163.0千克、钾（K_2O）129.0千克。

2 技术效果

本技术是在遵从黄瓜生物学特性与需肥规律基础上，通过覆盖地膜、水肥微灌等措施实现按需供肥，并重点通过前期施用功能肥料，促进根系发育，提高植株对养分的吸收，延缓植株衰老，变秋冬茬、冬春茬两短茬为秋冬春一长茬，延长植株采收期。黄瓜亩产量可达到15 000千克以上，且采收季从冬到夏，正是蔬菜价格走俏时期，增产增收效果显著；同比习惯施肥，可节约肥料。

3 适用范围

适用于北纬35°～37°地区日光温室保护地栽培。主要品种是华北型黄瓜等大果型黄瓜，亩产量可达 15 000 千克以上。适用土壤类型为褐土、潮土等，质地最好为轻壤或中壤。

4 技术措施

在日光温室中，在开展测土配方施肥、水肥一体化等措施基础上，与嫁接商品种苗、地膜覆盖、膜下微灌、绿色病虫害防控等措施有机结合，实现化肥的减量增效施用。

4.1 基肥的施用

基肥包括有机肥与化肥。

4.1.1 有机肥的施用

有机肥的种类包括多种容易获得的有机肥源（各种圈肥、禽畜粪、稻壳肥、沼渣沼液、饼肥等）、商品有机肥以及促进根系生长的功能活性炭微生物菌剂产品（液体、固体）。

4.1.1.1 施用时期

不含微生物的有机肥的最佳施用时期为整地闷棚时，若有机肥腐熟比较完全也可在闷棚后施用，距离夏末黄瓜苗栽植前要在一周以上，最适宜时期为 8 月下旬。促进根系生长的微生物产品最佳施用时期为植株定植以及定植后一个月。

4.1.1.2 施用量

农家肥（圈肥、禽畜粪、稻壳肥）等 4 000 千克（约 10 米^3）/亩，或商品有机肥 500～1 000 千克/亩，饼肥 300 千克/亩，活性炭微生物菌剂 60 千克/亩，微生物菌剂液体 5 千克/亩。

4.1.1.3 施用方法

普通农家肥施用采取撒施畦表，然后旋耕混匀；饼肥与微生物菌剂固体可采用定植前穴施，每穴施用饼肥 0.1～0.15 千克，活性炭微生物菌剂 0.02～0.03 千克，定植后可再随水冲施液体微生物菌剂 5 千克/亩促进幼苗生根。

4.1.1.4 注意事项

有机肥要利用夏季高温时期提前进行腐熟，即使闷棚具有一定的腐熟作用，也要避免直接施用鲜物。

4.1.2 化肥的施用

大棚黄瓜苗期需肥较少，基肥中施用化肥的作用主要是满足作物苗期的养分需要，同时平衡土壤中碳氮比（C/N）。

4.1.2.1 采用单质化肥的类型和用量

按需氮肥总量的 30%施用，纯氮施用量为每亩 34.0 千克，单质氮肥以硝酸铵或尿素为主（禁用碳酸氢铵），折合尿素为 73.9 千克。

按需磷肥总量的 50%施用，纯磷施用量为 81.5 千克，磷肥以过磷酸钙为主，折合为 452.8 千克。

按需钾肥总量的 40%施用，纯钾施用量为 51.6 千克，钾肥以硫酸钾为主（忌用氯化钾），折合为 103.2 千克。

4.1.2.2 采用复合肥的配方和用量

按照 4.1.2.1 同样的比例，基肥建议配方为 10－24－15，15 000 千克亩产量下每亩用量为 340 千克。

4.1.2.3　施肥时期与方法

最佳时期在九月底，平地整畦后进行，距黄瓜幼苗移栽一周左右。可利用小型施肥机械，沿栽植沟划施，也可沿栽植沟开沟施入再掩埋。

4.2　追肥

追肥是最重要的促产措施，追肥的类别包括水溶肥、叶面肥以及微生物菌剂等活性肥料等，建议采用水肥一体化进行施肥，叶面喷施只适合黄瓜生长后期植株根系吸收能力下降时进行。

4.2.1　追肥类型与用量

4.2.1.1　采用单质化肥的类型和用量

按氮肥总量的70%施用，纯氮施用量为每亩79.3千克，单质氮肥以硝酸铵或尿素为主(禁用碳酸氢铵)，折合尿素为172.5千克。

按磷肥总量的50%施用，纯磷施用量为每亩81.5千克，磷肥以过磷酸钙为主，折合为452.8千克。

按钾肥总量的60%施用，纯钾施用量为每亩77.4千克，钾肥以硫酸钾为主（忌用氯化钾），折合为154.8千克。

4.2.1.2　采用复合肥的配方和用量

按照4.2.1.1同样比例，追肥建议肥料配方为15－15－15，施用量为每亩793千克。

4.2.2　施肥时期与方法

追肥一般采取随水冲施的形式进行。浇水一般每周进行一次，采用水肥一体化和膜下灌溉。除栽植后第一水加入微生物菌剂促生根外，第二水、第三水一般不随水冲肥，到黄瓜开花坐果时重施花果肥，盛果期水肥供应要充足，4月后可增加随水冲施微生物菌肥。建议的水肥制度如下表所示。

大棚黄瓜灌溉施肥表（千克/亩）

时　期	措　施	氮	磷	钾	其　他
9月下旬	施用有机肥与化肥	34	81.5	51.6	
10月第一次	定植水	0	0	0	微生物肥料
10月第二次	灌溉施肥	0	0	0	微生物肥料
10月第三次	灌溉施肥	0	0	0	微生物肥料
10月第四次	灌溉施肥	4	4	4	
11月第一次	灌溉施肥	5	5	5	
11月第二次	灌溉施肥	5	5	5	
11月第三次	灌溉施肥	6	6	6	
11月第四次	灌溉施肥	6	6	6	
12月第一次	灌溉施肥	5	5	5	
12月第二次	灌溉施肥	5	5	5	
12月第三次	灌溉施肥	5	5	5	
12月第四次	灌溉施肥	4	4	4	

（续）

时　期	措　施	氮	磷	钾	其　他
1月第一次	灌溉施肥	4	4	4	
1月第二次	灌溉施肥	4	4	4	
1月第三次	灌溉施肥	3	3	3	
1月第四次	灌溉施肥	3	3	3	
2月第一次	灌溉施肥	3	3	3	
2月第二次	灌溉施肥	3	3	3	
2月第三次	灌溉施肥	2	2	2	
2月第四次	灌溉施肥	2	2	2	
3月第一次	灌溉施肥	2	2	2	
3月第二次	灌溉施肥	2	2	2	
3月第三次	灌溉施肥	2	2	2	
4月第一次	灌溉施肥	2	2	2	微生物肥料
4月第二次	灌溉施肥	1	1	1	微生物肥料
4月第三次	灌溉施肥	1	1	1	微生物肥料
5月第一次	灌溉施肥	1	1	1	微生物肥料
合计		114	161.5	131.6	

4.3 根外施肥

黄瓜进行根外施肥的作用主要是在提高植株衰老时对养分的吸收，以及纠正植株生长不良症状。建议的黄瓜根外施肥时期、浓度和作用见下表。

黄瓜根外施肥

时　期	种类、浓度（用量）	作　用	备　注
10月至翌年3月	0.3%～0.4%的硼砂	提高坐果率	可每月喷施一次
3月中旬以后	1%～2%尿素或0.3%磷酸二氢钾溶液	促进植株长势	黄瓜生育后期可每周喷施一次

海南黄瓜化肥减量增效技术模式

1　技术概述

目前，海南冬季瓜菜栽培面积已近20万亩，且栽培面积逐年扩大，黄瓜已成为海南冬季主栽瓜菜之一。黄瓜栽培过程中施肥管理上重化肥轻有机肥，盲目施肥、过量施肥普遍，这不但于黄瓜产量与品质提升无益，还造成肥料资源的大量浪费，导致生产成本增加，更严重的是导致土壤退化以及对水体和大气造成污染。采用目标产量法结合测土施肥技术确定黄瓜的需肥总量，结合黄瓜生长发育规律及养分需求特性将肥料在黄瓜不同生长发育阶段进行合理分配，并配以科学的施肥方法，以实现高产稳产下黄瓜的养分高效吸收利用，并降低肥料的环境负面影响，替代化学氮肥而进入土壤的大量有机肥还能实现土壤培肥。

2　技术效果

新型稳定性肥料的应用以及应用有机肥替代化学肥料使得本施肥模式的黄瓜产量相较于传统施肥模式增产 8%～12%，化学肥料减施 10%～15%，同时减缓了土壤酸化进程，并改善土壤有机质品质。肥料损失减少也降低了对水体和大气的污染。

3　适用范围

该模式适宜于海南三亚、东方、保亭和澄迈等黄瓜主栽区灌溉良好的旱坡地及用于冬季栽培的水田。

4　技术措施

黄瓜为浅根性作物，根系分布浅而集中，叶片大而薄，蒸腾力较强，对肥水反应敏感，具有怕旱、忌渍水等特性。因此，应选择灌排便利、土壤疏松、有机肥丰富的壤土为宜。黄瓜营养特性上具有营养物质需求多、消耗快的特点，但不同阶段存在着较大差异，表现为“苗期轻，果期重”。因此要依据黄瓜生物学特性和营养需求特性科学合理进行肥料管理。具体做法如下。

4.1　基肥

黄瓜适宜的土壤 pH 为 5.5～7.2。海南土壤大多为酸性，黄瓜种植前犁地翻晒时，可视土壤 pH 每亩施 60～75 千克石灰来中和土壤酸度，然后耙地整细。海南黄瓜一般种植于沟垄上。在修筑沟垄时，按重基肥要求，每亩施有机肥 1 000～1 500 千克（黏重及过沙土壤适当多用）、过磷酸钙 25～35 千克、稳定性果蔬专用复合肥（16－8－18）30 千克。肥料应用在沟垄上，与垄土混匀。

4.2　追肥

4.2.1　苗期肥

第一次追肥在定植后 7 天左右进行，每亩可用 1～2 千克复合肥（15－15－15，硝态氮）配制成肥液浇灌，以后每隔 5～7 天一次，可适当加大浓度。

4.2.2　开花结果肥

开花结果期，追施 2 次重肥，以延长黄瓜收获期。第一次重施追肥是在初花时，用水溶肥（16－5－27）10 千克、尿素 8 千克，结合灌水冲施。第二次重施追肥是在盛果期，每亩用复合肥（16－5－27）25 千克、尿素 10 千克，结合灌水冲施。同时，根据黄瓜长势，一般每采收 1～2 次，或每隔 15 天左右追肥一次，每次每亩用复合肥（16－5－27）10 千克、尿素 6 千克，结合灌水施入，以保证黄瓜生长不发生脱肥现象。追肥要看天气和叶色情况，灵活掌握，酌情增减。

4.2.3 适时进行叶面施肥

在黄瓜的结果盛期及生长后期，可采用叶面施肥方式，补充微量元素以及根系吸肥的不足。采用 0.5%尿素加 0.5%磷酸二氢钾进行叶面喷施。此外，通过叶面施肥补充微量元素肥，在初花前，可叶面喷施硼肥及锌肥等，具体可按使用方法说明进行。

北京日光温室辣椒化肥减量增效技术模式

1 适用范围

京津冀地区日光温室。

2 技术原理

2.1 测土配方施肥技术

测土配方施肥技术的核心是解决作物需肥与土壤供肥之间的矛盾。在土壤测试和肥料田间试验的基础上，根据作物需肥规律、土壤供肥性能和肥料效应，结合有机肥料的合理施用，提出氮、磷、钾及中、微量元素等肥料的施用数量、施肥时期和施用方法。实现各种养分平衡供应，满足作物的需要，提高肥料利用率和减少用量；提高作物产量，改善农产品品质；节省劳力，节支增收。

2.2 水肥一体化技术

水肥一体化就是借助灌溉设备将作物生长发育需要的水分、养分同时供应给作物的一种水肥管理技术。水肥一体化技术是一项综合水肥管理的技术，具有显著的节水、节肥、省工、高效、环保等优点。

果类蔬菜适合采用滴灌施肥设备，生产中一般采用大小行栽培，大行是进行农事操作的过道。

2.3 有机肥替代部分化肥技术

通过合理利用有机养分资源，用有机肥替代部分化肥，实现有机无机相结合，提升耕地基础地力，替代外来化肥养分投入。

3　技术措施

3.1　整地作畦和基肥施用

整地作畦：深翻土壤，整平后按大小行作小高畦，畦宽 40～60 厘米，高 15 厘米；沟宽 70～80 厘米。每个高畦上铺滴灌管，建议覆盖地膜，定植两行，密度 2 000～3 000 株/亩。

基肥施用：底施腐熟农家肥 5～6 米^3/亩或商品有机肥 1.0～1.5 吨/亩，低磷硫酸钾型果类蔬菜专用配方肥（$N-P_2O_5-K_2O$=18-9-18）20～30 千克/亩。

3.2　灌溉追肥方案

北京市主推的适用于果类蔬菜的滴灌肥有 $N-P_2O_5-K_2O$=18-8-26、19-8-27 或相似配方。

由于日光温室不同种植茬口的水肥需求有差异，按照北京市主要种植的日光温室冬春茬和秋冬茬制定以下滴灌条件下的灌溉施肥制度。

3.2.1　冬春茬设施辣椒施肥方案

品种选择：国禧 105

生育期：12 月中、下旬播种，翌年 2 月上、中旬定植，3 月下旬至 6 月收获

目标产量：5 000～6 000 千克/亩

灌溉模式：水肥一体化

日光温室冬春茬辣椒灌溉施肥制度

生育时期	灌溉次数（5～7 天/次）	每次灌水量（米^3/亩）	建议肥料配方	每次灌溉肥料投入量（千克/亩）	生育期内肥料用量（千克/亩）	按推荐方案合计带入的养分纯量（千克/亩）		
						N	P_2O_5	K_2O
定植后	1	15	-	-	-	-	-	-
苗期	3	3	-	-	-	-	-	-
门椒	6	6	18-8-26	3	18	3.24	1.44	4.68
对椒	5	7	18-8-26	4	20	3.6	1.6	5.2
四母斗	5	7	18-8-26	4	20	3.6	1.6	5.2
全生育期	20	130			58	10.44	4.64	15.08

3.2.2　秋冬茬设施辣椒施肥方案

品种选择：农大 26

生育期：7 月中、下旬播种，8 月下旬至 9 月上旬定植，10 月下旬至翌年 1 月收获

目标产量：4～5 吨/亩

灌溉模式：水肥一体化

日光温室秋冬茬辣椒灌溉施肥制度

生育时期	灌溉次数（5~7天/次）	每次灌水量（米^3/亩）	建议肥料配方	每次灌溉肥料投入量（千克/亩）	生育期内肥料用量（千克/亩）	按推荐方案合计带入的养分纯量（千克/亩）		
						N	P_2O_5	K_2O
定植后	1	15	-	-	-	-	-	-
苗期	6	3	-	-	-	-	-	-
门椒	5	7	18-8-26	3	15	2.7	1.2	3.9
对椒	4	7	18-8-26	4	16	2.88	1.28	4.16
四母斗	4	6	18-8-26	4	16	2.88	1.28	4.16
全生育期	20	120			47	8.46	3.76	12.22

3.3 灌溉施肥注意事项

3.3.1 避免过度灌溉

新安装滴灌的用户，总担心水量不够，有意延长灌溉时间。过量灌溉不仅浪费宝贵的水资源，而且养分会随水淋洗到根层以下土壤中，不能被作物根系吸收，造成肥料浪费。

3.3.2 控制施肥浓度

叶面喷施的适宜浓度为0.1%~0.3%（或者1吨水加入1~3千克水溶肥）。如果盐分浓度过高，蒸发又快，很容易“烧”伤叶片。

3.3.3 设备维护保养

每次灌溉施肥操作可以分为3个步骤：第一步，先灌溉清水10~15分钟，把表层土润湿；第二步，依据作物灌溉肥料溶液；第三步，灌溉清水20~30分钟，清洗灌溉系统，防止滴头堵塞。

要定期检查、及时维修系统设备，防止漏水；及时清洗过滤器，定期对离心过滤器集沙罐进行排沙。冬季来临前应进行系统排水，防止结冰爆管，做好易损部件保护。

4 效益分析

水肥一体化技术模式与农户传统沟灌冲施相比有效提高了水肥的利用率，节水节肥增产效果显著。保护地滴灌施肥的灌水定额应比畦灌方式减少40%~50%，节约化肥用量20%左右。

5 推广前景

设施辣椒水肥一体化技术模式适合在京津冀地区日光温室冬春茬、秋冬茬两大主栽茬口推广应用。

上海设施辣椒化肥减量增效技术模式

1　技术原理

辣椒属茄科辣椒属一年或多年生草本植物。辣椒属于喜温蔬菜，生长适宜温度为25～30℃，果实膨大期需高于25℃，成长植株对温度的适应范围广，既耐高温也较耐低温。辣椒生长期长，但根系不发达，根量少，入土浅，故对土壤营养条件较为严苛。从生育初期到果实采收期，辣椒在各个不同生育期，所吸收的氮、磷、钾等营养物质的数量也有所不同。每生产1 000千克辣椒需从土壤中摄取氮3.5～5.4千克、五氧化二磷0.8～1.6千克、氧化钾5.7～6.5千克，三者比例为1∶0.4∶1.2。辣椒的干物质积累和氮、磷、钾、钙和镁的吸收，在不同生长时期有所不同。幼苗期因植株幼小，吸收养分较少。初花期，植株逐渐发育长大，但需肥量不太多，此期应避免施用过量的氮肥，以防造成植株徒长，推迟开花坐果。盛果期是氮、磷、钾肥需求量最高的时期。氮、磷、钾的吸收量分别占各自吸收总量的57%、61%、69%以上。所以，辣椒50%～70%的氮、钾、肥应该作追肥，其他的肥料应作基肥。通过有机无机配合施用，并用水肥一体化追肥，可以提高水肥利用效率，达到减肥增效目的。

2　技术效果

通过提高有机肥的使用率，增加土壤中有机质的含量，改善土壤的生物活性和理化性质，替代部分化肥。同时利用水肥一体化技术有利于降低土壤容重，改善土壤的透气性，提高土壤孔隙25%左右。此外，使用水肥一体化技术可提高地温2.7℃，提高棚内温度1～2℃，有利于增强土壤微生物的活性和数量，促进作物对养分的吸收。

3　适用范围

本模式规定了上海设施辣椒生产中的化肥减量增效技术模式，主要适用于上海市内春茬设施辣椒（品种为杭椒）的生产。

4　技术措施

在设施大棚中，采用有机无机配施、水肥一体化等化肥减量技术措施，与嫁接商品种苗、地膜覆盖、膜下微灌、绿色病虫害防控等措施有机结合，实现化肥的减量增效。

4.1　基肥的施用

基肥包括有机肥与化肥。

4.1.1 有机肥的施用

有机肥的种类包括多种容易获得的有机肥源（腐熟的畜禽粪便、植物残体、沼渣沼液等农家肥）以及优质的商品有机肥。

4.1.1.1 施用时期

距离辣椒苗栽植前要在一周以上，最适宜时期为3月上旬至7月中下旬。

4.1.1.2 施用量

农家肥（禽畜粪、植物残体）等2 000千克/亩，或商品有机肥500～1 000千克/亩。

4.1.1.3 施用方法

各类有机肥基肥采取撒施畦表，然后旋耕混匀。

4.1.1.4 注意事项

农家肥要充分腐熟灭菌，避免直接施用鲜物。

4.1.2 化肥的施用

基肥中施用化肥的作用主要是促进作物苗期根系的生长，同时平衡土壤中碳氮比（C/N）。

4.1.2.1 采用复合肥的配方和用量

基肥配方采用15-15-15平衡速效型复混肥，每亩施用20千克。

4.1.2.2 施肥时期与方法

最佳时期在3月上旬，平地整畦后进行，距辣椒幼苗移栽一周左右。在平地后筑畦前均匀撒入混于耕作层中。

4.2 追肥

追肥是最重要的促产措施，追肥的类别包括水溶肥、叶面肥以及微生物菌剂等活性肥料等，建议采用水肥一体化进行施肥，叶面喷施只适合辣椒生长后期植株根系吸收能力下降时进行。

4.2.1 追肥类型与用量

由于辣椒需要多次施肥，推荐使用高浓度水溶性肥料，更有利于节约人工，不易堵塞管道。使用的水溶肥为大量元素水溶肥（20-20-20+TE）。

设施辣椒在整个种植过程中，采用有机替代无机、水肥一体化手段，能够有效减少化肥投入量，提高肥料利用率，切实推进科学施肥。

4.2.2 施肥时期与方法

春茬设施辣椒生长期正值梅雨时节，会发生霉病等病害，可在喷施药剂防治时结合一部分水溶肥进行喷洒，全生育期内进行药剂防治2次，具体喷施时间为5月初，水溶肥稀释1 000倍，用量为0.5千克/亩，隔10天左右再喷一次，共喷2次。而滴施水溶肥是在5月5日、5月20日和6月10日左右各滴灌一次，稀释1 000倍，用量为10千克/亩。建议的水肥制度如下表所示。

大棚辣椒灌溉施肥表

施肥时间	施肥种类	建议用量（亩·次）	使用方法
基肥（3月上旬）	商品有机肥 普通复混肥（15-15-15）	500～1 000千克 20千克	整地作畦时施入
定植后—现蕾期（5月初）	20-20-20+TE（水溶肥）	0.5千克	1 000倍液叶面喷施，根据植株长势间隔约10天1次，共2次
现蕾期—采收期（5月初、6月底滴施3次）	20-20-20+TE（水溶肥）	10千克	1 000倍液滴灌

杭绍平原辣椒水肥一体化减肥增效技术模式

1 技术概述

浙江设施栽培面积在400万亩左右，其中安装有喷滴灌设施的面积约150万亩，主要用于栽培辣椒、番茄、草莓等效益突出的经济作物。杭绍平原区在辣椒设施栽培中利用喷滴灌系统，主推“水肥一体化”技术，采用“水溶肥+有机肥”的模式，重施有机肥，利用管道灌溉系统，适时、适量地同时进行灌溉与施肥，以满足农作物对水分和养分的需求。水肥一体化实现了灌溉与施肥的集约化管理，以管道施肥代替人工施肥，实现了“机器换人”，提高了生产效率，可节省水肥管理用工，有效缓解当地农业劳动力紧张的趋势。

2 技术效果

“水溶肥+有机肥”模式，与农民习惯种植方式和施肥模式相比，实行水肥一体化，可节肥30%～40%（主要为氮肥）、省工80%左右，又可实现增产12%以上；水肥一体化灌溉后大棚内空气湿度要比常规灌溉低8%～15%，改善了大棚内环境条件，减少了灰霉病、白粉病和螨类等病虫害发生率，减少了泥土和污水对果实的污染，有效减轻氨气、NO_x 等有害气体危害，减少了农药使用量和减缓土壤次生盐渍化，保持土地持续产出。

3 适用范围

利用“水肥一体化”技术，注重水溶肥与有机肥配合施用的模式，在安装有喷滴灌的设施栽培领域均可推广应用。

4 技术措施

4.1 施肥原则

4.1.1 控氮、稳磷、补钾配中微量元素。轻施苗肥，稳施花蕾肥，重施膨果肥。

4.1.2 重施有机肥，注重耕地质量提升。

4.1.3 预防缺钙、镁、硼等中微量元素，应适当补施相应肥料，浙南土壤缺镁普遍，铜、锌一般不缺。

4.1.4 根据土壤肥力状况，优化氮、磷、钾肥用量。

4.1.5 土壤湿润比一般为45%～55%，适宜的灌溉湿润深度为0.2～0.3米；果树因品种、树龄不同，适宜的灌溉湿润深度为0.3～0.8米。

4.2 肥料品种与施肥量

4.2.1 有机肥

主要选择以当地畜禽粪便等有机肥为原料生产的商品有机肥或堆肥及其他农家肥。

4.2.2 水溶肥

水溶性肥料包括含腐殖酸水溶肥料、大量元素水溶肥料、中量元素水溶肥料、微量元素水溶肥料和含氨基酸水溶肥料。含腐殖酸水溶肥料具有提质增产的效果，故以含腐殖酸水溶肥料、大量元素水溶肥料为主。

4.2.3 施肥浓度

辣椒适宜的滴灌浓度（根际）为0.3%～0.5%，喷灌浓度（叶面）为0.2%；多年生作物滴灌浓度（根际）为0.5%～0.8%，喷灌浓度（叶面）为0.2%。通常控制肥料溶液的EC值为1～3毫西/厘米，或盐分浓度1～3克/升，或根据水溶肥料产品说明书稀释相应倍数。

4.3 施肥时期与方法

4.3.1 重施有机肥

商品有机肥500～1 000千克/亩或者堆肥及其他农家肥1 000～1 500千克/亩；“肥力中等以下土壤”施用有机肥进行改土培肥，若施用量不高于500千克/亩的，在控制施肥总量时，可不考虑其养分供应量。

4.3.2 幼苗期

辣椒幼苗对肥水十分敏感，肥料多时易形成徒长苗，子叶脱落，移栽后缓苗期长。施肥过多还易出现肥害，使根系受损，严重时导致幼苗蔫萎死亡。缺肥时易形成老化苗，新根少，茎细节短，开花结果迟且易早衰。定植前15天左右，每平方米苗床追尿素25克。移栽定植前一周，再追肥一次，每平方米追尿素50克。这样使幼苗做到带肥移栽，富含营养，增强抗寒能力，缩短缓苗期，促进花芽早分化、早开花、早结果。

4.3.3 花蕾期

植株现蕾时，喷滴灌高钾大量元素水溶肥一次，浓度0.3%～0.5%，或每亩冲施尿素8千克加硫酸钾5千克，再喷滴灌一次含腐殖酸水溶性肥料。

4.3.4　挂果期

当第一簇果实开始长大时，喷滴灌高氮高钾型大量元素水溶肥和含腐殖酸水溶肥各1次。

4.3.5　结果旺期

每采摘一批辣椒，喷滴灌高氮高钾型大量元素水溶肥和含腐殖酸水溶肥各1次。

闽南地区甜椒水肥一体化技术模式

1　技术概述

甜椒的生长期长，根系不发达，根量少，入土浅，不耐旱也不耐涝，而且甜椒在各生育期吸收营养元素的数量不同，需肥特性是吸钾量高，其次是氮，磷最低。因此甜椒种植中水肥管理是一项重要的管理内容，是否科学施肥与浇水将直接影响甜椒产量和质量。目前农户种植甜椒普遍存在以下问题：化肥撒施不覆土；重施氮、磷肥，轻施钾肥和中微量元素肥，肥料配比不合理；施肥时期不科学，不重视甜椒需肥和需水的规律；甜椒灌溉不合理等现象。通过甜椒水肥一体化技术，改变以往沟灌、漫灌和冲施肥的常规施肥方式，借助微灌系统，以水为载体，在灌溉的同时将肥料配兑成肥液均匀、准确地输送到农作物根部土壤。该技术既能解决农户盲目大量浇水和施肥问题，又能增加产量，改善品质，达到节水、节肥、省工、增效的目的。

2　技术效果

从试验示范结果看，采用水肥一体化技术栽培甜椒，可以比常规施肥更容易实现对水、肥更科学、更高效的管理，达到节肥、节水、节工、增产、增收的最大化的效果，充分展示了该技术在发展现代农业中节本增效的明显优势。

3　适用范围

设施甜椒水肥一体化技术适用于已建成设施农业基地或符合建设微灌设施要求的地方，土层深厚、土质疏松、保水保肥能力强、排水条件好、中等以上肥力的沙质壤土，要有固定水源且水质良好。闽南地区设施农业较为完善，雨水充沛、土地肥沃，适宜设施甜椒水肥一体化技术的推广。

4　技术原理

4.1　系统组成

甜椒水肥一体化技术系统是集灌溉、施肥于一体的微滴灌系统，主要是由供水系统、供肥系统和灌溉系统等组成。

4.2 供水系统

由水源、水泵、送水管道、过滤器和阀门组成，保证灌溉用水。

4.3 供肥系统

由文丘里施肥器、施肥罐、阀门和过滤器组成，确保灌溉和施肥两种操作一体化。

4.4 灌溉系统

由田间管网、滴灌带和阀门组成。滴灌带选用抗老化的 PE 软管，主水管管径一般为 4 厘米，支管为 1.6 厘米，工作压力在 30～60 千帕。

4.5 系统的安装

灌溉管路要在辣椒苗移栽定植前完成安装。安装时先将滴灌带沿畦向铺设，注意出水孔向上，再与垂直铺设的主水管连接，主管支管末端全部打结封堵，最后将主水管与文丘里施肥器相连接。施肥器的进水端要安装水表，以掌握用水量，出水端要安装过滤器，以防止杂质堵塞滴灌带出水孔，若是水质不好，施肥器进水端要加装过滤器。

4.6 系统的使用与注意事项

灌溉系统需要施肥时，只要调节文丘里施肥器的控制阀门，阀门全开时无肥液流出，阀门逐渐关小，吸出肥液逐渐增多。因此，调节肥液在灌溉水中的浓度是通过调节控制阀门开度来达到的。

操作上还要注意，灌溉施肥时需先走水 20 分钟左右，再注入配好的肥料溶液，灌溉施肥结束后需用不含肥的水清洗灌溉管路 15～30 分钟，防止堵塞出水口。

5 技术措施

5.1 试验示范地点

试验点位于云霄县陈岱坑内村的福建省绿蔬园生态农业发展有限公司，设施甜椒水肥一体化种植面积 100 多亩。本次试验示范设置水肥一体化技术应用区和常规施肥种植区。

5.2 施肥方式

水肥一体化试验示范区施肥：9 月上旬开始下基肥，根据甜椒的需肥特性及目标产量，在定植前每亩下商品有机肥 800～1 000 千克，16：16：16 硫酸钾复混肥 50 千克，钙镁磷肥 50 千克，以确保底墒充足。11 月中旬，进入生育期，亩施 13：9：35 高钾型水溶肥 7.5 千克/次，每 10～15 天施一次，共 10 次左右。

常规施肥种植区：基肥与定植密度同水肥一体化区一样。定植后 10～15 天，亩施 16：16：16 硫酸钾复混肥 15 千克/次＋尿素 10 千克，共 2 次。11 月中旬，进入生育期，亩施 16：16：16 硫酸钾复混肥 20 千克/次＋硫酸钾 10 千克/次，每 20～25 天施一次，共 8 次左右。

5.3　种植方式

10月上旬进行定植，每亩定植2 500株，行距80～90厘米，株距40～45厘米，双行栽培，定植后10～15天，亩施19：19：19平衡型水溶肥5千克/次，共2次。

6　推广前景

“水肥一体化技术”已被公认为世界上提高水肥资源利用率的最佳技术，不但在辣椒上可以应用，在其他的蔬菜、果树上一样可以应用，且已经取得了显著的成效。简易水肥一体化技术，因其简单易操作、效果显著、价格成本相对较低，普通农户只要有一定种植规模或比较有经济效益的作物，都会选用这项技术，在农业合作社、设施农业示范基地、种植大户的田地里水肥一体化技术更是深受欢迎。应用水肥一体化技术这项先进的节本增效实用技术，是现代农业的发展方向，是符合国家建立节约型农业的重要措施，需要争取列入重大农业技术推广补贴项目和推广项目，来加快其推广速度。

鲁西南蒜套朝天椒平衡施肥技术模式

1　技术概述

辣椒产业是金乡的朝阳产业，全县年种植辣椒面积40万亩左右。施肥是朝天椒生产中的一项重要管理内容，是否科学与精准直接影响其产量和品质。受传统施肥方式的影响，在辣椒施肥方面存在一些误区，施肥方式粗放，追肥雨前撒施，表施，“一炮轰”等；忽视有机肥施用，过量施用化肥。不仅造成大量养分挥发和随雨水流失，导致化肥利用率普遍较低，而且对环境也有一定的影响。在土壤质地方面，造成土壤有机质含量低、土壤板结、耕性差，加重土壤盐渍化和酸化。根据朝天椒需肥规律，通过增施有机肥、平衡施肥，强化使用缓控释肥综合技术，实现各种养分在不同时期的均衡供应。增加土壤有机质含量，改善土壤团粒结构，改良土壤理化性状，增强土壤保水保肥性，增强土壤肥力，减轻肥料对环境的污染，实现化肥使用零增长并逐年下降的目的。

2　技术效果

根据朝天椒需肥规律，实施增施有机肥、平衡施肥、强化使用缓控释肥综合技术，不仅改善了土壤的团粒结构，有效提高肥料利用率，而且提高了经济效益，减少了施肥量，实现农业增产、农民增收，辣椒品质也有一定改善。

3 适用范围

该技术适宜在济宁、菏泽等地的鲁南平原区以及苏北、皖北等常年种植覆膜大蒜套种朝天椒区。同样适用天宇类鲜椒、菜椒、线椒等辣椒生产。主要品种为红秀、弘士顿等朝天椒系列，佛手、天红星等天宇类系列以及其他菜椒等品种。

4 技术措施

4.1 增施有机肥

有机肥俗称农家肥，主要来源于植物和（或）动物，施于土壤以提供植物所需营养为其主要功能的含碳物料。经生物物质、动植物废弃物、植物残体加工而来，消除了其中的有毒有害物质，富含大量有益物质，包括多种有机酸、肽类以及包括氮、磷、钾在内的丰富的营养元素。不仅能为农作物提供全面营养，而且肥效长，可增加土壤有机质含量、促进微生物繁殖、改善土壤的理化性质和生物活性。

一般4月15～20日（以10厘米地温稳定在15℃）辣椒定植后，随水冲施15－5－20腐殖酸水溶肥配方肥15～20千克/亩，实现一肥两用和一水两用。

大蒜收获后，随即在辣椒周围施用有机肥，沙壤土每亩追施腐熟有机肥100千克，中壤土追施优质腐熟有机肥80千克，重壤土施用腐熟有机肥60千克。

4.2 平衡施用化肥

平衡施用化肥是根据土壤养分化验结果，结合田间试验肥料利用率情况，以及辣椒需肥规律和土壤供肥性能，在合理追施有机肥的基础上，确定氮、磷、钾和中、微量元素等肥料的施用数量、施用时期和施用方法。以最少的施用量，满足辣椒对各种元素的需要，实现各种养分平衡供应，达到减少肥料用量、培肥土壤地力、增加辣椒产量、改善辣椒品种、确保辣椒安全的目的。

辣椒平衡施用化肥，并与有机肥结合，可实现有机和无机肥料的互补。因为有机肥具有养分多，改善土壤、培养土壤肥力，增加作物的产量、提高作物的品质，提高肥料的利用率等功用。但也存在大量元素相对含量低、释放比较缓慢的缺点。化肥具有单位养分含量高、释放快的优点。两者合理搭配施用，可互相补充，取长补短，有机质分解产生的有机酸还能促进土壤和化肥中矿质养分的溶解，解磷解钾。因此，在充分发挥增施的有机肥与化肥相互促进的基础上，制定出三种平衡施用化肥的方案，达到有利于植物吸收、充分提高肥料的利用率、减少化肥使用量的目的。

根据辣椒的需肥规律和栽培模式，在大蒜收获后辣椒返苗期，同时穴施化肥，实现了有机肥和无机化肥优势互补，满足辣椒生长需要、提高产量和品质，同时改良土壤、节约化肥用量的目的。大蒜收获后，每亩穴施尿素8～10千克。

根据多年的试验和施肥经验，开花前，每亩产量300～350千克（干椒）的地块每亩追施含量48％（18－10－20）缓控释肥20～25千克；每亩产量350～400千克（干椒）地块每亩追施含量48％（18－10－20）缓控释肥25～30千克；每亩产量400～500千克（干椒）地块每亩追施含量46%（18-10-18）缓控释肥30～40千克。

需要注意的是施肥后及时覆土以防止肥料的挥发损失，避免大雨前施用，以免造成径流或下渗，土壤水分不足时要及时浇水，但不宜大水漫灌。

4.3　叶面施肥

叶面肥是以叶面吸收为目的，将作物所需养分直接施用于叶面的肥料，是对辣椒施肥的有效补充。叶面施肥不仅补充根部施肥的不足，迅速补充营养，充分发挥肥效，而且经济合算，减轻了对土壤的污染。在辣椒生长阶段，喷施硼肥能显著提高产量，提高种子的饱满度，喷施钙肥则能有效预防辣椒脐腐病的发生。一般开花后喷施氨基酸有机硼800～1 000倍或0.1%～0.2%的硼砂水溶液，8～10天喷一次，连喷3～4次。坐果后喷施氨基酸有机钙800～1 000倍液，连喷2～3次。在喷施硼肥和钙肥时间外，喷施富含吲哚乙酸、赤霉素和芸薹素内酯的叶面肥3～5次，调节生长。要注意避免喷后遇雨，不能漏喷，最好也不要重喷。

4.4　水肥一体化技术

水肥一体化技术是将灌溉与施肥融为一体的农业新技术。水肥一体化是借助压力系统（或地形自然落差），将可溶性固体或液体肥料，按土壤养分含量和作物种类的需肥规律和特点，配兑成的肥液与灌溉水一起，通过可控管道系统供水、供肥，使水肥相融后，通过管道、喷枪或喷头形成喷灌，均匀、定时、定量地喷洒在辣椒基部或根系，使辣椒主要发育生长区域土壤始终保持疏松和适宜的含水量，同时根据不同的作物的需肥特点、土壤环境和养分含量状况，进行不同生育期的需求设计，把水分、养分定时定量，按比例直接提供给作物，可节省40%以上的水资源、30%化肥、20%的人工。

4.4.1　基本原则

按照辣椒目标产量、需肥规律、测量化验的土壤养分含量和灌溉施肥特点，制定辣椒生育期内的施肥量、施肥次数、施肥时间、养分配比、肥料品种等。

4.4.2　目标产量

根据辣椒品种特性和产量潜力，结合常年300～400千克的实际产量，制定大田生产400～500千克的产量目标。

4.4.3　计算养分吸收量

根据目标产量和单位产量养分吸收量计算所需的氮、磷、钾及中微量元素等养分吸收量；辣椒生长发育需要多种营养元素，消耗最多的是氮、磷、钾，硼和钙的消耗量较多，其消耗量随辣椒种类、产量水平和土壤状况等发生变化。

4.4.4　计算施用量

根据灌溉施肥特点和田间试验结果确定肥料利用率，用养分吸收量除以肥料利用率，计算施肥量。根据田间试验结果，滴灌水肥一体化条件下，按氮肥利用率65%～70%计算、磷肥利用率40%～50%计算、钾肥利用率按80%～90%计算，将各项参数确定好。

海南辣椒化肥减量增效技术模式

1　技术概述

海南省是我国冬季蔬菜的重要产地，而辣椒是其中第一大反季节蔬菜，栽培面积为 50 万～60 万亩。然而，由于施肥技术水平较低，施肥量和施肥时间与辣椒生长发育规律不匹配，磷肥过量施用，不重视中微量元素的补充，导致肥料利用率低和土壤养分失衡。此外，海南土壤 pH 较低，导致土壤有害微生物积累，土传病害频繁发生。本技术根据辣椒的生长发育规律和养分吸收规律，制定合理的化肥和有机肥施用方案，提高肥料利用率和产量。针对海南土壤有害微生物积累的问题，合理施用有益微生物菌剂，以改善土壤微生态环境，提高辣椒抗土传病害的能力。

2　技术效果

与螺纹椒主产区临高县南宝镇的农民平均施肥相比，本技术改善土壤质量，可大幅提高中低产辣椒田的辣椒产量和辣椒品质，同时复合肥用量比农户平均值减少 50～60 千克/亩。

3　适用范围

适用于海南省水稻—辣椒轮作体系下，牛角椒、螺纹椒等多批次采收青果的辣椒品种。

4　技术措施

4.1　育苗技术

将草炭、蛭石、珍珠岩以 6∶1∶2 的体积比混匀，每米^3 育苗基质加入黄腐酸含量>10%的复合肥（$N:P_2O_5:K_2O = 15:15:15$）2 千克、羊粪有机肥 10 千克，将混匀的基质均匀装入 72 孔育苗盘中。将辣椒种子置于 55℃左右的温水中，自然冷却并浸泡 6 小时后，取出置于 25～30℃催芽，待种子露白后播入装好基质的育苗盘中。

4.2　基肥施用技术

起垄后，在垄中间开 15 厘米深的沟，并施入基肥。每亩基肥用量为 400 千克羊粪有机肥、42 千克黄腐酸含量>10%的复合肥（$N:P_2O_5:K_2O = 15:15:15$）、500 克枯草芽孢杆菌菌剂（有效活菌数>2 亿/克）。基肥上覆盖土并铺设喷带，在垄上覆膜，以防止杂草生长和雨水导致养分淋洗。

4.3　定根肥施用技术

由于海南土壤结构普遍较差，易板结，辣椒幼苗种植后不能和土壤紧密接触，难以快速获取土壤养分，因此，幼苗移栽时，每亩地使用 3 千克黄腐酸含量>10%的速溶复合肥（N：P_2O_5：K_2O = 15：15：15），以 150 升水溶解后浇入辣椒根系周围，促进辣椒快速生长。

4.4 坐果期追肥技术

对椒坐果后，取 25 千克黄腐酸含量>10%的速溶复合肥（N：P_2O_5：K_2O = 20：5：20），溶解于 2 000 升水中，通过喷灌带均匀施入。同时每亩地叶面喷施 1 200 倍的糖醇螯合钙 50 升，以及含 1%硫酸镁和 0.2%硼砂的溶液 20 升。

4.5 采摘期追肥技术

每次采摘后，取 6.8 千克黄腐酸含量>10%的复合肥（N：P_2O_5：K_2O = 20：5：20），溶解于 500～1 000 升水中，通过喷灌带均匀施入。同时每亩地叶面喷施稀释至 1 200 倍的糖醇螯合钙 50 升、1%硫酸镁溶液 20 升、0.2%的硼砂 20 升。

华北地区露地甘蓝化肥减量增效技术模式

1 技术原理

甘蓝具有主根不发达、须根多、生长势强、喜肥耐肥、产量高的特点。每生产 1 000 千克鲜菜，需吸收氮 4.1 千克、五氧化二磷 1.4 千克、氧化钾 4.9 千克。由发芽期至莲座期需肥量约占总吸收量的 10%，且以氮为主，而结球期需肥量约占总需肥量的 90%。为满足植株生长对氮素和其他营养元素的需求，在施足优质圈肥作底肥的同时，最好配合施一部分尿素、边磷酸钙、氯化钾作基肥。另外，从莲座期开始，在追施氮肥的基础上配合使用磷、钾肥，促使早结球，结球紧实。实践证明，增施钾肥，既能加强养分供应，又能促进养分输往叶球，能使叶球充实，提高产量。

在华北地区典型蔬菜区土壤养分含量为：pH8.0，有机质 15.0 克/千克，碱解氮 130 毫克/千克，有效磷 45 毫克/千克，速效钾 160 毫克/千克，土壤的氮、磷、钾供肥系数分别为 0.6、0.7 和 0.7，肥料当季利用率分别为 35%、30%和 30%的条件下，达到每亩 5 000 千克的产量需要施入纯氮（N）24.0 千克、磷（P_2O_5）7.5 千克、钾（K_2O）25.7 千克。

2 技术效果

本技术是在遵从甘蓝生物学特性与需肥规律基础上，通过增施有机肥、采用水肥一体化等措施实现按需供肥，并重点通过前期施用生物功能肥料，促进根系发育，提高植株对养分的吸收，中后期平衡施肥，实现增产增收。同比习惯施肥，该技术每亩可节约肥料用量 3.0 千克以上，增产 5%以上，同时，对防治氨氮对环境的污染，降低土壤盐渍化，促进农业可持续发展具有重要意义。

3 适用范围

适用于华北大部分地区露地栽培。早春露地春甘蓝选用抗逆性强、耐抽薹、商品性好的早熟品种，如8398、中甘11号等品种；夏甘蓝选用抗病性强、耐热的品种，如中甘8号等品种；秋甘蓝选用优质、高产、耐贮藏的中晚熟品种，如京丰1号等品种。根据上市时间，每亩产量在5 000千克。适用土壤类型为褐土、潮土等，质地最好为轻壤或中壤。

4 技术措施

在开展测土配方施肥、水肥一体化等措施基础上，与地膜覆盖、膜下微灌、绿色病虫害防控等措施有机结合，实现化肥的减量增效施用。

4.1 基肥的施用

基肥包括有机肥与化肥。

4.1.1 有机肥的施用

有机肥的种类包括多种容易获得的有机肥源（各种圈肥、禽畜粪、稻壳肥、沼渣沼液、饼肥等）、商品有机肥以及促进根系生长的功能活性炭微生物菌剂产品（液体、固体）。

4.1.1.1 施用时期

有机肥在施用前应进行腐熟。最佳施用时期为移栽前7天整地时施用。促进根系生长的微生物产品最佳施用时期为植株定植时以及定植后一个月内施用。

4.1.1.2 施用量

农家肥（圈肥、禽畜粪、稻壳肥）等4 000千克（约10米^3）/亩，或商品有机肥500～1 000千克/亩，饼肥300千克/亩，活性炭微生物菌剂60千克/亩，微生物菌剂液体5千克/亩。

4.1.1.3 施用方法

普通农家肥施用采取撒施畦表，然后旋耕混匀；饼肥与微生物菌剂固体可采用定植前穴施，每穴施用饼肥0.1～0.15千克，活性炭微生物菌剂0.02～0.03千克，定植后可再随水冲施液体微生物菌剂5千克/亩促进幼苗生根。

4.1.1.4 注意事项

有机肥要提前进行腐熟，避免直接施用鲜物。

4.1.2 化肥的施用

甘蓝苗期需肥较少，基肥中施用化肥的作用主要是满足作物苗期的养分需要，同时平衡土壤中碳氮比（C/N）。

4.1.2.1 采用单质化肥的类型和用量

按需氮肥总量的30%施用，纯氮（N）施用量为每亩7.5千克，单质氮肥以硝酸铵或尿素为主，折合尿素为16.3千克。

按需磷肥总量的100%施用，纯磷（P_2O_5）施用量为7.5千克，磷肥以12%过磷酸钙为主，折合为 62.5 千克。

按需钾肥总量的 40%施用，纯钾（K_2O）施用量为 10.28 千克，钾肥以 50%硫酸钾为主（忌用氯化钾），折合为 20.56 千克。

4.1.2.2 采用复合肥的配方和用量

按照 4.1.2.1 同样的比例，基肥建议配方为 15－15－20，5 000 千克亩产量下每亩用量为 50 千克。

4.1.2.3 施肥时期与方法

最佳时期在整地时进行，距甘蓝幼苗移栽一周左右。

4.2 追肥

追肥是最重要的促产措施，追肥的类别包括水溶肥以及微生物菌剂等活性肥料等，建议采用水肥一体化进行施肥，微生物菌剂适合甘蓝前期使用，以促进甘蓝幼苗生根。

4.2.1 追肥类型与用量

4.2.1.1 采用单质化肥的类型和用量

按氮肥总量的 70%施用，纯氮（N）施用量为每亩 16.8 千克，单质氮肥以硝酸铵或尿素为主（禁用碳酸氢铵），折合尿素为 36.52 千克。

按钾肥总量的 60%施用，纯钾（K_2O）施用量为 15.42 千克，钾肥以硫酸钾为主（忌用氯化钾），折合为 30.84 千克。

4.2.1.2 采用复合肥的配方和用量

按照 4.2.1.1 同样比例，追肥建议肥料配方为 17－0－16，施用量为 100 千克。

4.2.2 施肥时期与方法

追肥一般采取随水冲施的形式进行。视天气情况整个生育期一般浇水 2～4 次，采用水肥一体化和膜下灌溉。除定植后第一水加入微生物菌剂促生根外，在莲座期、包心期结合浇水进行追肥。

湖南丘岗区黄花菜“有机肥＋配方肥”技术模式

1 技术概述

湖南是黄花菜主产区，种植面积全国第一，达 20 万亩，占全国 60%以上，年产量 50 万吨左右，占全国 85%以上。湖南黄花菜主要分布在祁东、邵东、祁阳等县的丘岗坡地带，施肥方面存在的主要问题有：一是盲目施肥。黄花菜种植属劳动密集型产业，种植主体只能由千家万户分散承担，因此，黄花菜施肥涉及农村千家万户，存在施肥结构不合理、施肥方法不当、盲目施肥、过量施肥等现象，造成黄花菜抗性差、品质差。二是有机肥用量很少，黄花菜产地耕地地力逐年下降。由于土杂肥、农家肥用量减少，有机肥与无机肥施用比例严重失调，造成黄花菜产地土壤板结、耕地地力下降、增肥不增产、增产不增收现象严重。三是技术物化率低，配方肥施用面积小。

“有机肥＋配方肥”施肥技术模式是通过测土配方施肥技术，根据黄花菜需肥规律和土壤供肥特性，制定黄花菜周年施肥方案，提高有机肥用量，改良黄花菜土壤，培肥地力，提升黄花菜品质，促进黄花菜绿色、高效发展。

2 技术效果

丘岗坡地地区黄花菜“有机肥＋配方肥”技术模式与农民习惯施肥相比，黄花菜产量可增加4%～8%，黄花菜抗病能力显著提高，黄花菜质量明显改善，亩均可减少氮（纯量，下同）4.5千克、氧化钾1.5千克，总减少化肥施用6千克以上，亩均节本增收200元以上。

3 适用范围

“有机肥＋配方肥”技术模式主要适用于湖南丘岗坡地区旱地或高岸田种植的黄花菜。

4 技术措施

4.1 施肥原则

4.1.1 因土定肥，因产定量

根据黄花菜的生长规律和吸收肥料的特征，结合分析近几年田间试验，黄花菜氮、磷、钾使用比例以 $N:P_2O_5:K_2O=1:0.36:1.2$ 较合理。目前湖南黄花菜主要种植的土壤旱土有：第四纪红土红壤、黑色石灰土和红色石灰土，稻田有红黄泥和灰泥田。分旱土和水田，按高、中、低划分土壤肥力等级，结合常年产量水平，旱土和水田分别按亩产量250千克、200千克、150千克和300千克、250千克、200千克确定目标产量，形成黄花菜化肥推荐用量检索表。

黄花菜化肥推荐用量检索表（千克/亩）

土壤类别	肥力等级	目标产量	化肥推荐用量		
			N	P_2O_5	K_2O
旱土	高	250	12～15	4.5～5.4	14.4～18
	中	200	10～13	3.6～4.7	12～15.6
	低	150	9～12	3.2～4	10.8～13.2
稻田	高	300	9～10	3.5～4.5	10.8～12
	中	250	8～9	3～3.2	9.6～10.8
	低	200	8～10	3～3.2	8.4～10.8

4.1.2 有机肥替代部分化肥

黄花菜是多年生作物，施用有机肥，不仅可减少化肥用量，更重要的是能改良土壤、提高黄花菜抗病能力和提升黄花菜品质。一是在老园改造和新园建设中，结合整地，深施重施腐熟堆肥、猪牛栏淤等有机肥；二是结合挖伏土与施冬肥，重施农家肥或商品有机肥；三是在苗期施用人粪尿等。

4.1.3 深埋深施，提高化肥利用率

黄花菜是短缩茎，每年向上生长1～2厘米，肥料浅施，会诱发短缩茎上长加快，造成黄花菜毛蔸，缩短黄花菜丰产年限，因此，黄花菜施肥要求深耕深施，施肥与改土配合，不仅可减少养分流失，提高肥料利用率，还可延长黄花菜丰产年限。

4.2 肥料品种与施肥量

4.2.1 有机肥

主要选择以当地畜禽粪便等有机肥为原料生产的商品有机肥或堆肥及其他农家肥。施用量：商品有机肥50～100千克/亩或者堆肥及其他农家肥800～1 000千克/亩。

4.2.2 配方肥

选择48%（20－8－20）或相近配方。施用量：40～50千克/亩。

4.3 施肥时期与方法

4.3.1 精细整地

种植黄花菜的地块，要求深翻30厘米以上，结合整地，每亩施腐熟堆肥、猪牛栏淤等有机肥1 000千克，对酸性过重的土壤，每亩施石灰50千克，土层浅的瘠薄旱土种植黄花菜要采用绿肥压青、挑客土等办法，加厚土层，改良土壤，建设高产稳产菜园。在黄花菜移栽前7天内，高标准开好主沟、围沟、厢沟，达到沟沟相通，雨住田干，排灌自如。要求主沟宽30厘米、深30厘米、围沟宽30厘米、深25厘米、厢沟宽30厘米、深20厘米。

4.3.2 科学施肥

一是施足冬肥。冬肥以有机肥为主，采收结束后，即时挖伏土，深施农家土杂肥、厩肥等有机肥料，或施商品生物有机肥50千克/亩。二是重施苗肥。春苗萌发时（苗高10厘米左右），每亩黄花菜配方肥48%（20－8－20）50千克，促春苗整齐快发。三是补施薹肥。在抽薹前7～10天结合中耕，每亩追施尿素5～6千克、氯化钾5～8千克，待土壤湿润时开穴深施后覆土，以促进抽薹整齐粗壮。四是看苗补施叶面肥（又称保蕾肥）。在抽薹始期用98%磷酸二氢钾25克兑水15千克，叶面喷雾。每亩药液用量40～60千克，每隔10天一次，连续3次，能显著增强植株抗旱、抗病能力，促使花蕾分化多、花蕾粗壮、叶片功能期延长、幼蕾脱落少，提高产量。

4.3.3 深挖伏土、冬培客土

黄花菜采摘完毕后，及时割除枯薹、枯叶、清除杂草，同时深挖一次伏土，做到行间深挖（15厘米），蔸边浅挖。土块暂不打碎，任其日晒雨淋。11～12月每亩挑客土8 000千克培蔸。既可防止黄花菜“跳根毛蔸”，又可为黄花菜保暖防冻。

三峡库区榨菜—水稻轮作“秸秆还田＋配方施肥”技术模式

1 技术概述

重庆是榨菜最适生产区，种植加工历史悠久，涪陵榨菜闻名中外。全市榨菜种植面积150万亩以上，年产量已超270万吨，其中鲜销90多万吨，加工转化170多万吨，在国内外市场的份额逐年增加，实现综合产值95亿元。“十三五”末，年种植面积力争达到200万亩，总产量350万吨；鲜销比重提高到40%，加工品产量超100万吨，精品出口10万吨；总产值达到120亿元。过去榨菜主要种植在旱地里，近十余年来，三峡库区榨菜主产区的稻田在水稻收获后也基本栽种榨菜，形成了水稻——榨菜轮作模式。在水稻—榨菜轮作中，榨菜叶全部还田，稻茬还田，同时土壤干湿交替，养分不断累积，逐步发展形成了一种特殊的肥沃水稻土——榨菜田。根据田间试验结果，榨菜田施用化肥对水稻增产作用不明显。一方面是因为榨菜叶还田为下一季水稻提供了可观的养分，榨菜叶平均每亩还田2 500千克，腐熟后能提供N 7.8千克、P_2O_5 2.7千克、K_2O 11.8千克，为下一季种植水稻提供了丰富的有机质和矿物质养分；另一方面是因为榨菜季施肥量较大，平均每亩施用N 26.3千克、$P_2O_5$7.0千克、K_2O7.2千克。残留的肥料在淹水后，在水稻季进一步产生肥效。因此针对三峡库区榨菜田种植水稻提倡不施化肥或少量施用化肥，避免过量施肥造成水稻长势过旺导致病虫害加重而影响水稻产量，同时减轻化肥流失对三峡库区的污染。

2 技术效果

通过榨菜—水稻轮作“秸秆还田＋配方施肥”技术模式，在榨菜田种植水稻推广少量施用化肥，较农户常规施肥平均每亩减少化肥用量氮（N）5千克、磷（P_2O_5）3千克、钾（K_2O）2千克，减少化肥10千克以上。三峡库区榨菜田主要分布在长江沿岸，在该区域推广榨菜田化肥减量施用能大幅降低施肥对长江水域的生态威胁。

3 适用范围

三峡库区榨菜—水稻轮作“秸秆还田＋配方施肥”技术模式适用于三峡库区榨菜—水稻轮作区域，重点区域在涪陵、万州、丰都、垫江、长寿等地，合川、江津、开州、云阳、梁平、渝北、武隆、忠县、潼南、秀山、永川、南川等地可作参考。

4 技术措施

4.1 榨菜叶还田

榨菜在2月收砍时，将所有残留根茎叶全部直接还田，自然腐熟后整地，于4月种植水稻。

4.2　水稻配方施肥

4.2.1　化肥施用量

榨菜田种植水稻少量施用化肥，氮肥（N）用量控制在3～5千克，磷肥（P_2O_5）2～3千克，钾肥（K_2O）2千克。

4.2.2　化肥施用时期及方法

40%氮肥，全部磷、钾肥在水稻移栽前撒施，施肥要均匀，施后浅耙入泥。60%氮肥在水稻移栽返青后撒施。

4.3　稻茬还田

水稻在8月下旬收获后，将高留稻茬翻压还田，腐熟后10月中、下旬种植榨菜。

四川安宁河流域平坝区洋葱地土壤修复与精准施肥化肥减量增效技术模式

1　技术概述

本区域洋葱生产存在化肥施用量偏高，有机肥料用量低，中微量元素施用少或不当，土壤酸化日趋严重等并存现象。该技术模式的效果近年来在洋葱生产中得到证实，其改善了土壤酸化现象，提高了洋葱产量和品质。

在洋葱苗床和大田，每亩撒施碱性土壤调理剂（pH 9～11）50～100千克，缓解土壤酸化。苗床期：用芸薹素＋多黏芽孢杆菌兑水喷雾拌种后播种，苗期喷施腐殖酸和微量元素叶面肥，解决常年秋雨造洋葱苗长势弱和死苗现象。本田期：洋葱苗移栽前用生物菌浸根，提高幼苗成活率；根据洋葱需肥规律，底肥配套大量元素、中微量元素；叶片生长期，追肥用大量元素肥料配套腐殖酸液肥促苗，并补充微量元素；鳞茎膨大期追肥，以磷、钾元素肥料为主，在灌溉或叶面施肥时补充微量元素肥料；在洋葱生长过程中保持足够的养分供应，避免过量用肥造成浪费。

病虫草害以预防为主，选用生物和高效低残留农药防治；收获前限制农药使用和灌溉水，保障产品质量。

2　技术效果

使用土壤调理剂，提高土壤pH 0.2以上，缓解土壤酸化；有机肥和无机肥搭配，增施中微量元素肥料，达到精准施肥，降低农业的面源污染源；应用生物制剂及高效低毒低残留农药，防治病虫害。

每亩减少化肥用量10%以上；增产900～1 000千克/亩；产品品质提高，售价高5%～10%；增收1 000元以上。

3 适用范围

适宜于四川安宁河流域平坝区，以及红皮洋葱和黄皮洋葱品种。

4 技术措施

4.1 苗床期种子及苗床处理

用0.4克芸薹素（含量0.1%）+60克多黏芽孢杆菌（10亿CFU/克）兑水5千克拌种，均匀撒播于苗床。苗长到5～7厘米时，用天杰龙（腐殖酸液肥）20克+天杰锌5克，兑水15千克/次喷雾，5天一次，喷雾2次。其后再叶面喷雾一次天杰龙（腐殖酸液肥）20克+天杰龙威（微量元素）25克，兑水15千克喷雾。在移栽前7天，叶面施用有机钾20克+磷酸二氢钾20克兑水15千克喷雾一次。

4.2 本田期种植管理

目标产量：红皮洋葱6吨/亩，黄皮洋葱7吨/亩。

4.2.1 移栽时种苗处理

用0.4克芸薹素（含量0.1%）+10克腐殖酸液肥+60克多黏芽孢杆菌兑水6千克浸根5分钟过后再移栽。

4.2.2 本田基肥

亩用：高氮硫酸钾型复合肥25千克22-8-10（N-P_2O_5-K_2O）；尿素5千克；土壤调理剂（K_2O≥5%；CaO≥25%；MgO≥5%；SiO_2≥15%；pH=9～11）40～60千克；克黄威（天杰微量元素：铁+锌+硼+钼+锰≥21%；钙+镁+硫≥10%）1千克。均匀撒施旋耕、起垄平厢、覆膜、栽苗。

4.2.3 本田肥水管理

每次将要施的肥料溶解后，第一次（缓苗后）采用浇灌，以后根据土壤墒情采取浇灌或灌溉水时在进水口处加入肥料溶液，流淌漫灌。

4.2.3.1 叶片生长期施肥

第一次追肥，移栽后10天，叶面喷施按1.2克芸薹素（0.1%）+天杰龙叶面肥（腐殖酸液肥）75克兑水15千克配制溶液，每亩喷施3～4份溶液，7天一次，喷雾2次。叶片生在三叶一心至四叶一心时，冲施沼液500千克+天杰根望[腐殖酸液肥，N-P_2O_5-K_2O：8-6-4，有机质4%)]5千克+尿素5千克+天杰锌肥200克+天杰硼200克+枯草芽孢杆菌400克。

第二次追肥，在六叶一心至七叶一心每亩追施沼液1 000千克+5千克尿素。

4.2.3.2 鳞茎膨大期施肥

第一次冲施天杰晶钾13-0-46（N-P_2O_5-K_2O）7.5千克+尿素5千克+水溶性高钾型硫酸钾型复合肥19-15-21（N-P_2O_5-K_2O）7.5千克+磷酸二铵18-46-0（N-

P_2O_5 -K_2O）1.5 千克+天杰根块壮［5-6-9（N-P_2O_5-K_2O），微量元素≥10%］5 千克和沼液 500 千克。10 天后，叶面按磷酸二氢钾 0-52-34（N-P_2O_5-K_2O）50 克+芸薹素 1.2 克（0.1%）+天杰龙［腐殖酸液叶面肥，8-6-4（N-P_2O_5-K_2O)］，有机质 4%兑水 15 千克配制溶液，亩喷施 3～4 份溶液。

第二次，一个月后再冲施天杰晶钾 7.5 千克+尿素 5 千克+天杰高钾型水溶性肥 19-15-21（N-P_2O_5-K_2O）5 千克。

4.2.4 病虫草害防治

4.2.4.1 病害防治

移栽后 10 天苗子成活，按霜霉威（722 克/升）20 毫升+嘧霉胺（40%）10 毫升兑水 15 千克配制药液，每亩喷雾 2～3 份溶液，防治霜霉病、灰霉病、疫病。也可选用霜霉威、嘧菌酯、异菌脲、抑快净、嘧霉胺、银法利、丙森锌、代森锰锌等药物，互配交替使用。

4.2.4.2 虫害防治

移栽后一个月冲灌球孢白僵菌（100 亿 CFU/克，500 克）预防根蛆，在 15 天左右预防葱蓟马一次，按啶虫脒（40%）10 克或者乙基多杀菌素（60 克/升）10 毫升兑水 15 千克配制药液，每亩喷施 2～3 份溶液防治。

4.2.4.3 草害防治

用乙草胺（900 克/升）15 毫升兑水 15 千克配制药液，在覆地膜前喷雾，每亩喷施 2～3 份溶液，进行芽前除草；大田用二甲戊灵（33%）50 毫升兑水 15 千克配置药液，进行田间除草。

4.3 注意事项

洋葱收获前 20 天不喷雾药物，以免农残超标；收获 10 天前严禁灌溉水，防止商品水分重，不耐运输和储藏。

浇灌或叶面喷施的微量元素肥料，各单品先独立溶解，在使用时再混合。

病虫草害防治，药液配制均按目前常用容量为 15 千克的喷雾器为准，若选用其他喷雾设备，根据设备要求增减药物用量。

第五章 果树化肥减量增效技术模式

燕山山麓平原区苹果园高效平衡施肥技术模式

1 技术概述

施肥是苹果生产中的一项重要管理内容，是否科学与精准直接影响产量和品质。目前果农施肥普遍存在以下问题：连年浅施有机肥，化肥撒施不覆土；重施氮、磷肥，轻施钾肥和中微量元素肥，肥料配比不合理；施肥时期不科学，不重视秋施基肥和分期施肥；施肥部位过于集中，造成局部烧根现象。通过实施苹果高效平衡施肥综合技术，能够根据苹果需肥规律、土壤供肥性能和肥料效应，在合理施用有机肥的基础上，适时、适量使用氮、磷、钾及中微量元素等肥料，有针对性地补充苹果树所需要的营养元素，缺什么补什么，缺多少补多少，实现各种养分在不同时期的均衡供应。该技术既能解决果农盲目大量施肥问题，又能增加产量，改善品质，增加收益，还能避免因过量施肥造成的土壤污染。

2 技术效果

同常规施肥技术相比，苹果高效平衡施肥技术能提高肥料利用率7%，每亩减少化肥用量15千克（折纯），土壤有机质每年提高0.1%～0.3%，土壤理化性状得到改善，土壤污染情况得到有效遏制。

3 适用范围

该技术适宜在燕山山麓平原区，低山丘陵区。苹果品系为红富士、金星和金冠系列。

4 技术措施

4.1 基肥

4.1.1 施肥时期

秋季施肥最适宜的时间是9月中旬到10月中旬，及中熟品种采收后。对于晚熟品种如“红富士”，建议采收后马上施肥，越快越好。

4.1.2 施肥品种

以有机肥为主，化肥为辅，增施生物肥料。有机肥包括豆粕、豆饼类，生物有机肥类，羊粪、牛粪、猪粪、商品有机肥类，沼液、沼渣类，秸秆类等。化肥为复合肥，包括磷酸二铵，三元素复合肥（高含量）等。

4.1.3　施肥用量

基肥的用量，按照有效成分计算，宜占全年总施肥量的70%左右，其中化肥占全年的17%。

一般来说，有机肥根据土壤的肥力确定不同经济年龄时期的施肥量较为适宜。扩冠期，每年每亩施入有机肥2 000～3 000千克；压冠期，每年每亩施入有机肥3 000～5 000千克；丰产期，更应重施有机肥的施入，用量可根据产量而定，生产1千克苹果要施入1.5千克有机肥。根据树龄加入10～15千克复合肥、50千克微生物肥料，适量硫酸亚铁、硫酸锌、硼砂等微肥。有机肥与化肥、生物肥料混合后施用。

4.1.4　施用方法

采用挖沟法。挖沟类型有环状沟、放射沟和条状沟。环状沟：在树冠外围挖一环形沟，沟宽20～50厘米，深度要因树龄和根的分布范围而异，小树可深些，大树一般挖深40厘米。放射沟：即在树冠下距树干1米左右处开始向外挖，根据树冠大小，向外挖放射沟6～10条，沟的深度和宽度同环形沟。条状沟即在树冠边缘稍外的地方，相对两面各挖一条施肥沟，深40厘米，宽20厘米，沟上依树冠大小而定，下一年换到另外相对的两面开沟施肥。

4.1.5　注意事项

有机肥必须要事先进行充分腐熟发酵，绝对不能直接施用生鲜堆肥，以免发生肥害、烧伤毛细根、加大病菌虫害扩繁。

4.2　追肥

4.2.1　追肥时期

追肥既为当季壮树和增产，也为果树来年的生长结果打下基础。追肥的具体时间因品种、需肥规律、树体生长结果状况而定。一般情况下，全年分3次追肥为宜：第一次追花前肥或萌芽肥（4月上旬），第二次追花后肥（5月中旬），这两次肥能有效地促进萌芽、开花并及时防止因开花消耗大量养分而产生脱肥，提高坐果率，促进新枝生长。第三次追花芽分化和幼果膨大肥（5月底至6月上旬），是为了满足果实膨大、枝叶生长和花芽分化的需要，此次施肥以钾肥为主。

4.2.2　追肥品种

尿素、磷酸二铵、硫酸钾、缓控释肥料。

4.2.3　追肥用量

经过多年的经验总结：幼树少施，大树多施，挂果少的少施，挂果多的多施，树干粗的少施，树弱的多施。

常规肥料：盛果期年施肥量为纯氮（N）36千克，磷（P_2O_5）15千克，钾（K_2O）30千克。也可以根据盛果期果树，每生产100千克果，需要施纯氮1.5千克、五氧化二磷0.75千克、氧化钾1.5千克来计算追肥数量。

花前追肥为尿素，每亩施用30千克；坐果期追肥，每亩尿素10千克、磷酸二铵15千克、硫酸钾30千克；果实膨大期追肥为尿素15千克、磷酸二铵10千克、硫酸钾20千克。果实生长后期为尿素10千克、磷酸二铵7千克、硫酸钾10千克。

缓控释肥：在花前期根据土壤养分状况，选用配方为 22-8-12、18-9-18、17-9-19、21-5-6 的缓控释肥料。盛果期树每株 2.5 千克，初果树每棵 1.5 千克，未结果树每棵 1.0 千克。

4.2.4 追肥方法

在树冠下采用开环状沟或放射沟，沟深 20～30 厘米，追肥后及时灌水。

4.2.5 注意事项

一般成年果树每年追肥 2～4 次，依果园土质和树龄而定，沙质土或高温多雨季节，土壤养分易流失，追肥应少量多次；黏质土或低温季节，可减少追肥次数，用量适当增加。使用新型肥料可减少追肥次数。

4.3 叶面施肥

在果树营养生长期，以喷施氮肥为主，浓度应偏低，如尿素为 0.3%～0.5%；生长季后期，以喷磷、钾肥为主，浓度可偏高，如喷施 0.5%磷酸二氢钾，喷施 0.5%～0.7%尿素。花期可喷施（0.2%～0.3%）氮、硼、钙或光合微肥。

全年果园叶面喷施进行 2～3 次，主要补充磷、钾大量元素，钙、镁中量元素和硼、铁、锰、锌等微量元素。在苹果补钙关键临界期（落花后第三至五周）连喷 2 次钙宝 600～800 倍液，间隔 10 天。在采果前 30 天（套袋果内袋除后）用钙宝 600～800 倍液加磷酸二氢钾 300 倍液喷施 1 次，提高肥料利用率，维持微量元素的平衡，防止苹果缺钙痘斑病和苦痘病等病害的发生。

冀中南平原潮土类型区苹果园生物有机肥替代化肥施肥技术模式

1 技术概述

1.1 施肥现状

多年来果农一直沿用传统的施肥习惯，只注重产量而忽视品质，化肥投入量偏大，忽视了有机肥的使用，造成果品品质下降。

1.2 果树生长必需元素

苹果树生长必需的大、中量元素有碳、氢、氧、氮、钾、钙、磷、镁、硫，微量元素有硼、锌、铁、铜、锰、钼、氯。

碳、氢、氧通过叶片的光合作用和水形成，氮、钾、钙、磷、镁、硫、硼、锌、铁、铜、锰、钼、氯等元素要通过土壤施肥和叶面追肥进行补充。

1.3 生物有机肥替代化肥

生物有机肥添加了生物菌，通过充分发酵而得，它具有分解土壤内被固定的 N、P、K

等元素，疏松土壤，抗盐碱等功效；具有改良修复土壤，抑制、驱避地下、地上病虫害，壮根发根，提高植物免疫力的作用。

生物有机肥替代化肥，不仅能提供苹果树所需养分，而且还能改善果实品质，提高商品价值。

2　技术效果

施用生物有机肥的果园，果实外观和内在品质明显提高，可溶性固型物含量增加10%～20%，果皮花青素含量增加20%～30%，维生素C含量提高10%～30%，糖酸比提高20%～50%。同时，果色鲜艳、适口性好、商品价值也高；增施有机肥促进农产品生产的优质化、农村环境的清洁化，减少土壤和水体污染，利于保护生态环境。

3　适用范围

有机肥替代化肥是增加土壤有机质、提高产品品质的有效途径。此模式适用于冀中南平原潮土类型区果园。

4　技术措施

施用生物有机肥后减少原来化肥1/2的用量，同时还能增加果品的品质。

4.1　施肥时间

最佳时间为秋季9月中旬苹果树新梢停止生长后作基肥施用，也可春季土壤解冻后发芽前施用。

4.2　施用数量

盛果期的苹果树，每亩用量300～500千克。

4.3　施肥方式

在树冠垂直投影2/3的地方开条形沟或环形沟，沟宽20厘米、深20～30厘米。开沟施肥后覆土浇水，可与化肥同施。

5　推广前景

推广生物有机肥既是提供作物营养、实现农业增产增收的需要，也是保护土壤肥力与农村环境、实现循环经济的需要。无论是发展可持续的生态农业、发展无公害、无污染的绿色农产品生产，还是减少农药和化肥的田间施用量以减少环境污染、降低生产成本，都将使得生物有机肥应用具有良好的推广前景。

晋南苹果“配方肥＋生物有机肥”减肥增效技术模式

1 技术概述

利用测土配方施肥技术有针对性地补充作物所需的营养元素，实现各种养分平衡供应，满足作物的需要，从而达到提高作物产量、降低农业生产成本、保护农业生态环境的目的。

生物有机肥可调理土壤、激活土壤中微生物活跃率，克服土壤板结，增加土壤通透性，减少水分流失与蒸发，减轻干旱的压力，在减少化肥用量的情况下，提高土壤肥力，使农作物实现稳产提质。

2 技术效果

苹果常规施肥每亩施尿素（N≥46%）50千克、过磷酸钙（P_2O_5≥16%）150千克、硫酸钾（K_2O≥50%）50千克作为底肥，果实膨大期追施高钾复合肥（15－5－25）50千克，共施用化肥（折纯养分）94.5千克；苹果“配方肥＋生物有机肥”化肥减量技术模式每亩施配方肥（折纯养分）65.5千克，化肥（折纯养分）每亩用量减少29千克，减幅达30.7%。

苹果应用“配方肥＋生物有机肥”化肥减量技术模式，既能提高土壤有机质含量，培肥改良土壤，还可利用生物有机肥的功能菌，促进被土壤固定养分的释放，提高肥料利用率。从而提高农产品品质，使果品色泽鲜艳、个头整齐、成熟集中，可溶性糖及维生素含量都有所提高，口感更好，有利于进入高端市场销售。

3 适用范围

晋南盛果期果园。

4 技术措施

4.1 基肥

果实采收后（9月下旬至10月上旬）每亩施配方肥（13－15－18）50千克＋生物有机肥200千克。施肥方法为：距树干15～30厘米处，向外开挖4～6条放射状施肥沟，沟深10～30厘米，沟宽20～40厘米，长略超过树冠外沿。

4.2 追肥

萌芽期每亩追施配方肥（28－6－6）50千克；花芽分化期每亩追施配方肥（10－20－

10）50 千克；果实膨大初期或着色前期每亩追施配方肥（15－5－25）50 千克。施肥方法均为穴施。

4.3　叶面喷肥

于花序分离期、幼果期和果实膨大期叶面喷施中、微量元素水溶肥料各一次，每亩每次喷施中量元素水溶肥料 100 克＋微量元素水溶肥料 100 克，稀释 1 000 倍。

晋南苹果“沼渣沼液＋配方肥＋水溶肥”化肥减量技术模式

1　技术概述

将畜禽粪便肥按 1∶10 的比例加水稀释，归集于多个沼气发酵池中，再按比例加入复合微生物菌剂，对畜禽粪便进行无害化处理，经过充分发酵后直接入园。

将配方肥深施于树干周围，随后将腐熟的沼渣沼液通过地埋管道输入果园，随灌溉水一起施入提前开好的沟穴内，待水肥全部渗入土壤后，覆土保肥保墒。

2　技术效果

果园常规施肥基肥用量为商品有机肥 150 千克/亩＋配方肥（15－15－15）150 千克/亩＋三次追肥（15－15－15）120 千克/亩，全年施用化肥（折纯）121.5 千克/亩；化肥减量模式的果园基肥用量为配方肥（15－17－13）120 千克/亩＋三次水溶肥料追肥（折纯）21 千克/亩，全年合计化肥（折纯）75 千克/亩。化肥减量模式和常规施肥模式相比，化肥（折纯）每亩用量减少 46.5 千克，减幅为 38.3％。

应用“商品有机肥＋配方肥＋水溶肥”化肥减量技术模式，增加了有机肥的施入比例，土壤保水、保肥能力增强，肥效持久，水肥供应平衡，使果实外观和内在品质明显提高，达到了提质增效的目的。

3　适用范围

晋南高产果园。

4　技术措施

将经过沼气发酵池充分发酵后的沼渣沼液，通过地埋管道，分春、秋两季冲施于果园。

4.1 基肥

4.1.1 施肥时期及数量

施肥时期：果实采摘前后（9 月下旬至 10 月上旬）。

施肥数量：每亩施配方肥 120 千克，沼渣沼液 270 米^3。

4.1.2 施肥方式

先将配方肥以放射状或条状施于果树周围，施肥深度 20～40 厘米，沼渣沼液结合灌溉开沟施于树干周围。

4.2 追肥

4.2.1 第一次追肥

萌芽至开花期（3 月中旬至 4 月上旬），每亩追含有机质的高氮水溶肥料（35－10－15）10 千克，用施肥枪注入果树周边土壤，同时结合灌溉追入沼渣沼液 35 米^3。

4.2.2 第二次追肥

果实第一次膨大期（5 月下旬至 6 月上旬），每亩追含有机质的高磷水溶肥（10－35－15）10 千克＋菌液 0.5～1 千克，用施肥枪注入果树周边土壤。

4.2.3 第三次追肥

果实第二次膨大期（7 月下旬至 8 月上旬），每亩追含有机质的高钾水溶肥料（10－10－40）15 千克＋菌液 0.5～1 千克，用施肥枪注入果树周边土壤。

渤海湾地区苹果园“有机肥＋配方肥＋自然生草”技术模式

1 技术概述

辽宁渤海湾地区苹果施肥及管理普遍存在以下问题：一是有机肥施用少或者不施；施肥方法不当，普遍地面浅施。二是化肥施肥量大，并且氮、磷、钾配比不合理，许多果农全程施用均衡配方的肥料，施肥方法不当，地面撒施不覆土。三是重施氮、磷、钾，轻施中微量元素肥料。四是存在许多清耕果园。

通过实施有机肥＋配方肥＋自然生草综合技术，即在秋季增施有机肥基础上，采用测土配方施肥技术合理配施底肥和追肥，并于生长期采取行间自然生草制。增施有机肥，既改良土壤，又提供养分，可以稳定产量，改善果实品质。实施测土配方施肥技术，推荐大中微量元素的施用量施用时期和施用方法，实现各种养分均衡供应，促进苹果树体生长发育，改善果实品质。果园自然生草是人工选择自然生杂草，控制不良杂草对果树和果园土壤的有害影响，是一项先进、实用、高效的土壤管理方法。实施该技术，近地层光、热、水、气等生态因子会发生明显变化，形成了有利于果树生长发育的小气候环境。

2　技术效果

同常规施肥技术相比，苹果有机肥＋配方肥＋自然生草技术可以提高肥料利用率5%以上，减少化肥施用量10千克以上，增产率5%以上。果园土壤理化性状得到明显改善。

3　适用范围

该技术适用于辽宁渤海湾区域以及其他水肥条件较好的区域。

4　技术措施

4.1　基肥

4.1.1　施肥时期

秋季施肥最适宜的时间是9月中旬到10月中旬，果实采收后施用。

4.1.2　施肥类型

有机肥包括豆粕、豆饼类，生物有机肥类，羊粪、牛粪、猪粪、商品有机肥类，沼液、沼渣类，秸秆类等。化肥选用尿素、磷酸二铵和硫酸钾单质肥料或18-13-14（或相近配方）高氮磷复混肥。

4.1.3　施肥量

农家肥（羊粪、牛粪等）2 000千克/亩，或优质生物肥500千克/亩，或饼肥200千克/亩，或腐殖酸200千克/亩。每生产1 000千克苹果需要施尿素5.0千克、磷酸二铵5.0千克、硫酸钾5.0千克或者18-13-14（或相近配方）配方肥18千克左右。

4.1.4　施肥方法

施用方法采取沟施或穴施，沟施时沟宽30厘米左右、长度50～100厘米、深40厘米，分为环状沟、放射状沟以及株间条沟。穴施时根据根冠大小，每株树4～6个穴，穴的直径和深度为30～40厘米。每年再交换位置挖穴，穴的有效期为3年。施用时将有机肥、化肥与土混匀。

4.2　追肥

4.2.1　施肥时期

第一次膨果肥在果实套袋前后即6月初施用；第二次膨果肥在果实膨大期即7～8月施用。

4.2.2　肥料类型

第一次膨果肥：每生产1 000千克苹果施尿素6.0千克、磷酸二铵1.7千克、硫酸钾5.0千克或者施22-5-18（或相近高氮高钾配方）配方肥15千克左右。

第二次膨果肥：每生产1 000千克苹果施尿素2.5千克、磷酸二铵1.7千克、硫酸钾6.5千克或者12-6-27（或相近高氮高钾配方）配方肥15千克左右。

4.2.3 施肥方法

采用放射沟法或穴施。

5 中微量元素施用

5.1 底肥施用

根据外观症状每亩施用硫酸锌 1～2 千克、硼砂 0.5～1.5 千克。土壤 pH 在 5.0 以下的果园，每亩施用石灰 150～200 千克 或硅钙镁肥 50～100 千克。与有机肥一起混匀施用。

5.2 根外施肥

根外施肥时期、浓度和作用见下表。

苹果根外施肥时期、浓度

时期	种类、浓度（用量）	作　用	备　注
萌芽前	3%尿素+0.5%硼砂	增加贮藏营养	特别上年落叶早的果园，喷 3 次，间隔 5 天左右
萌芽前	1%～2%硫酸锌	矫正小叶病	主要用于易缺锌的果园
萌芽前	1%～2%硫酸锌	矫正小叶病	主要用于易缺锌的果园
萌芽后	0.3%～0.5%的硫酸锌	矫正小叶病	出现小叶病时应用
花期	0.3%～0.4%硼砂	提高坐果率	可连续喷施 2 次
新梢旺长期	0.1%～0.2%柠檬酸铁	矫正缺铁黄叶病	可连续喷施 2～3 次
5～6 月	0.3%～0.4%硼砂	防治缩果病	可连续喷 2 次
	0.3%～0.4%硝酸钙	防治苦痘病	在套袋前连续喷 3～4 次
落叶前	1%～10%的尿素+0.5%～2%的硫酸锌+0.5%～2%硼砂	增加贮藏营养，防生理性病害	主要用于早期落叶、不落叶、缺锌、缺硼的果园。浓度前低后高，喷 3 次，间隔 7 天左右

6 自然生草技术

6.1 处理方法

让自然杂草自由萌发生长，适时拔除（或刈割）豚草、苋菜、藜、苘麻、葎草等高大恶性草。

6.2 刈割管理

生长季节适时刈割，调节草种演替，促进以禾本科草为主要建群种的草被发育。每年刈割次数以 4～6 次为宜，雨季后期停止刈割。刈割留茬高度 20 厘米 左右为宜。刈割下来的草覆在行内垄上。

胶东丘陵区苹果“有机肥＋水肥一体化＋酸化土改良”技术模式

1　技术概述

苹果是多年生植物，许多果农为了追求高产和大果，盲目地增施肥料、偏施氮肥、有机肥施用不足、不合理灌溉、养分利用效率低等现象普遍存在，不仅造成了水分和肥料的大量浪费，同时也导致了土壤板结、酸化、养分比例失调以及有害微生物的大量繁殖，从而导致果树产量、品质降低。“有机肥＋水肥一体化＋酸化土改良”模式是针对胶东丘陵区果园存在的问题而展开的技术研究。有机肥主要使用商品有机肥或农家肥，不仅能改良土壤、培肥地力，还能提高产量和改善品质，通过水肥一体化技术，能够精确地控制灌水量和施肥量，显著提高水肥利用效率，改良酸性土壤，对于提高苹果品质、保护生态环境安全、促进耕地资源的可持续利用，均具有重要的战略意义和现实意义。

2　技术效果

经初步测算，该技术模式与农民习惯管理果园相比，苹果产量提高10%～15%，采用水肥一体化较传统方式节水25%～40%、节肥30%～50%、省工80%，增施有机肥，可增加土壤有机质含量，改善土壤团粒结构，改良酸化土壤，可防止养分流失，提高土壤肥力，恢复酸性土壤的生产力。该技术模式可培肥地力、减少化肥用量、提高肥料利用率、减少对环境资源的污染，达到生态环保的效果。

3　适用范围

该技术模式适用于烟台丘陵区，亩产量3 000～4 000千克，品种为红富士、金冠、嘎拉、红将军等的苹果园，山东其他地方的丘陵区果园也可借鉴。

4　技术措施

4.1　施肥原则

4.1.1　增施有机肥

提倡有机无机配合施用。

4.1.2　优化化肥品种结构

胶东果园土壤普遍酸化，建议少施酸性或生理酸性肥料。氮肥少施铵态氮肥，建议多使用硝态氮肥，如硝酸钙、硝酸钾等；磷肥可选用磷酸一铵或磷酸二铵，推广使用聚磷酸铵肥料；钾肥可选用氯化钾、硝酸钾、磷酸二氢钾、钾硅肥、硫酸钾等，不选用含游离酸高的硫酸钾；中微量元素肥选用硝酸钙、生石灰、硼砂、硼酸钠、硫酸镁。

4.1.3 出现土壤酸化的果园可通过使用生石灰、氧化镁、贝壳粉等矿物源土壤改良剂调节土壤酸碱度。

4.1.4 施肥应与果园生草、水肥一体化等高产栽培技术相结合。

4.2 基肥

4.2.1 基肥施用时期

基肥最适宜的施用时间是10月下旬到11月上旬，对于晚熟品种，建议采收后马上施肥。追肥可采用水肥一体化技术分多次施用。

4.2.2 基肥用量

一般早熟品种或土壤肥沃、树龄小、树势强的果园施农家肥2 000～3 000千克/亩，晚熟品种、土壤瘠薄、树龄大、树势弱的果园施农家肥3 000～4 000千克/亩，或每亩使用商品有机肥500千克以上。一般基施纯氮10.5千克、五氧化二磷8千克、氧化钾8.75千克，可选用三元复合肥（22-7-11）50千克，如果土壤氮、磷养分不足每亩可加施10千克磷酸二铵（N21%、$P_2O_5$53%）。亩施硼砂1千克、硫酸锌1.5千克、硝酸钙30～50千克。

4.2.3 施用方法

基肥采用放射沟施，施用时以主干为中心，距主干50厘米以放射状向外挖沟，数量6～8条，近树干沟浅而窄，宽、深约20厘米，外围沟宽、深40～50厘米，沟长达树冠垂直投影边缘外50厘米。挖沟时注意保护果树大根以免误伤。追肥采用在树冠下挖放射沟或环状沟，沟深15～20厘米。

4.3 追肥

4.3.1 追肥时期

采用水肥一体化技术，追肥可多次少施。整个生育期可在花前、初花期、花后、初果和果实膨大期进行管道施肥。

4.3.2 追肥用量

每亩共需纯氮、五氧化二磷、氧化钾分别为22.9千克、11.05千克、28.47千克（附表）。前期需要高氮低磷中钾，建议用17-10-18苹果配方肥；膨大期宜选用低氮中磷高钾型配方肥，如12-11-18；膨果肥也可选用高钾配方15-5-30、16-8-34水溶性肥料。或选用尿素（N46%）、工业级磷酸一铵（N12%、$P_2O_5$61%）、硝酸钾（N13%、K_2O46%）3种水溶性基础肥料配制。

4.4 酸化土改良

出现土壤酸化的果园可通过贝壳粉等矿物源土壤改良剂或生石灰调节土壤酸碱度，用量50～100千克，目标pH 6.0～6.5，应用生石灰改良果园酸化土壤时，注意均匀撒施，施后与土混合，避免因集中施用损伤果树根系。

4.5 种植鼠茅草

9月底、10月初在果园行间种植鼠茅草，撒播，播量1.5～2千克/亩，每年的6月自然倒伏，种子散落后第二年自然发芽，每3～5年更新一次，有补充土壤有机质的作用。

4.6　注意事项

水肥一体化技术一般要求肥料水溶型好、无杂质沉淀，以免堵塞管道和滴头；最好选用中性或弱酸性水溶肥以免造成土壤酸化。滴水 5 分钟后开始滴肥，待 15 分钟后，停止滴肥，再滴 5 分钟清水，防止肥料残渣堵孔。

4.7　根外追肥

根外施肥一般与喷洒农药相结合，开花前喷施浓度为 0.3%～0.5%的硼砂或 1 500 倍硼酸钠，2～3 次；果实套袋前喷施浓度为 1 500 倍康朴液钙或 0.2%～0.4%硝酸钙，一般为 3 次；生育后期喷施 0.2%磷酸二氢钾。在采前 4 周和 2 周增加喷施浓度为 1 500 倍康朴液钙。

苹果亩产 3 000～4 000 千克微灌施肥方案

生育期	灌溉次数	灌水定额［米^3/（亩·次）］	每次施肥的纯养分量（千克/亩）				灌溉方式
			N	P_2O_5	K_2O	小计	
收获后	1	30	10.5	8	8.75	27.25	沟灌
花　前	1	15	5.3	1.18	3.3	9.78	微灌
初花期	1	15	5.3	1.17	3.3	9.77	微灌
花　后	1	20	3.15	2.9	4.75	10.8	微灌
初　果	1	20	3.15	2.9	4.75	10.8	微灌
果实膨大期	1	20	3.0	1.6	6.15	10.75	微灌
果实膨大期	1	20	3.0	1.6	6.15	10.75	微灌
合　计	7	140	33.4	19.05	37.22	89.67	

鲁中山区苹果园高效平衡施肥技术模式

1　技术概述

施肥是苹果生产中的重要管理内容之一，科学合理施肥有利于提高苹果产量和品质，滥施肥料则不仅导致肥料利用率低、果实品质下降，还带来土壤质量下降、水体富营养化和温室气体排放等生态环境问题。目前果农施肥普遍存在以下问题：苹果园土壤有机质含量低，有机肥投入不足；氮、磷肥用量偏高，中微量元素养分投入不足，肥料增产效率低，生理性病害发生严重；过量施用化肥不仅不能大幅度提高苹果树产量，而且易引发苦痘病、黑点病、缩果病、黄叶病、小叶病和粗皮病等生理性病害。高效平衡施肥是基于果园养分状况和果树营养特性基础之上，以高产、优质、高效和环保为目标，最大限度实现经济效益、生态效益和社会效益的最佳化。该技术既能解决果农盲目大量施肥问题，又能增加产量、改善品质、增加收益，还能避免因过量施肥造成的土壤污染。

2 技术效果

同常规施肥技术相比，苹果高效平衡施肥技术能提高肥料利用率10%，每亩减少化肥用量25千克（折纯）；苹果每亩产量增加6%左右。土壤有机质含量得到提升，土壤理化性状得到改善，土壤污染情况得到有效遏制。

3 适用范围

该技术适宜在山东省鲁中低山丘陵区。苹果品系为红富士、沂源红、红将军、太平洋嘎拉等系列。

4 技术措施

4.1 基肥

4.1.1 施肥时期

秋季施肥最适宜的时间是9月中旬到10月中旬，即中熟品种采收后，此时正是根系最后一次生长高峰，气温、土温、墒情均较适宜，既有利于根系伤口愈合恢复，基肥又能尽快分解转化，利于果树吸收，增加贮藏营养，为来年春季萌芽、开花、坐果提供充足营养保证。晚熟品种如“红富士”等，果实采摘前施肥不方便，应在果实采收后马上施肥，越快越好。

4.1.2 施肥原则

有机肥为主，化肥为辅，增施生物肥料。

4.1.3 有机肥的施用

4.1.3.1 有机肥类型

以有机肥为主，化肥为辅，增施生物肥料。有机肥包括豆粕、豆饼类，生物有机肥类，羊粪、牛粪、猪粪、商品有机肥类，沼液、沼渣类，秸秆类等。有机肥必须要事先进行充分腐熟发酵，绝对不能直接施用未腐熟堆肥，以免发生肥害、烧伤毛细根、加大病菌虫害扩繁。

4.1.3.2 有机肥施用量

一般来说，有机肥根据土壤的肥力确定不同经济年龄时期的施肥量较为适宜。扩冠期，每年每亩施入有机肥2 000～3 000千克；压冠期，每年每亩施入有机肥3 000～5 000千克；丰产期，更应重施有机肥的施入，用量可根据产量而定，一般亩产2 000千克以上的果园达到“斤果斤肥”的标准，即每生产1千克苹果需施入优质有机肥1千克；亩产2 500～4 000千克的丰产园，有机肥的施用量要达到1.5倍的水平。也可每亩施用优质生物肥500千克，或饼肥200千克，或腐殖酸200千克。

4.1.3.3 有机肥施用方法

有机肥建议采用集中施用、局部优化的方式进行，可采取沟施或穴施，沟施时沟宽30厘米左右、长50～100厘米、深40厘米左右，分为环状沟、放射状沟以及株（行）间条沟。

穴施时根据树冠大小，每株树 4～6 个穴，穴的直径和深度为 30～40 厘米。每年交换位置挖穴，穴的有效期为 3 年。施用时将有机肥等与土充分混匀。

4.1.4　化肥的施用

4.1.4.1　化肥类型和用量

采用单质化肥的类型和用量：在土壤有机质含量 10 克/千克、碱解氮 80 毫克/千克、有效磷 60 毫克/千克和速效钾 150 毫克/千克左右情况下，每生产 1 000 千克苹果需要施氮肥（折纯氮）2.4～4 千克（换算成尿素为 5.2～8.7 千克），最适用量为 3.2 千克左右；施磷肥（折纯五氧化二磷）1.8～3 千克（换算成 18%过磷酸钙为 10～16.7 千克），最适用量为 2.4 千克左右；施钾肥（折纯氧化钾）2.1～3.3 千克（换算成硫酸钾为 4.2～6.6 千克），最适用量为 2.6 千克左右。在土壤碱解氮小于 55 毫克/千克、有效磷小于 30 毫克/千克和速效钾小于 50 毫克/千克情况下取高值；而在土壤碱解氮大于 100 毫克/千克、有效磷大于 90 毫克/千克和速效钾大于 200 毫克/千克或采用控释肥、水肥一体化技术等情况下取低值（下同）。

采用复合肥的配方和用量：建议配方为氮∶磷∶钾＝18∶13∶14（或相近配方），每 1 000 千克产量用复合肥 18 千克左右。

中微量元素肥料类型和用量：根据外观症状每亩施用硫酸锌 1～2 千克、硼砂 0.5～1.5 千克。土壤 pH 在 5.5 以下的苹果园，每亩施用石灰 150～200 千克或硅钙镁肥 50～100 千克。

4.1.4.2　施肥时期和方法

与有机肥混匀施用。

4.2　春季钙肥的施用

在 3 月中旬到 4 月中旬施一次钙肥，每亩施硝酸铵钙 40～60 千克，尤其是苹果苦痘病、裂纹等缺钙严重的苹果园。

4.3　追肥

4.3.1　追肥时期

追肥既是当季壮树和增产的肥料，也为果树来年的生长结果打下基础。追肥的具体时间因品种、需肥规律、树体生长结果状况而定。一般情况下，全年以 3 次追肥为宜：4 月下旬，追花后肥，这次追肥能有效地防止因开花消耗大量养分而产生脱肥，提高坐果率，促进新枝生长。6 月上旬，追第一次膨果肥，是为了满足果实膨大、枝叶生长和花芽分化的需要。8 月上旬，追第二次膨果肥，是为了满足果实膨大生长、提高品质的需要。

4.3.2　花后肥的施用

根据树势进行追肥，树势弱的，可每亩追尿素 6.9～9.2 千克；树势过旺的不用追施。

4.3.3　第一次膨果肥的施用

4.3.3.1　化肥类型和用量

采用单质化肥的类型和用量：在土壤有机质含量 10 克/千克、碱解氮含量 80 毫克/千克、有效磷含量 60 毫克/千克和速效钾含量 150 毫克/千克左右情况下，每生产 1 000 千克苹果需要施氮肥（折纯氮）2.4～4 千克（换算成尿素为 5.2～8.7 千克），最适用量为 3.2 千克左右；施磷肥（折纯五氧化二磷）0.6～1 千克（换算成 18%过磷酸钙为 3.3～5.6 千克），最适用量为 0.8 千克左右；施钾肥（折纯氧化钾）2.1～3.3 千克（换算成硫酸钾为

4.2～6.6千克），最适用量为2.6千克左右。

采用复合肥的配方和用量：建议配方为氮：磷：钾＝22：5：18（或相近配方），每1 000千克产量用复合肥14.5千克左右。

4.3.3.2 施肥时期和方法

在果实套袋前后，即6月初进行施肥。采用放射状沟施或穴施，施肥深度15～20厘米。

4.3.4 第二次膨果肥的施用

4.3.4.1 化肥类型和用量

采用单质化肥的类型和用量：在土壤有机质含量10克/千克、碱解氮含量80毫克/千克、有效磷含量60毫克/千克和速效钾含量150毫克/千克左右情况下，每生产1 000千克苹果需要施氮肥（折纯氮）1.2～2千克（换算成尿素为2.6～4.4千克），最适用量为1.4千克左右；施磷肥（折纯五氧化二磷）0.6～1千克（换算成18%过磷酸钙为3.3～5.6千克），最适用量为0.8千克左右；施钾肥（折纯氧化钾）2.8～4.4千克（换算成硫酸钾为5.6～8.8千克），最适用量为3.5千克左右。

采用复合肥的配方和用量：建议配方为氮：磷：钾＝16：6：26（或相近配方），每1 000千克产量用复合肥12千克左右。

4.3.4.2 施肥时期和方法

在果实第二次膨大期，即7月底至8月初进行。采用放射状沟施或穴施，施肥深度为15～20厘米，最好采用少量多次法，水肥一体化技术最佳。

4.4 根外施肥

相对大量元素氮、磷、钾，果树对中微量元素的需求量相对较少。正常条件下，土壤所含有的中微量元素基本可满足苹果树正常生长的需要。但在高产园、有土壤障碍发生或大量元素肥料施用不合理的苹果园，以及土壤中微量元素含量低的地区，往往会出现中、微量元素缺乏问题。在此类苹果园中，中微量元素肥料施入土壤后养分有效性较低，因此，中微量元素肥料建议采用叶面喷施的方法进行补充，具体根外施肥时期、浓度和作用见下表。

苹果根外施肥时期、浓度

时期	种类、浓度（用量）	作　用	备　注
萌芽前	3%尿素＋0.5%硼砂	增加贮藏营养	特别是上一年落叶早的苹果园，喷3次，间隔5天左右
萌芽前	1%～2%硫酸锌	矫正小叶病	主要用于易缺锌的苹果园
萌芽后	0.3%～0.5%硫酸锌	矫正小叶病	出现小叶病时应用
花期	0.3%～0.4%硼砂	提高坐果率	可连续喷施2次
新梢旺长期	0.1%～0.2%柠檬酸铁	矫正缺铁黄叶病	可连续喷施2～3次
5～6月	0.3%～0.4%硼砂	防治缩果病	可连续喷施2次
	0.3%～0.4%硝酸钙	防治苦痘病	在套袋前连续喷施3～4次
落叶前	1%～10%尿素＋0.5%～2%硫酸锌＋0.5%～2%硼砂	增加贮藏营养，防生理性病害	主要用于早期落叶、不落叶、缺锌、缺硼的苹果园。浓度前低后高，喷3次，间隔7天左右

伏牛山南麓浅山丘陵区猕猴桃水肥一体化技术模式

1　技术概述

根据猕猴桃的需肥规律，在不同时期针对不同土壤条件和生物需肥特性，施用有机肥料、复合肥料（硫酸钾）、冲施肥或单质肥料。通过水肥一体化工程措施，解决追肥困难、水源不足等问题，减少肥料挥发、渗漏、固定等流失。

猕猴桃水肥一体化施肥模式，灌溉施肥定量调控，满足了关键生育期的水肥需要，节省了水肥用量，提高了水肥利用率，达到了产量和品质都提高的目标，实现了减肥增效的目的。

2　技术效果

采用水肥一体化模式结合灌溉施肥，提高了肥料利用率，一般节省肥料用量达 40%以上，亩均节约灌溉用水量 30 吨。

3　适用范围

伏牛山南部浅山丘陵地区，土壤深厚肥沃、透气性好、有机质含量高、土壤微酸性，是猕猴桃适生区。

4　技术措施

4.1　施肥品种

商品有机肥、硫酸钾复合肥、冲施肥、硫酸钾、磷酸二氢钾。

4.2　施肥时期及用量

4.2.1　基肥

对盛果期园地，每年 11 月猕猴桃采果后施基肥，结合翻耕每亩施用 800～1 000 千克商品有机肥，施用氮（折纯）5～6 千克/亩、五氧化二磷（折纯）3～4 千克/亩、氧化钾（折纯）3～4 千克/亩，或用配方 20－10－10 硫酸钾复合肥 50～60 千克/亩，施肥方式为底施。

4.2.2　萌芽期追肥

每年 4 月萌芽期，第一次追肥施用氮（折纯）4～5 千克/亩、五氧化二磷（折纯）2～3 千克/亩、氧化钾（折纯）2～3 千克/亩。施肥方式采用水肥一体化模式。

4.2.3　花后促果追肥

每年 6～8 月花期后，追肥 3 次，每次施用氮（折纯）1.5～2 千克/亩、五氧化二磷（折纯）1 千克/亩、氧化钾（折纯）1.5～2 千克/亩。施肥方式采用水肥一体化模式。

豫西山地丘陵区苹果
水肥一体化节肥增效技术模式

1 技术概述

水肥一体化是水和肥同步供应的一项集成农业技术，保证作物在吸收水分的同时吸收养分，又称“灌溉施肥”或“水肥耦合”。果树水肥一体化主要是在有压水源条件下，通过施肥装置和灌水器，将肥水混合液输送至作物根系附近的技术。果树水肥一体化技术包括滴灌施肥、渗灌施肥、小管出流施肥以及环绕滴灌施肥等方法。环绕滴灌施肥是在原来的滴灌施肥技术基础上对滴头布置方式进行适当改进，同时配套生草覆盖、地布覆盖（即可防治杂草，减少蒸腾，又透气性好，雨水可以渗入）等农艺措施，节水节肥增效效果显著，有广阔的应用前景。

2 技术效果

水肥一体化施肥技术是由管道准确适时适量地向作物的根层供水，并可局部灌溉施肥，提高水的利用率；由于减少了肥料的流失，提高了肥效，同时滴灌施肥多集中在根层附近，容易被作物吸收，肥料利用率较高；因为水肥合理配合，增产增收效果明显。此外，还可改善土壤的环境结构，滴灌浇水比较均匀，用水少，保持了土壤疏松，不容易板结。

3 适用范围

适用于豫西山地丘陵缺水地区，依据不同地区、不同气候、土壤条件和降水情况，水肥用量需及时调整。

4 技术内容

4.1 环绕滴灌施肥核心技术

4.1.1 系统组成

环绕滴灌施肥首部枢纽由水泵、动力机、变频设备、施肥设备、过滤设备、进排气阀、流量及压力测量仪表等组成。每行果树沿树行布置一条灌溉支管，距树干50厘米处，铺设一条环形滴灌毛管，直径1米左右，围绕树干铺设一条环形滴灌管；在滴灌管上均匀安装4～6个压力补偿式滴头，形成环绕滴灌。其中，幼龄果树4～5个滴头，成年果树6个滴头，流量4.2升/小时。

4.1.2 操作要点

在正常年份，全生育期滴灌5～7次，总灌水量110～150米^3/亩；随水施水溶肥3～4次，每次3～6千克/亩。果树萌芽前，以放射沟或环状沟施肥方式施入三元复合肥

（20－10－20）50～60 千克，花后滴施水溶性配方肥 10～15 千克/亩，$N:P_2O_5:K_2O$ 比例以20：10：10 为宜。果实膨大期结合滴灌施肥 1～2 次，每次滴施水溶性配方肥 10～15 千克/亩，$N:P_2O_5:K_2O$ 比例以 10：10：20 为宜。果实采收后，沿树盘开沟每亩基施腐熟有机肥3 000～4 000 千克。

4.2　配套技术

4.2.1　枝条粉碎覆盖

果园修剪后的果树枝条用粉碎机粉碎后，将其均匀覆盖在树盘周围。每棵果树覆盖量45～60 千克，覆盖厚度 2～3 厘米，可减少蒸发和杂草，提高果实品质。

4.2.2　行间生草覆盖

首先要选择适宜的草种。可以利用天然草，也可以人工种植。人工生草采用的草种以多年生草种为主。豆科有三叶草、矮化草木犀，禾本科有多年生黑麦草、狗尾草等。

4.2.3　施用保水剂

保水剂一般分为丙烯酰胺和淀粉丙烯酸盐共聚交联物两类。前者使用寿命长，但吸水倍率低。第一年可适当多施，连年施用时应减少用量。后者吸水倍率高，但在土壤中蓄水保墒能力只有两年左右，可不考虑以往是否用过。

豫西山区苹果园综合减肥增效技术模式

1　技术概述

豫西山区和全国多数果区一样，存在着化肥尤其是氮肥过量使用现象，不但造成生产成本过高，也加剧了环境污染，降低了果品质量。针对施肥方面存在的问题，分别制定适合本区域的有机苹果、绿色苹果、果园生产、果鹅共养综合减肥增效技术模式，配合全园水肥一体化技术，以生产不同果品苹果，适合不同层次需求。

有机苹果减肥增效技术模式利用生物有机肥激活土壤中微生物活跃率、克服土壤板结；在减少化肥用量或逐步替代化肥的情况下，增强土壤保水保肥能力，提高农产品产量、品质，增强作物抗病、抗逆性。生物有机肥中的有益微生物进入土壤后与土壤中微生物形成相互间的共生增殖关系，抑制有害菌生长并转化为有益菌，相互作用，相互促进，起到群体的协同作用，有益菌在生长繁殖过程中产生大量的代谢产物，促使有机物的分解转化，能直接或间接为作物提供多种营养和刺激性物质，促进和调控作物生长。

绿色无公害苹果减肥增效技术模式，按照绿色农业的原则和要求，进行合理的土肥水管理，坚持重施有机肥，应用农业措施、物理措施、生物农药防治病虫害。宜在土壤深厚肥沃、光照良好、交通和水浇便利的地方建园。应远离城市和交通要道，空气水源洁净，周围无工矿企业的直接污染和间接污染。

果园生草技术模式，通过果园生草技术改善果园土壤环境、补充土壤营养，增加土壤有机质、减缓土壤水分蒸发，促进果树生长发育，提高果实品质和产量。

果鹅共养技术是利用自然提供的层次空间建立果—草—畜禽（鹅）相结合的立体复合经营模式，发展节粮型畜牧业，大力推行绿色安全的养殖模式，能显著提高果园地的利用率和经济效益。

2 技术效果

周边一般果园化肥用量占苹果产量的13%，而采用该综合减肥增效技术，果园化肥用量占苹果产量的9.3%，下降3.7个百分点。果园种草可以增加土壤有机质含量，改良土壤结构，可以减缓雨水径流，减少水土流失，增强保肥能力。种草3年以上的果园由于草根和落叶的腐烂，表层土壤有机质可提高0.6%左右。实行全园喷灌，以水调肥。果园土壤容重也有所下降，病害减轻，农药用量很少，果品达到绿色标准，环境越来越好。

3 适用范围

豫西黄土丘陵及黄土塬区，包括河南省三门峡市各县苹果生产区域。该区域海拔700～1 200米，年日照2 300多小时，年均气温13℃左右，昼夜温差大，年降水量550毫米左右。光热充沛，雨量偏少，常有干旱发生。土壤为黄土质褐土或黄土质石灰性褐土，土层深厚，酸碱适宜，是优质苹果生产区。

4 技术措施

4.1 有机苹果生产施肥技术模式

4.1.1 施肥方法

生物有机肥作为基肥和追肥使用，采取沟施或穴施，使用时要将生物有机肥与土混合均匀。

沟施：沟宽30厘米、长度50～100厘米、深40厘米，分为环状沟、放射状沟以及株（行）间条沟。

穴施：根据树冠大小，每株树4～6个穴，穴的直径和深度为30～40厘米。

生物有机全水溶类肥料随水冲施、滴灌、喷施等。

4.1.2 施肥时期及用量

按照苹果树生育周期营养需求特点和年周期需肥规律，在以下几个时期施肥。

基肥：9月中旬到10月中旬（苹果采收后），基施生物有机肥200千克/亩。花芽分化期施肥：5月中旬到6月上旬，冲施生物有机全水溶肥料20千克/亩。幼果膨大期施肥：6月下旬到7月上旬，追施生物有机肥80千克/亩，冲施生物有机全水溶肥料20千克/亩。第二次膨果期施肥：8月上旬到8月中旬，冲施生物有机全水溶肥料20千克/亩。

4.1.3 注意事项

一是施肥区域在果树树冠的投影边缘及其稍远处，这样既利于毛细根吸收养分，又不会伤及果树根部、影响养分供给。二是生物有机肥含有益微生物，施入后，应及时覆土，避免阳光直晒导致微生物死亡，使肥料效果降低。三是生物有机肥有其他肥料不可替代的作用，但不能完全代替无机肥料，与其他肥料配合使用，可取得更好效果。四是生物有机肥不能与农药、杀菌剂等混用。

4.2 绿色苹果生产施肥技术模式

4.2.1 园地规划

按果园面积和自然条件，划分生产小区。规划建设生产道路、灌排系统、管护房、防护林、积肥场和分级包装场地等。栽前平整土地，时间以秋季为宜。挖沟或穴栽植。沟宽 60 厘米、深 80 厘米，长度根据地块而定。穴长、宽各 60 厘米，深 80 厘米。沟穴底填厚 30 厘米左右的作物秸秆。先回填表土，再施底肥，以腐熟的圈肥 30 千克/株作底肥，并与沟土搅拌，最后回填底土。浇水将土沉实，以备栽植。

4.2.2 土肥水管理

深翻改土：幼树进入结果期后，从定植穴外缘开始，结合施基肥、压绿肥向外深翻扩展 0.5 米，回填时表土放下层，底土放在上层。然后放水沉实，使根土密接。树盘覆草：一般在春季施肥、灌水后进行，也可麦收后覆草。覆盖用草也可用麦秸、麦糠、玉米秸、杂草等。将草覆盖在树冠下，覆盖厚度 15～20 厘米，其上和边缘压少量土。连覆 3～4 年后浅翻一次，也可结合深翻开沟埋草。

4.2.3 行间生草

灌溉条件好的果园提倡行间生草。在树行间种植 2～3 米宽的草带，可选择种植三叶草、草木犀、毛叶苕子、田菁、百脉根等。每年刈割 3～6 次，留茬高 8～10 厘米。将割下的草覆盖于树盘，也可作绿肥进行翻压。

4.2.4 中耕除草

清耕区内经常中耕除草，保持土壤疏松无杂草，中耕深度 5～10 厘米。

4.2.5 施肥

4.2.5.1 施肥原则

以有机肥为主，化肥为辅，保持或增加土壤肥力以及土壤微生物活性。所施用的肥料不应对果园环境和果实品质产生不良影响。

4.2.5.2 施肥方法和数量

4.2.5.2.1 基肥

亩产 4 000 千克的果园，每年采果前后基施生物有机肥 200 千克/亩（有机质 48 千克），复混肥料（20－8－17）60 千克/亩（总养分：总氮 12 千克，五氧化二磷 4.8 千克，氧化钾 10.2 千克）。

4.2.5.2.2 追肥

每年 3 次，第一次在萌芽至开花前，以氮肥为主；第二次在花芽分化及果实膨大期，以磷、钾肥为主；第三次在果实生长后期，以钾肥为主。施肥量以当地的土壤条件和施肥特点确定。结果数一般每生产 1 000 千克苹果需追施生物有机肥 20 千克、纯氮（N）10 千克、纯磷（P_2O_5）5 千克、纯钾（K_2O）10 千克。施肥方法是在树冠下挖放射状沟，沟深 15～20 厘米，追肥后及时灌水沉实。最后一次施肥距果实采收期不得少于 30 天。

4.2.5.2.3 叶面喷肥

每年5、7、9月喷施500倍稀释的含氨基酸水溶肥料1.5千克/亩。全年4～5次，在生长前期2次，以氮肥为主；后期2～3次，以磷、钾肥为主。常用肥料及浓度：尿素0.3%～0.5%，磷酸二氢钾0.2%～0.3%，硼砂0.1%～0.3%。最后一次叶面喷肥在距果实采收期20天以上。

4.2.5.3 水分管理

全园采用喷灌、滴灌等节水灌溉措施。注意雨季排水。

4.3 果园生草技术模式

4.3.1 果园生草方式

全园生草或行间生草，自然生草和人工生草相结合。自然生草保留果树行间1～2年生杂草，清除多年生杂草；人工生草选择适宜的草种，选择白三叶草、小冠花、扁茎黄芪等与果树争水、争肥矛盾小，矮生匍匐或半匍匐，不影响果树行间的通风透光，青草期长，生长势旺，耐刈割的多年生草种。

4.3.2 果园生草种植方法

主要采用直播生草法，方法简单易行，春播在3～4月播种，秋播在9月播种，地温15～20℃时出苗最好。播种前必须精细整地，每亩施钙镁磷肥50千克、有机肥2 000～3 000千克。宜采用条播，行距20～30厘米，播种深度1～2厘米，播种带必须在果树行间中央，株间必须视其树龄大小留出1～2米的清耕带。每亩用籽量一般为0.5～1千克。

4.3.3 果园生草管理

一是控草旺长，及时中耕，消灭其他杂草，并及时灌水（以喷灌、滴灌为佳），以使生草尽快覆盖地面；刈割，草成苗后要结合刈割，不能只种不割。但在种草当年最初几个月最好不割，待草根扎稳、营养体显著增加后在草高30厘米时再开始刈割。全年刈割3～5次。割下来的草用于覆盖树盘的清耕带，即生草与覆草相结合，达到以草肥地的目的；控制草的长势，生长超过20厘米时，适时进行刈割（用镰刀或便携式刈草机割草），一般1年刈割2～4次。刈割下来的草就地撒开，或覆在果树周围，距离果树树干20～30厘米。

二是施肥养草，以草供碳（有机质），以碳养根。生长期还要合理施肥，以氮肥为主，采用随水洒施或叶片喷施。每年每亩施氮肥10千克。生草头两年还要在秋季施用有机肥，采用沟施，每亩2 000千克左右，以后逐年减少或不施；割草后，每亩撒施氮肥10千克，补充土壤表面氮含量。

三是3～5年后，生草开始老化，这时应及时翻压，注意将表层的有机质翻入土中。翻压时树的旁边要浅翻，以免伤着树根，翻压时间以晚秋为宜。行间可休闲1～2年后再重新播种。

4.4 果鹅共养技术模式

4.4.1 建立果园草地

草种以一年生牧草和多年生牧草相结合，提高单位面积载禽量；适宜养鹅的牧草主要有黑麦草、白三叶、紫花苜蓿、菊苣、苦荬菜等。为牧草生长创造良好的条件，以获取牧草的高产和优质。

4.4.2 鹅的饲养管理

雏鹅的初次放牧应在4～7日龄起开始，气温低时在10～20日龄进行放牧，20日龄后可全天放牧。中鹅是指4～10周龄的青年鹅，此阶段饲养应以放牧为主，补饲为辅。场地距离应分配好，实行划区围栏轮牧。

4.4.3 划区围栏轮牧

利用果园草地进行鹅的放牧饲养，划区围栏轮牧是保护好果园草地的有效手段之一。在自由放牧的情况下，牧草丰富的时候鹅专吃嫩草和草尖，造成牧草利用不充分，而使牧草老化，纤维含量增加，消化率下降。在牧草不丰富的时候，如固定在一个地方放牧的时间过长，鹅有时连草根也会拔出来，会造成果园草地严重破坏。划区围栏轮牧应根据草地地形、牧草产量和鹅群的大小等，确定划区的数量、面积的大小、轮牧周期长短等。在牧草生长迅速的季节以10天为一个轮牧周期，在牧草生长慢的季节以15天或20天为一个轮牧周期。养鹅需要水源，最好采取以水源为中心，放射状划区围栏轮牧。

4.4.4 放牧补饲

在枯草期应多补充一些精料且应特别注意雏鹅阶段的补饲，满足放牧鹅生长发育的营养需要，不使鹅的生长发育受阻。补饲精料的数量和质量应根据草地牧草的产草量、营养成分含量和生产目的及时调整。

4.4.5 合理的载鹅量

作为放牧草地，控制单位面积放牧鹅数量是管理人员可以利用的最重要的工具。如载鹅量过高会造成草地过度利用，使草地退化。载鹅量过低则造成草地牧草资源的浪费。草地牧草春季的产草量约为全年产草量的60%～70%，夏季牧草生长缓慢，秋季虽然恢复生长，但低于春季的水平，冬季大部分牧草停止生长。同时，随着果园内郁闭度增加，林床产草量减少。所以，应根据果园草地牧草的生长状况、产草量、果园郁闭度、不同的季节以及地形等确定单位面积的载鹅量。

4.4.6 合理安排果树用药与草地利用时间

为了防止果树病虫害，要给果树喷洒农药，对果树喷洒农药时，一定要掌握好用药的种类和用药的时间，所用农药应是高效、低毒、有效期短的农药。作为刈割草地，可根据农药药效的长短，将草地划分若干小区轮流刈割，在第一个小区刈割后转入第二个小区时，给第一个小区的果树喷洒农药，以此类推。再回到第一个小区刈割时，农药的药效已过，对鹅没有毒害作用。作为放牧草地，在第一个轮牧小区放牧后，鹅转入第二个轮牧小区时，可对第一个轮牧小区的果树喷洒农药，以此类推。如划分5个轮牧小区，每个轮牧小区放牧3天，轮牧周期为15天，农药的有效期不能超过12天。

西南地区盐源盆地苹果园“有机肥+配方肥+水肥一体化”技术模式

1 技术概述

盐源是苹果主产区，是西南地区最大的一个苹果生产基地。施肥方面存在的问题：忽视有机肥的施用和土壤改良培肥；施肥施得过浅，氮肥撒施不覆土；施肥次数过少，不重视秋肥的施用；重施氮、磷肥，轻施钾肥和中微量元素肥，肥料配比不合理；果园普遍缺水，造成肥料利用率偏低。通过实施苹果园“有机肥+配方肥+水肥一体化”技术模式，以土壤检测结果为依据，根据苹果需肥规律，有针对性地补充苹果所需要的营养元素，在施用有机肥的基础上，合理施用氮、磷、钾及中微量元素。

2 技术效果

盐源盆地苹果“有机肥+配方肥+水肥一体化”技术模式与农民常规施肥相比，肥料利用率提高了5%～7%，增施有机肥，减少化肥用量8～10千克（折纯）。

3 适用范围

该技术适宜在西南地区盐源盆地的河流阶地及低山山地应用。苹果品系为红富士、金冠系列。

4 技术措施

4.1 原则

根据果园土壤肥力状况和树体营养状况确定施肥量，有条件的应当推行测土配方施肥。

4.2 基肥

9～10月苹果采收后应及时施足基肥，以补充树体营养，促进根系生长，增强树体营养积累。基肥要以经高温发酵或沤制过的有机肥为主，并配少量的氮素化肥，折合成每亩施氮（N）6千克、磷（P_2O_5）6.5千克，有机肥主要用厩肥（鸡粪、猪粪等）、堆肥、沤肥和人粪尿等，施肥量按每生产1千克苹果施1.5～2千克计算，每亩施4 000～5 000千克有机肥。高产、稳产果园施有机肥的数量还可增加到7 500千克以上，肥源缺乏的果园也应达到千克果千克肥的标准。也可施用商品有机肥，每亩施400千克左右有机肥。

4.3　追肥

4.3.1　追肥用量

追肥应以速效肥为主，要根据树势强弱、产量高低以及是否缺少微量元素等，确定施肥种类、数量和次数。

常规肥料：盛果期年施肥量为氮（N）45 千克、磷（P_2O_5）21 千克、钾（K_2O）42 千克。也可以根据盛果期果树，每生产 100 千克果，需要施纯氮 1.03 千克、五氧化二磷 0.48 千克、氧化钾 0.95 千克来计算追肥数量。

以生产 100 千克果的果树为例，花前追肥为尿素，每亩施用 28 千克；坐果期追肥，每亩尿素 10 千克、磷酸二铵 14 千克、硫酸钾 15 千克；果实膨大期追肥为尿素 14 千克、磷酸二铵 10 千克、硫酸钾 18 千克。果实生长后期为尿素 8 千克、磷酸二铵 7 千克、硫酸钾 10 千克。

苹果配方肥：选用配方为 17－9－14，根据土壤养分状况，每年追 4 次，分别在花前、坐果期、果实膨大期、果实生长后期，总施肥量盛果期树每株 2.8 千克，初果树每株 1.8 千克，未结果树每株 1.0 千克。

采用水肥一体化技术滴灌喷施的，选用配方为 22－8－15、18－9－18、17－10－18 的水溶性肥，每年追 4 次，分别在花前、坐果期、果实膨大期、果实生长后期，盛果期树每亩每次 10 千克，初果树每亩每次 7.5 千克，未结果树每亩每次 5 千克。

4.3.2　追肥时间

4.3.2.1　旺长树追肥期在春梢和秋梢停长期进行。应以磷、钾肥为主，辅以少量氮肥，并控制灌水。

4.3.2.2　弱树要在早春发芽前和春梢停长前追肥，以氮肥为主，配施磷、钾肥。

4.3.2.3　中庸树在开花前和春梢停长前追肥，以氮肥为主，但生长后期，要减少氮肥，秋梢停长前，以磷、钾肥为主。

4.3.2.4　追肥一般每年进行 4 次，第一次追肥在萌芽（3 月上中旬）前后进行，肥料以氮肥为主，以满足花期所需养分，提高坐果率，促使新梢生长。第二次在花后坐果期（4 月中下旬）追肥，肥料以氮、磷肥为主，以减少生理落果，促进枝叶生长和花芽分化。第三次在果实膨大期（5 月中旬至 6 月中旬）追肥，以钾肥或复合肥为主，以增加树体养分积累，促进果实着色和成熟，提高果树越冬抗寒能力。第四次在果实生长后期（7 月下旬至 8 月上旬），以钾肥或复合肥为主，进一步促进果实着色和成熟，减少落果现象。

4.3.3　施肥方法

4.3.3.1　原则

追肥方法基本同基肥，但追肥的沟要浅，一般掌握在 10～15 厘米。也可采用穴施法，即在树冠外围挖 5～8 个小穴，穴深 10～20 厘米，放入肥料，盖土封严。土壤墒情差时，追肥要结合灌水进行。

4.3.3.2　放射状沟施肥法

距树干 50～100 厘米处向外挖放射状沟 4～6 条，近树冠处沟浅而窄，向外逐步加深加宽，沟长达树冠外缘，深度一般为 20～30 厘米，肥料施入沟内后填土平整树盘，隔年更换放射沟的位置。

4.3.3.3 环状施肥法

在树冠外围挖一环形沟，沟宽30～50厘米、沟深40～60厘米，按肥∶土为1∶3比例混合回填，然后覆土填平。

4.3.3.4 条沟施肥法

在果树行间（或隔行）挖一条宽50厘米、深40～50厘米的沟，肥、土混匀，施入沟内，然后覆土。

4.3.3.5 全园施肥法

将肥料均匀撒在果树行间，然后翻入20厘米左右深的土壤内，整平。

4.3.4 根外追肥

采用根外追肥法施肥迅速补充果树养分，促使正常结果和预防缺素症。追肥时间宜在早晨或傍晚进行，喷洒部位应以叶背为主，间隔7天左右。生长期间可多次进行根外追肥。

4.3.5 常用的肥料种类和浓度

4.3.5.1 尿素

萌芽、展叶、开花、果实膨大至采果后均可喷施，施用浓度早期用0.2%～0.3%，中、后期用0.3%～0.5%。

4.3.5.2 磷酸二氢钾

早期用0.2%，中、后期用0.3%～0.4%。

4.3.5.3 硼砂

发芽前后用1%，盛花期用0.3%。

陕北苹果“种植绿肥＋有机肥＋配方肥”技术模式

1 技术概述

陕西洛川，被誉为“苹果之乡”。苹果种植面积达50万亩，年产量达80万吨。施肥方面存在的问题：忽视有机肥的施用和土壤改良，瘠薄果园面积大；偏施氮肥，施肥量不精准；施肥时期上偏晚；钙、镁、硼、锌等中微量元素普遍缺乏；水土流失较严重，肥料利用率低。“种植绿肥＋有机肥＋配方肥”施肥技术模式是通过测土配方施肥技术，根据苹果需肥规律和土壤供肥特性，制定苹果施肥方案，提高有机肥用量，同时果园种植绿肥，以扩大有机肥源，从而达到改良土壤、培肥地力的目的。

2 技术效果

陕北地区苹果“种植绿肥＋有机肥＋配方肥”技术模式与农民习惯施肥相比，每亩可减少化肥使用量50千克，增加优质果100千克，苹果质量明显改善。

3　适用范围

苹果“种植绿肥＋有机肥＋配方肥”技术模式主要适用于陕北地区六年以上盛产果园。

4　技术措施

4.1　施肥原则

果园施肥坚持“三结合”原则：一是有机肥与无机肥相结合，二是大、中、微量元素配合，三是用地与养地相结合。大幅度减少化肥施用量，普及秋施基肥，加大有机肥施用量，千方百计培肥地力，提高土壤供肥能力。

4.2　施肥时间

4.2.1　秋施基肥

要在中晚熟品种采果后立即进行，即9月中下旬至10月。

4.2.2　追肥

翌年6月苹果套袋前后追施1次，7月下旬至8月上旬追施1次。

4.2.3　叶面喷肥

全年可喷施3～4次，主要补充钙、镁、硼、铁、锌、锰、硒等中微量元素。

4.3　施肥量

以下施肥量是按3米×4米密度制定的株施肥量，对于间伐果园，在亩产量水平不变的情况下，密度减半则株施肥量在原来的基础上增加一倍。

4.3.1　秋施基肥

4.3.1.1　高产园（亩产2 500千克以上、有机质含量在12克/千克以上的果园）

株施商品有机肥10千克（或腐熟农家肥50千克）＋氮、磷、钾含量分别为20%、10%、15%或者20%、10%、18%的纯无机配方肥4千克。

4.3.1.2　中产园（亩产1 500～2 500千克、有机质含量在9～12克/千克的果园）

株施商品有机肥8千克（或腐熟农家肥30千克）＋氮、磷、钾含量分别为20%、10%、15%或者20%、10%、18%的纯无机配方肥3千克。

4.3.1.3　低产园（亩产1 500千克以下、有机质含量在9克/千克以下的果园）

株施商品有机肥6千克（或腐熟农家肥10千克）＋氮、磷、钾含量分别为20%、10%、15%或者20%、10%、18%的纯无机配方肥2千克。

4.3.2　追肥

4.3.2.1　高产园

2次追肥分别选用高氮中钾型（20－10－15）和中氮高钾型（16－8－21）无机配方肥或者水溶肥，各追施1.0千克/株。

4.3.2.2　中产园

2次追肥分别选用高氮中钾型（20－10－15）和中氮高钾型（16－8－21）无机配方肥或

者水溶肥，各追施 0.75 千克/株。

4.3.2.3 低产园

2 次追肥分别选用高氮中钾型（20－10－15）和中氮高钾型（16－8－21）无机配方肥或者水溶肥，各追施 0.5 千克/株。

最好选用同养分含量的水溶肥。有灌溉条件的果园结合水肥一体化采取“少量多次”的方式及时施入。

4.4 施肥方法

4.4.1 环状沟施肥

主要针对幼园和初挂果园，即在树冠垂直投影外缘，挖深 30～40 厘米、宽 40 厘米的沟环状施肥。

4.4.2 放射沟施肥

主要针对幼园和初挂果园，以树体为中心，挖 4～6 条由里朝外逐渐加深的放射状沟施肥。沟宽 30～50 厘米，沟深 30～40 厘米，沟长超过树冠外缘。

4.4.3 带状沟施肥

主要针对成龄挂果园，在果树树冠外缘沿行向挖深 30～40 厘米、宽 40～60 厘米的条沟施肥。

4.4.4 全园撒施

主要针对成龄挂果园，将肥料混合均匀后，撒于果园行间作业道地表，然后翻于土中，深度 20～30 厘米，此法施肥量较大，宜以农家肥为好。

4.5 果园种植绿肥

4.5.1 绿肥品种选择

果园种植绿肥主要推荐种植白花三叶草、黑麦草和大豆油菜轮茬。

4.5.2 种植时间

5～6 月种植三叶草、黑麦草、油菜或者绿豆、黑豆等豆科作物。

4.5.3 配套管理

及时中耕，消灭其他杂草，并及时灌水（以喷灌、滴灌为佳），以使生草尽快覆盖地面。在种草当年最初几个月最好不割，待草根扎稳、营养体显著增加后在草高 30 厘米籽粒成熟前再开始刈割。全年刈割 3～5 次。割下来的草用于覆盖树盘的清耕带，即生草与覆草相结合，达到以草肥地的目的。绿肥生长期还要合理施肥，以氮肥为主，采用撒施或叶片喷施。每年每亩施氮肥（N）10～20 千克。生草头两年要在秋季施用有机肥，采用沟施，每亩 2 000 千克左右，以后逐年减少或不施。

黄土高原苹果高效平衡施肥技术模式

1　技术概述

发展优质苹果生产已成为渭北黄土高原地区农民增收的支柱产业，随着农户的收入大幅提升，农户在农业生产上的投入大大增加。近年来，农户为了追求种植经济效益最大化，在生产上不科学地大量使用化肥，造成生态安全和经济发展等问题突出，亟待采取一些科学有效的技术措施解决问题。目前，该区域生产中主要存在以下问题：

1.1　盲目施肥

部分果园氮、磷肥用量过大，而有些果园则施肥不足，有 31%～41%的果园不施钾肥和有机肥，导致土壤板结，肥力下降，养分不平衡，从而影响了苹果产量和品质的进一步提高。

1.2　苹果生产中普遍存在施肥比例失调

偏施化肥，少施或不施有机肥；偏施氮肥，少施磷、钾肥，少施或不施微肥。这样，生产出的苹果风味淡，含糖量低，含酸量高，着实不良，品质低劣。

1.3　大量施用化肥

可使土壤板结，破坏土壤结构，污染环境，进而危害人类健康。而施用有机肥可改良土壤，提高果实品质。

因此，减少化肥施用量，增施有机肥成为提高苹果品质的重要措施。

2　技术效果

2.1　经济效益显著

实施本技术模式以来，果业生产产量和品质亩均增幅明显，达到保护环境、节本增效的目的。

2.2　农民施肥观念发生变化

增强了农民科学施肥意识，提高科学施肥水平。

2.3　减少土壤和水体污染

减轻因过量施用化肥导致的氮、磷元素流失造成地下水污染。

2.4　增施有机肥、秸秆还田技术的推广应用等

可以改良土壤结构，保持土壤的生产功能，达到绿色、有机苹果生产标准，提高苹果内

在品质。

2.5 推广水肥一体化技术

解决旱塬苹果生产中严重缺水问题。

3 技术范围

本技术模式适用于陕西渭北旱塬优质苹果生产区域。该区域属暖温带半湿润大陆性季风气候，年均气温 9.2℃，年均日照 2 552 小时，辐射总量达 517.37 千焦/厘米^2，4～9 月日照 1 373 小时，年均降水量 622 毫米，海拔 1 100 米左右。土壤类型为𪣻土、黄绵土等，黄土层厚达 80～220 米，质地中壤，通透性强。

4 技术措施

4.1 有机肥与配方肥配合施用

4.1.1 有机肥的选用

有机肥的种类很多，根据本地区实际可以选用豆饼、豆粕类，也可以选用生物有机肥类，或者选用羊粪、牛粪、猪粪、商品有机肥类，或者沼液、沼渣类，或者秸秆类等。

4.1.2 施肥时期

秋季施肥最适宜的时间是 9 月中旬至 10 月中旬，即中熟品种采收后。对于晚熟品种如红富士，建议采收后立即施肥，越早越快越好。

4.1.3 施肥量

4.1.3.1 施用原则

增施有机肥，减少化肥施入量，改善耕地质量，提高苹果果实品质。

4.1.3.2 施用具体方法

幼园亩施农家肥 1 500 千克/亩或商品有机肥 250 千克/亩，配方肥亩施 25～50 千克；盛果树亩施农家肥 2 000 千克/亩或商品有机肥 400 千克/亩，配方肥亩施 100～150 千克。

4.1.3.3 施肥方式

沟施或穴施。

4.2 水肥一体化技术

4.2.1 所需要的主要设备

有贮肥罐、加压泵、高压管子、追肥枪等。

4.2.2 配肥

采用二次稀释法进行。首先用小桶将复合肥和水溶有机肥溶解，然后再加入贮肥罐，对于少量不溶物，直接施入果园，不要加入大罐，最后再加入冲施肥进行充分搅拌。

4.2.3 设备的组装及准备

4.2.4 施肥区域

在果树树冠垂直投影外延附近的区域，施肥深度为 25～35 厘米。根据果树大小，每棵树打4～15个追肥孔，每个孔施肥10～15秒，注入肥液1～1.5千克，根据栽植密度，每棵树追施水肥5～30千克。

4.3 秸秆还田技术

4.3.1 秸秆树盘覆盖

将事先准备好的秸秆覆盖在树盘位置，设计的覆盖宽度和树冠宽度相同，一般厚度为10～20厘米，在管理过程中必须保证覆盖厚度，对覆盖厚度达不到要求的要及时补充覆盖物；另外管理人员也可以在入秋前，将开始腐烂的覆盖物全部翻入土壤中，秋收后继续在树盘下覆盖秸秆，覆盖方式和要求同上。

4.3.2 秸秆行间覆盖

使用玉米、小麦秸秆等，将其覆盖到果树行间，植株间的宽度视具体情况而定。间距较大的果园，可以覆盖到树冠即可；矮化果园，可以将秸秆覆盖到树冠以外，在植株间不能进行覆盖，覆盖的厚度为10～20厘米，覆盖厚度要常年保持，对于腐烂的秸秆可以适当地埋入土中，然后进行补充。

4.3.3 挖沟填埋秸秆

在秋季苹果采收后，可以在果树行间开一条45厘米宽的沟，用玉米、小麦等秸秆将沟填满，最后覆土压实。

4.4 新型肥料缓控释肥应用技术

控释肥料是缓释肥料的高级形式，主要通过包膜技术来控制养分的释放，达到安全、长效、高效的目的，是现代肥料发展的主要方向，适合机械化生产的需要。

试验证明，缓控释肥料可将肥料利用率由原来的35%提高一倍左右，氮肥流失率显著降低，可以节省氮肥30%～50%。也可以减少施肥次数，节省劳力，减轻农作物病害等。

新型缓控释肥料的施用方法，严格按照其具体施用办法。

4.5 沼肥综合利用技术

4.5.1 沼渣与化肥配合施用

沼渣与化肥为作物提供氮素的比例为1∶1，可根据沼渣提供的养分含量和苹果生长所需养分确定化肥的用量：幼树亩施沼渣2 000千克+复合肥70千克，盛果树亩施沼渣3 500～5 000千克+复合肥150千克。

4.5.2 沼液与化肥配合施用

4.5.2.1 沼液与碳酸氢铵配合使用

沼液能帮助化肥在土壤中溶解、吸附和刺激作物吸收养分，提高化肥利用率，有利增产。例如，2 500千克沼液∶25千克碳酸氢铵=100∶1，其产量比对照增产28.9%。

4.5.2.2 沼渣与碳酸氢铵堆沤

沼渣内含有一定量的腐殖酸，可与碳酸氢铵发生化学反应，生成腐殖酸铵，增加腐殖质的活性。当沼渣的含水量下降到60%左右时，可堆成1米左右的堆，用木棍在堆上扎无数个小孔，然后按每100千克沼渣配碳酸氢铵4～5千克翻倒均匀，收堆后用泥土封糊，再用塑料薄膜盖严，充分堆沤5～7天，作底肥，每株施10千克。

4.5.3　沼液根外追施

根外追施，也叫叶面喷肥（将沼液稀释后用喷雾设施对果树地上部分进行追肥的施肥方式）。方法是从出料间提取沼液，用纱布过滤，然后沼液中兑20%～30%的清水，搅拌均匀，静置沉淀10小时后，取其澄清液，用喷雾器喷洒叶背面，每亩用沼液80～100千克，可增产9%左右。

4.5.4　沼肥施用注意事项

4.5.4.1　必须采用正常产气3个月以上的沼气池出料间里的沼肥。

4.5.4.2　沼渣作追肥，不能出池后立即施用，一般要在池外堆放5～7天。

4.5.4.3　用沼液追肥时要注意浓度，尤其是在天气持续干旱的情况下，最好随水施入，以免烧苗。

4.5.4.4　叶面喷施需选择无风的晴天或阴天进行，并最好选择在湿度较大的早晨或傍晚。

金衢盆地柑橘套种蚕豆减肥增效技术模式

1　技术概述

蚕豆，又名胡豆、佛豆，为粮食、蔬菜、饲料和绿肥兼用作物。蚕豆对土壤的适应性较广，对土壤质地的要求较低。在柑橘休眠期内，10月中下旬在柑橘林空隙地套种“日本大白皮”“慈溪大白蚕”等高产优质大粒蚕豆。当蚕豆开花结荚后，剪除植株顶端5～10厘米，可集中堆放在柑橘植株根部；采收1～2批鲜豆荚作为鲜食蔬菜销售后，拔除植株，可打碎后堆置在柑橘根部也可开沟翻入土壤中，由于蚕豆秸秆中空、多汁，易腐烂分解，是优质绿肥，对增加柑橘园土壤有机质、促进土壤质地改良十分有利，为柑橘生长提供了良好的土壤基础。

由于豆科植物特有的根瘤菌的固氮能力极强，据相关研究表明每公顷蚕豆可固定空气中的氮素达50千克，为维持套种的蚕豆正常生长，仅需提供磷、钾肥即可，又因柑橘园内施肥普遍偏重，柑橘园土壤中富余养分较多，套种蚕豆几乎不用施肥。为鼓励蚕豆种植，浙江省部分地区实行免费发放种子的政策，每公顷发放种子约75千克，同时还给予750元/公顷的旱粮补贴，2016年全省蚕豆种植面积达42万亩。

橘园套种蚕豆在浙江省衢州市、台州市、金华市等地均有分布，是一种高效立体生态种植模式，也是一项有效提高自然资源的利用率、提高果园复种指数、提高种植效益、促进农业产业结构调整的重要技术措施之一，同时也是推进化肥减量，实现节本增效、农民增收的一条重要途径。

2　技术效果

“蚕豆＋有机肥＋配方肥”模式，与农民习惯种植方式和施肥模式相比，可以减少柑橘上的施肥量：基肥中氮肥用量可减20%，追肥中氮肥用量可减15%～20%；对减少农药用量有明显促进作用，草蛉虫、瓢虫等天敌数量增加，起到生物防治的效果；抑制杂草生长；改良果树根系附近土壤，提高土壤有机质；减少水土流失，提高肥料利用率。

3 适用范围

“蚕豆＋有机肥＋配方肥”模式，在浙江省范围内均可推广应用，适用作物可涵盖柑橘、葡萄、桃、柑橘、梨等果园。

4 技术措施

4.1 施肥原则

4.1.1 重施有机肥，推进立体种植，注重生物供氮。

4.1.2 预防缺铁、缺镁，应适当补施中微量元素肥料。

4.1.3 根据土壤肥力状况，优化氮、磷、钾肥用量、施肥时期和分配比例。

4.1.4 深秋或冬季不宜施用沼液。

4.2 肥料品种与施肥量

4.2.1 有机肥

主要选择以当地畜禽粪便等有机肥为原料生产的商品有机肥或堆肥及其他农家肥。施用量：商品有机肥1 000～2 000千克/亩或者堆肥及其他农家肥1 500～3 000千克/亩。

4.2.2 配方肥

选择45%（16-10-19）配方肥或相近配方。施用量：25～35千克/亩。

4.2.3 沼液

橘园年施用沼液量不宜超过50吨/亩，以1∶2稀释后直接灌溉施用，深秋或冬季不宜施用沼液。

4.3 施肥时期与方法

4.3.1 蚕豆播种

蚕豆于10月上旬至11月中旬播种，播种前采用低温春化处理，即在6～7℃的情况下“低温春化”20天左右，可使蚕豆提前开花、结果，其鲜豆荚上市时间提早1个月左右，首选“日本大白皮”“慈溪大白蚕”等高产优质品种。

4.3.2 基肥

橘树根冠周围基施商品有机肥1 000～2 000千克/亩或者堆肥及其他农家肥1 500～3 000千克/亩。

4.3.3 蚕豆割顶

盛花期打顶处理，抑制蚕豆植株营养生长，促使豆荚早熟。

4.3.4 追肥

蚕豆追肥：苗期、花期各追一次肥，氮肥（N）1.0～2.0千克/亩、磷肥（P_2O_5）

1.0～1.5千克/亩、钾肥（K_2O）1.5～2.5千克/亩，可根外追施0.2%的钼肥或0.2%的磷酸二氢钾。

鲜蚕豆收获：3月上旬收获鲜食1～2批，采摘以后将植株打碎翻耕埋入土中，或直接堆于柑橘树根周围自然腐烂。

柑橘追肥：柑橘施肥采用以“前促、中控、后保”为核心的栽培管理原则。前促就是促进柑橘腋芽及早萌发、抽生；中控就是开花结果期要控制好棚温和枝条徒长；后保就是坐果后要确保叶片健康生长，增加光合作用积累。蚕豆秸秆还田用作绿肥的，柑橘全生育期化肥用量为氮肥（N）20～25千克/亩、磷肥（P_2O_5）15～20千克/亩、钾肥（K_2O）20～30千克/亩。

浙南山区柑橘套种白三叶技术模式

1 技术概述

柑橘是浙江的第一大水果，栽培面积在150万亩左右，年产量约200万吨。柑橘生产是浙江的传统特色产业，在全国柑橘生产中也占据着重要的地位。浙江柑橘主要分布在浙南山区，以红黄壤为主，由于柑橘种植效益偏低且不稳定，农民在耕地保护与质量提升方面不舍得投入，有机肥应用少，单纯以化肥为主的现象较为严重。由于人工成本日益增高，果园除草基本以草甘膦等除草剂为主，土壤中农药残留量居高不下，为推进“生态种植”的理念，区内推广“白三叶＋有机肥＋配方肥”的施肥技术模式。白三叶鲜草翻耕用作绿肥，有机肥主推商品有机肥，配方肥则为当地土肥技术部门依据测土配方施肥技术主推的产品，目的在于减少不合理化肥投入，促进粮食增产、农民增收和生态环境安全。橘园套种白三叶在浙江省衢州市、丽水市等地均有分布，始兴于20世纪末21世纪初用作公路两边的景观，是一种高效立体生态种植模式，也是一项有效提高自然资源的利用率、提高果园复种指数、促进农业产业结构调整的重要技术措施之一，同时也是推进化肥减量，实现节本增效、农民增收的一条重要途径。

2 技术效果

“白三叶＋有机肥＋配方肥”模式，与农民习惯种植方式和施肥模式相比，可以减少柑橘上的施肥量：基肥中氮肥用量可减20%，追肥中氮肥用量可减15%～20%；对减少农药用量有明显促进作用，草蛉虫、瓢虫等天敌数量增加，起到生物防治的效果；抑制杂草生长；改良果树根系附近土壤，提高土壤有机质；减少水土流失，提高肥料利用率。

3 适用范围

“白三叶＋有机肥＋配方肥”模式，在浙江省范围内均可推广应用，适用作物可涵盖梨、柑橘、桃、葡萄等果园。

4　技术措施

4.1　施肥原则

4.1.1　重施有机肥，推进绿肥种植，注重生物供氮。

4.1.2　预防缺铁、缺镁，应适当补施中微量元素肥料。

4.1.3　根据土壤肥力状况，优化氮、磷、钾肥用量、施肥时期和分配比例。

4.1.4　11月以后不建议施用沼液。

4.2　肥料品种与施肥量

4.2.1　有机肥

主要选择以当地畜禽粪便等有机肥为原料生产的商品有机肥或堆肥及其他农家肥。施用量：商品有机肥1 000～2 000千克/亩或者堆肥及其他农家肥1 500～3 000千克/亩。

4.2.2　配方肥

选择45%（16-10-19）配方肥或相近配方。施用量：25～35千克/亩。

4.2.3　沼液

橘园年施用沼液量不宜超过50吨/亩，以1∶2稀释后直接灌溉施用，深秋或冬季不宜施用沼液。

4.3　施肥时期与方法

4.3.1　白三叶播种

春播时间为3月、秋播时间为9月，用种量2～3千克/亩。用等量沃土拌种后撒播，播后保持土壤湿润，一般一周就可发芽出苗。

4.3.2　白三叶管理

为提高白三叶鲜草产量，播种前可亩施过磷酸钙20～25千克；出苗后10天，视苗情追施尿素5～10千克/亩；每刈割一次，可追施复合肥5～10千克/亩。

4.3.3　白三叶翻压

白三叶草层高20～25厘米时，可以考虑刈割，割下的鲜草可堆积在果树根部周围，覆土腐熟用作肥料。一般每年可刈割2～3次。

4.3.4　柑橘施肥

除去白三叶可多次刈割后用作堆肥外，其他基肥、追肥如下。

基肥：果子采后施，一般随采随施。晚熟品种可以提早到采前7～10天施。基肥以有机肥为主，化肥施用量全年施肥总量的20%，相当于每株施高钾肥（16-10-19）0.1～0.2千克，并结合冬耕深翻，沿树冠下环状沟施或穴施。

追肥：

第一次幼果形成期追肥：4月中旬，施肥量是全年总施肥量的20%，相当于每株施高钾肥（16-10-19）0.2～0.4千克，结合中耕除草，沿树冠下环状穴施或沟施，后浇水。

第二次膨果肥：5～6月间幼果开始长大，如养分不足，容易落果，采用全面根外追肥，在5月下旬开始，可分别喷施0.1%～0.2%硝酸钙+0.1%～0.2%硝酸钾、0.1%～0.2%硫酸镁、0.1%～0.2%硫酸亚铁，每隔10天喷施1次，连续3次。

闽北地区柑橘化肥减量增效技术模式

1　适用范围

结合测土配方施肥、有机肥替代化肥及水肥一体化等技术推广应用，总结提出闽北地区柑橘化肥减量增效技术模式，适用于闽北地区山地红壤种植柑橘、蜜柚施肥管理。

2　技术原理

2.1　推进精准施肥

根据柑橘的需肥特点，不同区域柑橘园土壤条件、养分理化状况和养分综合管理要求，科学划定施肥单元，合理制定针对不同土壤类型、肥力水平柑橘的化肥施用量，减少盲目施肥行为。

2.2　调整施肥结构

调整优化柑橘各生育期养分的投入比例，优化氮、磷、钾与中微量元素配比，促进大量元素与中微量元素配合。推进肥料产品优化升级，大力推广缓释肥料、水溶肥料和生物有机肥等高效新型肥料。

2.3　改进施肥方式

改变传统柑橘施肥表施、撒施为机械深施、叶面喷施，推广滴灌施肥、喷灌施肥等水肥一体化技术，提高肥料利用率。

2.4　有机肥替代化肥

通过大力推广施用商品有机肥、柑橘园套种绿肥等，合理利用有机养分资源，用有机肥替代部分化肥，实现有机无机相结合，力争有机养分占施肥总量的40%～50%。

3　技术措施

3.1　测土配方施肥技术

以橘园土壤养分测定和肥料田间试验为基础，依据柑橘生长需肥规律、橘园土壤供肥能力和肥料效应，提出合理的施肥方案。柑橘缺什么就补充什么，需要多少补多少，实现各种养分平衡供应，满足柑橘生长的需要，达到提高肥料利用率和减少用量、提高柑橘产量、改善品质、节支增收的目的。

3.1.1　确定施肥参数

针对目标产量、土壤氮、磷、钾检测值、土壤养分丰缺指标、植物养分吸收量，确定施肥量，并将施肥总量控制在一定范围内。

3.1.2　确定氮施用量及底追肥比例

根据目标产量确定施氮量。不施有机肥的柑橘，柑橘带走多少氮就施用多少；施有机肥的柑橘氮肥施用量：柑橘带走的氮减去有机肥中的无机氮。

3.1.3　确定磷、钾肥施用量及施用时期

根据柑橘带走的磷量和土壤有效磷含量确定磷肥用量。土测值很丰富的，可以不施磷或施柑橘带走量的20%～50%；土测值丰富的，施柑橘带走量的50%～70%；土测值中等的，柑橘带走多少磷就施多少；土测值较低的，施柑橘带走量的130%～170%；土测值极低的，施带走量的200%。全部作基肥。

柑橘对钾的需求量较高，根据土壤速效钾含量状况，确定钾肥施用量。产量较低或土测值很丰富的，可以施柑橘带走量50%～70%的钾量；土测值丰富的，施柑橘带走量的70%～100%；土测值中等的，施柑橘带走量的100%～120%；土测值较低的，施柑橘带走量的120%～150%；土测值极低的或产量较高的，施柑橘带走量的150%～200%。50%作基肥，50%作追肥施用。

3.2　缓（控）释、长效肥料一次性施肥技术

以缓（控）释掺混肥料（22-10-18）、脲甲醛复肥（18-9-18）和稳定性复肥（26-10-12）等新型肥料为主，根据土壤肥力状况采用一次性基肥或一次基肥＋一次追肥方式。高肥力和保水保肥能力强的土壤采用基肥一次施肥技术，总施肥量比常规肥料施肥减少10%～15%，施用上述肥料600～750千克/公顷，柑橘春梢萌芽前施入15～20厘米土层，机械或人工条施或沟施于树冠滴水线下。中等或中等以下肥力水平土壤，或质地沙壤质—轻壤质土壤采用一次基肥＋一次追肥方式，基肥比常规施肥减少10%用量，施用上述肥料650～700千克/公顷，施用方法同上。

3.3　水肥一体化技术

与传统的灌溉和施肥措施相比，水肥一体化技术具有显著的优点：省水、省肥、省工，把传统的给土壤施肥改变为给柑橘施肥，提高肥料和水资源利用效率。

3.3.1　水肥滴灌管滴施模式

根据柑橘需水生理、营养生理和土壤条件进行水、肥供给。在利用滴灌设备进行灌溉施肥时，将肥料溶解到施肥罐（桶），通过压力系统将水肥输送到滴灌管网中进行灌溉施肥，将水肥直接滴施在柑橘根系主要部位。采用滴灌方式进行水肥一体化管理，可使灌溉水或水肥液成点滴，缓慢、均匀而又定量地浸润到果树根系最发达的区域，使果树根系分布区的土壤始终保持在最佳的水分和养分状态，调节土壤水、肥、气、热的关系。该模式操作简单，省工、省力、省肥、省水，用肥精准，对肥料要求较严格，施用肥料必须是全溶性肥料，微量元素肥必须是螯合态。

3.3.2 水肥半机械半人工淋施模式

根据柑橘需水生理和营养生理进行水、肥供给，是一种半机械半人工操作的节水节肥果园水肥一体化措施，施肥时将混合好的水肥通过动力吸入软塑胶水管，人工拉管至柑橘根部进行人工淋施。优点是设备简单、操作方便、较省工省力，对使用肥料种类要求不严，不会造成管道堵塞，特别适于小面积柑橘园采用。采用这一模式要求施肥时果园土壤较疏松，若土壤较板结需松土后再进行淋施，否则，淋施水肥不能及时渗入根部土壤，造成大量水肥沿地表流失。

3.4 有机肥替代化肥的技术

3.4.1 “有机肥＋配方肥”模式

在畜禽粪便等有机肥资源丰富的区域，鼓励种植大户和专业合作社集中积造利用堆肥，减少化肥用量。结合测土配方施肥，在城市近郊果园应用商品有机肥。2015—2016 年建瓯市累计推广商品有机肥 5 500 吨，其中柑橘使用量 3 000 吨，通过商品有机肥的施用替代了部分化肥的投入，据测算可减少柑橘化肥年投入 800～1 000 吨。

3.4.2 “果—沼—畜”模式

加快有机肥和沼液资源化利用，在柑橘集中产区，依托种植大户和专业合作社，与规模养殖相配套，建立大型沼气设施，将沼渣沼液施于果园。

3.4.3 “自然生草＋绿肥”模式

在水热条件适宜果园，通过自然生草或种植绿肥覆盖土壤，防止水土流失，培肥地力。建瓯市每年种植紫云英等绿肥面积 2.5 万亩，其中柑橘园套种绿肥 1 万亩左右，通过绿肥种植利用，每年柑橘可减少化肥投入尿素 280 吨、过磷酸钙 243 吨、氯化钾 25 吨以上。

4 推广前景

通过测土配方施肥、有机肥替代化肥及水肥一体化等减肥增效技术推广应用，将传统凭经验施肥改变为按照不同土壤养分含量、不同作物的需肥特性，凭施肥建议卡施肥，“缺什么补什么”“缺多少补多少”的观念正逐步被农民广泛接受，施肥结构趋于合理，农民在施肥上注意控氮、减磷和补钾，有效改变了过去偏施化肥的习惯，增加了有机肥使用量。水肥一体化技术精确控制作物施肥量、灌溉及施肥时间，达到省肥、省水、节工的目的，促进丰产、优质、高效、安全、生态农业的发展。

柑橘是建瓯市主要的经济作物之一，也是广大农民重要的经济收入来源。随着测土配方施肥、化肥零增长行动、有机肥替代化肥等项目向果、菜、茶园的延伸推进，各级农业科技人员深入基层，强化项目宣传与技术培训，提高广大农户的科学施肥水平与用地养地意识。同时，整合社会资金力量，开展科技下乡、新产品展示、现场观摩学习，加大示范推广力度。闽北山区柑橘种植与施肥管理将进一步规范化，一批高效、环保、节能新型肥料得以推广使用，几种柑橘减肥增效技术模式具有良好的发展前景。

闽南地区荔枝化肥减量增效技术模式

1 适用范围

以漳州市为例，分析漳州市荔枝园土壤养分状况、产量水平及需肥特点，结合测土配方施肥、有机肥替代化肥等技术推广应用，总结提出闽南地区荔枝化肥减量增效技术模式，适用于闽南地区丘陵红壤种植荔枝、龙眼施肥管理。

2 技术原理

2.1 推进精准施肥

根据闽南地区土壤条件、荔枝的需肥特点和养分综合管理要求，利用漳州市县域耕地资源管理信息系统、测土配方施肥数据管理系统，科学划定施肥单元，合理制定针对不同土壤类型、肥力水平荔枝的化肥施用量，推广测土配方施肥。

2.2 调整施肥结构

在综合考虑有机肥和综合栽培管理措施的基础上，根据氮、磷、钾和中、微量元素养分的不同特征，采取不同的养分优化调控与管理策略。其中，氮、磷、钾采用果树叶片营养和土壤养分丰缺指标法确定果树施肥量；中、微量元素根据果树叶片营养和土壤养分临界指标法采用因缺补缺的矫正施肥技术。大力推广缓释肥料、水溶肥料和生物有机肥等高效新型肥料。

2.3 改进施肥方式

推广滴灌施肥、喷灌施肥等水肥一体化技术，提高肥料利用率。酸化的园地每 2～3 年施用石灰或白云石粉改良土壤。

2.4 有机肥替代化肥

增施商品有机肥，通过大力推广施用商品有机肥，未封行的荔枝间种豆科作物，种植果园绿肥，秸秆覆盖土壤，减少裸露，防止水土流失，培肥地力，达到化肥减量增效、果树增产、果品提升的目的。

3 技术措施

3.1 合理密植

为了提高果树的产量，应该创造通风透光条件，让阳光尽量多地照射到果树的树冠上，尽量少照射到空地上，并且要尽量避免果树之间互相遮光。种植果树时既不能过稀，又不能过密，一亩地种植 25～30 株为宜。

3.2 施肥方法和时期

3.2.1 施肥方法

将购买常规化肥资金的30%节省下来用于购买有机肥，并将有机肥和化肥混合后一起施用。施用方法为沟施，在果树树冠滴水线挖一道环形的沟，把混合后的肥料均匀施入后覆土。

3.2.2 施肥时期

3.2.2.1 采前肥

采果前15日左右，每株果树施用“15-15-15”复合肥1.05千克和商品有机肥2.25千克的混合肥料。

3.2.2.2 采果肥

采果后10日内，每株果树施用“15-15-15”复合肥1.75千克和商品有机肥3.75千克的混合肥料，另外加施微量元素肥料0.25千克，促进树体恢复。

3.2.2.3 促梢肥

白露和秋分前后，果树秋梢转绿前，每株果树施用“15-15-15”复合肥0.7千克和商品有机肥1.5千克的混合肥料，并淹水，促进果树二次抽梢。

3.2.2.4 保果肥

春分前，每株果树施用钙镁磷肥2千克，促进果树保枝抽花穗，保证花蕾质量，增加挂果量。

4 效益分析

按照上述方法施肥，在不增加肥料成本的同时，施用的有机肥可以提高化肥的利用率，降低了化肥使用量，而且可以提升果树产量及果品。以青壳乌叶为例，按照此施肥方案施肥不仅可以使果树产量增产15%，达到87.5千克/株，并且可以使果实品相更佳，口感更好。

5 推广前景

近年来，我国化肥施用量过大，过量施肥不仅增加了农业生产成本，而且消耗了大量资源和能源，造成土壤和地下水污染。采用有机肥和化肥混合施用的方法，简单易行，降低化肥使用量，提高化肥利用率，适合在南方果树种植区大面积推广。

赣南脐橙水肥一体化技术模式

1 技术概述

针对肥料施在较干的表土层易引起的挥发损失、溶解慢、肥效发挥慢，尤其是铵态和尿素态氮肥施在地表挥发损失的问题，采用水肥一体化技术不仅使肥料利用率大幅度提高，也节约了氮肥。同时，大大降低了果园中因过量施肥而造成的水体污染问题。

水肥一体化是利用管道灌溉系统，将肥料溶解在水中，同时进行灌溉与施肥，适时、适量地满足农作物对水分和养分的需求，实现水肥同步管理和高效利用的节水农业技术。通过管道和滴头施肥形成滴灌，施肥均匀、定时、定量，浸润作物根系发育生长区域，使主要根系土壤始终保持疏松和适宜的含水量；同时根据脐橙的需肥特点，土壤环境和养分含量状况，不同生长期需水、需肥规律情况进行不同生育期的需求设计，把水分、养分定时定量、按比例直接提供给作物。

2 技术效果

滴灌水肥一体化，直接把作物所需要的肥料随水均匀地输送到植株的根部，作物“细酌慢饮”，大幅度地提高了肥料的利用率，第一年减少肥料用量 20%～30%，第二年可减少 50%的肥料用量，水量也只有沟灌的 30%～40%。每亩每年可节省人工成本、肥料、农药至少 1 200 元以上，增产幅度可达 30%以上。有效减少肥料用量，减轻农业面源污染，同时改善果品品质，提高果品附加值。

3 适用范围

该技术适宜于赣南地区，种植区内有山塘、水库、蓄水池等固定水源，并已建设或有条件建设滴灌设施。

4 技术措施

4.1 滴灌施肥设施

通过综合分析当地土壤、地貌、气象、农作物布局、水源保障等因素，系统规划、设计和建设水肥一体化灌溉设备。灌溉设备应当满足赣南脐橙生产及灌溉、施肥需要，保证灌溉系统安全可靠。

在赣南丘陵山地果园，通常引用高处的山泉水或将山脚水源泵至高处的蓄水池。通常在水池旁边高于水池液面处建立一个敞口式混肥池（及压差式施肥池），池大小在 0.5～2.0 米^3，可以是方形或圆形，方便搅拌溶解肥料即可。池底安装肥液流出的管道，出口处安装 PVC 球阀，此管道与蓄水池出水管连接。然后通过碟片过滤器和砂石过滤器组合（适用河水）或碟片过滤器和离心过滤器组合（适用井水）进行过滤，主管道根据地形、水源、作物分布和灌水器类型布设管线。在丘陵山地，干管要沿山脊或等高线进行布置。根据脐橙种植方式、土壤类型和流量布置毛管和灌水器。条播密植脐橙的毛管沿作物种植平行方向布置；对于中壤土或黏壤土果园，每行布设一条滴灌管，对于沙壤土果园，每行布设两条滴灌管。对于冠幅和栽植行距较大、栽植不规则或根系稀少果园，采取环绕式布置滴灌管，或者通常每行脐橙树拉一条滴灌管，幼树一般安一个滴头，树冠大的结果树一般安两个滴头，间距 1～1.5 米，流量 3 升/小时。安装完灌溉设备系统后，要进行管道水压试验、系统试运行和工程验收，要求灌水及施肥均匀系数达到0.8以上。

4.2 水分管理

根据脐橙树体大小、需水规律、土壤墒情、根系分布、土壤性状、设施条件和技术措施，制定灌溉制度，内容包括作物全生育期的灌水量、灌水次数、灌溉时间和每次灌水量等。灌溉系统技术参数和灌溉制度制定按相关标准执行。根据脐橙树根系状况确定湿润深度。果树因品种、树龄不同，宜为0.3～0.8米。果树灌溉上限控制土壤持水量在85%～95%，下限控制在55%～65%。

4.3 养分管理

选择溶解度高、溶解速度较快、腐蚀性小、与灌溉水相互作用小的水溶性肥料。不同肥料搭配使用，应充分考虑肥料品种之间相容性，避免相互作用产生沉淀或颉颃作用。混合后会产生沉淀的肥料要单独施用。推广应用水肥一体技术，优先施用能满足脐橙不同生育期养分需求的水溶复合肥料。按照脐橙的目标产量、需肥规律、土壤养分含量和灌溉特点制定施肥制度。一般按目标产量和单位产量养分吸收量，计算脐橙所需氮（N）、磷（P_2O_5）、钾（K_2O）等养分吸收量；根据土壤养分、有机肥养分供应和在水肥一体化技术下肥料利用率计算总施肥量；根据脐橙不同生育期需肥规律，确定施肥次数、施肥时间和每次施肥量。

关于肥料选择，常用的肥料有尿素、硝酸钾、硫酸铵、硝酸钙、氯化钾、硫酸镁等。用于灌溉系统施用的磷酸一铵和磷酸二铵为白色晶体，可直接作灌溉用肥料。氯化钾仅指白色粉状氯化钾，适于灌溉用。通常在果园建议通过土壤施用磷肥，可以在果树定植或改良土壤时与有机肥一同施用。通常化肥通过灌溉系统用，磷肥和有机肥作基肥用，微量元素用叶面肥补充。

4.4 水肥耦合

按照肥随水走、少量多次、分阶段拟合的原则，将脐橙总灌溉水量和施肥量在不同的生育阶段分配，制定灌溉施肥制度，包括基肥与追肥比例、不同生育期的灌溉施肥的次数、时间、灌水量、施肥量等，满足脐橙不同生育期水分和养分需要。充分发挥水肥一体化技术优势，适当增加追肥数量和次数，实现少量多次，提高养分利用率。在生产过程中应根据天气情况、土壤墒情、作物长势等，及时对灌溉施肥制度进行调整，保证水分、养分主要集中在脐橙主根区。

通过灌溉系统的施肥原则为“总量减半、少量多次、养分平衡”。对于灌溉系统施肥的用户，按照成年脐橙树龄6～10年树，每棵产100千克（每亩45棵，4 500千克）的果园，亩施商品有机肥1 000～1 200千克或生物有机肥600～800千克；纯氮（N）30～36千克/亩；纯磷（P_2O_5）15～18千克/亩；纯钾（K_2O）30～36千克/亩。化肥用量在往年的基础上更科学，不撒施浪费，确保产量不减，化肥用量减少。

萌芽肥或花前肥：30%～40%的氮肥、30%～40%的磷肥、20%～30%钾肥在2～3月萌芽前开沟土壤施用。对于树势较弱的果树，在花蕾期和幼果期，用0.3%的尿素加上0.2%磷酸二氢钾进行叶面施肥；缺硼果园在幼果期用0.1%～0.2%的硼砂溶液，每隔10～15天喷1次，连续喷施2～3次；缺锌的果园用0.1%～0.2%硫酸锌溶液，在幼果期喷施。

壮果肥：30%～40%的氮肥、20%～30%的磷肥、40%～50%的钾肥在6～7月施用。采果肥：20%～30%的氮肥、40%～50%的磷肥、20%～30%的钾肥。

4.5　维护保养

每次施肥时应先滴清水，待压力稳定后再施肥，施肥完成后再滴清水清洗管道。施肥过程中，应定时监测灌水器流出的水溶液浓度，避免肥害。要定期检查、及时维修系统设备，防止漏水。每半年清洗一次碟片过滤器，定期对离心过滤器集沙罐进行排沙。作物生育期第一次灌溉前和最后一次灌溉后应用清水冲洗系统。冬季来临前应进行系统排水，防止结冰爆管，做好易损部件保护。

三峡库区柑橘畜禽粪便综合利用技术模式

1　技术概况

三峡库区不仅是湖北省柑橘主产区，也是全省畜禽养殖重点地区。橘园大量施用化肥、畜禽粪便得不到有效处理，严重威胁三峡水库水质。根据近年来测土配方施肥分析结果，柑橘园土壤肥力低下，具体表现：土壤酸化严重；有机质缺乏；碱解氮普遍偏低；有效磷、速效钾含量缺乏面积超过耕地面积一半以上；微量元素中，普遍缺硼，部分缺锌、缺铁。因此，柑橘化肥减量技术措施为增施有机肥、套种绿肥、生草栽培、开展测土配方施肥、改变施肥习惯、重视叶面肥的施用等。

2　技术效果

柑橘每亩增产10%～20%，果实外观和内在品质均得到明显提高，果农收入提高30%以上。连续畜禽粪便还田，土壤有机质可提高1～3克/千克。通过种养结合，畜禽粪便得到了处理与利用，有利于减轻农业面源污染。

3　适用范围

三峡库区。

4　技术要点

4.1　绿肥种植

绿肥可采用春绿肥和冬季绿肥两种形式。种植绿肥不仅能够增加土壤有机质含量，还起到减少水土流失、保温保墒作用。

4.1.1 春绿肥

每年4～5月，在橘园空地满幅播种绿肥，采取白三叶、绿豆（大豆）、藿香蓟三种绿肥混播种植：白三叶撒播，绿豆（大豆）、藿香蓟点播，播后浅覆土；亩播种量：白三叶0.5千克、绿豆1.2千克、藿香蓟0.12千克。在10月进行翻压，每亩翻压量为1 000～2 000千克。

4.1.2 冬绿肥

9～10月采用行间带状种植，一般在距离树基1米以外种植绿肥，翌年春天3～4月刈割翻压后作为肥料，还田量在1 500～2 000千克/亩。绿肥品种以苕子、紫云英等豆科作物为主，第一次播种地区接种根瘤菌。

4.2 畜禽粪便综合利用

4.2.1 沼气化利用

集中收集畜禽粪便，建设厌氧发酵罐（CSTR）、湿式储气柜，以及预处理池、沼气净化、配电房、管网输配系统等附属工程。产生的沼气提供给周边农户使用；沼液利用管道、专业运输车辆供给周边橘园使用；沼渣运送至发酵池制作有机肥或者免费提供给周边农户使用。在秋冬季，沼渣每亩施用5 000～7 500千克、沼液50～100米^3。

4.2.2 生产商品有机肥

在养殖场下方建立畜禽粪便发酵床（填充有糠壳、粉碎秸秆和发酵菌）进行预发酵（60～100天）后，转运至发酵槽进行两次发酵（好氧发酵7天，厌氧发酵熟化30天），可生产商品有机肥或直接施用。在秋、冬季，每亩施用商品有机肥（含生物有机肥）200～500千克，或牛粪、羊粪、猪粪等经过充分腐熟的农家肥每亩用量2～4米^3。

4.2.3 废果秸秆等有机物堆沤施用

废烂柑橘压榨后，剩余的废渣含有较多的有机质及营养元素，结合农田产生的剩余物秸秆及养殖业产生的废弃物畜禽粪污，添加特定菌种经过高温好氧发酵后可直接使用，每亩用量2～3米^3。

4.3 柑橘园土壤改良

针对土壤pH<5.0的酸性土壤，每亩施生石灰100～150千克，种植绿肥的橘园可在翻压时一起翻埋，要与化肥施用时期分开，并远离柑橘根部。生石灰不宜连年施用，一般第二年用量减半、第三年不施用。同时可选择钙镁磷肥作采果肥，亩用量30～40千克，可起到调整土壤pH效果。

4.4 春季施肥

2月下旬至5月下旬施用。0.5%尿素+0.2%磷酸二氢钾+0.2硼酸（硼砂）+0.2%硫酸锌肥进行叶面喷施二次保花保果，两次间隔时间为40天左右。

4.5 夏季施肥

通常在6月下旬至7月上旬果实膨大期施用。建议选择18－5－22配方肥（或相近配方），每亩施用量40～50千克。施肥方法采用条沟、穴施，施肥深度在10～40厘米。

4.6 秋、冬季施肥

在使用有机肥、农家肥的同时，配合施用平衡性 14－16－15 配方肥（或相近配方）30～35 千克。于 9 月下旬到翌年 2 月中旬施用，采用条沟或穴施，施肥深度在 20～40 厘米，或结合深耕施用。

三峡库区柑橘园“绿肥＋有机肥＋水肥一体化”技术模式

1 技术概述

三峡库区柑橘园大多坡度大、建园标准低，土壤有机质偏低，有效磷、速效钾、中微量元素缺乏，土壤肥力不高；橘农施肥普遍存在重施化肥、轻施有机肥，重施大量元素肥、轻施中微量元素肥；人工施肥成本上升，普遍存在化肥撒、表施现象，造成肥料浪费且污染严重；柑橘行间夏秋季杂草丛生，人工除草成本太高，大量使用除草剂除草，橘园长期处于清耕状态，导致水土流失，生物多样性降低，柑橘出现各种叶片黄花落叶，果实产量和品质下降。根据秭归县试验示范，柑橘园采用种植绿肥＋有机肥＋水肥一体化技术模式。橘园种植绿肥（苕子）是这个模式的基础，行间拌土撒播绿肥（苕子），植株枯萎自然还田或翻耕还田，重施有机肥，依据土壤肥力和柑橘产量目标采用水肥一体化技术，水肥一体化系统施用水溶肥，可改良土壤、提高土壤有机质含量、减少肥料使用量、提高柑橘产量和改善品质、增加果农收益，是解决三峡库区橘园化肥减量增效、土壤生态环境保护问题的良好技术措施。

2 技术效果

橘园种植绿肥冬季低温环境下可显著提高地表及耕层土壤温度，5 厘米土层增温效果明显，可提高 0.61～2.75℃，防止柑橘冻害，利于柑橘越冬。夏季可降低橘园土壤温度，7～9 月地表、5 厘米土层平均温度降低 0.43～1.39℃。柑橘绿肥利用示范区平均增产 5%以上、减少化肥用量 10%以上。橘园 0～20 厘米土层有机质提高 0.39～2.34 克/千克，0～20 厘米土层土壤全氮提高 0.11 克/千克。

水肥一体化效果：实现节水 70%以上，节肥 40%，增产 20%以上，能极大地改善生态条件，发挥较好的生态效益。

3 适用范围

绿肥种植技术、有机肥施用技术、水肥一体化技术适宜柑橘产区的所有柑橘品种（含柚子）。

4 技术措施

4.1 绿肥种植技术

4.1.1 绿肥品种

光叶苕子、毛叶苕子等绿肥品种。种子质量符合（GB 8080—2010）《绿肥种子国家标准》。

4.1.2 播种

清理橘园行间杂草。柑橘园宜在10～11月足墒播种，采取开沟条播或撒播，播种后轻耙覆盖。播种量：橘园播种量以1.5千克/亩以上为宜，幼林可适当加大播种量。

4.1.3 合理施肥

在幼苗期视苗情施一次提苗肥，每亩施尿素5～7.5千克，以利于幼苗的前期生长。

4.1.4 绿肥综合利用

柑橘园在4～7月，收割绿肥地上茎叶直接沟埋于田间或自然枯死覆盖，可结合施壮果肥进行还田。

4.2 有机肥施用技术

4.2.1 有机肥

有机肥来源可选用有机肥、有机—无机复混肥、生物有机肥，有机肥料按NY 525—2012《有机肥料》标准执行，有机—无机复混肥料按GB 18877—2009《有机—无机复混肥料》标准执行，生物有机肥按NY 884—2012《生物有机肥》标准执行。

4.2.2 施肥时期及施肥量

有机肥主要用作还阳肥，于11～12月采果前后施用，株施有机肥2～3千克、有机无机复合肥1.0～1.5千克。催芽肥于3月上旬施用，株施有机无机复合肥1.0～1.5千克。

4.3 水肥一体化技术

4.3.1 水肥一体化施肥系统

由水源（充分利用地形，修建集雨池，在山势较高的地方建立大的供水池）、首部枢纽由（水泵、过滤器、施肥器、控制设备和仪表）、输配水管网、灌水器4部分组成。

4.3.2 水肥一体化施肥系统使用

使用前，用清水冲洗管道；施肥后，用清水继续灌溉10～15分钟；每30天清洗过滤器、配肥池一次，并依次打开各个末端堵头，使用高压水流冲洗干、支管道。

4.3.3 水肥一体化施肥技术

4.3.3.1 水肥一体化肥料选择

根据作物生育期选择不同配方的水溶性肥料或尿素、硫酸铵、磷酸一铵、磷酸二氢钾、硫酸钾等，均需预溶解过滤后施用。

4.3.3.2 还阳肥

11～12月采果前后施用，人工株施有机肥2～3千克或有机无机复合肥1.0～1.5千克。

4.3.3.3 催芽肥

3月上中旬施用：株施高氮型水溶肥0.3～0.4千克，可随水分次使用。

4.3.3.4 稳果肥

5月上中旬施用，株施平衡型水溶肥0.15～0.2千克，可随水分次使用。

4.3.3.5 壮果肥

6月中下旬施用（晚熟品种推迟至7月下旬至8月上旬），株施高钾型水溶肥0.15～0.2千克，可随水分次使用。

湖南丘岗区柑橘“配方肥＋有机肥”技术模式

1 技术概述

湖南柑橘主要分布在丘岗坡地，存在的主要问题有：肥料结构上重化肥轻有机肥，重氮肥轻磷、钾肥，重大量元素肥料轻中微量元素肥料；施用方式上，撒施增多，沟施减少，肥料利用率低；橘园土壤酸化、瘠薄，保水保肥供肥能力削弱；病虫害加剧，果品内外品质降低，商品率下降，效益不高。柑橘“配方肥＋有机肥”技术模式的技术要点是通过测土配方施肥技术，结合柑橘需肥规律和土壤供肥特性，制定柑橘周年施肥方案，大幅提高有机肥用量，促进有机养分和无机养分的平衡，同时改变施肥方法，即改撒施为沟施。

2 技术效果

该技术模式与农民习惯施肥相比，柑橘产量可增产10%以上，优果率提高15个百分点，果形端正、着色均匀，病虫果明显降低，果品的糖度和维生素C分别提高1个百分点以上。亩均减少化肥用量（纯量，下同）14千克左右，其中：氮（N）6千克、磷（P_2O_5）1千克、钾（K_2O）5千克。

3 适用范围

该技术模式主要适用于湖南丘岗区种植的蜜橘、橙类、杂柑等盛果期成年园，从地形部位来讲，包括丘陵、岗地、低山地貌；从行政区域和气候区来讲，包括湘南、湘北、湘中和湘西等地。

4 技术措施

4.1 有机肥施用技术

4.1.1 有机肥类型

主要包括饼类（豆、菜籽、茶籽、桐籽等）、生物有机肥类、畜禽粪便类（猪、牛、羊等）、普通商品有机肥、沼肥（沼渣、沼液）、秸秆类等。

4.1.2 施肥时期

还阳肥：秋季还阳肥最适宜时间是10月上旬至11月中下旬，即采收后15天内施用，有机肥一次施用。

保花肥：当年3月底4月初进行。

壮果肥：当年6月中下旬进行。

4.1.3 施用量

腐熟畜禽粪2 000千克/亩（约6米^3），或优质生物肥500千克/亩，或饼肥200千克/亩，或腐殖酸肥料100千克/亩。

4.1.4 施用方法

采用沟施。沟的规格：宽×深×长＝30厘米×30厘米×100厘米；沟的数量每蔸2条；沟的位置，树冠滴水线距树干2/3处；两条沟以树干为对称关系。

4.1.5 注意事项

有机肥提前进行腐熟；沟的深度在不伤根或少伤根的前提下适当加深；沟的位置，年度旋转90°，交替进行。

4.2 配方肥的施用技术

4.2.1 肥料配方

根据多个试验示范和多点的区试，结合湖南农业大学、湖南省农业科学院专家的建议，确定柑橘专用配方肥为：40%硫基复合肥，配方为17-10-13，另外分别添加2%的锌和硼。

4.2.2 施用量

还阳肥：40%柑橘专用配方肥20～25千克/亩。

保花肥：40%柑橘专用配方肥10～15千克/亩。

壮果肥：40%柑橘专用配方肥20～25千克/亩。

根外追肥：分别在萌芽、现白、谢花期结合病虫防控施用，增加锌、硼、氮、磷、铁等营养。

4.2.3 施用时期和方法

还阳肥与有机肥混匀施用并覆土，保花肥和壮果肥采用条施或环施，施后覆土。

湖南丘岗区柑橘“绿肥＋有机肥＋配方肥”技术模式

1 技术概述

湖南是柑橘主产区，种植面积全国第一，达650万亩，年产量400万吨以上。湖南柑橘主要分布在丘岗坡地，施肥方面存在的问题：忽视有机肥的施用和土壤改良培肥，土壤酸化严重，瘠薄果园面积大；偏施氮肥和过量施用化肥；农户用肥量差异较大，肥料用量、氮、磷、钾配比、施肥时期和方法不合理；钙、镁、硼、锌等中微量元素普遍缺乏；水土流失较严重，肥料利用率低。“绿肥＋有机肥＋配方肥”施肥技术模式是通过测土配方施肥技术，根据柑橘需肥规律和土壤供肥特性，制定柑橘周年施肥方案，提高有机肥用量，有机肥主要施用商品有机肥或堆肥作物，同时种植果园绿肥作物，以扩大有机肥源，涵养果园水分，保持水土，从而达到改土培肥的目的。

2 技术效果

丘岗区柑橘“绿肥＋有机肥＋配方肥”技术模式与农民习惯施肥相比，柑橘产量可增产5%～8%，柑橘优果率提高10%左右，柑橘质量明显改善，亩均可减少氮（N）6千克、磷（P_2O_5）2千克、钾（K_2O）7千克，总减少化肥施用15千克（纯量）以上。

3 适用范围

柑橘“绿肥＋有机肥＋配方肥”技术模式主要适用于湖南丘岗区种植的蜜橘、椪柑、冰糖橙、脐橙等盛果期成年柑橘园。

4 技术措施

4.1 施肥原则

4.1.1 重视有机肥的施用，大力发展果园绿肥，实施果园覆盖。

4.1.2 盛果期成年柑橘应提高钾肥施用比例。

4.1.3 酸化严重的果园要适量施用石灰。

4.1.4 根据柑橘品种、果园土壤肥力状况，优化氮、磷、钾肥用量、施肥时期和分配比例，适量补充钙、镁、硼、锌等中微量元素，橙类注意镁肥的施用。

4.1.5 施肥方式改全园撒施为集中穴施或沟施；基、追肥深施，施后立即覆土。

4.1.6 对缺硼、锌、镁的橘园补施硼、锌、镁肥。

4.1.7 柑橘属忌氯作物，忌施含氯化肥。

4.2 肥料品种与施肥量

4.2.1 有机肥

主要选择以当地畜禽粪便等有机肥为原料生产的商品有机肥或堆肥及其他农家肥。施用量：商品有机肥400～500千克/亩或者堆肥及其他农家肥1 000～1 200千克/亩。

4.2.2 配方肥

选择45%（20－10－15）硫酸钾型配方肥或相近配方。施用量：60～80千克/亩。

4.3 施肥时期与方法

4.3.1 采果肥（基肥）

在上年11月采果后，每亩按上述推荐施用量的100%的有机肥与20～25千克45%

（20－10－15）硫酸钾型配方肥作基肥深施，沿树冠滴水线挖穴或放射状沟，沟深30～50厘米，将各种肥料混合均匀施入，并与土混匀，做到肥土融合，施后覆土。

4.3.2 保花肥

于3月底4月初沿树冠滴水线挖环状沟，沟深15～20厘米，每亩施45%（20－10－15）硫酸钾型配方肥20～25千克，施后及时覆土，根据土壤墒情浇水。

4.3.3 壮果肥

于6月中下旬，沿树冠滴水线挖环状沟，沟深15～20厘米，根据挂果量，每亩施45%（20－10－15）硫酸钾型配方肥20～30千克，施后及时覆土，根据土壤墒情浇水。丰产年适当增加氮肥用量，每亩增施尿素5千克。

4.3.4 喷施叶面肥

在柑橘坐果期至稳果期用0.5%的尿素加0.3%磷酸二氢钾，每隔10天喷施1次，连续2～3次。缺硼、锌、镁等中微量元素橘园，可选择对应中微量元素水溶肥料或有机水溶肥料进行叶面喷施。

4.4 果园绿肥种植

4.4.1 绿肥品种选择

因地制宜选择合适绿肥品种，成年柑橘园种植绿肥品种可选择三叶草、毛叶苕子、紫云英等。

4.4.2 三叶草播种方法及田间管理

春季播种可在3月中下旬气温稳定在15℃以上时播种，秋播一般从8月中旬开始至9月中下旬进行。播种前将果树行间杂草及杂物清除，翻耕10厘米将地整平，墒情不足时，翻地前应灌水补墒。

撒播、条播均可，适当保持树距，一般在离树冠外缘处20～30厘米处播种，太近会影响果树尤其是幼树的成长；播种宜浅不宜深，一般覆土0.5～1.5厘米。苗期适时清除杂草，保持土壤湿润，出苗后适时施肥提苗。

4.4.3 收获

当株高20厘米左右时进行刈割，刈割时留茬不低于5厘米，以利于再生，割下的草进行株间覆盖，待腐烂后深翻入土作肥料。

岭南丘陵山坡地区柑橘有机肥替代化肥技术模式

1 技术概述

岭南地区由于大部分果园从山坡地开发而成，设施条件差，且通常为单一种植，无其他植被覆盖。雨季水土流失严重，旱季严重缺水。施肥方面存在的问题：在生产中有机肥投入不足，偏施化肥现象较为普遍。多种因素导致果园土壤有机质，速效钾、钙、硼和锌缺乏，土层浅薄，保水、保土、保肥能力退化。有机肥替代化肥技术模式是通过基肥以有机肥为主，采用有机肥和配方肥相结合；有机肥深施，配方肥浅施；适量补充中微量元素肥料。

2　技术效果

一是促进农业节本增效。估算每亩可节约化肥用量约 2.5 千克（折纯），每亩节本增效约 12 元，节本增效显著。二是促进产品提质增效。使果实外观和内在品质明显提高，可溶性固型物含量增加 10%～20%，果皮花青素含量增加 20%～30%，维生素 C 含量提高 10%～30%，糖酸比提高 20%～50%。同时，果色鲜艳、适口性好，商品价值得到提高。三是促进循环农业发展。开发利用我国丰富的有机肥资源，支持农民利用畜禽粪便积造、生产有机肥，利于实现资源循环利用。

3　适用范围

柑橘有机肥替代化肥技术模式主要适用于岭南丘陵山坡地区种植的蜜柑、橙、橘及其他果树等果园。

4　技术措施

4.1　采果肥（采果后施用）

亩施：有机肥 1 000 千克左右。

株施：尿素 0.2～0.25 千克、过磷酸钙 0.2～0.25 千克、氯化钾 0.15～0.18 千克，或复合肥 43%（18－8－17）0.6～0.8 千克；加硫酸镁 0.03～0.05 千克。

4.2　春梢肥（见花施肥）

株施：尿素 0.2～0.25 千克、过磷酸钙 0.2～0.25 千克、氯化钾 0.15～0.18 千克，或复合肥 43%（18－8－17）0.6～0.8 千克；加硫酸镁 0.03～0.05 千克。

4.3　谢花肥（谢花后至幼果绿豆大小）

株施：尿素 0.08～0.1 千克、过磷酸钙 0.1～0.25 千克、氯化钾 0.07～0.09 千克，或复合肥 43%（18－8－17）0.3～0.35 千克；加硫酸镁 0.02～0.03 千克。

4.4　促梢、壮果肥（秋梢萌发前）

株施：尿素 0.4～0.48 千克、过磷酸钙 0.2～0.3 千克、氯化钾 0.3～0.4 千克，或复合肥 43%（18－8－17）1～1.25 千克；加硫酸镁 0.04～0.08 千克。

桂北沙糖橘“测土配方施肥+水肥一体化”化肥减量增效技术模式

1 适用范围

桂北桂林、梧州、柳州等柑橘种植且适合运用水肥一体化设施的地区。

2 技术原理

柑橘周年生长发育的各个阶段都需要养分，而土壤中的养分是有限的，收获果实带走的不足部分的养分主要靠施肥来补充，维持果实高产稳产也主要通过施肥来保证。对土壤而言，化肥长期滥用滥施，终会导致土壤板结、酸化、地力下降等不良的土壤理化性状的产生。一是通过优化肥料配方让作物做到“吃饱不浪费”，减少不合理施肥；二是通过水肥一体化设置显著提高肥料利用率。

2.1 幼年树周年养分管理

2.1.1 幼年树施肥量

柑橘幼年树是以促发新梢、扩大树冠、早结丰产为目的；每年放梢 4 次以上，以氮肥为主，配合磷、钾肥，梢前以速效麸肥+少量尿素根际施肥。N∶P_2O_5∶K_2O 为 1∶0.3∶0.6，第一年施肥量以纯氮计算，单株施纯氮量为 0.2 千克，折合尿素 0.4 千克；第二年单株施纯氮量为 0.4 千克，折合尿素 0.8 千克；第三年（试挂果）单株施纯氮量为 0.8～1.0 千克，折合尿素 1.6 千克。

2.1.2 以梢定肥

新植园挖深穴，每株分 2 层用商品有机肥料 10 千克以上施入穴内（可加入磷肥等）回土种植，每年冬、秋两季盘状施用有机肥 10 千克；梢肥以水肥勤施薄施为主，每抽发一次新梢施水肥 2 次，采用完全腐熟的麸饼肥（花生麸、菜籽麸）+少量尿素淋施。

2.2 成年树周年养分管理

2.2.1 以果定氮

按 5～10 年树龄柑橘生长需要，维持生命量每株树以三要素计，年需纯氮 0.2 千克以上、五氧化二磷 0.1 千克以上、氧化钾 0.14 千克以上；每生产 100 千克果实，要消耗纯氮 0.7 千克，按 N∶P_2O_5∶K_2O=1∶0.5∶0.8 比例计算磷、钾肥的年吸收量，要消耗五氧化二磷 0.35 千克、氧化钾 0.56 千克。以中等产量的树（35 千克/株）为例，需施用纯氮 0.5 千克（尿素 1.1 千克）、五氧化二磷 0.25 千克（钙镁磷肥 2.0 千克）、氧化钾 0.35 千克（硫酸钾 0.7 千克）。

2.2.2 适期施肥

成年树施肥的主要三个施肥时期：以促梢壮花为目的的促花肥，施肥以氮肥为主，辅以磷、钾肥，施氮量占20%～30%，现蕾期喷硼、镁、磷酸二氢钾、核苷酸等。以促进果实膨大为目的的壮果肥，施肥以氮、钾为主，辅以磷肥，施氮量占40%～50%，秋梢前埋施麸饼肥＋商品有机肥。以恢复树势充实结果母枝为目的的采果肥，施肥以有机肥为主，辅以化肥，施氮量占20%～30%。

3 技术措施

3.1 测土配方施肥技术

测土配方施肥技术，通过“测、配、产、供、施”的主要技术路径，实行精准施肥，解决作物缺什么补什么、缺多少补多少的问题，依据土壤肥力状况、目标产量、果树需肥量，优化氮、磷、钾用量，配施中、微量元素，科学分配于各生育期，实现“吃饱不浪费”。

3.2 水肥耦合技术

大力推广应用水肥一体化技术，实行水肥耦合，提高肥料的利用效率。水肥一体化的方法有多种多样，充分利用果园现有建成的固定式或移动式蓄水池、抽水设备、管道设施等供水装备，在砂糖橘各营养生长期，用低浓度（0.5%）、多次数（3～5次）滴灌或淋施，特别是秋季结合抗旱淋施0.5%的麸饼肥（花生麸）＋化肥，效果更好。

3.3 缓—速效肥配合技术

选用缓控释配方施肥和速效冲施肥配合，缓控释配方施能长久、均匀、适量、平衡供给作物需用，用作冬、秋两季与有机肥配合深施。速效冲施肥能适时供应营养，兑水淋施到根际，减少肥料流失和土壤固定。

4 效益分析

4.1 经济效益分析

根据统计采用该模式的沙糖橘平均亩产1 172.4千克，比常规施肥模式每亩增产44.3千克，增产8.41%，每亩减少化肥用量2.58千克（折纯）。

4.2 社会效益分析

通过推广该技术模式，可减少不合理化肥用量，避免过量施用化肥造成的土壤结构破坏和环境污染，提高氮肥利用率和柑橘品质，形成良性的生态循环，促进农业可持续发展。

5 推广前景

5.1 政府重视

各柑橘种植区所在地政府高度重视柑橘产业的发展，并结合扶贫工作，帮扶指导柑橘产业发展，明确表示不能急功近利而滥用化肥、农药，以保持土壤质量，要协调好柑橘产业的当前利益与长远发展，解决好柑橘产业带来的生态环境问题，并且要谨防农业过于依赖柑橘种植的风险。近两年对水果出口基地实行检验检疫制度，为实施农业化学品的投入提供了政策性的支持，化肥减量增效已上升为当地政府共识。

5.2 有利条件

广西柑橘近年来价格稳定提高，经济效益显著，极大地刺激了柑橘产业的迅猛发展，柑橘种植由分散种植型向专业户、合作社、家庭农场等大户聚集，成百上千亩的果园随处可见；果园的机耕路、灌溉设施等硬件建设全部到位，专业指导、统一管理、成本核算基本形成，这就为化肥减量增效提供了有利的软硬件条件。

桂北沙糖橘“测土配方施肥＋有机肥料”化肥减量增效技术模式

1 适用范围

桂北桂林、梧州、柳州等地的柑橘种植区。

2 技术原理

柑橘周年生长发育的各个阶段都需要养分，而土壤中的养分有限的，收获果实带走的不足部分的养分要靠施肥来补充，维持果实高产稳产要通过施肥来保证。对土壤而言，化肥长期滥用滥施，终会导致土壤板结、酸化、地力下降等不良的土壤理化性状产生。一是通过优化肥料配方让作物做到“吃饱不浪费”减少不合理施肥，二是通过增施有机肥料提升地力供肥能力从而减少化肥的投入。

2.1 幼年树周年养分管理

2.1.1 幼年树施肥量

柑橘幼年树是以促发新梢、扩大树冠、早结丰产为目的；每年放梢4次以上，施肥以氮肥为主，配合磷、钾肥，梢前以速效麸肥＋少量尿素根际施肥。N∶P_2O_5∶K_2O为1∶0.3∶0.6。第一年施肥量，施肥以纯氮计算，单株施纯氮量0.2千克，折合尿素0.4千克；第二年单株施纯氮量0.4千克，折合尿素0.8千克；第三年（试挂果）单株施纯氮量0.8～1.0千克，折合尿素1.6千克。

2.1.2 以梢定肥

新植园挖深穴，每株分2层用商品有机肥料10千克以上施入穴内（可加入磷肥等）回土种植，每年冬、秋两季盘状施用有机肥10千克；梢肥以水肥勤施薄施为主，每抽发一次新梢施水肥2次，采用完全腐熟的麸饼肥（花生麸、菜籽麸）＋少量尿素淋施。

2.2 成年树周年养分管理

2.2.1 无机配有机

目前荔浦县柑橘有机肥与化学肥的配比严重失衡，有机肥（农家肥）少，化肥多，合理的有机肥与化肥比例是4∶6，现在基本是1∶9。应大力提倡施用生物有机肥、商品有机肥基施以及其他如海藻肥、腐殖酸肥、核苷酸肥等水溶性有机肥以及麸饼肥腐熟兑水淋施，提高有机肥在柑橘肥料种类中的比例。

2.2.2 以果定氮

按5～10年树龄柑橘生长需要，维持生命量每株树以三要素计，每年需纯氮0.2千克以上、五氧化二磷0.1千克以上、氧化钾0.14千克以上；每生产100千克果实，要消耗纯氮0.7千克，按N∶P_2O_5∶K_2O=1∶0.5∶0.8比例计算磷、钾肥的年吸收量，要消耗五氧化二磷0.35千克、氧化钾0.56千克。以中等产量的树（35千克/株）为例，需施用纯氮0.5千克（尿素1.1千克）、五氧化二磷0.25千克（钙镁磷肥2.0千克）、氧化钾0.35千克（硫酸钾0.7千克）。

2.2.3 适期施肥

成年树施肥的主要三个施肥时期：以促梢壮花为目的的促花肥，施肥以氮肥为主，辅以磷、钾肥，施氮量占20%～30%，现蕾期喷硼、镁、磷酸二氢钾、核苷酸等；以促进果实膨大为目的的壮果肥，施肥以氮、钾为主，辅以磷肥，施氮量占40%～50%，秋梢前埋施麸饼肥+商品有机肥；以恢复树势充实结果母枝为目的的采果肥，施肥以有机肥为主，辅化肥，施氮量占20%～30%。

3 技术措施

3.1 测土配方施肥技术

测土配方施肥技术，通过“测、配、产、供、施”的主要技术路径，实行精准施肥，解决作物缺什么补什么、缺多少补多少的问题，依据土壤肥力状况、目标产量、果树需肥量，优化氮、磷、钾用量，配施中、微量元素，科学分配于各生育期，实现“吃饱不浪费”。

3.2 增施有机肥技术

大力推广根际扩坑改土，深施有机肥，培肥土壤，提高土壤肥力，通过施用生物有机肥（或商品有机肥）以及麸饼肥的腐熟埋施或兑水淋施，实现有机肥用量部分替代化肥。同时要合理利用有机养分资源，实行生草栽培、秸秆覆盖还田等措施，调节田间小气候、保水增肥。

3.3 种植绿肥

目前在幼年果树上主要是采用套种红花草、油菜、兰花子（茹菜）等绿肥品种。如果采用套种红花草，就可直接起到生物覆盖、保水增肥作用；如果套种油菜、茹菜，待其盛花后用割草机直接割断，秸秆覆盖、保水增肥，提升土壤养分，减少化肥施用。

4 效益分析

4.1 经济效益分析

根据统计，采用该模式的沙糖橘平均亩产为 1 141.3 千克，比常规施肥模式每亩增产 36.2 千克，增产 7.67%，每亩减少化肥用量 1.97 千克（折纯）。

4.2 社会效益分析

通过推广该技术模式，可减少不合理化肥用量，避免过量施用化肥造成的土壤结构破坏和环境污染，提高氮肥利用率和柑橘品质，形成良性的生态循环，促进农业可持续发展。

5 推广前景

5.1 政府重视

各柑橘种植区所在地政府高度重视柑橘产业的发展，并结合扶贫工作，帮扶指导柑橘产业发展，明确表示不能急功近利而滥用化肥、农药，以保持土壤质量，要协调好柑橘产业的当前利益与长远发展，解决好柑橘产业带来的生态环境问题，并且要谨防农业过于依赖柑橘种植的风险。近两年对水果出口基地实行检验检疫制度，为实施农业化学品的投入提供了政策性的支持，化肥减量增效已上升为当地政府共识。

5.2 有利条件

广西柑橘近年来价格稳定提高，经济效益显著，极大地刺激了柑橘产业的迅猛发展，柑橘种植由分散种植型向专业户、合作社、家庭农场等大户聚集，成百上千亩的果园，随处可见；果园的机耕路、灌溉设施等硬件建设全部到位，专业指导、统一管理、成本核算基本形成，这就为化肥减量增效提供有利的软硬件条件。

三峡库区柑橘“商品有机肥＋配方肥”技术模式

1 技术概述

长江三峡库区是柑橘主产区，年产量达 300 万吨左右，该区域内的奉节柑橘、万州玫瑰香橙、梁平柚更是驰名中外。目前，库区内柑橘种植区域主要集中在长江流域的低海拔地区，以坡耕地为主。柑橘施肥方面存在的问题：化肥施用超量，重氮肥轻磷、钾、有机肥，肥料撒施现象普遍，肥料利用率低，养分流失严重；土壤酸化明显，土壤有机质含量逐年下降；镁、硼、锌等中微量元素普遍缺乏等。

“商品有机肥＋配方肥”技术模式是按照等养分替代原则，在保证柑橘养分不变的情况下部分减少化肥用量，减少的化肥量用有机肥代替，实现等养分不变的原则，由此达到在柑橘提质增效的同时提升土壤有机质含量的目的。

2　技术效果

柑橘“商品有机肥＋配方肥”技术模式与农民习惯施肥相比，每亩减施化肥 15.6 千克（折纯），柑橘产量增加 20%以上，柑橘可溶性固形物提高 2～3 百分点，果实外观明显改善，商品性提高，同时提升土壤有机质 0.2～0.3 个百分点，土壤贫瘠化、酸化、次生盐渍化等问题得到有效改善。

3　适用范围

该模式主要适用于长江流域沿线海拔在 400 米以下的柑橘种植区域，该区域内柑橘种植面积大，同时规模化养殖少，有机资源匮乏，但这些区域交通方便，经济发展较快，农民对增施商品有机肥接受度高。

4　技术措施

4.1　施肥原则

4.1.1　利用商品有机肥部分替代化肥养分，调整柑橘施肥结构，实现化肥使用量减少。

4.1.2　通过增施商品有机肥，不断提高三峡库区柑橘品质，提升库区柑橘品牌影响力。

4.1.3　利用有机肥的缓冲作用，不断提升土壤质量，缓解土壤酸化进程，实现土壤的可持续利用。

4.2　肥料品种与施肥量

4.2.1　商品有机肥

主要选择市场上销售的普通商品有机肥，商品有机肥有机质含量大于 45%，总养分含量大于 5%。施用量为 600 千克/亩（结果树，每亩按 60 株核算，下同）。

4.2.2　配方肥

选择 45%（N：P_2O_5：K_2O 养分比例 1：0.5：0.8～1）硫酸钾型配方肥或相近配方。施用量：配方肥 62.5 千克/亩。

4.2.3　中微量元素肥料

根据测土配方施肥技术，三峡库区柑橘缺镁、硼、锌等现象普遍，中微量元素肥料可叶面喷施或者根外施肥。根外施肥可施镁肥 6 千克/亩、硼肥 1.8 千克/亩、锌肥 3 千克/亩；叶面喷施要严控肥料浓度，硼肥浓度为 0.2%左右，镁肥浓度为 0.1%～0.2%，锌肥浓度为 0.1%左右。

4.3　施肥技术

4.3.1　商品有机肥

商品有机肥与采果肥一并施用。实行深翻扩穴改土，在柑橘树冠滴水线 20 厘米外挖槽，槽长 80 厘米、宽 40 厘米、深 30 厘米，将商品有机肥与配方肥（采果肥）拌匀施入槽中

（最佳方法是 5～10 千克厩肥或枝叶杂草垫底，有机肥＋配方肥与土按 1： 6 拌匀施入），然后回土覆盖。

4.3.2 配方肥

促花肥、壮果肥实行槽施，即柑橘树冠滴水线 20 厘米处挖两条槽，长 50 厘米、宽 20 厘米、深 20 厘米，将肥料均匀施入槽中，然后回土覆盖。

4.3.3 中微量元素肥料

根外施肥应与促花肥拌匀后一并施用；叶面喷施，则将肥料溶于水中用喷雾器喷施。

4.4 施肥时期

4.4.1 有机肥

施用时间为柑橘采摘结束，完成柑橘树的整形修枝后，即 12 月底与采果肥一次性施用。

4.4.2 配方肥

配方肥一年共施用 3 次，分别为促花肥（2 月下旬至 3 月上旬）25 千克/亩、壮果肥（6 月下旬至 7 月初）25 千克/亩、采果肥（12 月底）12.5 千克/亩。

4.4.3 中微量元素肥料

根外施肥，在促花肥（2 月下旬至 3 月上旬）施用时，与配方肥拌匀后一次性施用；叶面喷施，硼肥在春季发芽前、花落 2/3 时、幼果期，各喷施 0.2％硼砂水 1 次，镁肥在春季发芽前、花落 2/3 时、幼果期，各喷施 0.1％～0.2％硝酸镁的溶液 1 次，锌肥以 5 月上、中旬为主，7 月、10 月，各喷施 0.1％硫酸锌 1 次。

4.5 注意事项

商品有机肥不能选择以鸡粪为主要原料的有机肥，严控重金属、抗生素等有害物质超标；中微量元素肥料施用时叶片背面尤其新叶背面要喷湿。

三峡库区柑橘“猪—沼—果”技术模式

1 技术概述

长江三峡库区是柑橘主产区，年产量达 300 万吨左右。主要种植品种是红橘、甜橙、血橙、脐橙等。柑橘种植以坡耕地为主。施肥过程中存在：化肥施用结构不合理，忽视有机肥，肥料利用率较低；园地土壤酸化和土壤板结严重，导致园区土地质量退化；同时，老果园瘠薄面积大，土壤有机质缺乏；园区土壤中钙、镁、硼、锌等中微量元素普遍缺乏等问题。

“猪—沼—果”技术模式是以沼气为纽带，上接养殖业，下联种植业，通过能量流动和物质循环，三者之间相互配套，协调运转，形成良性系统循环。利用沼气发酵，促进畜禽粪便无害化、资源化利用，以沼肥涵养园地，提高土壤有机质，改良土壤结构，培肥果园，实现化肥减量增效，是一种可标准化、模式化运作的综合性现代化农业生产模式。

2　技术效果

三峡库区柑橘“猪—沼—果”技术模式可使园地土壤中有机质含量提升5%以上，改良土壤结构，减缓酸化进程；改善柑橘果品品质，果品优质率可提高20%以上，产量可增产5%以上。每亩减少N 3千克、P_2O_5 1千克、K_2O 3千克，每亩总化肥减量约7千克。通过开展“猪—沼—果”模式，开展畜禽粪便资源化利用，减少化肥过量施用和农业面源污染，保护三峡库区水环境。

3　适用范围

柑橘“猪—沼—果”技术模式由生猪养殖、沼气建设和果园种植三部分组成，种养结合，适用于长江三峡库区种植的红橘、甜橙、血橙、脐橙等品种。

4　技术措施

4.1　施肥原则

4.1.1　利用沼气池发酵畜禽粪便生产的沼肥对果园灌溉施肥，提高土壤有机质，改良园地土壤。
4.1.2　根据柑橘品种、果园土壤肥力状况，开展测土配方施肥优化氮、磷、钾肥结构、施肥时期和分配比例；盛果期成年柑橘树应提高钾肥施用比例。
4.1.3　根据土壤养分丰缺情况适量补充钙、镁、硼、锌等中微量元素肥。
4.1.4　适量施用钙镁磷肥和石灰等土壤调理剂，对酸化严重的果园地进行改良。
4.1.5　沼肥的施用结合灌溉和抗旱，采用喷施、滴灌或环状沟灌溉的施肥方式。
4.1.6　配方肥作为基肥和追肥施用，以穴施或沟施进行深施，施后立即覆土。
4.1.7　柑橘属忌氯作物，配方肥中忌施含氯化肥。

4.2　肥料品种与施肥量

4.2.1　沼肥

在种养结合的果园以当地畜禽粪便通过沼气池发酵生产有机肥，它含有丰富的有机质（30%～50%）、腐殖酸（10%～20%）、全氮（0.8%～2.0%）、全磷（0.4%～1.2%）、全钾（0.6%～2.0%）和多种微量元素，容易被果树吸收，每亩施用量2 000～3 000千克。

4.2.2　配方肥

通过测土配方施肥技术，制定配方。盛产期柑橘果树每亩施纯N 10.4千克±2.0千克、P_2O_5 5.2千克±1.6千克、K_2O 8.1千克±2.1千克，养分比例1∶0.5∶0.8～1。

4.3　施肥时期与方法

4.3.1　保花肥

一般在2月下旬至3月上旬施肥，以氮肥为主，辅以磷、钾肥，配合施用有机肥。施肥量占全年的30%左右。施肥方法：沿树冠滴水线，挖环状沟，沟深15～20厘米，每亩施45%（20－10－15）硫酸钾型配方肥20～25千克，同时施用30%的沼肥，及时覆土。

4.3.2 稳果肥

为提高坐果率，控制夏梢大量抽发，在5～6月，采用叶面喷施方式施肥，施肥量约占全年总量的5%。可喷施0.3%尿素加0.3%磷酸二氢钾，每15天左右喷施1次，喷施2～3次可取得较好效果。

4.3.3 壮果肥

7月至8月上旬施用壮果肥，以氮、钾肥为主，配合施用磷肥。施肥量占全年35%左右。采用沟施，每亩施45%（16－13－16）硫酸钾型配方肥26～32千克、推荐施用量40%的沼肥。

4.3.4 采后肥

10月下旬至翌年1月下旬，以有机肥为主，配合施用化肥，施肥量约占全年的30%。每亩按上述推荐施用量的30%的沼肥与20～25千克35%（15－7－13）硫酸钾型配方肥沟施。

4.3.5 喷施叶面肥

开花前喷施0.5%尿素和2%过磷酸钙及1%硫酸钾的混合液可提高开花结实率。幼果膨大期，缺中微量元素果园，可选择对应中微量元素水溶肥料进行叶面喷施，也可喷施沼液，防治病虫害，减少农药的使用。

西南山地丘陵区柑橘“测土配方施肥＋土壤改良＋有机肥”技术模式

1 技术概述

重庆地处山地丘陵区，柑橘果园一方面面临立地条件差、土层浅薄贫瘠、水土流失严重等自然地力问题，另一方面又面临着施肥种类和方式的问题。目前，柑橘施肥普遍存在以下问题：一是化肥投入过量，大量表施化肥不覆土，导致果树根系表层化；二是有机肥投入不足，畜禽养殖废弃物等有机肥资源利用率低；三是农村劳动力不足、水源不足，大量集中沟施穴施也可能烧根。不合理施肥使柑橘果园土壤肥力下降，有机质含量低，部分地区土壤酸化严重，果树病虫害增加。通过实施“测土配方施肥＋土壤改良＋有机肥”技术模式，科学配肥，合理施肥，平衡土壤养分，提高养分利用率；对酸化土壤进行改良，配合推广利用秸秆还田、深松深翻等技术，构建合理耕层，提高土壤保水保肥能力；实施有机肥替代化肥，改土扩穴深施有机肥促进果树根系正常生长，结合沼液或水肥一体化，改善柑橘品质，提高土壤有机质含量。

2 技术效果

通过采用柑橘“测土配方施肥＋土壤调理剂＋增施有机肥（沼肥）”技术模式，柑橘每年可以减少化肥使用量（纯量）150～200 千克/公顷，增产 10%～20%，可溶性固形物等品质提高 1～2 个百分点。

3 适用范围

本模式适用于南方地区沙田柚、夏橙、杂柑、脐橙、血脐和柠檬等中晚熟柑橘品种，以及相近的粮经作物。

4 技术措施

4.1 科学优化配方施肥

通过开展柑橘肥料试验，找出不同柑橘品种最佳肥料配方和最佳施肥方式并形成经验总结。根据试验示范探索出土壤养分、配方含量、肥料种类、施肥方式对不同品种柑橘产量的影响机制。针对柑橘目标产量，土壤氮、磷、钾等检测值，土壤养分丰缺指标，植物养分吸收量和柑橘品质检测结果，确定施肥量，柑橘底肥为农家肥 3 000～5 000 千克/亩，25%（12-7-6）的有机无机复合肥 50～80 千克/亩；花前追施配方肥 30～40 千克/亩，稳果肥根据树势定量施肥，膨大期施配方肥 20～30 千克/亩。

4.2 土壤培肥改良技术

针对果园出现的土壤有机质含量低，氮、磷、钾比例失调，化学肥料投入不断增大，土壤酸化板结，土壤结构被破坏等问题，积极开展柑橘土壤不同调酸处理对比试验，通过试验，获得柑橘土壤最佳的调酸处理剂及用量，研究出适宜配方，结合施用促芽肥和壮果肥，施用土壤调理剂 1～2 千克/株或钙镁磷肥 2～3 千克/株。

4.3 增施有机肥培肥地力

4.3.1 有机肥种类

有机肥包括以畜禽粪便和秸秆为原料的商品有机肥类，豆饼、油饼类，生物有机肥类，沼液、沼渣类等。

4.3.2 有机肥施用时期

针对果树发芽、抽梢、结果时期的需肥量，分批次适量施肥。分别于头一年 10～11 月施采果肥、翌年 2～3 月施促芽肥、4～5 月施稳果肥、6～7 月施壮果肥。

4.3.3 有机肥施用量及施肥方式

促芽肥以复合肥为主，多结合沼液或水肥一体化进行，同时根外追肥喷施铁、锌、硼、镁等微量元素，促进果树花芽分化和枝梢的抽发，一般用 25%的有机无机复混肥 0.5～1 千克/株＋沼液 10～20 千克/株。

稳果肥根据树势结合施用保果药剂，酌情根外追施微肥，5 月上、中旬一般用 0.2%～0.3%硫酸锌+0.2%～0.3%硫酸镁，追施锌、镁肥 1～2 次。

壮果肥以有机无机复混肥、速效肥为主，6～7 月施 25%有机无机柑橘配方复混肥 1～2 千克/株+沼液 10～20 千克/株。

采果肥施肥方式以改土扩穴促根为主，根据柑橘树龄和长势，施用纤维性秸秆有机质建立有机肥营养库，每株施用 5～20 千克畜禽粪便与秸秆配制的有机肥，配施适量的氮、磷肥；一般采用开放射沟的方法追施，以树冠滴水线为中点，沟长 0.8～1.0 米，深、宽各 0.3～0.4 米，每株开沟 2～4 条，施肥后覆土，每次开沟时应变换位置。

长江中下游地区葡萄化肥减量增效技术模式

1 技术概述

按照单位葡萄产出量需要消耗的养分及目标产量，确定施肥品种和数量。一般亩产 1 吨葡萄约需要从土壤中吸收纯 N 6～8 千克、P_2O_5 3～5 千克、K_2O 7～10 千克。

葡萄不同生育期对氮、磷、钾三要素的需求特点如下。葡萄需要氮量最多的时期在 5～9 月，这个时期正是新梢迅速生长、开花结实和花芽分化的时期，如果氮素供应不足会引起生长迟缓、果穗发育不良、花芽分化质量差，甚至不分化，这不仅使当年产量下降，而且会影响下一年的产量，而坐果后如氮肥偏多，枝蔓继续旺长，会导致果粒膨大、含糖量降低、成熟推迟。需磷量最大时期是幼果膨大期至浆果着色成熟期，即在新梢旺盛生长期及浆果膨大期磷的吸收最多，且磷在葡萄植株内是一种可以再利用的元素，新吸收的磷酸盐经常向代谢作用旺盛的嫩梢、幼叶集中，新梢继续生长，又会向新长出的新梢组织运转，蔓、叶上的磷酸盐可运转到浆果、种子中，如此可以反复循环。磷的上述运转和再分配能力比氮高，因而葡萄吸收磷的时期越早，对葡萄生长所发挥的作用越大。葡萄整个生育期对钾的需求量均较大，钾可以促使果实和枝蔓成熟，提高果实含糖量，增加植株的抗病能力。缺钾时，枝软，叶色淡，严重时叶缘出现枯焦现象，影响正常生长。因此，在葡萄生长季节应注意钾的供给和补充。

因此，在生产中应根据葡萄不同发育阶段的要求，确定施肥的时期和种类，实行有机肥和化肥相结合，分期调控。做到因树施肥，前期多施氮肥，后期多施磷、钾肥。从萌芽期至开花期重点追施氮素，在开花期适当补施硼肥，在浆果发育期和花芽分化期施用适量的磷、钾肥，在果实成熟期适量补施钙肥，在采收后补施一定的氮素。

2 技术效益

可节肥 20%以上，提高氮肥利用率 5 个百分点以上，增产 10%以上。

3　适用范围

长江中下游葡萄种植区。

4　技术措施

按目标产量法进行施肥推荐，一般每亩施 N 12～18 千克、P_2O_5 10～15 千克、K_2O 15～20千克。禁止施用含氯肥料，倡导施用硫基配方肥料、商品有机肥和生物有机肥。

4.1　基肥

在秋末冬初施用，一般基肥施用量为全生育期所需养分的70%以上。以亩产 2 000 千克的葡萄园为例，亩施有机肥 2.5～3.0 吨、过磷酸钙或钙镁磷肥 40～45 千克、45%的硫酸钾型配方肥 50 千克及硼肥 2～3 千克。采用沿葡萄植株行开沟施入，不可离树过近，以免伤根过重，影响葡萄的长势。

4.2　追肥

4.2.1　催芽肥

在萌芽前 10～15 天施用，在植株两边开沟条施覆土。施肥量根据品种耐肥特性掌握。对于需肥量较多的品种，亩施 45%复混肥（15-15-15）20～25 千克，或尿素 7.5～10.0 千克；对于需肥量中等的品种，亩施 45%硫酸钾复混肥（15-15-15）15～20 千克，或尿素 5.0～7.5 千克；对于需肥量较少的品种原则上不施催芽肥。

4.2.2　壮蔓肥

在萌芽后 20 天左右至开花前 20 天施用，在植株两边开沟条施、覆土，过晚施用不利于坐果，还会诱发灰霉病。一般亩施 45%硫酸钾复混肥（15-15-15）15～20 千克。

4.2.3　膨果肥

参照树势，分 2 次施用。

第一次施肥。对于坐果性好的品种，且长势正常、不表现出徒长的葡萄园，可在生理落果（葡萄果粒长到 3～4 毫米）前施用，有利于果粒前期膨大；对于坐果性不好的品种如巨峰，或坐果性虽好但长势过旺的葡萄园，可在生理落果即将结束时施用。对于多数品种，亩施 45%硫酸钾配方肥 25 千克左右、尿素 10 千克左右、钾肥 10～15 千克，有条件的可每亩增施腐熟饼肥 50 千克，以促进果粒膨大。

第二次施肥。对于生长偏弱的每亩施 45%硫酸钾配方肥 25 千克左右，与第一次用肥量基本相同；对于长势过弱的可适当增加；生长正常的，每亩施 45%硫酸钾配方肥 20～25 千克、尿素 7～10 千克、钾肥 10 千克左右。施肥方法：可两边开沟条施覆土，一次施一边，另一次施另一边。

4.2.4　着色肥

葡萄进入硬核期后施用，以施磷、钾肥为主。一般亩施磷肥 15～20 千克、钾肥 15～20 千克；挂果量较多、树势较弱的，配施 45%硫酸钾配方肥。对于生长正常的，应控制氮肥施用。施肥方法：可两边开沟条施覆土。

4.2.5 采后肥

在葡萄采后5～10天内施用。一般亩施有机肥2～3吨、饼肥100千克、45%配方肥20千克（或尿素8～10千克和磷肥50千克）。

4.3 其他肥料

4.3.1 叶面肥料

根据葡萄长势长相，选择适宜的水溶性肥料，进行叶面喷施，全年可进行4～5次。开花前以氮肥和硼肥为主，喷施0.2%～0.3%尿素+0.1%～0.2%硼酸+0.2%～0.3%硫酸锌+0.1%～0.2%硫酸镁混合溶液；盛花期喷施0.05%～0.10%硼酸或0.1%～0.2%硼砂溶液，以提高坐果率；坐果后至浆果成熟前，喷施0.2%～0.3%磷酸二氢钾，以增加果实含糖量；近成熟期喷施钾、钙肥和氨基酸叶面肥，以提高果实含糖量及耐贮运性能。在开花前2～3周和开花后3～5周，应用0.2%～0.3%的硫酸锌溶液各喷施1次，以防止葡萄缺锌。对于已出现缺锌症状的葡萄，应立即用0.2%～0.3%的硫酸锌溶液喷施，一般需喷施2～3次，时间间隔1～2周。

4.3.2 微生物肥料

选用适宜的微生物肥料作为基肥施用，一般应用生物有机肥替代50%～80%的常规有机肥，以增加果园土壤微生物活性，同时改善葡萄品质。

南方中熟葡萄“有机肥+水肥一体化”减肥增效技术模式

1 技术概述

受传统观念的影响，葡萄生产一直被旧有的粗放施肥模式和单纯追求高产的思想所束缚，严重影响葡萄品质和产品质量安全。因此，需彻底转变种植管理及施肥观念，坚持以品质优先为原则，提倡生态、安全、高效的种植管理模式，以提高产品的市场竞争力。在我国南方中熟葡萄上推广“有机肥+水肥一体化”减肥增效技术模式，主要是将传统大水大肥、劳民伤财的施肥方式转型到少量多次、省时省力的精准施肥方式上来，大力推广全水溶性肥料、缓释肥料等新型肥料，实行水肥一体化。

2 技术效果

葡萄实施水肥一体化，推广“有机肥+水肥一体化”减肥增效技术后，变“水浇地”为“水浇作物”，葡萄每亩每年减少灌溉用水144米^3，节水39.4%；每亩节省施肥环节的人工2个，每亩减少肥料用量6.1千克（纯量），减少喷药2次，亩均节省用药1.8千克。

3　施用范围

本模式适用于南方地区（湖南、广西、江西、福建）欧亚种鲜食葡萄避雨设施栽培区域。

4　技术措施

以测土配方施肥技术为基础，按照有机、无机相结合，根据葡萄的需肥规律、地块的肥力水平及目标产量，确定氮、磷、钾和中微量元素肥料施用比例、品种、用量以及底、追肥的合理比例并进行定期施肥。

4.1　施肥原则

4.1.1　增施有机肥料。

4.1.2　注意氮、磷、钾三要素肥料的配合施用和中微量元素的平衡施用。

4.1.3　基、追肥深施，施后立即盖土，盖土深度需要在 7 厘米以上。

4.1.4　对缺锌、硼的土壤补施锌、硼肥。

4.2　肥料品种与施肥量

4.2.1　有机肥

主要选择以当地畜禽粪便等有机肥为原料生产的商品有机肥或堆肥及其他农家肥。施用量：商品有机肥 500 千克/亩或者堆肥及其他农家肥 2 000 千克/亩。

4.2.2　滴管专用水溶肥

选择 50%（20－10－20）水溶肥 50 千克/亩和 50%（0－20－30）水溶肥 50 千克/亩。

4.3　施肥时期与方法

4.3.1　越冬肥

9 月底到 10 月底。葡萄专用有机肥料 500 千克/亩或者堆肥及其他农家肥 2 000 千克/亩。开沟条施、穴施，深度达 40 厘米。

4.3.2　催芽肥

3 月中旬。50%（20－10－20）水溶肥 50 千克/亩＋提苗肥 15 千克/亩。滴灌，结合中耕松土。

4.3.3　壮果肥

5 月中旬和 6 月中旬各一次。每次施用 50%（0－20－30）水溶肥 25 千克/亩。滴灌。

4.3.4　还阳肥

8 月下旬至 9 月上旬。施用提苗肥 15 千克/亩。滴灌。

4.4　灌溉制度

根据葡萄的需水量和作物生育期的降水量确定灌水定额。灌溉定额确定后，依据葡萄的需水规律、降水情况及土壤墒情确定灌水时期、次数和每次的灌水量。

4.4.1 灌溉制度

灌水总量 19.5～26 米^3/亩，每次滴灌 30～40 分钟，每次滴水 1.5～2 米^3/亩；灌溉次数 13 次，灌溉时期从 4 月 10 日至 8 月 10 日，每隔 10 天滴灌 1 次。

4.4.2 水分管理

萌芽前浇一次萌芽水，落花后至转色期浇一次水，转色期至成熟期维持适量的土壤水分，果实采收后浇一次水，落叶前后不浇水。

京津冀桃树化肥减量增效技术模式

1 适用范围

本技术模式适用于京津冀地区。

2 技术原理

2.1 测土配方施肥技术

测土配方施肥技术的核心是解决作物需肥与土壤供肥之间的矛盾。在土壤测试和肥料田间试验的基础上，根据作物需肥规律、土壤供肥性能和肥料效应，结合有机肥料的合理施用，提出氮、磷、钾及中、微量元素等肥料的施用数量、施肥时期和施用方法。实现各种养分平衡供应，满足作物的需要，提高肥料利用率和减少用量；提高作物产量，改善农产品品质；节省劳力，节支增收。

2.2 水肥一体化技术

水肥一体化就是借助灌溉设备将作物生长发育需要的水分、养分同时供应给作物的一种水肥管理技术。水肥一体化技术是一项综合水肥管理的技术，具有显著的节水、节肥、省工、高效、环保等优点。

2.3 有机肥替代部分化肥技术

通过合理利用有机养分资源，用有机肥替代部分化肥，实现有机无机相结合，提升耕地基础地力，替代外来化肥养分投入。

3 技术措施

3.1 环绕滴灌施肥核心技术

系统组成：环绕滴灌施肥首部枢纽由水泵、动力机、变频设备、施肥设备、过滤设备、进排气阀、流量及压力测量仪表等组成。每行果树沿树行布置一条灌溉支管，距树干 50 厘米处，铺设一条环形滴灌毛管，直径1米左右，围绕树干铺设一条环形滴灌管；在滴灌管上均匀安装压力补偿式滴头，形成环绕滴灌。其中幼龄果树4～5个滴头，成年果树6个滴头，流量4.2升/小时。

3.2 环绕滴灌施肥配套技术

枝条粉碎覆盖：果园修剪后的果树枝条用粉碎机粉碎后，将其均匀覆盖在树盘周围。每棵果树覆盖量45～60千克，覆盖厚度2～3厘米。可减少蒸发和杂草，提高果实品质。

行间生草覆盖：首先要选择适宜的草种。可以利用天然草，也可以人工种植。人工生草采用的草种以多年生草为主。豆科有三叶草、矮化草木犀、多年生香豌豆和小冠花，禾本科有多年生黑麦草、狗尾草等。

施用保水剂：保水剂可以充分发挥保水保肥的功效，提高桃树成活率和果品品质。幼树定植时期，每穴施20～30克，成龄树每树视树体大小每树每穴施50～100克。保水剂施用需在果园施基肥时一并加入，保水剂与土壤混合比例为1∶1 000～2 000。一次使用3～5年有效。

3.3 整地和基肥施用

在秋季采用环状沟或放射沟施入商品有机肥400～500千克、尿素6千克、磷酸二铵13～17千克、硫酸钾5千克。

3.4 灌溉施肥制度

正常年份，全生育期滴灌5～7次，每次20米^3/亩，总灌水量100～140米^3/亩。

果树萌芽前，以放射沟或环状沟施肥方式施入配方肥（18-9-18）30～40千克/亩。

花后滴施水溶性配方肥（22-8-22）10～15千克/亩。

果实膨大前中期结合滴灌施肥1～2次，每次滴施水溶性配方肥（16-8-26或19-8-27）10～15千克/亩，果实膨大中后期滴灌施肥1～2次，每次滴施水溶性配方肥（16-6-32或16-8-34）10～15千克/亩。

3.5 根外追肥

初花期喷施0.2%～0.3%的硼砂可提高坐果率，缺铁可用0.3%硫酸亚铁与0.5%尿素的混合液喷施，缺锌可叶面喷施0.1%～0.2%的硫酸锌。

4 效益分析

成年桃树采用滴灌施肥技术，每亩灌水106米^3，追肥施纯养分29千克；较常规畦灌亩节水79米^3，节水43%；减少养分投入6千克，节肥21%。

矮化密植幼龄桃树采用滴灌施肥技术，每亩灌水118米^3，追肥纯养分21千克；较常规畦灌每亩节水67米^3，节水36%；减少养分投入6千克，节肥28%。

5 推广前景

桃树水肥一体化技术模式适合在京津冀地区桃树栽培推广应用。

鲁西地区桃化肥减量增效技术模式

1 技术概述

肥城桃种植面积8万亩，有60多个品种。施肥方面存在的问题：有机肥用量少，偏重施用化肥；重施氮、磷肥，轻施钾肥和中微量元素肥；地块间用肥量和施肥比例差异较大；施肥时期不科学，重视追肥，忽视秋施基肥；施肥方式不合理，施肥部位过于集中、深度不够，造成浮根、局部烧根；水土流失较严重，肥料利用率低。根据桃树需肥规律、土壤供肥性能和肥料效应，采用"自然生草+有机肥+配方肥（或水肥一体化）"施肥技术模式，在施用有机肥的基础上，合理施用氮、磷、钾及中微量元素肥料，满足桃树对各种养分的需求，从而达到增加产量、改善品质、提高收益的目的，同时减轻因过量施肥造成的面源污染。

2 技术效果

同习惯施肥技术相比，桃树可增产5%～7%，果实含糖量提高2～4个百分点。有机肥替代化肥用量30%～40%。土壤有机质每年提高0.1～0.3个百分点，土壤理化性状得到改善。

3 适用范围

此技术模式适用于肥城市桃树种植。

4 技术措施

4.1 秋施基肥

4.1.1 施肥时期

秋施基肥宜早不宜晚，趁地温尚高，断根容易愈合并可发出新根，微生物处于比较活跃的状态，此时施基肥能增加树体养分储备，有利于来年果树萌芽、开花和新梢前期生长。施肥适宜时间是9～10月，种植油桃、水蜜桃等早熟品种的地块可在9月施肥；种植中华寿桃等晚熟品种的地块可在10月施肥。

4.1.2 施肥品种

以有机肥为主，化肥为辅。有机肥包括充分腐熟的畜禽粪便、豆粕、豆饼、秸秆等，以及生物有机肥、沼液、沼渣等。化肥采用配方肥或水溶肥。

4.1.3 施肥用量

秋季施用全部的有机肥。有机肥的施用量以树龄和产量为依据确定。一般地，幼树每株施15～20千克，结果大树一般亩产2 000千克的要求"斤果斤肥"，亩产2 500～3 500千克的，要求"斤果斤半肥"。

化肥用量根据产量水平确定，在施用有机肥的前提下，亩产1 500～2 000千克的桃园施用配方为氮：磷：钾＝15：15：15的复合肥20千克/亩左右，亩产2 000～3 000千克的桃园施肥30千克/亩左右，亩产3 000千克以上的桃园施肥40千克/亩左右。

4.1.4　施用方法

结果大树通常采用两种方法：一是全园撒施，把肥料撒匀，结合秋耕深翻园土30厘米，将肥料翻入地下。二是放射沟施，每株挖4～6条放射状沟，深40～50厘米、宽30～45厘米，将肥料与土混匀后施入沟内。或者在树冠外缘挖深、宽各30厘米的环状沟，再以树干为中心，从不同方向挖数条放射沟，接近树干处深15厘米左右，向外逐渐加深至环状沟相接。

幼树一般采用单株施肥，在树冠垂直投影边缘挖宽30厘米、深40～50厘米环状沟或采用两面沟状施肥。

4.2　追肥

4.2.1　追肥时期及用量

追肥时间根据桃树需肥规律、品种及长势确定。在施足基肥的情况下，两次追肥即可。第一次在萌芽前（3月初）追萌芽肥，以促进根系和新梢生长，提高坐果率。第二次在花芽生理分化期、桃硬核前（5月下旬至6月下旬）追花芽肥，促进种核发育、花芽分化和果实膨大，为翌年结果打下基础。

4.2.2　追肥用量

萌芽肥选用高氮高钾低磷的配方肥，如氮：磷：钾＝18：9：18，用量根据产量水平确定，产量低的亩用量20千克左右，产量高的亩用量30千克左右。

花芽肥选用高钾复合肥，如氮：磷：钾＝16：9：20，亩用量20千克左右，挂果量大的适当增加用量。

4.2.3　追肥方法

在树冠下采用开环状沟或放射沟，沟深20～30厘米，追肥后及时灌水。

4.3　叶面施肥

为提高坐果率，花前喷施0.2%～0.3%硼肥。有黄化病的桃树缺铁严重，可喷施0.2%螯合铁＋0.3%尿素3次，每次间隔10天。

4.4　自然生草管理

自然生草具有保墒和减少水土流失的作用，腐烂后还能增加土壤有机质。果园野草生长前期，任其生长，当草高于30厘米时用割草机割除，留茬10厘米高。一般每年割2～3次，保持果园草高不超过30厘米。期间要注意选留浅根的一年生良性草，去除直立、高大、根系深的恶性草，减少其与果树争肥争水。

果园实行自然生草的前几年，增加约20%的氮肥施用量，调节碳氮比。幼年果园为避免生草对养分和水分竞争的影响，树干周围一定范围内不留生草，将其他区域割取的青草覆盖树下。

实行生草的果园，每年或隔年结合冬季清园进行一次，15～20厘米表土中耕翻土埋草，以增加土壤有机质，改良土壤。

4.5 微灌施肥

有条件的桃园最好采用微灌施肥，能节水节肥省工。自桃树萌芽前开始灌溉，封冻前结束，一般灌溉8次左右，具体要根据天气情况决定是否灌溉。灌水量根据生长时期、树龄、树体大小确定，一般每次灌水量15～25米^3/亩。结合灌溉，选用适宜配方的水溶肥进行追肥，用量比追施普通复合肥减少20%～30%。

鲁中南地区蜜桃化肥减量增效技术模式

1 技术概述

幼龄桃园可根据树龄确定化肥施用量，定植1～3年的树每亩氮施用量分别为8千克、12千克、15千克，磷、钾用量可以与氮相同。盛果期每生产100千克桃约需吸收氮（N）1.52千克、磷（P_2O_2）1.08千克、钾（K_2O）2.14千克。补充钙、镁元素每亩桃园施用量一般为钙（CaO）12千克、镁（MgO）3.5千克。补充硼、铁、锌等微量元素一般每亩各施用2～3千克。

盛果期树根据土壤有效养分测定值与产量确定施肥量，如果土壤碱解氮高（90微克/克土以上），按每100千克果实施纯氮0.6千克；土壤碱解氮中等（70～90微克/克土），施纯氮0.7千克；土壤碱解氮较低（50～70微克/克土），施纯氮0.8千克；磷肥与钾肥的施用量一般按N∶P_2O_5∶K_2O=2∶1∶2的比例。

2 技术效果

本技术是按照蜜桃生长特性与需肥规律实现按需供肥。在生产过程中，化肥用量减少20%以上、化学农药用量减少30%以上、有机肥比重增加，节约成本、提高蜜桃的产量、品质，一般单株桃树提高产量15千克以上，桃品优等率提高20%以上。肥料利用率的提高，减少了养分流失，降低了面源污染，改善了生态环境。

3 适用范围

山东省及其周边地区的蜜桃丰产期高产优质高效栽培。

4 技术措施

4.1 基肥

4.1.1 基肥的施用

基肥以农家肥为主，也可用商品有机肥、微生物菌剂。

4.1.2 施用时期

施用时期一般在 9～10 月施基肥。

4.1.3 施用量

农家肥 4 000～5 000 千克/亩；或商品有机肥 500～1 000 千克/亩；或每棵盛果期桃树施用功能性微生物菌剂（5 亿/克）2.5～4.0 千克。

4.1.4 施肥方法

桃属于浅根系树种，大多分布在 20～40 厘米深度内。因此，基肥施用深度宜在 30～40 厘米。具体施用方法有：环状、沟施肥法、放射沟施肥法、条状沟施肥法和全园撒施法等。

环状沟法：即在树冠外围开一环绕树冠的沟，沟深 30～40 厘米、沟宽 30～40 厘米，将有机肥均匀施入沟内，填土覆平。环状沟的位置一般在树冠的外沿。

放射沟法：距树干 50～60 厘米向树冠外围均匀地挖 4～6 条深 30～40 厘米的条状沟，并且沟的深度自内向外逐渐加深。下一年施肥时要错开上一年的位置，通过几年的时间可使树冠下的土壤全部施入了有机肥。

条状沟法：即在树的东西或南北两侧，开条状沟施肥。但每年只能在树冠的一侧进行，下一年变换位置，以使肥力均衡。

4.1.5 施基肥的注意事项

在施基肥挖坑时，尽量不要伤大根，以免影响根系的吸收或造成树势衰弱。

基肥必须充分腐熟。施用的肥料要先经过腐熟，因为施用新鲜有机肥，有机肥在土壤中分解腐熟的过程中会放出大量热量、二氧化碳、氨气等，对根系具有伤害作用，即肥害。

要不断变换施肥部位。通过不断地变换施肥位置，可逐渐地使树冠下的土壤充分得到了肥料的补充与改良。

4.2 追肥

4.2.1 追肥的施用

追肥是生长期根据桃树生长的需要，适时补充速效性肥料，以满足不同发育阶段对某些营养元素的急需。

4.2.2 施用时期

根据桃树新梢、果实生长特点及年周期中肥料吸收的特点，追肥可在以下几个关键时期进行。

萌芽期追肥。早春是树体梢、叶、花、果等器官的再造期，需要大量的营养物质。例如树体内贮藏的营养及地下根系吸收的各种矿质元素和水分，在营养充足的情况下，树体萌芽整齐、生长速度快、新器官生长健壮，坐果率高，幼果发育速度快。此期需肥以氮肥为主，可施用尿素等。

硬核期追肥。硬核期是种子中胚的发育阶段，此期后，果实进入第二次速生期。此期施肥应以氮、钾肥配合施用，氮肥量要少，钾肥要多，这是一次关键性追肥。对中晚熟品种在此次追肥后应根据树体生长情况，再进行 1～2 次追肥，氮、钾肥配合施用。

采后补肥。主要是针对营养消耗较多的中晚熟品种和树势较弱的树，通过采后补肥可以恢复树势，提高叶片的光合能力，促进树体内营养的秋季回流。

各地因土壤气候条件不同，树体生长结果状况也不同，因此追肥时间及次数，应根据树体发育情况、品种特性和土壤条件灵活掌握。一般一年中可进行3～4次追肥。每次施肥后应及时灌水。

4.2.3 施用量

不同阶段养分比例如下表所示。

蜜桃早熟品种施肥量

目标产量（千克/亩）	施肥期	肥料种类	施肥量（千克/亩）
2 500～4 000	萌芽促花肥	21-6-13 硝硫基	25
	膨果肥	15-5-25 硝硫基	60

蜜桃中晚熟品种施肥量

目标产量（千克/亩）	施肥期	肥料种类	施肥量（千克/亩）
2 500～4 000	萌芽促花肥	21-6-13 硝硫基	40
	硬核期	15-5-25 硝硫基	80
	膨果肥	16-8-34 水溶肥	10

4.2.4 施肥方法

施肥方法一般采用环状沟法、放射沟法、多点穴施法。

4.3 增施中微量元素肥料

4.3.1 中微量元素肥料的施用

补充钙镁元素可选用钙镁磷肥、硝酸铵钙、硫酸镁等肥料。补充硼、铁、锌、锰等微量元素可以选用硼砂、硫酸亚铁（黄腐酸铁更好）、硫酸锌、硫酸锰等。

4.3.2 施用时期和施用量

缺钙可于桃树生长初期叶面喷洒商品螯合钙溶液，连喷2次，盛花后3～5周、采果前8～10周喷0.3%～0.5%氨基酸钙可防治果实缺钙。

缺镁于6～7月喷0.2%～0.3%的硫酸镁。

缺硼于开花前喷0.3%～0.5%硼砂2～3次，落叶前20天左右喷0.5%的硼砂加0.5%尿素3次。

缺铁于5～6月叶面喷洒黄腐酸二铵铁200倍液或0.2%～0.3%硫酸亚铁溶液，每隔10～15天喷1次，连喷2次。

缺锌在发芽前喷0.3%～0.5%硫酸锌溶液或发芽后喷0.1%硫酸锌溶液，谢花后3周喷0.2%硫酸锌加0.3%尿素，可明显减轻缺锌症状。

缺锰于5～6月叶面喷洒0.2%～0.3%硫酸锰溶液，每隔2周喷1次，连喷2次。

4.3.3 施肥方法

叶面喷施。

4.4 袋控缓释肥施肥技术

4.4.1 袋控缓释肥的施用

袋控缓释肥是改变一般控释肥颗粒包膜为微孔控释袋包装，达到控制肥料释放目的的新型肥料，又称“懒汉肥”。果树个体较大，施用袋控缓释肥可以一次性省力化施入。

4.4.2 施肥时期

秋季结合基肥或春季桃萌芽前后施用，一年只需要施用1次。

4.4.3 施肥量

每亩产量水平在1 500千克以下的施450包（每包95克，20%含氮量，$N:P_2O_5:K_2O=2:1:2$，下同）；产量1 500～2 500千克的施500～700包；产量2 500～4 500千克的施700～1 200包；产量4 500千克以上的施1 000～1 500包。沙滩地果园适当多施20%左右，土壤肥沃的果园适当减少20%施肥量。

4.4.4 施肥方法

采用放射沟法施用，即距树干30厘米向外挖放射沟，宽20～30厘米、深20～30厘米、长100～150厘米，10年生以下树挖3～4条，10年生以上树5～6条，放射沟的位置每年交替进行。

4.4.5 注意事项

提倡袋控缓释肥与有机肥配合施用。在放射沟内同时施用袋控肥和有机肥，先在沟底撒入部分有机肥，然后放入袋控肥，在袋控肥上面再撒一层有机肥，最后覆土。

渝东南区猕猴桃
“套种蚕豆压青＋精准施肥”技术模式

1 技术概述

重庆渝东南片区种植猕猴桃面积约10万亩，约占全国10%。种植区域由于施用有机肥数量少，有70%左右的土壤有机质含量低，再加上偏施化肥、施肥结构不合理、施肥方法不当等因素导致土壤板结，猕猴桃植株生长缓慢，抗病力弱，最后造成猕猴桃植株易感病，果品产量低、品质差。因此在猕猴桃园区采取行间套种蚕豆压青还田为土壤提供丰富的养分，减少化肥的施用，增加土壤有机质，改良土壤结构，同时，在猕猴桃各生育时期，根据其需肥规律，制定合理的养分配比，确定施肥方法、施肥数量、施肥时间，实现精准施肥，为猕猴桃生长提供良好的环境条件，实现猕猴桃标准化生产和化肥减量增效。

2 技术效果

渝东南区猕猴桃“套种蚕豆压青＋精准施肥”技术模式与农民习惯施肥相比，猕猴桃产量可增产6%～8%，猕猴桃优质果率提高10%左右，猕猴桃品质明显改善，土壤养分含量明显提高，土壤有机质、有效磷、速效钾含量分别增加5.5克/千克、3.5毫克/千克、24.5毫克/千克以上，亩减化肥6千克（纯量）以上。

3 适用范围

猕猴桃“套种蚕豆压青＋精准施肥”技术模式适用于重庆渝东南猕猴桃种植区，主要有秀山县、酉阳县、黔江区、彭水县、武隆区、南川区、涪陵区、石柱县、綦江区、万盛区。渝东北猕猴桃种植区也可借鉴。

4 技术措施

4.1 套种蚕豆压青技术

4.1.1 适时播种

10月中下旬播种蚕豆，在猕猴桃行间将土耕翻整细整平，开沟条播或穴播、撒播，每亩用蚕豆种8千克左右。

4.1.2 适时施用提苗肥

在蚕豆出苗15天左右每亩施尿素5千克，随除草松土覆盖肥料。

4.1.3 适时压青还田

在蚕豆盛花期采用机耕翻压还田，或者采摘鲜蚕豆角后再机耕翻压还田，每亩还田鲜蚕豆生物量1 000千克。

4.2 精准施肥技术

4.2.1 猕猴桃1～2年幼龄树精准施肥

4.2.1.1 基肥

10月上旬，每亩用45%（13－17－15）配方肥30千克，深施覆土。

4.2.1.2 追肥

3月上旬，每亩施尿素（穴施）8千克；6月中下旬，每亩施尿素（穴施）10千克。

4.2.2 猕猴桃成龄挂果树精准施肥

4.2.2.1 基肥

10月上中旬，每亩施尿素10千克、钙镁磷肥40千克、氯化钾8千克，或45%（13－17－15）配方肥40千克，穴施或环状施，覆土。

4.2.2.2 萌芽肥

3月上旬，每亩施尿素10千克。

4.2.2.3 果实膨大肥

6月上旬，每亩施尿素12千克、钙镁磷肥10千克、硫酸钾15千克，或40%（12－8－20）硫酸钾型配方肥30千克，穴施或环状施，覆土。

4.2.2.4 壮果肥

7月上旬，每亩用磷酸二氢钾1千克兑清水100千克叶面喷施。

丘陵区猕猴桃“绿肥＋有机肥＋水肥一体化”减量增效技术模式

1 技术概述

蒲江是猕猴桃主产区，“蒲江猕猴桃”成功申报国家地理标志保护产品和证明商标。全县种植面积10万亩，年产量6.4万吨，全县猕猴桃主要分布在大小五面山丘陵地区。施肥方面存在的问题：有机肥投入数量不足，农户用肥量差异大，施肥比例与分配时期不合理，中微量元素普遍缺乏，水土流失严重，肥料利用率低。“绿肥＋有机肥＋水肥一体化”施肥技术模式是通过测土配方施肥技术，根据猕猴桃需肥规律和土壤供肥特性制定的猕猴桃周年施肥方案，提高有机肥用量，有机肥主要施用商品有机肥或堆肥，同时种植果园绿肥，以扩大有机肥肥源，涵养果园水分，保持水土，并通过水肥一体化形式施用配方肥，以达到提高肥料利用率，改土培肥的目的。

2 技术效果

五面山区猕猴桃“绿肥＋有机肥＋水肥一体化”技术模式与农民习惯施肥比，猕猴桃可增产10%，猕猴桃优果率提高20%左右，猕猴桃品质明显得到改善，每亩减少化肥施氮（N）5千克、磷（P_2O_5）2千克、钾（K_2O）5千克，总减少化肥施用量12千克（纯量）以上。

3 适用范围

猕猴桃“绿肥＋有机肥＋水肥一体化”技术模式适用于蒲江县大小五面山区域种植的红心、冬红、金艳等盛果期成年猕猴桃园。

4 技术措施

4.1 施肥原则

4.1.1 重视有机肥的施用，大力发展果园绿肥，实施果园覆盖。

4.1.2 膨果期应提高钾肥施用比例。

4.1.3 根据果园土壤肥力状况，优化氮、磷、钾肥用量，以及施用时期和分配比例，适当补充钙、镁、硼等中微量元素的施用。

4.1.4 施肥方式改全园撒施为水肥一体化施肥模式，基肥深施，施后立即覆土。

4.2 肥料品种与施肥量

4.2.1 有机肥

主要选择以当地畜禽粪便、农作物秸秆、油枯、菌渣等为原料生产的商品有机肥或堆肥或其他农家肥。施用量：每亩施 1 000～2 000 千克。

4.2.2 配方肥

基肥：施 45%（15－15－15）配方肥 20 千克；追肥：根据不同生育期选择高氮、平衡、高钾大量元素水溶肥，追肥施用量 65 千克/亩，配方肥施用总量 85 千克/亩。

4.2.3 富含中微量元素的甲壳素肥料或海藻肥

根据需要冲施，每次施用量 20 千克/亩。

4.3 施肥时期与方法

4.3.1 基肥

在上一年 11～12 月，每亩按上述推荐施用量的 100%的有机肥与 20 千克 45%（15－15－15）配方肥作基肥，全田撒施后浅翻入土。

4.3.2 芽前肥

于 2 月底施 40%（24－6－10）大量元素水溶肥 15 千克/亩与富含中微量元素的甲壳素肥料或海藻肥 20 千克/亩，冲施。

4.3.3 花后肥

谢花后，一个星期冲施 50%（20－10－20）大量元素水溶肥 15 千克/亩。

4.3.4 壮果肥

5 月底，冲施 60%（10－10－40）大量元素水溶肥 20 千克/亩。

4.3.5 稳果肥

6 月、7 月，分别冲施 50%（20－10－20）大量元素水溶肥 15 千克/亩。

4.3.6 喷施叶面肥

4.3.6.1 尿素

在花后至采收后施用，浓度 0.2%～0.3%，落叶前 1 个月施用，浓度2%～5%。

4.3.6.2 磷酸二氢钾

在花后至采收前一个月施用，浓度 0.2%～0.3%。

4.3.6.3 氯化钙

在花后 3～5 周施用，浓度 0.3%～0.5%。

4.4 果园种植绿肥

4.4.1 绿肥品种选择

苕子。

4.4.2 苕子播种方法及田间管理

在 8～9 月土壤墒情良好时播种，离树桩 50 厘米每亩撒播 2～3 千克。当株高 20 厘米左右时进行刈割，刈割时留茬不低于 5 厘米，割下的草就株间覆盖，待腐烂后深翻入土还田作肥料。

四川盆周丘陵区猕猴桃园“生物有机肥＋精准施肥＋绿色豆科植物”技术模式

1 技术概述

四川是猕猴桃主产区，种植面积全国第二，超过2.88万公顷，年产量30万吨以上。猕猴桃产业已成为四川盆周丘陵区农民增收、农业增效和农村经济发展的重要支柱产业，成为以四川苍溪县、都江堰市、蒲江县、雅安市等地为主的成片规模化种植基地。栽培面积年增长速度为0.13万～0.20万公顷。土壤质量方面存在的问题：坡耕地比例大，土层厚度、土壤有机质含量、养分含量等肥力指标都不高，耕地质量总体较差，主要存在“陡、薄、瘦、蚀、旱”等问题，耕地生产能力只达预期最高产量的60%左右，且年度之间稳定性差。水土流失较严重，肥料利用率低。“生物有机肥＋精准施肥＋绿色豆科植物”技术模式是通过测土配方施肥技术，根据猕猴桃需肥规律和土壤供肥特性，制定猕猴桃周年施肥方案，开展豆科植物套作翻埋，充分考虑无机肥和有机肥的合理搭配，配合新型复合多功能微生物菌剂，开展猕猴桃精准施肥，提高土壤有机质含量，改善猕猴桃根际微域生态环境，优化根际微生物群落结构，减少化肥农药投入，培肥土壤，改善土壤质量。

2 技术效果

丘岗区猕猴桃“生物有机肥＋精准施肥＋绿色豆科植物”技术模式与农民习惯施肥相比，猕猴桃产量可增产6%～10%，猕猴桃优果率提高12%左右，猕猴桃质量明显改善，减少化肥投入15%左右，实现农药施用的零增长，提高猕猴桃栽培经济效益。

3 适用范围

猕猴桃园“生物有机肥＋精准施肥＋绿色豆科植物”技术模式主要适用于四川盆周丘岗区的新增和传统猕猴桃种植园。

4 技术措施

猕猴桃品种较多，本技术模式主要以在四川盆周丘陵区广泛栽培的红阳猕猴桃为例。

4.1 施肥原则

4.1.1 在猕猴桃种植园开展三叶草、豌豆等豆科植物的套种，实施果园全覆盖。

4.1.2 有机肥一定要堆沤腐熟施用。

4.1.3 重视投入具有抗病促生功能的复合微生物菌剂。

4.1.4 酸化严重的果园要适量施用石灰。

4.1.5 根据猕猴桃品种、果园土壤肥力状况，优化氮磷钾肥用量、施肥时期和分配比例，适量补充钙、镁、硼、锌等中微量元素。

4.1.6 施肥方式改全园撒施为集中穴施或沟施；基、追肥深施，施后立即覆土。

4.1.7 对缺硼、锌、镁的橘园补施硼、锌、镁肥。

4.2 肥料品种与施肥量

4.2.1 生物有机肥

功能菌 2 000 万 CFU/克以上、无机养分 10%～15%、氨基酸 1%～2%、有机质35%～40%、pH 6～8、水分 25%。有机物料主要选择本地的作物秸秆、油枯、米糠或腐熟畜禽粪便。施用量：400～500 千克/亩。

4.2.2 复合肥

选择 45%（15－15－15）硫酸钾型配方肥或相近配方。施用量：60～80 千克/亩。

4.3 施肥时期与方法

4.3.1 2 月，在原有施肥的基础上减肥 20%进行应用。即对于成年树，每株施专用复合肥 150～200 克，或每株施含氮 40%氮肥 100～150 克、过磷酸钙 200 克、氯化钾 100～120 克。同时施用复合微生物菌剂，每株 5 000 万 CFU 活菌以上。采用兑水浇灌的方法。对于 1～3 年生幼树，每株施专用复合肥 30～50 克，或含氮 40%氮肥 50～100 克、过磷酸钙或钙镁磷肥 100～150 克、氯化钾 25～50 克兑水浇灌。同时施用复合微生物菌剂，每株 3 000 万 CFU 活菌以上，兑水灌根。

4.3.2 3 月，防涝防渍，加强排水，清理好田园沟渠，防止园内渍水，防旱保湿，随时保持土壤含水量 75%～85%，定植苗新梢不足 20 厘米高，不得追施任何肥料。对一年生幼树在灌水的同时还要追施速效性氮肥和功能微生物菌剂，每株施含氮 40%氮肥 30 克左右。氮肥采用浇施，微生物菌剂灌根处理。

4.3.3 4 月，针对 5～7 年生树，花前 20 天每株施含氮 40%氮肥 100～150 克、过磷酸钙 100～150 克、氯化钾 50～80 克，或专用复合肥 150～200 克。叶面追肥：枝蔓迅速生长期喷施 0.3%磷酸二氢钾。阴天全天或晴天下午 4 点以后喷雾，隔 15 天一次，连喷 3～4 次。

4.3.4 5 月，谢花后 25 天左右，5～7 年生树，每亩施猕猴桃专用复合肥 75 千克，或每株施含氮 40%氮肥 150 克、过磷酸钙 150 克、硫酸钾 100 克，沟施，灌水后再覆土盖严。

4.3.5 6 月，谢花后 50 天左右，本次肥料以速效磷、钾为主，辅以氮肥，每株结果树施过磷酸钙 400 克、硫酸钾 100～150 克、含氮 40%氮肥 50～100 克，或腐熟过的饼肥 1 千克、专用复合肥 400 克，施肥量视树的长势而定。

4.3.6 7 月，采收前 30 天内园地不能施化肥；采收 30 天前喷一次杀菌剂；采果前 5 天内园地不能浇水。

4.3.7 9～10 月，采果后，每亩用生物有机肥 400 千克以上。幼树每株施入专用复合肥 0.25 千克、10 千克生物有机肥。

4.4 果园绿肥种植

4.4.1 绿肥品种选择

因地制宜选择合适绿肥品种，成年猕猴桃园种植绿肥品种可选择三叶草、箭筈豌豆、紫云英等。

4.4.2 三叶草播种方法及田间管理

春季播种可在3月中下旬气温稳定在15℃以上时播种，秋播一般从8月中旬开始至9月中下旬进行。播种前将果树行间杂草及杂物清除，翻耕10厘米将地整平，墒情不足时，翻地前应灌水补墒。

撒播、条播均可，适当保持树距；播种宜浅不宜深，一般覆土0.5～1.5厘米。苗期适时清除杂草，保持土壤湿润，出苗后适时施肥提苗。

4.4.3 收获

当株高20厘米左右时进行收割，收割时留茬不低于5厘米，以利于再生，割下的草可以收集起来进行堆沤腐熟，然后在再挖沟翻埋（沟深以不伤根为准），也可以就近在株间进行覆盖，待腐烂后翻埋入土作肥料。

秦岭北麓猕猴桃园
“有机肥＋微生物肥＋配方肥”技术模式

1 技术概述

土壤改良和合理施肥是猕猴桃生产中的一项重要管理内容，是否科学合理直接影响猕猴桃产量和品质。目前果农土壤改良和施肥普遍存在以下问题：忽视有机肥、生物肥的施用和土壤改良培肥，果园土壤瘠薄面积大；偏施氮、磷肥和过量施用化肥；农户用肥量差异较大，肥料用量、氮磷钾配比、施肥时期和方法不合理；中微量元素普遍缺乏；土壤板结严重，肥料利用率低。“有机肥＋配方肥”施肥技术模式是通过测土配方施肥技术，根据猕猴桃需肥规律和土壤供肥特性，制定猕猴桃周年施肥方案，增加有机肥用量和生物肥，有机肥主要施用商品有机肥或畜禽粪便，生物肥主要使用商品生物菌剂或菌肥，提高果园土壤有机质和微生物数量，改善土壤团粒结构，增强土壤的保水保肥能力，从而达到改土培肥的目的。

2 技术效果

猕猴桃施用有机肥＋微生物肥＋配方肥技术能提高肥料利用率13.5%，每亩减少化肥用量22.5千克（折纯）；猕猴桃亩产量增加13.6%左右；土壤有机质每年提高0.15%～0.32%，土壤理化性状得到改善，土壤污染情况得到有效遏制。

3 适用范围

本技术模式适用于陕西省秦岭北麓猕猴桃主产区。该区域海拔高度400～1 200米，年平均气温11.3～16.9℃，12月至翌年1月最低气温不低于－20℃。生长季节≥0℃有效积温4 500～5 200℃，年降水量在1 000毫米以上，或600毫米以上并有灌水条件。年日照1 300～2 600小时，无霜期180天以上。土壤深厚、疏松、透气性好，其中以腐殖质含量高的棕壤、黄壤、中壤、轻壤、沙壤、红棕壤和森林土最佳。土壤pH为6.5～7.5，土壤有机质在1.0%以上。平地或坡度25°以下的阳坡山地种植猕猴桃，猕猴桃品系为中华、美味系列。

4 技术措施

4.1 基肥

4.1.1 施肥时期

秋季采果后施肥最适宜的时间是10月中旬到11月中旬，建议采收后马上施肥、越早越好。

4.1.2 施肥品种

以有机肥为主、化肥为辅，增施微生物肥。有机肥包括豆粕、豆饼类，生物有机肥类，羊粪、牛粪、猪粪、商品有机肥类，沼液、沼渣类，秸秆类等。化肥为复合肥，包括磷酸二铵、三元素复合肥（高含量）；微生物肥为商品菌肥等。

4.1.3 施肥用量

基肥的用量为100%有机肥＋微生物＋60%左右化肥。

一般来说，有机肥根据土壤的肥力、树龄确定施肥量较为适宜。幼树每年每亩施入有机肥2 000～3 000千克；盛果期树根据树龄和产量每年每亩施入有机肥4 000～5 000千克＋50千克复合肥（25－10－10）＋50千克微生物肥料，以及适量硫酸亚铁、硫酸锌、硼砂等微肥。将各种肥料混合均匀施入，并与土混匀，做到肥土融合，施后覆土。

4.1.4 施肥方法

施肥方法采用环状沟施、条施、穴施等。环状沟施即在树冠外围开一环树的沟，沟深30～50厘米、沟宽30厘米左右，将有机肥均匀施入沟内，填土覆平。条施是在树的东西或南北两侧，开条状沟施肥，但需每年变换位置，以使肥力均衡。穴施只是不挖沟而挖坑，其施法均类同，以环状沟施为好。

4.1.5 注意事项

有机肥必须要事先进行充分腐熟发酵，不能直接施用生鲜的畜禽粪便，以免发生肥害、烧伤毛细根、加大病菌虫害扩繁，生物肥不能与杀菌剂混合施用。

4.2 追肥

4.2.1 追肥时期

追肥既是当季壮树和增产的肥料，也为来年培养好的结果母枝打下基础。追肥的具体时间因土壤类型、需肥规律、树体生长结果状况而定。一般情况下，全年分3～4次追肥为宜：

第一次追萌芽肥（3 月中下旬），第二次追膨果肥（5 月下旬至 6 月上旬），这两次肥能有效地促进萌芽、开花并及时防止因开花消耗大量养分而产生脱肥，促进新枝生长和果实膨大。第三次追优果肥（7 月中旬至 8 月上旬），是为了满足果实膨大和成熟、枝叶生长和花芽分化的需要，此次施肥以钾肥为主。

4.2.2　追肥品种

品种为尿素、磷酸二铵、硫酸钾、缓控释型肥料。

4.2.3　追肥用量

经过多年的经验总结：幼树少施，大树多施，挂果少的少施，挂果多的多施，树弱的少施勤施。

常规肥料：盛果期年施肥量为氮（N）36 千克、磷（P_2O_5）24 千克、钾（K_2O）27 千克。也可以根据盛果期果树，每生产 100 千克果，需要施纯氮 1.2～1.36 千克、五氧化二磷 0.6～0.8 千克、氧化钾 1～1.2 千克来计算施肥数量。

萌芽肥追肥为尿素，每亩施用 35 千克；果实膨大期追肥为尿素 15 千克、磷酸二铵 12 千克、硫酸钾 20 千克。果实生长后期为尿素 10 千克、磷酸二铵 10 千克、硫酸钾 15 千克。

缓控释肥：在萌芽前根据土壤养分状况，选用配方为 25－10－5、30－10－5、28－6－6 的缓控释肥料。盛果期树每株施 2 千克，初果树每株施 1 千克，未结果树每株施 0.5 千克。在膨果期，选用配方为 20－10－15、17－10－18、17－8－20 的缓控释肥料。盛果期树每株施 2.5 千克，初果树每株施 1 千克，未结果树每株施 0.5 千克。

4.2.4　注意事项

一般成年果树每年追肥 2～4 次，依果园土质和树龄而定，沙质土或高温多雨季节，土壤养分易流失，追肥应少量多次；黏质土或保水保肥能力强的土壤，可减少追肥次数，用量适当增加。使用新型肥料可减少追肥次数。

4.3　叶面施肥

在猕猴桃膨果期至优果期用 0.5％的尿素加 0.3％磷酸二氢钾，每隔 10 天喷施 1 次，连续 2～3 次。缺硼、锌、镁等中微量元素的猕猴桃园，可选择对应中微量元素水溶肥料或有机水溶肥料进行叶面喷施，提高肥料利用率，维持微量元素的平衡，防止猕猴桃缺铁、锌、镁导致黄化病的发生。

徐淮地区梨树配方施肥技术模式

1　技术概述

1.1　地力分区（级）法

按土壤肥力状况将梨园土壤分为若干个等级，或划出一个肥力相对均等的田片，作为梨树相同配方施肥区域（单元），利用土壤测试资料和田间试验成果，结合群众的实践经验，确定同一配方施肥单元内适宜的肥料种类、配方及施用量。

1.2 目标产量法

根据作物获得目标产量所需养分由土壤和肥料两个方面供给的原理来计算施肥量。目标产量确定以后，计算需要施用的肥料养分数量。主要有以下两种方法。

1.2.1 养分平衡法

以土壤养分测定值来计算土壤供肥量。肥料需要量可按下列公式计算：肥料需要量=(梨树单位产量养分吸收量×目标产量)-(土壤测定值×校正系数)×肥料养分含量×肥料当季利用率。

式中：梨树养分吸收量=梨数单位吸收量×目标产量；土壤供肥量=土壤测定值×0.3的校正系数；土壤养分测定值以毫克/千克表示，0.3为养分换算系数。

1.2.2 地力差减法

梨树在不施任何肥料的情况下所得的产量称空白田产量，它所吸收的养分，全部取自土壤。从目标产量中减去空白田产量，就应是施肥所得的产量。按下列公式计算肥料需要量：肥料需要量=梨树单位产量养分吸收量×(目标产量-空白田产量)养分含量×肥料当季利用率。

1.3 肥料效应函数法

通过简单的对比，或应用正交、回归等试验设计，进行多点田间试验，从而选出最优的处理，确定肥料的施用量，主要有以下三种方法。

1.3.1 多因子正交、回归设计法

一般采用单因素或二因素多水平试验设计为基础，将不同处理得到的产量进行数量统计，求得产量与施肥量之间的函数关系（即肥料效应方程式）。根据方程式，计算不同元素养分的增产效应、不同养分配合施用效果，以及经济施用量（最佳施肥量）、施肥上限和施肥下限。

1.3.2 养分丰缺指标法

根据土壤养分测定值和梨树吸收土壤养分的相关性，通过养分梯度田间试验，把土壤测定值以一定的级差分等，制成养分丰缺及所需施肥数量检索表。取得土壤测定值，就可对照检索表按级确定肥料施用量。

1.3.3 氮、磷、钾比例法

通过设定氮、磷、钾不同比例，根据作物产量效应，确定最佳氮、磷、钾不同配比和施肥用量。可采取以氮定磷、定钾，以磷定氮等。

2 技术效果

通过测土配方施肥，增施有机肥，优化施肥结构，较习惯施肥减少化肥投入5%以上，氮肥利用率提高3%～5%，亩增产10%以上。通过实行水肥一体化，梨园节水40%，节肥30%，梨增产9%～15%。通过增施有机肥，促进土壤有机质含量提高，改善梨品质，推动生态农业建设。

3　适用范围

主要适用于徐淮梨树主产区，或黄淮海平原沙土及两合土地区。

4　技术措施

4.1　施用配方肥

目标亩产4 000千克以上时，亩施氮（折纯，下同）25～30千克，施磷（P_2O_5）8～12千克，施钾（K_2O）20～30千克；目标亩产2 000～4 000千克及以上时，亩施氮（折纯，下同）20～25千克，施磷（P_2O_5）8～12千克，施钾（K_2O）20～25千克；目标亩产2 000千克以下时，亩施氮（折纯，下同）15～20千克，施磷（P_2O_5）8～12千克，施钾（K_2O）15～20千克。钾肥以硫酸钾为主。全部磷肥、50%～60%氮肥、40%钾肥作基肥，于梨果采收后的秋季施用。

4.2　合理运筹

4.2.1　基肥

施用腐熟的人畜禽尿等农家肥，或绿肥、饼肥、商品有机肥等，于秋季采果后使用。施肥量占全年施肥量60%～70%。农家肥按“斤果斤肥”确定施肥量，一般亩施用3 000～3 500千克。对于盛果期树期，每年每亩施入商品有机肥1 000千克以上；对于未结果树和初结果树，每年每亩施入商品有机肥500千克以上。施肥方法：幼龄果树在树盘外围开环状沟施肥，沟宽30～50厘米，深50～60厘米。成龄果园在树冠下主枝间开放射沟施肥，内浅外深，内窄外宽，深度应在50厘米以上。也可以条状沟施，沟宽40～60厘米，深50～60厘米。有条件的，可亩施用沼渣沼液2～3吨。

4.2.2　追肥

萌芽期，以施用氮肥为主，适当配施磷、钾肥；花芽分化前，以磷、钾肥为主，氮、磷、钾混合施用；采果后，氮、磷、钾复配使用。其余时间根据具体情况进行追肥。施用量占全年施用总量30%～40%，施用方法可采取多穴点施或条沟施，穴深15～20厘米，追肥后及时灌水。全年喷施“兴欣”牌叶面肥3～4次。

4.3　水肥一体化

在有条件的区域，实行灌溉与施肥有效结合，精确控制灌水量和施肥量。通过压力管道系统与安装在末级管道上的灌水器，将肥料溶液以较小流量均匀、准确地直接输送到梨树根部附近的土壤表面或土层中，适时适量地满足梨树水分和养分需求，提高水肥利用率。

淮北平原酥梨园高效平衡施肥技术模式

1 技术概述

砀山酥梨是我国果品中的名产。为了提高砀山酥梨果品品质，培肥改良梨园土壤，达到提高市场竞争力和可持续生产的目的。本技术模式通过合理增施有机肥、化肥总量控制、统筹水肥资源等梨园养分资源综合管理技术，配合梨树高产栽培关键技术措施，实现梨树化肥减量增效、果树生产与环境保护协同发展的目标。

2 技术效果

本技术模式与农民习惯施肥相比较，每亩可减施化肥 50 千克，酥梨亩均增加产量 255 千克，增产 8.5%。有机肥的施用使梨果商品性（果型、果色）和品质（含糖量）得到提高。

3 适用范围

本技术模式适用于淮北平原黄河故道两岸酥梨种植区。

4 技术措施

4.1 有机肥替代部分化肥

有机肥以基施为主。梨树落叶后，在行间开沟，沟深约 40 厘米。施用量：每亩施用堆沤腐熟的有机肥 3 000 千克或商品有机肥 500 千克。基施有机肥时，根据果园土壤墒情状况，进行灌溉。基肥早施能够促进根系生长，吸收土壤中营养养分，可大大降低化肥的施用量，尤其是减少萌芽至开花期的追肥。

在生长季降雨或灌水后，及时中耕除草，保持土壤疏松。中耕深度 5～10 厘米，以利调温保墒。将所除草或小麦、玉米秸秆覆盖在树盘，厚度 10 厘米左右，上面零星压土。连覆 3～4 年后结合基肥浅翻一次；也可结合深翻开大沟埋草，提高土壤肥力和蓄水能力。

4.2 配方肥施用

施用时期和用量：配方肥的施用分两个时期。第一次在花前或幼果期，一般在 3 月下旬或 4 月下旬，追施配方肥（25－10－10）40 千克；第二次在 6 月中旬果树膨大期，追施配方肥（15－5－25）60 千克。

施用方法：采取沟施或穴施方法。施肥沟或穴要在树冠投影外围，穴施要分布均匀，深度在 20～30 厘米，施肥后及时盖土镇压，如墒情不好，要结合浇水。

4.3　微肥施用

硼肥施用：对于潜在缺硼和轻度缺硼的梨树，可于盛花期喷施一次浓度为0.3%～0.4%的硼砂水溶液。严重缺硼的土壤可于萌动前每株果树土施100～250克的硼砂，于盛花期再喷施一次浓度为0.3%～0.4%的硼砂水溶液，效果更好。

锌肥施用：用0.2%的硫酸锌与0.3%～0.5%的尿素混合液于发病后及时喷施，也可在春季梨树落花后3周喷施，或发芽前用6%～8%的硫酸锌水溶液喷施能起到一定的预防作用。

铁肥施用：将硫酸亚铁与饼肥（豆饼、花生饼、棉籽饼）和硫酸铵按1∶4∶1的重量比混合，在果树萌芽前作基肥集中施入细根较多的土层中，亩用量在5～10千克。喷施0.3%硫酸亚铁和0.5%尿素，在果树生长旺季每周喷施一次。

4.4　水肥一体化技术

滴灌管道的铺设：每行梨树沿树行铺设一条灌溉支管，距树干50厘米。围绕树干铺设一条环形滴灌管，直径1米，连通灌溉支管。在滴灌管上均匀安装4～6个压力补偿式滴头，形成环绕滴灌。肥料选择：一是溶解度要高，常温下能够完全溶解于水；二是养分含量高；三是相容性好，肥料混合后不生成沉淀；四是对灌溉水影响较少；五是对灌溉设备腐蚀要小。

豫东酥梨化肥减量增效技术模式

1　技术概述

通过多施有机肥，培肥改良土壤。针对梨树进行测土配方施肥，通过配方施肥，实现改良土壤结构，增加土壤的养分缓冲能力，增加土壤的保水能力，改善土壤的通气状况，降低土壤的根系生长阻力，以利于梨树的生长发育。

2　技术效果

在高肥力、保水保肥能力较强的土壤上，通过实施水肥一体化技术每亩节省化肥57千克；开展测土配方施肥应用营养套餐肥，年节肥60～70千克/亩，节本增效400～500元/亩。

3　适用范围

适用于豫东商丘市高肥力、保水保肥能力较强的土壤。

4 技术措施

在氮、磷、钾三要素中，梨树的幼树相对需要的氮较多，其次是钾，吸收的磷素较少，约为吸氮量的 1/5 左右。结果后，梨树吸收氮、钾的比例与幼树基本相似，但磷的吸收量有所增加，约为吸氮量的 1/3 左右。在施肥上应有所区别。一般梨树在幼树时期，依据树体的大小，氮肥的施用量为每年每亩施氮肥量以纯氮计为 5～10 千克，进入结果期后逐步增加至 15～20 千克，个别需肥较多的品种可增加至 25 千克。

4.1 采果后至落叶前（9 月下旬至 11 月下旬）

基肥：采收后，在树冠下（树冠外梢处）开挖放射状沟、环状沟或条状沟施肥，沟深 50～60 厘米，基肥以充分腐熟的有机肥（厩肥、堆肥、饼肥等优质农家肥）或生物有机肥为主，氮、磷、钾复合肥和中微量元素肥为辅。每亩施 4 000～5 000 千克腐熟的有机肥或生物有机肥 1 000～2 000 千克，配施氮、磷、钾复合肥（15－15－15）50 千克＋中微量元素肥 2～4 千克（含钙、镁、硫、铁、锌、硼、锰、铜、钼 9 种中微量元素肥）。

叶面施肥：采收后喷 2～3 次尿素（0.3%～0.5%）＋磷酸二氢钾（0.5%～1%）或水溶肥（15－8－29），提高光合效率。

4.2 芽萌动至开花期（2 月中旬至 4 月上旬）

4.2.1 对上一年长势弱的树、挂果量大的树、病虫害严重落叶早的树萌芽前及时施用开根功能肥，每亩用特优根（腐殖酸类肥）2～4 升＋根多乐（生根功能肥）200 毫升兑水 1 000 千克浇树盘，开花前再按梨树的正常需要施肥。

4.2.2 上一年生长正常的梨树追肥以氮、磷、钾肥为主，一般每亩施尿素 20 千克、硫酸钾 15 千克、过磷酸钙 40 千克。追肥时期为 3 月上旬，最晚在开花展叶期前施入。

4.3 落花后至采收（4 月中旬至 9 月中旬）

4.3.1 追肥

6 月下旬追施氮、磷、钾复合肥和锌、硼、铁、钙等中微量肥，可促进花芽分化，确保丰产、稳产。每亩追施复合肥（15－15－15）25 千克。

果实膨大期（7 月下旬）每亩施复合肥 20 千克、硫酸钾（含量 50%）10 千克，促进果实膨大和花芽分化。

4.3.2 叶面喷肥

落花后到新梢开始加速生长、叶色转绿后，可用高氮水溶肥（氮、磷、钾 30－10－10 及微量元素）＋悬浮钙进行叶面施肥。

幼果膨大期用高磷水溶肥（氮、磷、钾 10－45－10 及微量元素）＋悬浮钙进行叶面施肥。

果实膨大期用高钾水溶肥（氮、磷、钾 5－5－45 及微量元素）＋悬浮钙进行叶面施肥。

喷雾时要均匀，最好喷在叶背面，这样有利于吸收，可结合喷药进行。

丘陵山地茵红李果园半固定式水肥一体化技术模式

1 技术概述

茵红李是宜宾县传统优势水果，栽培历史悠久，发展至今生产基地已覆盖全县十几个乡镇，种植面积达3万余亩，产值上亿元，并且逐步向周边区县扩展。茵红李产品于2012年12月获得绿色食品认证，2013年通过农业部农产品地理标志登记保护。由于宜宾县主要地形为丘陵和低山，茵红李的栽培范围多在坡地，施肥和管理上劳动力投入较大，肥水管理浪费较多，导致茵红李生产规模化、标准化、产业化发展缓慢。通常的水肥一体化技术基本上只适用于平坝区域。本施肥模式为适应宜宾县丘陵山地茵红李果园而开发。

2 技术效果

山地茵红李果园采用半固定式水肥一体化技术，每年每亩果树可节省施肥人工8～10个，减少化肥用量10～15千克（折纯）以上，增加产品产量和提高品质。该技术建设投入约需1 000元/亩，使用年限8～10年，年效益可达1 375元/亩。

3 适用范围

本模式适用范围为宜宾县种植规模在50亩以上的丘陵和山地茵红李果园，也可推广用于丘陵山地种植的柑橘、梨、桃、荔枝等果园。

4 技术措施

4.1 基本原理

半固定式水肥一体化技术是对水肥一体化技术的改良和创新，是将灌溉与施肥融为一体的农业新技术。该技术由宜宾市农机研究所和宜宾县农业局共同开发，其原理是借助压力系统，将可溶性固体或液体肥料按照土壤养分含量和作物需肥规律，配兑成的肥液与灌溉水一起相融后利用可控管道系统，通过固定管道→移动管道→施肥枪，均匀、定时、定量浸润作物根系，使主要根系土壤始终保持疏松和适宜的含水量，同时根据茵红李果树的需肥特点、不同土壤环境和养分状况，把水分、养分按照果树需求定时、定量直接供应给作物根系。

4.2 施肥方式

4.2.1 水肥一体化加压系统为可拆装的汽油机动力泵，方便在电力不方便的山坡安装使用。

4.2.2 水源池、配肥（药）池、田间压力主管道建设为固定设施，末端设阀门控制箱，用于连接移动施肥枪管。

4.2.3　施肥终端为压力软管配套施肥枪，接口与田间管道末端控制阀门相连。

4.2.4　在作物需要施肥的时间，根据当期施肥量于配肥池中把肥液配好，启动增压系统把肥液输送至田间各阀门端，连接施肥枪管系统，根据每棵果树肥水需要量用施肥枪插入根部迅速完成施肥灌溉。

4.3　技术要点

4.3.1　计算茵红李果树不同生育时期的需肥量并称取本次施肥数量 f（克或千克），在配液池中按照 150～200 倍的比例（参数为 b，根据土壤墒情及作物灌溉需水量而定）稀释溶解为肥液。

4.3.2　计算每株果树施肥枪注入次数及时间。

系统施肥枪流量 q（克/秒，根据系统压力而定）；

每株果树施肥枪数 r（枪/株，根据果树品种和树势大小而定）；

每亩总枪数 R＝每株果树施肥枪数 r×每亩果树株数 s；

每亩压注肥液量 L＝亩施肥量 f×稀释倍数 b（克）；

每枪压注时间 $t=L/(q \cdot R)$（秒）。

4.3.3　依据上述计算结果进行配液，启动增压系统，连接施肥枪，按照每株施肥枪数及时间逐株施肥。

4.4　茵红李施肥技术要点

4.4.1　栽植后第一年

为尽快形成树冠，施肥上应按照“勤施薄施”的原则，苗木生长期内 5～8 月每月施肥 2 次以上，以速效氮肥、人畜粪为优，每亩用 0.3 千克尿素配 150 千克清粪水施用，促进枝叶抽发，快速形成树冠。同时搞好园地除草、松土管理。

4.4.2　栽后第二年及以后

挂果投产后需肥量逐渐增大，每年施肥不少于 3 次。

4.4.2.1　萌芽肥

施肥量占全年施肥量的 15%，以速效氮肥为主配合农家肥（沼液），可每亩用 10 千克硫酸钾型复合肥（30∶10∶10）配清粪水（沼液）2 000 千克施用，促进枝芽萌发，为开花结果打基础。

4.4.2.2　壮果肥

施肥时占全年施肥量的 30%，以氮、磷、钾肥均衡配合施用，可用 25～40 千克硫酸钾型复合肥（20∶5∶15）配合清粪水（沼液）2 500 千克施用，主要是促进果实膨大，提高果实品质。

4.4.2.3　采果肥（基肥）

施肥量占全年施肥量的 55%，在采果后至秋季落叶前（9～10 月）施入。以施复合肥、农家肥（粪肥、饼肥、沼液）为主，每亩用腐熟畜禽粪肥 1 500 千克配合 50 千克磷肥施用，主要作用是恢复树势，积累营养，促进果树来年的萌发。

4.5 注意事项

4.5.1 施肥枪数和深度依据果树品种、树冠大小和树势而定，一般3年树龄以下施肥4枪，深度15～20厘米，4年以上依树冠大小施肥6～8枪，深度20～25厘米。

4.5.2 坡地上部与下部压力不同，施肥枪注入时间在坡上部时按照标准时间控制，坡下部施肥注入时间适当缩短。

鲁北地区冬枣高效平衡施肥技术模式

1 技术概述

鲁北地区滨州市沾化区位于山东省北部、徒骇河下游，北靠渤海，地处北纬37°34′～38°11′，东经117°45′～118°21′，系黄河冲积平原、河水冲击与海水侵蚀共同作用形成缓岗高地，地势西南高、东北低，海拔1.6～8.4米。气候属于半干旱暖温带东亚季风区，表现出明显的大陆性气候特征。全区耕地面积93万亩，目前沾化冬枣种植面积30多万亩，占全区总耕地面积三分之一，沾化冬枣已成全区农村经济发展和农民增收的支柱产业。

2 技术效果

2.1 以有机肥料为主，努力提高土壤有机质，是沾化冬枣产业发展的根本方向。

2.2 积极推行测土施肥；配方施肥；平衡营养施肥方案，采取缺什么补什么的原则：

2.3 增施钾肥是目前提高冬枣品质的最佳捷径。

2.4 重视有机菌肥和中、微量元素的使用。

3 适用范围

本技术模式适用于鲁北地区种植的冬枣。

4 技术措施

冬枣的需肥量，按照生产50千克冬枣计算，需要氮、磷、钾的数量为：0.9千克、0.6千克、0.8千克。依据冬枣的需肥特点，应本着重施底肥、适时追肥、合理补肥的原则，要以提高土壤有机质含量为方向，选用适宜的肥料品种，协调运用大量元素和微量元素肥料，做到合理施肥、平衡营养，促进枣树的营养生长和生殖生长相协调，使其达到提高产量，改善品质的目的。

4.1 增施有机肥，以稳为核心

有机肥不仅具有养分全面的特点，而且可以改善土壤的理化性状，有利于冬枣根系的发生和生长，扩大根系的分布范围，增强树体牢固性。早施基肥，多施有机肥还可增加冬枣贮藏营养，提高坐果率，增加产量，改善品质。

4.1.1 抓住几个关键时期施肥

生命周期中抓早期，先促进枝叶健壮生长，再及时控冠，促进花芽分化。年周期中抓萌芽期、果实膨大期和采收前 3 个时期。

4.1.2 以平衡施肥为主

追肥上应以平衡施肥为主，然后根据各时期的需肥特点有所侧重，前期追肥以氮肥为主，配合磷、钾肥，后期增施磷、钾肥和微量元素肥，控制氮肥。

4.1.3 以土壤施肥为主，结合根外追肥

4.2 施肥的数量和比例

确定冬枣施肥量的办法是以树龄和产量为基础，并根据树势强弱、立地条件以及诊断的结果等加以调整。

4.2.1 根据树龄

我们根据试验结果及综合有关资料确定了不同树龄的冬枣年施肥量。为了方便计算，只列出几种常用的肥料，采用其他肥料可以根据纯养分量进行换算，在生产上提倡采用复合肥或专用肥。冬枣秋季推荐施用 20－10－10 的复合肥，每亩 20～30 千克；3 月上中旬每亩施 20－10－10 的复合肥 55～70 千克；6 月上中旬每亩施 10－10－20 的复合肥 46～56 千克；对晚熟品种还应在 8 月上中旬每亩增施 1 次 10－10－20 的复合肥 14～28 千克。

4.2.2 根据树势

中庸树每亩年施纯氮 10～15 千克；树势强旺时，必须限制施氮肥量（减少 20%～50%），以平衡树势；树势特强时，禁止施氮；树势衰弱时，必须在增施氮肥的同时进行改土，另外还要在栽培技术等方面入手，调节树势。

4.2.3 氮、磷、钾的配合比例

幼树期一般为 1∶2∶1，结果期采用 2∶1∶2 或 2∶1.5∶3。

4.3 施肥方法

4.3.1 基肥

基肥于 8 月中旬至 9 月中旬施入，宜早不宜晚。条沟法、放射沟、环沟法和撒施法结合进行。开沟或穴要大要多，但不必太深，40 厘米左右即可。幼树以沟施扩穴为主，成龄树采取均匀施肥和集中施肥相结合的原则。无论采取何种施肥方法，一定要保证肥料腐熟充分及与土壤拌匀施入，防止发生肥害。在盐碱严重、缺铁黄叶病发生普遍的地块要补充螯合铁、硼等（也可将腐殖酸、柠檬酸等与铁、硼混施以提高利用率）。基肥是全年最重要的一次施肥，占全年有效养分总量的 60%左右，包括全部的有机肥和 2/5 速效肥。

4.3.2 追肥

追肥分 3 次施入，第一次在 3 月中旬，第二次在 6 月中旬至 7 月初，第三次在 8 月初。

施肥量和种类，在各期分配上可根据树势调整，弱树早期的用量可适度增加，旺树早期的用量可适度减少。

4.3.3　叶面喷肥

从枣树展叶前开始，每隔 10～15 天，进行 1 次叶面喷肥。生长季前期以氮肥为主，果实发育期以磷、钾肥为主，花期喷硼肥。

陕北黄河沿岸红枣“沼肥＋配方肥”技术模式

1　技术概述

陕北黄河沿岸，平均海拔 850 米，年均气温 10.6℃，年日照时数 2 585.5 小时，常年降水量 500 毫米，年均无霜期 185 天，适宜于红枣种植。施肥方面存在的主要问题：由于红枣成熟期易逢秋季连阴天，造成红枣大面积减产或绝收，所以枣农管理枣园的积极性不高，大部分枣园不施肥；有机肥的施用量不足；施肥方法落后；钙、镁、硼、锌等中微量元素普遍缺乏；山区缺水，肥料利用率低等。红枣“沼肥＋配方肥”技术模式是按照“枣—沼—畜”生态循环农业发展理念进行有机无机配合施肥，实现了红枣产业和畜牧业有机结合，做到了化肥零增长，改良了土壤结构，提高了耕地质量，减少了农业面源污染，提升了农产品质量，对农业提质增效、节能减排及绿色可持续发展有非常重要的现实意义。

2　技术效果

通过红枣“沼肥＋配方肥”技术模式推广，枣树叶厚色深，脱落晚，病虫害减少；单枣增大增重较明显，单枣增重 0.5 克，亩产增收 30 千克，15 克以上大枣增加 8%。

3　适用范围

该技术模式符合现代生态农业施肥发展的主流方向，适用于具有养殖大户、沼气工程区域的种植业上广泛推广使用，具有十分广阔的推广前景。

4　技术措施

4.1　基施

4.1.1　施用时间

一般应在每年的红枣采收后至翌年枣树开花前，即每年的 10 月下旬到第二年的 4 月上旬结束。原则是宜早不宜晚，最迟赶在土壤封冻前全部施入土中。

4.1.2 施用方法

采用正常产气1个月以上沼气池的沼渣沼液，在红枣树冠外缘垂直开沟或挖4～6个坑穴，深30～40厘米，进行沟施或穴施，施肥后应及时覆土，每年基施1～2次。

4.1.3 施用量

根据红枣树龄大小，每株每次施入沼渣沼液30～40千克和配方肥（N∶P∶K=18∶12∶15）1千克，每亩施入沼渣沼液1 500～2 000千克和配方肥（N∶P∶K=18∶12∶15）50千克。

4.2 追施

4.2.1 施用时间

一般在红枣坐果后至膨大期（采收前20天左右）施用。

4.2.2 施用方法

采用正常产气1个月以上沼气池的沼渣沼液，在红枣树冠外缘垂直开沟或挖4～6个坑穴，深30～40厘米，进行沟施或穴施，施肥后应及时覆土，每年追施1～2次。

4.2.3 施用量

根据红枣树龄大小，每株每次施入沼渣沼液10～20千克和配方肥（N∶P∶K=18∶12∶15）0.5千克，每亩施入沼渣沼液500～1 000千克和配方肥（N∶P∶K=18∶12∶15）25千克。

4.3 追施

4.3.1 施用时间

一般在枣树开花前和红枣膨大期施用。

4.3.2 施用方法

正常产气3个月以上沼气池的沼液过滤，与水1∶1的比例混合后，在红枣树冠叶面喷施，以叶背喷施为主，每年追施1～2次。

4.3.3 施用量

根据红枣树龄大小，每株每次喷施沼液5～10千克，每亩喷施沼液250～500千克。

珠三角地区香蕉“精准施肥+间种大豆+香蕉废弃茎叶生物发酵还田”化肥减量增效技术模式

1 技术概述

香蕉是国际性大宗水果，中国是世界香蕉主产国之一。广东省是中国最大的香蕉产区，作为传统香蕉产区的珠江三角洲地区以水田地蕉园为主，香蕉种植专业户成片承包土地实行产业化经营，集约化程度高。但在化肥使用上的单一性、过量以及使用方法不当等，对水体、土壤及果品造成一定的污染，也导致珠三角农业生态环境污染日趋严重。香蕉精准施肥技术是根据香蕉不同生长时期的养分需求特征，确定养分投入的合理比例，制定施肥方案，达到减少化肥投入量、提高化肥利用率的目的。同时，通过香蕉间作、香蕉茎叶循环利用技术，能够充分利用资源，改善蕉园生态环境，提高土壤有机质含量，从而达到改土培肥的目的。

2　技术效果

香蕉精准施肥技术模式与农民习惯施肥相比，施肥总量减少了18.3%～21.6%，产量增加了8.7%～10.5%；蕉园间作系统的纯收入可增加25%左右，土壤全氮含量提高了14.9%，碱解氮提高了20.2%，有效磷提高了10.6%，有机质提高了23.7%；通过香蕉废弃茎叶生物发酵堆沤还田技术，香蕉产量增加3.7%～4.2%，土壤有机质含量提高15.04%，N、P、K含量分别增加12.22%、16.01%和13.97%。

3　适用范围

香蕉“精准施肥＋间种大豆＋香蕉废弃茎叶生物发酵还田”技术模式主要适用于广东珠三角地区种植的巴西蕉等新植蕉园。

4　技术措施

4.1　香蕉精准施肥技术

4.1.1　根据香蕉的需肥特点和目标产量确定施肥总量

如果为获得第一年2 900～3 100千克/亩的高产，适宜施肥量为：N 46～52千克/亩、P_2O_5 13～16千克/亩、K_2O 57～85千克/亩。氮、磷、钾三者的比例大致为1∶(0.27～0.32)∶(1.25～1.65)。

4.1.2　根据香蕉不同生长发育阶段对养分的需求特点确定施肥量比例

香蕉生长前期，肥料施入约占整个生育期肥料量30%的氮肥、40%的磷肥和15%的钾肥；香蕉生长中期，肥料施入约占总肥料量45%的氮肥、45%的磷肥和60%的钾肥；香蕉生长后期，肥料施入约占总肥料量25%的氮肥、15%的磷肥和25%的钾肥。

4.1.3　根据土壤条件、肥料种类、气候环境及香蕉生长发育特性，确定施肥方法和施肥次数

香蕉具有周年生长、生长迅速、增长量大的特性，而广东省的气候特点是香蕉生长最佳季节里多出现高温多雨天气，肥料施后易渗漏、挥发流失，因此，香蕉施肥必须贯彻勤施薄施、重点时期重施的原则。香蕉生长前期的施肥：前两次肥料可兑水淋施水肥，一次干肥可分为两次水肥施用。淋施水肥时应淋在蕉叶滴水线附近，不要浇在蕉头。撒施肥料时应环状撒在蕉叶滴水线附近，再适当盖土，或者开沟深施。如较长时间干旱，宜浇水。这一时期的肥料可分6～8次施入。香蕉生长中期的施肥：视长势每隔20～25天施一次肥。在离蕉株30～100厘米处开环形浅沟，撒施肥料后盖土；也可以在距蕉株30～100厘米处环状撒入肥

料，然后挖取沟渠的泥盖住肥料即可。如天气干旱，施肥后宜多淋水。这一时期的肥料可分4～6次施入。香蕉生长后期的施肥：每隔1个月左右施1次肥。后期施肥以在吸芽蕉头50～60厘米处开环形浅沟施肥，撒施入肥料后盖土。如天气干旱，宜多淋水。近年广东秋旱较为严重，建议秋旱期间多淋水，以保证香蕉果实发育及吸芽生长所需。这一时期的肥料可分2～4次施入。

4.2 香蕉间作栽培技术

广东珠三角地区香蕉种植历史悠久，单产水平高，但种植比较单一。利用蕉园行间空地，尤其是在香蕉生长初期，株行间空隙较大、通风透光条件好、叶面积较小时，间种花生、大豆、生姜等生育期短的经济作物，对蕉园土壤酶活性有一定的促进作用，能使土壤中脲酶、碱性磷酸酶、蔗糖酶等酶的活性提高，促进土壤中氮素、磷素和有机碳的转化与分解，有利于植物的吸收，能有效降低蕉园气温、地温，增加相对湿度，不仅可以提高土地利用率，增加经济效益，还可减少杂草的生长。

大豆生育期短、耐瘠薄、根系发达，可生物固氮，适应性广，而且生产过程简单、投入少、省工省力、易管理、比较效益高，是用地养地的理想作物，特别适合与香蕉的间作。

4.2.1 大豆品种的选择

选用早熟、生育期短（80～100天）、食味好的菜用青豆品种，或因地制宜地选择熟期适宜、高产、优质、抗逆性强的审定推广品种。现结合试验推广情况，推荐3个优质高产菜用大豆间作品种。

毛豆3号：该品种生育期85天左右，株型收敛，有限结荚习性，叶形椭圆，幼茎绿色，白花，茸毛白色，籽粒椭圆，鲜籽粒淡绿色，无脐色。平均株高34.0厘米，主茎节数9.0个，有效分枝数2.4个，单株有效荚数20.0个，标准荚数10.7个，标准荚长6.06厘米、宽1.34厘米，每千克标准荚数290.0个，单株荚重56.8克，鲜百粒重79.8克。2月中下旬至3月下旬播种。

华夏3号：该品种生育期110天左右，属夏大豆晚熟品种。平均株高84.7厘米，有效分枝4.5个，单株有效荚145.7个，单株粒重22.4克，百粒重17.5克，产量为172千克/亩。该品种不能春播，一般播种时间为6月中旬至7月上旬。

毛豆5号：该品种生育期110天左右，播种时间为6月中旬至7月上旬。属夏大豆晚熟品种，性状与华夏3号基本相同。

4.2.2 间作方法

4.2.2.1 播种

在蕉苗定植后5～7天即可播种毛豆。在两行香蕉畦面中间进行间种，视畦面宽度间种2～3行大豆，行株距为35厘米×15厘米。香蕉与大豆之间留出50～70厘米宽的操作行，便于香蕉的田间管理。

4.2.2.2 田间管理

大豆播种后，可结合果园的田间管理进行，不需要额外追肥。

4.2.2.3 收获大豆

当全田荚果鼓粒达80%、荚色翠绿时即可采收。采收时不宜将豆秆连根拔起，用剪刀将豆荚以下部分的豆秆剪断，捆扎后搬离蕉园。大豆收割后应及时清除田间大豆病株残体，以清洁果园、减轻病情。

4.3　香蕉废弃茎叶生物发酵还田技术

香蕉废弃茎叶中含有丰富的营养成分，通过对香蕉废弃茎叶的堆肥化处理，不仅可增加土壤有机质及N、P、K等元素的含量，改善土壤理化性状，而且可以有效减少农业废弃物造成的面源污染、改善蕉园生态环境、提高农业废弃物的循环利用、减少蕉园的化肥用量。

4.3.1　堆制方法

将收获后的蕉秆砍倒（未更新蕉园的留芽蕉则于母株蕉秆1.5米处截秆，剩余部分蕉秆以供吸芽营养生长），然后将砍下的蕉秆剖成两半（便于失水和切碎）置于蕉地，让其自然干燥5～7天后，用粉碎机或青贮铡草机切断，一般长度以2～3厘米为宜。然后将粉碎好的香蕉茎秆和鸡粪物料进行混合堆制，堆宽1.2～2.0米、高1.2～1.5米，长度则视堆肥规模和场地条件而定。一般香蕉茎秆和鸡粪的配制比例为10∶1左右，C/N比为（20～30）∶1，含水率为70%左右（混合物捏起来手湿并见水挤出为适度）较为合适。

4.3.2　添加复合发酵菌剂

在堆制初期加入0.2%的复合菌剂，在添加菌剂时，将菌剂与花生麸或谷糠粉按1∶5的比例混合均匀，再分层添加至堆体中。

4.3.3　翻堆

堆沤期间翻堆1～2次，25天后可不再翻堆，让其后熟。堆肥腐熟后平铺地上10厘米厚，让其自然干燥成细粒，即可包装还田使用。

岭南香蕉“配方肥＋有机肥”化肥减量增效技术模式

1　技术原理

香蕉是多年生常绿大型草本植物，产量高，需肥量大。每生产1 000千克蕉果需要吸收氮（N）8～10千克、磷（P_2O_5）1.2～2千克、钾（K_2O）18～23千克，需钾肥多，是典型喜钾作物。高州香蕉大部分种植在河流冲积土的垌田或山冲田，2016年全市种植面积达33.5万亩，总产103万吨。近年，随着测土配方施肥技术的推广应用，减少了许多盲目、过量、偏施等不合理施肥习惯，配方肥应用面积每年达10万亩以上。应用45%（18-5-20）香蕉配方专用肥比习惯施肥每亩可增加产量106～135千克，亩均节本增效达130元以上。

香蕉适宜种植在土层深厚、富有机质、疏松湿润的耕地土壤，因而也需要施用大量有机肥料。配方肥和有机肥的配合施用，既确保香蕉精准施肥，又保证改良培肥耕地。在确保香蕉优质增产增效的基础上，可以进行配方肥和有机肥的优化调配技术模式，减施化肥，增施有机肥，有效提高肥料利用率，实现香蕉化肥施用零增长的目标，保护环境，促进香蕉生产健康持续发展。

2 技术效果

据试验，该技术模式应用后，品种为巴西、B9的香蕉比对照增产7%～11%，平均每亩增产121千克。45%的化肥减量67千克，有机肥增施120千克。应用本技术模式每亩可实现节本增收，经济效益明显。应用的技术措施简单便捷，适合大力推广，前景无限。

3 适用范围

耕层厚度在25厘米以上、有机质含量大于20克/千克的河流冲积土垌田或山冲田。

4 技术措施

重视有机肥的施用，减少化肥的施用量，合理调配“配方肥＋有机肥”施肥模式，实现化肥的减量增效。

4.1 施肥原则

4.1.1 香蕉是需肥量较大的作物，需多次追肥，注重化肥施用时，不能忽视有机肥，需有机无机结合施用。
4.1.2 根据生长期合理分配肥料，香蕉花芽分化期消耗养分大，尤其钾营养，需重施肥，并注重钾肥及钙、镁施用，补充缺乏的微量元素，保证坐果、壮果。
4.1.3 香蕉园土普遍较酸，整地时增施石灰，调节土壤酸碱度，同时杀灭有毒菌。

4.2 技术模式的施用配比

香蕉在亩产3 000千克（或以上）时，常规平均每亩施配方肥（折纯）为150千克，有机肥为400千克。应用“配方肥减量20%＋有机肥增30%”的技术模式，则每亩施配方肥（折纯）120千克、40%有机肥520千克。

4.3 施肥技术

4.3.1 减肥模式每亩施肥量

香蕉配方肥（18∶5∶22）每亩施用267千克，有机肥每亩施用520千克。

4.3.2 各生育期施肥量及次数

通常分四个时期施肥。基肥：结合整地，每亩施石灰50～80千克、硫酸镁20千克，与有机肥施用总量的50%（即260千克）混匀，地面撒施，如土壤缺硼、锌的，每亩需补施硼砂0.5千克、七水硫酸锌1千克。第一次追肥，苗肥（营养体生长期）：在香蕉移植后1个月左右或定植后第二个月，施肥量占配方肥总量10%，即每亩施配方肥26.7千克，分3～4次，促进小苗正常生长，抽出14～16片叶。第二次追肥，中期肥（旺盛生长期）：在香蕉移栽大田后的第三个月，或叶片数为18～19片，分化期前至抽蕾前施肥量占配方肥总量60%、有机肥50%，即每亩施45%配方肥320千克、40%有机肥160千克，一次性施下，有利于促进花芽分化及花蕾的发育。第三次追肥（抽蕾肥）：在香蕉移植后 6 个月左右施用，施肥量占配方肥 20%，即每亩施 45%配方肥 53.4 千克，分 2～3 次施，促进壮花、壮蕾。第四次追肥（保果肥）：在香蕉移植后第八个月左右，香蕉果实发育阶段，每亩施肥量占配方肥 10%，即每亩施 45%配方肥 26.7 千克，促进保果、壮果，提高品质。

4.3.3 施肥方法

苗肥：用配方肥兑水淋施，初次每 200 克配方肥兑水 15 千克，逐次加大肥量，在香蕉两侧滴水线以外呈弧状施用。分化前肥：地面撒施，结合深耕翻土混匀，分化后肥和壮果肥，开环状沟或放射沟施，注意保护根系，并覆土。如遇干旱，注意淋水，保持土壤湿润。

岭南荔枝“配方肥＋沼气液肥＋淋灌系统”化肥减量增效技术模式

1 技术概述

荔枝是我国著名的岭南佳果，属亚热带常绿木本水果，是广东四大名果之一。荔枝在高州种植历史悠久，品质优良，享誉海内外，常年种植面积 57 万亩，年产量 20 万吨。主要分布在丘陵坡地或缓坡地，品种有白糖罂（中华红）、白腊、黑叶、桂味等。近年，测土配方施肥技术已在荔枝上广泛应用，推广使用的配方有 24－5－16、18－7－20、20－5－20，株产 100～150 千克，配方肥施用量（折纯）1.6～2 千克，比习惯施肥节本增效效果显著，亩均 100 元以上。

高州荔枝果园大部分建有养猪（鸡）场，按环保规定设置配套有沼气池。沼气液肥不仅含有丰富水溶性氮素、有机质、中微量元素等，而且有效养分高，无毒环保，施用省时便利。应用“配方肥＋沼气液肥＋淋灌系统”化肥减量增效技术模式，既可以有效提高土壤有机质及中微量元素含量、涵养果园水分、保持水土、改善土壤的酸性、改土培肥，又可以省时省肥，提高肥料利用率，实现节本增效以及可持续发展。

2 技术效果

据 2016 年试验结果，技术模式应用后，白糖罂和白腊荔枝分别比对照每亩增产 126 千克和 168 千克，增产率分别为 7.5%和 9.1%，荔枝平均可增产 147 千克/亩；45%的化肥可减量 30%，即每亩减肥 30.7 千克。此外，应用的沼气液肥廉价、环保，实现变废为宝，社会效益和生态效益可观，技术推广前景广阔。

3 适用范围

岭南花岗岩发育的红壤、黄壤或黄红壤的丘陵坡地或缓坡地荔枝果园，土壤的 pH 5～6，有机质含量为 10～20 克/千克，荔枝亩产 1 500～2 500 千克或株产 100～200 千克。果园具有一定规模的养猪场，并安装有管道淋灌设施。

4 技术措施

4.1 施肥原则

4.1.1 根据荔枝生育期需肥规律施肥，视品种、长势、气候等因素调整施肥的配方、用量、方法等。
4.1.2 土壤酸性较强的果园，适量施用石灰或土壤调理剂来调节土壤的酸碱度。
4.1.3 有机肥与无机肥结合。配方肥选择易溶的配方，有机肥使用养分高且易吸收的沼气液肥，通过管道配合淋施。
4.1.4 结果树适量补施钙、镁、硼、锌等中微量元素肥。

4.2 化肥减量的技术模式

荔枝在亩产1 500～2 500千克或株产100～200千克时，常规每亩施配方肥（折纯）46千克、沼气液肥1 000千克。应用“配方肥减量30%＋沼气液肥增50%”的技术模式，则每亩施配方肥（折纯）32.2千克、沼气液肥1 500千克。

4.3 施肥技术

4.3.1 减肥模式亩施肥量

荔枝配方肥每亩折纯用量为32.2千克，如采用18-7-20或20-5-20的配方，则每亩用量为72千克，或株施2.9～3.6千克；沼气液肥每亩施1 500千克，或株施15～22千克。

4.3.2 施肥时期及次数

通常荔枝分三个物候期进行施肥。采果后梢肥：保证抽出2～3梢，配方肥每亩施占全年的30%，即45%含量配方肥每亩施21.6千克，沼气液肥每亩施用量占全年施用量的50%，即每亩施750千克，分2～3次施用，一梢一肥，入冬后尽量不施，控制冬梢，确保壮梢，叶片厚绿；花前肥：在每年的大、小寒前后施，施1～2次，每亩施配方肥占全年施用量的30%，即45%含量配方肥每亩施21.6千克，沼气液肥每亩施用量占全年施用量的20%，即每亩施300千克，促进花芽分化，花穗发育健壮；壮果肥：在谢花后，可施2～3次，每亩施配方肥占全年施用量的40%，即含量45%配方肥每亩施28.8千克，沼气液肥每亩施用量占全年施用量的30%，即每亩施450千克，促进果实发育，保果壮果，提高果实品质。

4.3.3 施肥方法

在树冠滴水线下开环状沟或放射沟，施入配方肥后覆土，然后淋施沼气液肥或水。也可每次将配方肥溶解于沼气液肥进行淋施。

4.3.4 喷施中微量元素

由于荔枝园连年生产，普遍缺乏钙、镁、硼、锌等中微量元素，因此可在花前期喷一次0.1%硼砂，幼果和果实期喷一次0.2%硫酸锌＋0.3%硫酸镁。每年在立秋后撒施50千克石灰或土壤调理剂，既可补充土壤钙质，调节酸性，又可杀菌消毒。

广西香蕉“测土配方施肥＋水肥一体化”化肥减量增效技术模式

1　适用范围

适用于广西水田、坡地、园地和山地等香蕉种植且满足水肥一体化技术种植的地区。

2　技术原理

2.1　应用测土配方施肥技术

根据作物需肥规律、土壤供肥性能和肥料效应，在合理施用水肥一体化的基础上，依据土壤养分检测结果，通过测土配方施肥决策系统提出科学配方，提供氮、磷、钾及中、微量元素等肥料的施用数量、施肥时期及施用方法。

2.2　应用水肥一体化技术

水肥一体化技术又称滴灌施肥、灌溉施肥、加肥灌溉或管道施肥等，是将作物所需要的肥料溶解于灌溉水中，通过灌溉水施入作物根区的一种灌溉施肥模式。该技术可根据作物的需要量，通过设施进行调配干预，在不断地满足作物所需的前提下，减少养分田间残留或流失；另外，水肥较好地耦合，肥料利用率大大地提高，从而实现化肥施用量减少的目标，具有显著的省水、省肥、省工、高产、高效等特点。

3　技术措施

3.1　施肥用量

香蕉与其他果树比较，需肥量较大，对钾的要求特别高。不同地区因土壤条件不同略有差异，可根据产量要求、土壤养分状况施肥量可适当调整。推荐每亩在施用农家肥 2 000～3 000 千克或施用商品有机肥每亩 200～300 千克的基础上每亩施纯氮 40～50 千克、五氧化二磷 13～15 千克、氧化钾 50～60 千克，有机肥作基肥一次性施用，其他养分按水肥一体化施肥方法进行操作。

3.2　施肥方法

香蕉水肥一体化施肥方法按照“按叶片数施肥法”。一般，从组培苗移栽时出来的第一片花叶为第九叶，用记号笔或油漆在叶柄或叶片上做记号，以后即可根据叶片数确定每次的施肥时间和施肥量，并在使用该技术的同时，可根据香蕉的长势随时增加或减少肥料的施用量。

底肥：有机肥 12.5 千克/株，香蕉专用中微量元素肥料 15 克/株（定植期，叶片数：9～10 叶）。

开根肥：新植苗后十天内滴一次开根肥，隔 15 天再滴一次；剂量第一次浓度尽量小，第二次剂量加倍（作物生长周期：苗期；叶片数：11～15 叶）。

提苗肥：施用硝酸铵钙 25 克/株（作物生长周期：幼苗期；叶片数：13～18 叶）。

壮秆肥：16～28 叶时滴施。

催蕾肥：为促进花芽分化滴灌硼肥和磷肥，香蕉喜钾、钙，这时也要及时给足。

孕蕾期：32～44 叶时施一次。

膨果肥：钾肥加中微量元素肥，中微量元素能有效防止香蕉裂果（44 叶后 40～60 天）。

果面肥：果实采收前 15～20 天施肥一次。

4 推广前景

广西在香蕉上应用滴灌面积技术时间不长，有待进一步推广。主要原因是用户对滴灌存在误解。滴灌是小流量灌溉，每小时一个滴头才出几千克水分，根本满足不了香蕉庞大的树体需要，但滴灌是通过延长灌溉时间和减少土面蒸发来满足根系水分需求。这种方式灌水，可以保证土壤水气的协调。同时滴灌最方便施肥，施肥时间长，施肥同时根系已在吸收，肥料见效快，好像人“打点滴”一样。实践证明，采用测土配方施肥加水肥一体化模式种植，香蕉长势更好，在冬季更绿、更抗倒伏，更重要的是更省水、省肥、省工、省药、省电。随着特色农业的不断涌现，广西各级政府部门积极参与扶持，对各种特色农业给予资金、物资、设备等方面的投入、支持。立足资源优势，通过建特色创品牌，引领传统水果产业提档增效，带动当地农民群众增产增收，促进广西农业现代化提质提速。

广西香蕉“测土配方施肥＋有机肥”化肥减量增效技术模式

1 适用范围

适用于广西水田、坡地、园地和山地等香蕉种植地区。

2 技术原理

2.1 增施有机肥

通过增施有机肥，提高土壤有机质含量，增强园地保水保肥能力，减少雨水对肥料有效养分的冲刷而损失；有机肥矿化过程，释放可供香蕉生长发育所需的养分，增加园地养分有效供给，平衡营养供给，特别是微量元素营养供给，减少最小养分的限制，提高肥料利用率，从而实现减少化肥用量。

2.2　应用测土配方施肥技术

根据作物需肥规律、土壤供肥性能和肥料效应，通过取土化验，由田间试验结果建立的测土配方施肥决策系统提出施肥配方，推荐氮、磷、钾及中、微量元素等肥料的施用数量、施肥时期及施用方法，可缺什么补什么，缺多少补多少，有效地利用化肥资源，实现减少化肥用量目的。

3　技术措施

3.1　施肥量

香蕉与其他果树比较，需肥量较大，对钾的要求特别高。不同地区因土壤条件不同略有差异，可根据产量要求、土壤养分状况施肥量可适当调整。推荐每亩在施用腐熟农家肥2 000～3 000千克或施用商品有机肥每亩200～300千克的基础上亩施纯氮40～50千克、五氧化二磷13～15千克、氧化钾50～60千克，以及硫酸镁或硫酸钾镁25～30千克，前期叶面喷施0.2%硼砂溶液2～3次。

3.2　施用方法

香蕉在其生长年周期中，需要多次施肥，全年为5～10次。香蕉施肥必须贯彻勤施薄施、重点时期重施的原则。肥料分多次施用，可尽量减少流失，提高利用率，充分发挥肥效。对于沙质土壤的蕉园，肥料分多次施效果更为明显。

冬春一次性施用有机肥，可在离蕉头50厘米左右开20～30厘米深的沟与穴，一次性沟施或穴施。生长期追肥一般宜用化肥。抽蕾前采用勤施薄施，累计施肥量占总施肥量的75%。

新种植的吸芽苗成活后至抽出10片大叶前，每月施肥2次，每次施肥量约占总施肥量的3%～5%；新种植的组培苗，在蕉苗成活后每隔7天浇施0.2%复合肥溶液1次，共4～6次，在抽出10片大叶前，每月施肥2次，每次施肥量占总施肥量3%～5%。

在香蕉抽出10～16片大叶期间，植株生长加速，每月施肥2次，每次施肥量占总量的10%。这个时期正处于营养生长盛期，对养分要求十分强烈，反应最敏感，蕉株生长发育得好坏由肥料供应丰缺所决定，如果这时施重肥，蕉株获得充足养分，就能长成叶大茎粗的蕉株，可以进行高效的同化作用，积累大量有机物，为下阶段花芽分化打好物质基础。

在香蕉16～23片大叶期间，植株明显增高，假基增粗，花芽开始分化，应重施肥料，每月2次，每次施肥量占总量的15%左右。抽蕾期追施1次，施肥量占施肥总量15%；初果期再追施1次，施肥量占施肥总量10%。

4　效益分析

4.1　经济效益

依据各试区单株产量计算采用该模式的香蕉种植区亩产比没有采用的平均增产270千克，增产11%。由此可见，香蕉采用“有机肥＋测土配方施肥”种植模式可达到较为显著的经济效益。

4.2 生态效益

根据调查，采用传统单一化肥种植模式的香蕉果品，绝大部分品质不佳，不符合进入欧盟及美国超市等市场的食品安全条例，若改用以有机无机相结合的种植模式种植，香蕉果品将会显著改善。既增强香蕉在国内外的市场竞争力，又减少了化学污染，有效地保护了果园的生态环境。

5 推广前景

民众生活水平不断提高，对农产品品质有更高的要求，发展观光休闲农业是当前现代农业发展方向。广西是香蕉种植大区，具有发展香蕉种植的天然优势，各地应充分利用自然优势，建立了一批农家乐、园艺花园、家庭农场、农业合作社等各具特色的农业休闲观光场所。随着特色农业的不断涌现，广西政府部门积极参与扶持，对各特色农业给予资金、物资、设备等方面的投入、支持。立足资源优势，通过建特色创品牌，引领传统水果产业提档增效，带动当地农民群众增产增收，促进广西农业现代化提质提速。

华南地区巴西香蕉配方施肥技术模式

1 技术概述

华南香蕉种植区土壤大多呈酸性，生产上偏施氮、磷肥，钾肥、有机肥和中微量元素肥料的施用不足，施肥没有根据香蕉的需肥特性制定合理的施肥量、养分形态及施肥比例，香蕉园连作现象普遍，土壤连作障碍发生严重，土壤微生物群落失调，土壤中病原微生物、速效磷积累，中微量元素缺乏。配方施肥模式在施用土壤改良剂与生物有机肥改良土壤的基础上，根据香蕉的生长发育及养分吸收规律确定各生育期合理的配方及施用量，在配方的基础上根据土壤中微量元素的含量及香蕉对中微量元素的需要量调整中微量元素的添加量，达到缓解香蕉连作障碍，减少化肥施用的目的。

2 技术效果

该技术模式在海南、云南示范结果表明，与农户相比，在海南的增产率为 20.9%，在云南的增产率为 10.2%，节肥技术模式减少了肥料的用量，其中，氮肥、磷肥、钾肥平均减少 2.5 千克/亩、12.5 千克/亩、43.8 千克/亩，减少量分别为 6.02%、39.14%和 18.2%；该技术模式减少了肥料的用量，同时提高了肥料的偏生产力，氮肥、磷肥、钾肥的偏生产力平均提高 25.55 千克/千克、114.16 千克/千克、32.17 千克/千克，分别提高 21.5%、45%和 47.2%，蕉农增收 11.1%。

3　适用范围

本模式适用于海南南部、北部，云南西双版纳地区，巴西蕉和威廉斯香芽蕉新植一代蕉。

在云南应用时，要提高有机肥和钾肥的用量，增加香蕉叶片数量和叶面积，弥补云南光照不足的缺陷。广西产区要辅以天膜和地膜防寒栽培，同时增加有机肥、腐殖酸和钾肥的用量。

4　技术措施

4.1　种植前土壤改良技术

利用生物有机肥、土壤改良剂和钙镁磷肥与土壤混合均匀作底肥施用，深松 60～80 厘米，种植前在种植穴再施用少量生物有机肥与土壤改良剂，施用生物有机肥 400 千克/亩以上、土壤改良剂 50 千克/亩、钙镁磷肥 20 千克/亩。

4.2　培育健康种苗

用健康无病土或河沙＋椰糠作为基质，在基质中添加 2%的生物有机肥，混合均匀后放置一周以后移栽沙床苗，使功能微生物在香蕉根际定植，抵御香蕉土传枯萎病病菌的入侵。

4.3　根据香蕉生长发育及养分吸收规律制定香蕉配方及施肥量

香蕉施肥按总氮控制的原则，根据不同的生育期确定不同的 $N-P_2O_5-K_2O$ 配方，总氮用量根据土壤肥力情况控制范围为 35～45 千克/亩（种植密度 160 株/亩），前期高氮，花芽分化到抽蕾 $N:K_2O$ 为1∶2，果实发育期 $N:K_2O$ 为 1∶2.5，具体施肥技术如下。

4.3.1　营养生长期（种植后 1～3.5 月）

高氮配方肥 17－13－14 或 20－10－10（氯基），施用量 40～50 千克/亩，种植后 10 天开始施肥，种植后第一个月每 10 天 1 次，以后每月施 2 次（施肥量占整个生育期的 30%）。

4.3.2　花芽分化期—抽蕾期（种植后 3.5～6.5 个月）

配方为 13－5－27（硝硫基），配方肥用量 140 千克/亩，每月 2 次（施肥量占整个生育期的 50%）。

4.3.3　果实发育期（种植后 7～8 个月）

配方为 13－5－27（硝硫基），配方肥用量 40 千克/亩（施肥量占整个生育期的 20%，每月施 2 次，每次增加硫酸钾肥 5 千克/亩，采果前 1～1.5 个月停止施肥。

4.4　中微量元素补充技术

在花芽分化期和抽蕾期分别补充硫酸镁和氯化钙各 1 次，每次用量 10～15 千克/亩，抽蕾期补充锌肥 3～6 千克/亩。

4.5　越冬防寒施肥技术

过冬前，海南、云南 12 月以前，每亩施用生物有机肥 300 千克/亩，寒流来临前 3～6 天喷施腐殖酸肥料 1～2 次。

香蕉配方施肥技术模式集成

种植前关键技术	营养生长期技术（1～3月）	花芽分化期—孕蕾（4～5.5月）	抽蕾期（移栽后6月）	果实发育期（7～8个月）
1. 培育壮苗 2. 深松土壤 3. 3千克/株有机肥＋钙镁磷肥作底肥，50千克/亩石灰 4. 线虫处理	1. 勤施薄施、壮苗 2. 补苗、调苗 3. 防网蝽、蚜虫	1. 重施花芽分化肥 2. 挖除吸芽 3. 加强叶斑病、黑星病的管理	1. 提高香蕉抗性 2. 补中微量元素 3. 保青叶	1. 抹花、疏果 2. 香蕉品质管理 3. 防蓟马
技术具体内容	技术具体内容	具体内容	具体内容	具体内容
1. 育苗基质中添加2%优质生物有机肥 2. 勾机深松翻土壤0.8米 3. 种植前1周，有机肥与磷肥混合均匀后与种植穴土壤混合均匀	1. 种植后10天开始用0.5%高氮肥或氨基酸液体肥水施2～3次，增加肥料浓度至0.8%施用2次 2. 小苗用氨基酸和高氮肥增加施用次数 3. 种植后1.5～4个月，施用高氮复合肥17-13-14或20-10-10干肥100克/株2次（或水肥4次），高钾复合肥（13-5-27）2次（或水肥4次）施肥量占总施肥量30%	1. 施用高钾复混肥13-5-27 2. N∶K_2O=1∶2左右 3. 施肥量占总施肥量的35% 4. 施用2千克/株有机肥	1. 施用高钾复混肥N∶K_2O=1∶2.5左右 2. 施用钙肥、镁肥、锌肥、腐殖酸肥 3. 加强叶斑病、黑星病的管理，保青叶（至少7片以上才有可能达到25千克/株的产量） 4. 施肥量占总施肥量的20%左右	1. N∶K_2O=1∶2.5左右，施肥量占整个施肥量的15%，收获前1.5个月停止施肥 2. 香蕉套袋、垫把、施高钾肥，施肥量占总施肥量的5%

华南地区香蕉有机氮替代无机氮化肥减量增效技术模式

1 技术概述

由于连作而导致香蕉园病害发生严重，土壤酸化板结，土壤有机质含量下降，土壤中南方根结线虫及尖孢镰刀菌数量增加，土壤微生物区系失调，香蕉产量及品质下降；采用有机氮替代无机氮，有机氮在土壤中矿化成无机氮也可以被作物吸收利用，香蕉属于一年生可多年种植植物，持续采用有机氮替代无机氮的施肥方式，有机氮替代化肥氮的比例从10%～50%，香蕉的产量都没有明显的差异，但随着有机氮替代无机氮比例的增加，土壤有机质含量逐渐增加，土壤中微生物群落结构逐渐改善。这样一方面可以减少化学氮肥的施用，另一方面可以培肥土壤，提高土壤有机质含量，改善土壤微生物群落结构，从而促进香蕉的健康生长。

2　技术效果

该技术模式在海南的结果表明，与农户常规施肥相比，等氮条件下，香蕉产量没有显著差异，但香蕉品质显著提高，香蕉糖度提高了11.1%，果皮颜色均匀，蕉园土壤有机质含量增加5%，土壤线虫数量降低，细菌多样性增加，同时提高了肥料的偏生产力，氮肥、磷肥、钾肥的偏生产力平均提高11.5%、25%和17.2%，有机氮替代无机氮香蕉的价格高0.4元/千克，蕉农增收15%。

3　适用范围

本模式适用于海南巴西蕉和威廉斯香芽蕉新植一代蕉或宿根蕉。

4　技术措施

4.1　土壤改良技术

在连作障碍发生严重的蕉园，用100千克石灰与碳酸氢铵混合后均匀撒到土壤中，与土壤混合均匀后浇水覆膜20天，一方面提高土壤的pH，另一方面石灰与碳酸氢铵混合后产生的氨气可有效杀灭土壤中香蕉枯萎病病菌及南方根结线虫的数量，保证后期香蕉的正常生长，减少香蕉枯萎病及线虫的危害。

4.2　有机肥和磷肥混合作种植穴底肥

根据有机氮替代无机氮的比例（本例为30%），计算有机肥的用量，60%的有机肥（5千克/株）和50%的磷肥（0.1千克/株）混合后与香蕉种植穴的土壤混合均匀，间隔一周左右种植香蕉，若需要立刻种植则需要在肥土与香蕉根系之间用无肥土进行隔离。

4.3　香蕉肥料用量与配方

氮肥用量42千克/亩，有机氮替代13千克/亩，有机肥用量（含氮量2%）650千克/亩，有机肥合计用量1 050千克/亩，前期用800千克/亩，花芽分化期施用205千克/亩。

4.3.1　营养生长期（种植后1～3.5个月）

高氮配方肥20-10-10（氯基），施用量40千克/亩，种植后10天开始施肥，种植后第一个月每10天1次，以后每月施2次（施肥量占整个生育期的30%）。

4.3.2 花芽分化期—抽蕾期（种植后 3.5～6.5 个月）

配方为 13-5-27（硝硫基），配方肥用量 110 千克/亩，每月 2 次（施肥量占整个生育期的 50%）。

4.3.3 果实发育期（种植后 7～8 个月）

配方为 13-5-27（硝硫基），配方肥用量 40 千克/亩（施肥量占整个生育期的 20%，每月施 2 次，每次增加硫酸钾肥 5 千克/亩，采果前 1～1.5 个月停止施肥。

4.4 花芽分化—抽蕾期追施肥一次干肥

根据有机氮替代无机氮的比例（本例为 30%），把剩余 40%的有机肥（205 千克/亩）和高钾复合肥混合后在花芽分化—抽蕾期作干肥施用后喷水。

有机氮替代无机氮节肥增效模式集成

种植前关键技术	营养生长期技术（1～3 月）	花芽分化期—孕蕾期（4～5.5 月）	抽蕾期（移栽后 6 月）	果实发育期（7～8 个月）
1. 培育壮苗 2. 消毒改良 3. 有机肥＋磷肥作底肥	1. 勤施薄施、壮苗 2. 补苗、调苗 3. 防网蝽、蚜虫	1. 重施花芽分化肥 2. 挖除吸芽 3. 加强叶斑病、黑星病的管理	1. 提高香蕉抗性 2. 补中微量元素 3. 保青叶	1. 抹花、疏果 2. 香蕉品质管理 3. 防蓟马
具体内容	具体内容	具体内容	具体内容	具体内容
1. 育苗基质中添加 2%优质生物有机肥 2. 100 千克石灰＋50 千克碳酸氢铵覆膜消毒 3. 种植前 1 周，5 千克/株有机肥与磷肥混合均匀后与种植穴土壤混合均匀	1. 种植后 10 天开始用 0.5%高氮肥或氨基酸液体肥水施 2～3 次，增加肥料浓度至 0.8%施用 2 次 2. 小苗用氨基酸和高氮肥增加施用次数 3. 种植后 1.5～4 个月，施用高氮复合肥 17-13-14 或 20-10-10 干肥 50 克/株 2 次（或水肥 4 次），高钾复合肥（13-5-27）2 次（或水肥 4 次）施肥量占总施肥量 30%	1. 施用高钾复混肥 13-5-27 2. $N:K_2O=1:2$ 左右 3. 施肥量占总施肥量的 35% 4. 施用 500 千克/株有机肥	1. 施用高钾复混肥 $N:K_2O=1:2$ 左右 2. 施用钙肥、镁肥、锌肥、腐殖酸肥 3. 加强叶斑病、黑星病的管理，保青叶 4. 施肥量占总施肥量的 20%左右	1. 施肥量占总施肥量的 15%，收获前 1.5 个月停止施肥 2. 香蕉套袋、垫把、施高钾肥

滇南香蕉“有机肥＋微生物肥”技术模式

1　技术概述

香蕉是一种重要的热带果树，生育期一般需要 300～420 天，生长量大，产量高，需吸收大量养分。根据当地香蕉生产实际，推广香蕉高产品种，合理密植，增施有机肥和微生物肥改善土壤理化性状，实施绿色生态环保种植，保证香蕉生产产量和品质。

2　技术效果

采用该模式有利于降低生产成本，减少肥料浪费，避免过量施用化肥带来面源污染，保护好生态环境，为生产优质农产品创造良好的产地条件，实现香蕉稳定增产和农民持续增收。

3　适用范围

本技术模式适用于滇南香蕉蕉园种植区。

4　香蕉化肥减量增效技术模式（有机肥＋微生物肥替代化肥）

选择香蕉高肥力区，按照最高施肥水平，在每亩总施化肥用量上减少 10%～20%的氮肥和磷肥用量，通过减氮、控磷、稳钾，增施有机肥、中微量肥，科学合理施肥，提高肥料利用率，确保香蕉产量稳定提高。

4.1　蕉园和良种选择

选地时要选择避风、避寒、背北向南的地块和疏松、肥沃、土层深厚的土壤，不选重碱、黏地或易积水的土壤。排灌良好是蕉园的重要条件，地下水位不能过高，以离地面 1 米以下为宜。选用产量高、口感好的品种：巴西红秆、新巴西、威林斯高产良种。

4.2　种植前工作

种植穴的大小根据土质软、硬而定，土质越硬，挖的穴应越大，一般为 60～80 厘米宽、60 厘米深。植前施用腐熟的有机肥于穴中，以利发展，尽快恢复生长。覆土不能过深，宜覆土 3.3～6.7 厘米。过深难以发根和恢复生长，过浅则易露头。

4.3　种植密度

种植密度主要根据品种而定。在保证植株有足够生长空间的前提下，适当增加株数，以提高产量。一般产区的种植规格为：每亩种植 120～150 株。种植过密则互相荫蔽，影响产量。

4.4 适时栽种

选择种植时期是调节产期的主要措施。一年中，春、夏、秋季均可种植，而以春、秋种植为宜。绝大多数产区习惯在3～4月种植。具体时间根据种苗来源而定。秋植宜在8月下旬至9月中旬进行。具体时间根据种苗来源而定。冬季气温低，且常有干旱，不宜栽植。

4.5 施肥方法

20％～25％的氮、钾肥在香蕉前期（营养生长期）施用，撒施或兑水淋施均可；45％～50％的氮、钾肥在中期（花芽分化期至抽蕾前）施用，建议沟施或穴施，也可分为多次雨后撒施；25％～35％的氮、钾肥在后期（抽蕾后）施用，建议沟施或穴施。磷肥一半作为基肥施用，也可平分为3次在前、中期施入。由于滇南地区雨水较多，建议将肥料分多次撒施，在雨季不要沟施或穴施。如香蕉尚未封行，宜在香蕉滴水线下40～70厘米宽的区域内撒施，如果已封行，可在土表全层撒施。

4.6 亩施肥量（有机肥＋微生物替代化肥可减氮、磷肥10％）

香蕉全生育期亩施肥量为N 54千克＋P_2O_5 22.5千克＋K_2O 120千克＋有机肥600千克＋微生物肥80千克。有机肥600千克、微生物肥80千克、磷肥50％作基肥；20％～25％的氮、钾肥在香蕉前期（营养生长期）施用，撒施或兑水淋施均可；45％～50％的氮、钾肥在中期（花芽分化期至抽蕾前）施用，建议沟施或穴施，也可分为多次雨后撒施；25％～35％的氮、钾肥在后期（抽蕾后）施用，建议沟施或穴施。

4.7 亩施肥量（有机肥＋微生物肥替代化肥可减氮、磷肥20％）

香蕉全生育期亩施肥量为N 48千克＋P_2O_5 20千克＋K_2O 120千克＋有机肥600千克＋微生物肥80千克。有机肥600千克、微生物肥80千克、磷肥50％作基肥；20％～25％的氮、钾肥在香蕉前期（营养生长期）施用，撒施或兑水淋施均可；45％～50％的氮、钾肥在中期（花芽分化期至抽蕾前）施用，建议沟施或穴施，也可分为多次雨后撒施；25％～35％的氮、钾肥在后期（抽蕾后）施用，建议沟施或穴施。

4.8 香蕉套袋膜处理

香蕉收获后对残留套袋膜进行收集，集中堆放处理。

珠三角丘陵区荔枝化肥减量增效技术模式

1 技术概述

珠三角地区荔枝栽培已有近千年的历史，为促进荔枝产业的发展，提出走提质高效、生态环保的可持续发展之路。荔枝种植多处于丘陵山区，土壤较瘦脊，目前施肥主要存在以下问题：一是肥料施用不足，尤其是有机肥料施用偏少，忽视培肥改土，土壤酸化严重；二是施肥方法不科学，表施、撒施较为普遍。通过“测土配方施肥技术”和“水肥一体化技术”相结合，增施有机肥，有机无机肥配合使用，适当增施中微量元素肥料的技术模式提高果农科学施肥水平。该技术能解决果农盲目施肥问题，提高荔枝的产量和品质，减少污染，保护荔枝生产生态环境。

2 技术效果

该荔枝化肥减量增效技术模式肥料利用率高，比常规施肥节省30%以上的肥料，节省25%以上的灌溉用水和80%以上的灌溉施肥人工，对地形适应强。2015年试验得知，该技术模式施肥总量（折纯）19.1千克/亩，平均亩产485千克，平均单果重27.15克；常规施肥施肥总量（折纯）27千克，平均亩产460千克，平均单果重21.92克；通过该技术模式，化肥减幅29.2%，亩均增产5.4%，单果重增加23.86%。

荔枝化肥减量增效技术的推广可改善土壤结构，改进施肥方式，优化施肥结构，提高肥料利用率，有效保护了荔枝产区的生态环境。

3 适用范围

本模式适用于珠江三角洲丘陵地区的荔枝种植区域，以及桂味、糯米糍等品种盛产期果园。

4 技术措施

4.1 主要措施

增施有机肥，推广使用钙镁磷肥等碱性肥料，推广水溶性肥料和微生物肥料等新型肥料，配合施用硼、锌等中微肥，推广应用“测土配方施肥技术”和“水肥一体化技术”。

4.2 施肥建议

4.2.1 施肥时期

荔枝通常12月至翌年1月萌芽，2～4月开花，5～6月果实发育，6～7月果实成熟采收，8～9月秋梢抽生，10～11月秋梢成熟。施肥分三个物候期进行。

4.2.1.1 促花肥

或叫花前肥。主要是增强开花前树体营养，促进花芽分化，增加雌花数，减少落花和幼果发育时第一期生理性落果。这次肥宜在开花前10～20天施下，一般早中熟品种宜在1月上旬“小寒”前后施，迟熟品种宜在1月下旬“大寒”前后施。

4.2.1.2 壮果肥

或叫壮果保果肥。主要是补充开花带来的树体养分消耗，促进果实发育，减少第二期生理性落果。这次肥料宜在开花后至第二次生理性落果前施入，即早熟种在4月上旬（清明），迟熟种在 5 月下旬（小满）前后施入。

4.2.1.3 促梢肥

也叫采果肥。主要是促进树体恢复和秋梢发育，为来年丰产打基础，但又不能使冬梢萌发。因此，施肥要适时适量，对早熟种、健壮树宜在采果后施，晚熟种、结果多和树势衰弱的树宜提前在采果前 10～15 天施用。此期应采用有机肥和化肥配合施用。

4.2.2 “测土配方”施肥量、施肥方法及配方推荐

在每亩施有机肥 500～1 000 千克的基础上，单株树产生 50 千克鲜果的肥料用量为：N 1.8～2.2 千克，P_2O_5 2.5～3.3 千克，K_2O 1.5～1.8 千克。采果后肥氮肥占全年总施氮量的 60%，钾肥占全年总施钾量的 40%；花前肥氮肥占总施氮量的 15%，钾肥占总施钾量的 25%；壮果肥氮肥占总施氮量的 25%，钾肥占总施钾量的 35%。磷肥平均分 3 次施入。在树冠滴水线下开环状沟或放射沟，施入肥料后覆土。

若采用配方肥料，则株施纯氮 0.7～0.9 千克，氮、磷、钾配比为 1∶0.4∶0.9 [配方参考：抽梢期 40%（19－6－15）、45%（21－7－17）、50%（23－8－19）；花果期 40%（16－5－19）、45%（18－6－21）、50%（20－6－24）]。

4.2.3 “测土配方＋水肥一体化”施肥量、施肥方法及配方推荐

通过水肥一体化技术将施肥与灌溉结合在一起，在每亩施有机肥 500～1 000 千克的基础上，施肥量按照测土配方施肥施肥量的 70%计算，选择水溶性配方肥（配方参考 4.2.2 推荐的配方）。采后肥分两次施用，分别在采果后与第一次秋梢老熟后施下；花前肥在开花前 20 天分两次施用，间隔 10 天一次；壮果肥分 4 次施用，间隔 10 天一次。

4.2.4 中微量元素的补充

丘陵区土壤速效钾、有效钙偏低，有效镁、硼缺乏，除根际施肥外，建议在花前、幼果期及果实膨大期各喷 0.5%硝酸钙 1 次；叶面喷施补充硼，宜在末次秋梢老熟、花前及果实膨大初期喷 0.05%的硼砂；叶面喷施补充锌，宜在末次秋梢老熟、小果期及果实膨大初期各喷一次浓度不高于 0.05%的七水硫酸锌。硼砂和硫酸锌两者相遇易生沉淀，不宜混合喷施。每年清园时每亩施 150 千克石灰，既补充土壤钙素，又可调节土壤酸性和杀菌消毒。

广西荔枝“测土配方施肥＋有机肥”化肥减量增效技术模式

1 适用范围

适用于广西钦州早、中、迟熟等种植在山地、园地和坡地的各种荔枝品种。

2 技术原理

荔枝是枝干粗大的果树，需要养分较多，不同生育时期氮、磷、钾、钙、镁等养分需求

量较多。测土配方施肥是根据树体不同树龄时期的营养特点，以及土壤肥力和供肥状况，有意识地、及时地、适量地供给树体所需要的各种营养元素，以确保树体正常生长发育所需的养分平衡，是实现荔枝高产、优质、低耗的重要措施，是荔枝生产现代化的重要环节。

2.1　增施有机肥

有机质是土壤肥力的重要标志。施用有机肥料能增加土壤的有机质含量，有机肥料含有植物需要的多种营养成分，能平缓供给持久养分，有利于改善土壤的理化性状和农业生态环境，提高了土壤保水、保肥和透气性能。施用有机肥料可以提高耕地质量、减少化肥用量，同时又能达到让作物提质增效的效果。施用化肥可以快速提供荔枝生长中需要的养分，但最适合的施肥方式是有机无机相结合，用有机肥替代部分化肥。

2.2　测土配方施肥技术

在土壤测试和肥料田间试验基础上，根据荔枝需肥规律、土壤供肥性能和肥料效应，在合理施用有机肥的基础上，依据土壤养分检测结果，通过测土配方施肥决策系统提出科学配方，提供氮、磷、钾及中、微量元素等肥料的施用数量、施肥时期及施用方法。也就是在农业科技人员指导下科学施用配方肥，通过科学配方，减少不必要的盲目施肥，减少化肥施肥量。

3　技术措施

3.1　施肥方法

3.1.1　幼龄树施肥以勤施薄施为原则

土壤施肥在定植后一个月开始，2～3 年内，以增加根量、促梢、壮梢为主。宜掌握“一梢二肥”或“一梢三肥”，即枝梢顶芽萌动时施入以氮为主的速效肥，促使新梢正常生长。当新梢伸长基本停止、叶色由红转淡绿色时，施第二次肥，促使枝梢迅速转绿。当有新梢转绿后施第三次肥，加速新梢老熟、缩短梢期、利于多次萌发新梢。

施肥量视土壤性质、幼树大小而定，定植后树小根少，每株每次约施复合肥 25～30 克、尿素 20～25 克、氯化钾 15～20 克、过磷酸钙 50～75 克，单独施或混合施，混施时分量酌情减少。第二年施肥量相应提高，比上年增长 40%～60%。

3.1.2　已结果果树施肥量根据近年对荔枝测土配方施肥试验的推荐量推荐

每产 100 千克鲜果，全年需施肥量为：N 1.6～1.9 千克、P_2O_5 1.2～2.0 千克，K_2O 2.5～3.5 千克。

花前肥：在 11 月底至 12 月上旬施下。作用是促进花芽分化、花穗发育、改善花质、提高坐果率、延迟春季老叶衰退，此期氮、磷、钾约占全年施用量的 20%～25%，磷占 25%～30%，每株施厩肥等农家肥 20～40 千克或每株施用商品有机肥 4～5 千克。

壮果肥：花谢后 10～15 天施下，作用是及时补充开花时的养分消耗、保证果实生长发育所需养分、减少第二次生理落果、促进果实增大并避免树体养分的过度消耗、为秋梢萌发打下良好基础，此次以钾为主，氮、磷配合，钾约占全年施肥量 40%～50%，氮、磷占 30%～40%。

采果前后肥：在采果前7～10天施下，作用是采果后加快恢复树势、促发秋梢、培养壮健结果母枝、奠定翌年丰产基础，此期以氮为主，磷、钾配合，氮施用量占全年施肥量45%～55%，磷、钾占30%～40%。有机肥在秋季采果后和春初施入。

3.2 注意事项

荔枝在秋冬季节采用沟施有机肥，并结合清园除草压青；根据树龄、长势按配方施用肥料。根据秋冬气候、管理水平做好秋冬梢管理工作。荔枝施肥以土施为主，同时根据不同时期的实际需要，辅以叶面喷肥，如用0.3%～0.4%尿素、0.3%～0.4%磷酸二氢钾、0.03%～0.05%复合型核苷酸、0.05%～0.1%硼酸、0.02%～0.05%硼砂、0.3%～0.5%硫酸镁。

4 效益分析

广西是荔枝种植面积较大的地区，种植面积约为300万亩。通过增施有机肥、科学测土、施用配方肥、加强水肥科学管理减少化肥使用量，提高农作物产量，改善品质。引入生产“绿色食品”“无公害农产品”标准体系，同时创建富硒农产品品牌，将提升产品价值，获得更大效益。

4.1 经济效益

试验荔枝园经测量为每亩栽植荔枝约30株。依据各试区单株产量计算采用该模式的荔枝种植小区比没有采用的每亩增产150千克。

4.2 生态效益

根据调查，本地区采用传统单一化肥种植模式的荔枝果品，绝大部分果品品质不佳，不符合进入欧盟及美国超市等市场的食品安全条例，若改用以有机无机相结合的种植模式种植，荔枝果品质量将会显著改善。既增强荔枝在国内外的市场竞争力，又减少了化学污染，有效地保护了果园的生态环境。

5 推广前景

广西是荔枝种植大区，具有发展荔枝种植的天然优势，各地应充分利用自然优势。随着当地种植业者品质意识的提高，以及民众生活水平不断提高，消费者对农产品品质有更高的要求，特别是观光休闲农业需要更高品质的产品，地方应建立了一批农家乐、园艺花园、家庭农场、农业合作社等各具特色的农业休闲观光场所，创建地方荔枝品牌。政府部门积极扶持，给予资金、设备等方面的投入、支持，立足资源优势，通过创建特色品牌，引领广西传统的荔枝等水果产业提档增效，带动当地农民增产增收，促进广西农业现代化提质提速。

第六章 其他经济作物化肥减量增效技术模式

阴山北麓区旱地马铃薯减肥增效技术模式

1 技术概述

阴山北麓旱地马铃薯种植区域主要存在干旱缺水和坡耕地面积大、土壤侵蚀严重、土壤养分贫瘠、土壤物理性状差等问题，主要采用“增、改、保”技术措施，改善耕地质量。“增”是增施有机肥，通过秸秆还田、增施农家肥等措施，结合深耕深松，改良土壤结构，改善植物根际环境，提高土壤的保肥保水能力。“改”是改单施速效肥为速效缓控释配合施用，并进行大面积示范推广，逐步优化施肥结构。“保”是聚水保墒，通过地膜覆盖技术措施，以达到抗旱保水、提高地温、改善土壤理化性质、促进土壤微生物活动、提高肥料利用率等作用。

马铃薯种植过程中存在着施肥品种单一、养分比例不合理的现象。通过调整施肥比例，实现控肥增效的目的。加大推广测土配方施肥技术力度，调整氮、磷、钾的比例，实现精准施肥。

2 技术效果

充分利用该区域地处农牧交错带有机肥资源丰富的优势，增施有机肥，培肥土壤，提高土壤贡献率，减轻马铃薯对化肥的依赖程度；通过测土配方施肥、推广施用缓控释肥料调优施肥结构，提高化肥利用率。马铃薯亩产量可达 1 500 千克以上，耕地质量下降的趋势得到缓解并逐步改善。

3 适用范围

适用于内蒙古阴山北麓旱作马铃薯种植区。主要包括太仆寺旗、多伦县、正蓝旗、正镶白旗、商都县、化德县、察哈尔右翼中旗、察哈尔右翼后旗、四子王旗、达茂旗、固阳县、武川县、锡林浩特市、乌拉特后旗。总土地面积 76 419.9 千米^2，耕地面积 1 699.9 万亩，其中旱地 1 482.7 万亩，水浇地 217.2 万亩，分别占本区耕地面积的 87.2%、12.8%。该区域气候冷凉、昼夜温差大，适宜马铃薯种植。

4 技术措施

4.1 秸秆还田技术

引进马铃薯秸秆还田技术，提高马铃薯秸秆还田量。主要技术要点包括5个关键技术环节：①秸秆粉碎。在马铃薯收获期，运用马铃薯秸秆还田粉碎机进行杀秧粉碎。②施用秸秆腐熟剂。马铃薯秸秆粉碎后，按照每亩施用2～5千克腐熟剂及时均匀喷洒在秸秆上，促进马铃薯秸秆腐熟。③调节碳氮比。在作物常规施肥基础上，每亩增施尿素5～10千克以调节碳氮比，防止秸秆腐熟过程中与作物生长争氮。④深翻整地。采用大型耕作机械进行深翻整地，深翻深度30厘米左右，将马铃薯秸秆全部翻入土层，并用旋耕机或圆盘耙耕耙，平整耕地，保证下茬作物的播种质量和出苗率。秸秆深翻入土后如遇连续无雨天气，应根据土壤墒情条件及时进行灌溉，以保证秸秆适宜湿度，使其正常腐熟。⑤病虫害防治。马铃薯秸秆直接还田后秸秆中存在的病菌会残留在地块当中，在马铃薯拌种时加入防治土传病害的药剂或在播种时地表喷洒防治病虫害的药剂，发现病株及时进行清除。

4.2 增施有机肥技术

在村边、地边或牲畜棚圈旁边方便积造和运输的地方，以畜禽粪便为主要原料进行堆沤和施用有机肥，主要采取坑式堆沤方法：将打扫棚圈清除出去的粪便集中，可添加作物秸秆、细土与畜粪相间堆置，堆成宽约2米、高约1.5米的长垛，长度根据实际情况而定。每5～7天用机械或人工翻垛一次，发酵中如发现物料过干，及时喷水，将水分调节在50%～60%，温度50～65℃，确保顺利发酵，经40～60天的发酵达到完全腐熟。在翻垛的同时将粪块打碎，确保有机肥细碎。在整地前将腐熟的有机肥按1 000～2 000千克/亩的用量均匀撒施于地表，然后深耕翻压，使有机肥与土壤充分混匀。

4.3 测土配方施肥技术

深化测土配方施肥技术推广，扩大测土配方施肥技术覆盖面积。技术要点包括以下三方面：①取土化验土。在控肥增效区域地块采集土壤样品分析化验土壤全氮、有效磷、速效钾含量，查询专家施肥咨询系统，掌握地块养分情况。②确定施肥量。根据土壤养分含量、目标产量和下表中的建议施肥量确定氮、磷、钾肥的用量或配方肥的用量。③补施中微量元素。在土壤缺中微量元素的地块上，作物生长受阻，叶面喷施中微量元素，补充马铃薯所需养分。

阴山北麓区旱地马铃薯土壤养分丰缺指标及合理施肥量

相对产量（%）	丰缺程度	丰缺指标			经济合理施肥范围（千克/亩）		
		全氮（克/千克）	有效磷（毫克/千克）	速效钾（毫克/千克）	N	P_2O_5	K_2O
＜65	极低	＜0.80	＜4.6	＜64	＞8.0	＞5.0	＞4.2
65～75	低	0.80～1.19	4.6～8.4	64～93	8.0～6.5	5.0～4.0	4.2～3.2

（续）

相对产量（%）	丰缺程度	丰缺指标			经济合理施肥范围（千克/亩）		
		全氮（克/千克）	有效磷（毫克/千克）	速效钾（毫克/千克）	N	P_2O_5	K_2O
75～90	中	1.19～2.16	8.4～20.7	93～161	6.5～4.3	4.0～2.7	3.2～1.7
90～95	高	2.16～2.64	20.7～28.0	161～193	4.3～3.6	2.7～2.2	1.7～1.2
>95	极高	>2.64	>28.0	>193	<3.6	<2.2	<1.2

阴山北麓区旱地马铃薯肥料配方及施肥建议

配方	极低（千克/亩）	低（千克/亩）	中（千克/亩）	高（千克/亩）	极高（千克/亩）
22-13-10	38	35	26	19	17

4.4 缓控释肥使用技术

在农民对新型肥料认识程度较高的地区，大面积推广缓控释肥的应用，按亩施用配方为22-13-10的缓释肥30～35千克的方法施用，播种时分层深施，比农民常规施肥减少化肥用量10%左右。

4.5 其他培肥土壤技术

秋季利用深松旋耕机进行深松深耕，深度在25～30厘米，封冻前耙耱一次，“三九”磙地一次，播前细致耙耱2～3次。翻耕时按照“秋耕宜深、春耕宜浅”的原则，以利于土壤蓄水保墒。

阴山北麓区水浇地马铃薯减肥增效技术模式

1 技术概述

阴山北麓区水浇地马铃薯在耕地质量与施肥方面存在的主要问题为：一是坡耕地面积较大，水蚀和风蚀沙化严重。二是土壤养分贫瘠，保水保肥能力低。三是水资源紧缺，利用效率低。四是施肥品种单一。可以通过“调、增、降、改、配”五个方面，实现培肥地力、控肥增效的目的。“调”是调整施肥比例，大力推广测土配方施肥技术，在“大配方”的基础上根据实际地块情况进行“小调整”，深化测土配方施肥技术推广。“增”是增施有机肥，有机肥资源丰富的地区增施有机肥，结合深耕深松，使耕层土壤肥沃，减少土壤板结，提高土壤贡献率。“降”是降低基肥施用数量，按照前氮后移原则，减少基肥用量，增加追肥次数，结合水肥一体化技术将肥料随水施入作物根系附近，提高肥料利用率。“改”是将固体追肥改为液体追肥，将大量元素肥料改为大量元素和微量元素肥料配合施用。“配”是配施优质生物肥、缓控释肥、叶面肥等新型肥料，并进行大面积示范推广，减少常规化肥用量，优化施肥结构。

2 技术效果

通过采取增施有机肥、水肥一体化、精准施肥等减肥增效措施，土壤有机质含量提高0.3个百分点，肥料利用率提高5个百分点以上，减少化肥用量20%以上，马铃薯亩产量可达2 500千克以上，土壤质量下降的趋势得到缓解并逐步改善，化肥施用更趋合理。

3 适用范围

适用于内蒙古阴山北麓水浇地马铃薯种植区。主要包括察哈尔右翼前旗、凉城县、卓资县、托克托县、和林格尔县、乌审旗、丰镇市、兴和县、清水河县、伊金霍勒旗、准格尔旗、鄂托克前旗。总土地面积77 404千米^2，耕地面积1 117.5万亩，其中旱地789.1万亩，水浇地328.4万亩，分别占本区耕地面积的70.6%、29.4%。该区昼夜温差大，适宜种植马铃薯。

4 技术措施

4.1 马铃薯秸秆粉碎还田技术

引进马铃薯秸秆还田技术，提高马铃薯秸秆还田量。主要技术要点包括5个关键技术环节：①秸秆粉碎。在马铃薯收获期，运用马铃薯秸秆还田粉碎机进行杀秧粉碎。②施用秸秆腐熟剂。马铃薯秸秆粉碎后，按照每亩施用2～5千克腐熟剂量及时均匀喷洒在秸秆上，促进马铃薯秸秆腐熟。③调节碳氮比。在作物常规施肥基础上，每亩增施尿素5～10千克以调节碳氮比，防止秸秆腐熟过程中与作物生长争氮。④深翻整地。采用大型耕作机械进行深翻整地，深翻深度30厘米左右，将马铃薯秸秆全部翻入土层，并用旋耕机或圆盘耙耕耙，平整耕地，保证下茬作物的播种质量和出苗率。秸秆深翻入土后如遇连续无雨天气，应根据土壤墒情条件及时进行灌溉，以保证秸秆适宜湿度，使其正常腐熟。⑤病虫害防治。马铃薯秸秆直接还田后秸秆中存在的病菌会残留在地块当中，在马铃薯拌种时加入防治土传病害的药剂或在播种时地表喷洒防治病虫害的药剂，发现病株及时进行清除。

4.2 增施有机肥技术

在村边、地边或牲畜棚圈旁边方便积造和运输的地方，以畜禽粪便为主要原料堆沤和施用有机肥，主要采取坑式堆沤方法：将打扫棚圈清除出去的粪便集中，可添加作物秸秆、细土与畜粪相间堆置，堆成宽约2米、高约1.5米的长垛，长度根据实际情况而定。每5～7天用机械或人工翻垛一次，发酵中如发现物料过干，及时喷水，将水分调节在50%～60%，温度50～65℃，确保顺利发酵，经40～60天的发酵达到完全腐熟。在翻垛同时将粪块打碎，确保有机肥细碎。在整地前将腐熟的有机肥按1 000～2 000千克/亩的用量均匀撒施地表，然后深耕翻压，使有机肥与土壤充分混匀。

4.3 测土配方施肥技术

深化测土配方施肥技术推广，扩大测土配方施肥技术覆盖面积。技术要点包括以下三方面：①取土测土。采集土壤样品分析化验土壤全氮、有效磷、速效钾含量，查询专家施肥咨询系统，掌握地块养分情况。②确定施肥量。根据土壤养分含量、目标产量和下表中的建议施肥量确定氮、磷、钾肥的用量。滴灌和喷灌马铃薯选择养分配比为 13－17－15 或配比接近的配方肥，根据土壤养分含量、目标产量比旱地马铃薯增加基肥施肥量 50%～150%。③基肥、追肥相结合施用。按照“前氮后移”的原则，适当减少基肥用量，在马铃薯生育期随水追施化肥，前期多追施氮肥、后期多追施钾肥，总体按照马铃薯需肥规律追施肥料。④补施中微量元素。在土壤缺中微量元素的地块上，作物生长受阻，叶面喷施中微量元素，补充马铃薯所需养分。

阴山北麓水浇地马铃薯养分丰缺指标及经济合理施肥量

相对产量（%）	丰缺程度	丰缺指标			经济合理施肥范围（千克/亩）		
		全氮（克/千克）	有效磷（毫克/千克）	速效钾（毫克/千克）	N	P_2O_5	K_2O
＜65	极低	＜0.67	＜8.2	＜69	＞11.1	＞5.6	＞5.5
65～75	低	0.67～0.95	8.2～12.3	69～100	11.1～9.1	5.6～4.6	5.5～4.3
75～90	中	0.95～1.59	12.3～22.7	100～174	9.1～6.0	4.6～3.2	4.3～2.6
90～95	高	1.59～1.89	22.7～27.8	174～209	6.0～5.0	3.2～2.7	2.6～2.0
＞95	极高	＞1.89	＞27.8	＞209	＜5.0	＜2.7	＜2.0

阴山北麓水浇地马铃薯配方肥配比及施肥建议（总养分含量 45%）

配　方	16－17－12				
肥力水平	极低	低	中	高	极高
施用量建议（千克/亩）	33	30	23	17	16

4.4 水肥一体化技术

技术要点包括以下三个方面：①确定灌溉定额。根据水源、地形、种植面积，选择不同的施肥系统，并根据马铃薯的需水量和生育期的降水量确定灌水定额。②制定施肥方案。根据马铃薯的需肥规律、地块的肥力水平及目标产量等，运用测土配方施肥技术，确定肥料种类和数量；施肥充分利用施肥系统的特性和马铃薯的养分吸收规律合理分配基肥和追肥；基肥选用马铃薯配方肥，追肥的肥料品种必须是可溶性肥料，选择符合国家标准或行业标准的固体肥或液体肥。利用氮肥、钾肥水溶性好，移动性强，吸收利用快的特点，可将大部分氮、钾肥通过灌溉系统以追肥形式进行追施；磷肥移动性差，后期不易根部追施，可将大部分或全部磷肥以基肥形式施用。③灌溉施肥。总体按照减少基肥、增施追肥的原则将肥料随滴灌带施入马铃薯根部或随喷灌圈喷施到马铃薯植株上。滴灌施肥及喷灌施肥时都按“水—肥—水”的顺序进行灌溉，以免肥料堵塞喷头。具体施肥量、施肥时期见下表。

马铃薯滴灌灌水量、灌水时间及追肥参照表

生育期及日期	芽条期 5月20日至 6月20日	幼苗期 6月20日至 7月10日	现蕾至花期 7月10日至 7月25日	块茎膨大期 7月25日至 8月30日	淀粉积累期 8月30日至 9月15日	合计 115（天）
滴灌灌水量（米^3/亩）	15	10	45	60	15	145
灌水次数	1	1	3	4	1	10
追肥（千克/亩）		尿素10	尿素15 硫酸钾10	尿素5 硫酸钾5		

4.5 深耕深松技术

在有机肥资源紧缺、秸秆还田不适宜及土壤板结严重的地区，采用深松旋耕联合整地机作业，疏松土壤，打破犁底层、旋耕、镇压一次完成，一般深耕深松厚度为30厘米以上。一般散户深耕深松作业周期2～3年一次，种植大户深耕深松周期为1年一次。

4.6 病虫害防治

技术要点包括以下三方面：①地下害虫防治。危害马铃薯的地下害虫主要有地老虎、金针虫、蛴螬、蝼蛄等；防治措施：药剂拌种，如高巧（吡虫啉）、苗盛（福美双与戊菌隆混剂），土壤处理：如毒死蜱每亩喷施200毫升，混入土壤0～20厘米土层。②蚜虫、草地螟、斑蝥等茎叶害虫的防治。发现地上茎叶害虫在喷施杀菌剂的同时配合喷施杀虫剂，如高效氯氟氰菊酯、吡虫啉等防治。③早、晚疫病防治。一般整个生长季节打6～8次以防治为主的药剂，如代森锰锌、嘧菌酯等。打药间隔期为8～10天，原则是开始间隔长、生长中期间隔短、生长后期间隔长。遇有晚疫病时要及时缩短间隔期至5～7天，喷施内吸治疗为主的药剂并根据病害情况增加用药量，喷药均匀一致，保证马铃薯叶面全部喷施药剂，发挥药效。

贵州马铃薯化肥减量增效技术模式

1 适用范围

贵州省马铃薯种植区。

2 技术原理

2.1 水肥一体化减量增效技术模式

把水溶性肥料与节水灌溉设施结合，实现施肥与灌溉一体化，提高水资源和肥料利用率，促进化肥减量增效。

2.2 缓控释肥减量增效技术模式

利用缓控释肥有效养分释放慢、肥效长的特点，按照不同区域的土壤条件和品种需肥规律，合理调节配方，促进化肥减量增效。

2.3 配方施肥减量增效技术模式

通过推广玉米测土配方施肥，改变传统施肥观念和施肥方式，调整施肥结构和施肥比例，减少化肥不合理施用量，优化施肥结构和施用方法，提高肥料利用率，促进化肥减量增效。

3 技术措施

3.1 科学制定配方，促进精准施肥

利用多年来实施农业部测土配方施肥补贴项目采集的大量数据和应用成果，针对不同区域土壤条件、作物产量潜力和养分综合管理要求，按照“大配方、小调整”的原则，科学合理制定肥料配方，促进精准施肥。

3.2 加强农企对接，确保配方肥下地

以县为单位积极开展农企合作，推广“土肥站（配方）—肥料厂（配肥）—肥料经销商（供肥）—农户（施肥）”的配方肥推广模式。具体做法是由县（区）土肥站制定配方，定点生产企业按方生产，生产企业或指定经销商直接供应，农技人员指导农民施肥。

3.3 加大缓控释配方肥推广应用

一方面由土肥部门积极开展缓控释配方肥的试验示范，加强与生产企业的合作，不断优化肥料配方。另一方面是充分利用各种宣传媒体积极向农民推广使用缓控释配方肥，扩大缓控释配方肥施用面积。

3.4 加强马铃薯水肥一体化试验示范

选择马铃薯种植集中连片、农民种植水平较高的区域或高校农业园区试验示范推广马铃薯水肥一体化，提高农民对水肥一体化的认知度和水肥一体化技术普及率。

3.5 配套推广马铃薯高产栽培技术

在马铃薯种植区积极配套推广优质脱毒马铃薯、覆膜栽培、间套作优良组合、病虫害综

合防治等马铃薯高产栽培技术，提高经济效益。

4 效益分析

4.1 经济效益

4.1.1 马铃薯水肥一体化减量增效技术模式

经试验示范表面，通过水肥一体化，马铃薯平均增产率可达25%以上，按全市马铃薯平均产量1 100千克/亩计算，平均提高产量275千克/亩；肥料平均利用率提高10%以上，每亩减少肥料施用量6.96千克（纯量，下同）。

4.1.2 缓控释配方肥减量增效技术模式

根据试验示范结果，施用缓控释肥比常规施肥可提高肥料利用率5%，按每亩施用缓控释肥32千克计，每亩可减少化肥施用量3.9千克，平均单产增加100千克。

4.1.3 配方施肥减量增效技术模式效益分析

根据试验示范结果，施用配方肥比常规施肥利用率平均提高3%。按每亩施用配方肥32千克（纯量，下同）计，每亩可减少化肥施用量2.67千克，平均单产增加88千克。

4.2 社会效益及生态效益

一是通过推广秸秆还田，改良了土壤，提高了地力，耕地质量得到了有效保护和提升。二是通过推广测土配方施肥、缓控释肥和水肥一体化，提高了肥料利用率。三是改变了传统的施肥观念，提高了农民科学种田水平。四是减少了化肥不合理施用量，降低了土壤污染。五是促进了化肥减量增效、农产品提质增效。

5 推广前景

随着现代农业的发展和人民生活水平的提高，人们对环境和农产品质量的要求提出新要求，而肥料仍然对农产品起到关键作用。合理利用好肥料，是保证食物供应和可持续发展的大事，不要一刀切地否定化肥，又要科学理性地认识化肥、合理地施用化肥，立足现代农业发展、创新化肥产品利用和发展，才是科学的发展观。我们总结的上述马铃薯化肥减量增效技术模式正是在新时期按照“增产施肥、高效施肥、环保施肥”的时代要求，力求在推行精准上下功夫，逐步将过量、不合理施肥的现象纠正过来。这几种减量增效技术模式不仅在贵州省，而且在全国同类地区都有一定的推广前景。

滇南冬马铃薯“配方肥＋水肥一体化”技术模式

1 技术概述

冬马铃薯为茄科茄属的草本植物，是一种营养全面的粮菜兼用作物。马铃薯是块茎作物，喜欢疏松的沙性土壤，要求气候温凉。根据冬马铃薯产区土壤营养状况分析，马铃薯对三要素要求以钾最多、氮次之、磷较少。对中微量元素钙、镁、硼、锌等有要求，对锌和硼比较敏感。冬马铃薯对氮、磷、钾的需求比例为 2∶1∶4。试验研究表明，每生产 1 000 千克马铃薯块茎约需氮 5 千克、五氧化二磷 2 千克、氧化钾 11 千克。因此，冬马铃薯施肥必须注重增施有机肥，提高土壤有机质含量，培肥地力，采取有机肥与化肥配合使用，补施中微量元素肥料的办法。在化肥施用上要注意氮、磷、钾合理配比，适当减少单位面积化肥施用总量。根据以上规律和田间试验、示范结果，冬马铃薯施肥应在施用有机肥的基础上，选用中氮、低磷、高钾型复合肥，补充使用锌肥、硼肥。

2 技术效果

采用该技术模式，可以提高肥料的利用率和减少劳动力投入成本，实现化肥减量增效，并且改善农业生态环境，确保冬马铃薯产品品质，推进农业可持续发展进程，经济效益明显。按每亩减少施用化肥 10%～20%的用量，而每亩用 500 千克农家肥或 100 千克商品有机肥或 40 千克微生物菌肥替代。不但产量不受影响，而且每亩可增加产量 100～200 千克。

3 使用范围

本技术模式适用于云南省南部地区海拔在 500～1 500 米种植冬马铃薯的区域。

4 技术措施

4.1 测土配方施肥技术

马铃薯是高产喜肥作物，对肥料的反应敏感，产量形成与土壤营养条件关系密切。因此，合理施用肥料，采用测土配方施肥技术是实现冬马铃薯高产、优质和高效的关键措施之一。根据冬马铃薯需肥规律，底肥一次性施用农家肥 1 000～2 000 千克/亩，或施用商品有机肥 500 千克/亩。根据测土配方结果，施用（N－P－K）20－6－12 或 15－8－20 的配方肥，肥料应施在种子下方或侧下方，与种子相隔 5 厘米以上。目标产量 3 000 千克/亩的地块施用上述配方肥 60 千克/亩，目标产量 2 000 千克/亩的地块施用上述配方肥 40 千克/亩。与常规施肥量相比可减少肥料用量 10%～20%。追肥，结合中耕管理，掌握追肥深度 6～10 厘米，追肥部位在植株行侧 10～20 厘米，追肥作业要做到无明显伤根、不露肥。目标产量 3 000 千克/亩的地块追施 7.5～12 千克/亩尿素、9～12 千克/亩硫酸钾或（N－P－K）20－6－12 或 15－8－20 的配方肥 30 千克/亩；目标产量 2 000 千克/亩的地块追施 5～8 千克/亩尿素、6～8 千克/亩硫酸钾或 15－8－20 的配方肥 20 千克/亩。

4.1.1 施足基肥

冬马铃薯施肥以基肥为主，一般占总用肥量的 60%～70%。施用基肥结合整地或覆土施入，播种后每亩用 1 000～2 000 千克厩肥盖种，按照总施肥量 50%的氮肥、40%的钾肥和 100%的磷肥的比例，撒施在厩肥上，随即覆土。可用商品有机肥每亩 500～1 000 千克，微生物菌肥 100～200 千克或复合微生物菌肥 40～80 千克作底肥施用。

4.1.2 早施追肥

齐苗时进行第一次追施氮肥，促早发，增加光合作用。氮肥在追肥中不宜过迟，以避免茎叶徒长和影响块茎膨大及品质。中后期以施钾肥为主，可分为2～3次施用，此时氮肥占施氮量的30%，钾肥占总施钾量的20%，兑水浇施。现蕾时进行第二次追肥，促茎叶持续生长，增加光合作用，有利于块茎的膨大。这次追肥一般施入总施氮量的20%，总施钾量的40%。追肥宜在下午进行，应避免肥料沾上叶片，肥料撒施后应立即浇水以加速肥料溶解，兼顾清洗叶片。后期增施钾肥不仅可增产，而且可提高马铃薯商品率。

4.1.3 根外追肥

马铃薯对钙、镁、硫等中微量元素要求较大，为了提高品质，可结合病虫害防治进行根外追肥，亩用通用型叶面肥200克400倍液喷施，前期用高氮型，以增加叶绿素含量，提高光合作用效率，后期距收获期40天采用高钾型，每7～10天喷一次，以防早衰，加速淀粉的累积。

4.1.4 根据生育期选择肥料

施足基肥可以促进马铃薯前期枝叶繁茂，根系发达。施用的肥料：氮肥以尿素为主。尿素肥性温和不易灼伤幼苗和根系。磷肥以过磷酸钙为宜，它不仅含磷，还含有硫、钙等中量元素。钾肥采用硫酸钾，施肥时可将氮、磷、钾三种肥料混合在一起，条状施入畦中。第一次追肥可采用碳酸氢铵加过磷酸钙兑水浇施，施肥时应使碳酸氢铵充分溶解，以免桶底肥液浓度过高灼伤叶片。中后期则多采用尿素、硫酸钾或配方肥混合施用。

4.2 冬马铃薯水肥一体化技术

水肥一体化技术是将灌溉与施肥融为一体的农业新技术。水肥一体化是借助压力系统（或地形自然落差），将可溶性固体或液体肥料，按土壤养分含量和作物种类的需肥规律和特点，配兑成的肥液与灌溉水一起，通过可控管道系统供水、供肥，使水肥相融后，通过管道、喷枪或喷头形成喷灌，均匀、定时、定量地喷洒在作物生长发育区域，使该区域土壤始终保持疏松和适宜的含水量，同时根据不同作物的需肥特点、土壤环境和养分含量状况、需肥规律情况进行不同生育期的需求设计，把水分和养分定时、定量、按比例直接提供给作物。经试验研究，在冬马铃薯生产中，合理应用水肥一体化技术，可增加马铃薯的产量和商品率，同时既可以节省大量用于灌溉和施肥的劳动力成本，又可以减缓由于过量施肥、不合理施肥对土壤和环境所造成的污染，经济效益和社会效益都很显著。

4.2.1 建立一套滴灌系统

在设计方面，要根据地形、田块、单元、土壤质地、作物种植方式、水源特点等基本情况，设计管道系统的埋设深度、长度、灌区面积等。水肥一体化的灌水方式可采用管道灌溉、喷灌、微喷灌、泵加压滴灌、重力滴灌、渗灌、小管出流等。

4.2.2 施肥系统

在田间要设计为定量施肥，包括蓄水池和混肥池的位置、容量、出口、施肥管道、分配器阀门、水泵、肥泵等。

4.2.3 选择适宜肥料种类

可选液态或固态肥料，如氨水、尿素、硫酸铵、硝酸铵、磷酸一铵、磷酸二铵、氯化钾、硫酸钾、硝酸钾、硝酸钙、硫酸镁等肥料。要求水溶性强，含杂质少，如果用沼液或腐殖酸液肥，必须经过过滤，以免堵塞管道。

4.2.4　灌溉施肥的操作

一是肥料溶解与混匀。施用液态肥料时不需要搅动或混合，一般固态肥料需要与水混合搅拌成液肥，必要时分离，避免出现沉淀等问题。二是施肥量控制。施肥时要掌握剂量，注入肥液的适宜浓度大约为灌溉流量的0.1%。例如灌溉流量为50米^3/亩，注入肥液大约为50升/亩；过量施用可能会使作物死亡以及环境污染。三是灌溉施肥按照清水湿润—肥料溶液灌溉—再用清水清洗灌溉系统三个程序操作。水肥一体化技术是一项先进的节本增效的实用技术，在有条件的农区只要前期的投资解决，又有技术力量支持，推广应用起来可达到省肥节水、省工省力、降低湿度、减轻病害、增产高效的效果。

甘肃旱作农业区马铃薯化肥减量增效技术模式

1　技术概述

施肥是马铃薯生长过程中的一项重要管理内容，是否科学与精准直接影响马铃薯产量和品质。目前施肥普遍存在重施氮、磷肥，轻施钾肥和中微量元素肥，肥料配比不合理；施肥时期不科学，不重视秋施基肥和分期施肥；作物后期脱肥；施肥部位过于集中等问题。通过马铃薯化肥减量增效技术模式能够根据马铃薯需肥规律、土壤供肥性能和缓释肥养分释放特征，增施有机肥，采取水肥一体化技术，实现减少化肥用量、增加产量、改善品质、增加收益、避免因过量施肥造成的土壤污染等目标。

2　技术效果

通过化肥减量增效技术模式的应用，马铃薯平均亩产增长8%～16%，核心示范区化肥用量减少18%以上，畜禽粪便利用率达到70%以上，秸秆利用率达到95%以上，减少了化肥及粪便、秸秆堆弃、焚烧对环境的污染。通过“减量”，以养分利用更高效、环境更友好的肥料产品去替代传统、常规的低效化肥产品，或与常规化肥形成更好的组合，推动肥料结构的优化升级，进而实现化肥总施用量减少，并带动环境的改善与土壤肥力的恢复与提升。通过“增效”，一是实施化肥产品结构的调整和升级，降低农民的用肥成本、人工成本等；二是在研发和推广新型肥料时，优化了农户的投入产出效益，在实现农作物增产提质的同时，关注成本的变化，实实在在地给农民提供了投入产出效益最佳的产品和技术解决方案，为农业的可持续发展创造了良好的生态环境，实现了资源的开发与保护并重。

3　适用范围

本技术适合于甘肃省干旱农业区马铃薯面积较大的种植区域。

4 技术措施

4.1 新植及幼龄果园套种马铃薯减量增效技术

4.1.1 适宜肥料品种

应选择加缓释剂的长效肥料，这种肥料在生产肥料过程中，掺进一定比例的缓释剂，包裹在氮肥表面，控制氮肥释放，通过缓释控释，使养分释放与农作物需肥同步。

4.1.2 增施有机肥

由于目前农户大多少养或不养牲畜，农家肥肥源不足，而缓释肥养分释放比较慢，因此，为确保新植果园及间作套种作物正常生长，必须增施商品有机肥。按照配方施肥要求，每亩增施农家肥 2 000～3 000 千克或商品有机肥 100～200 千克。

4.1.3 掌握施肥方法及数量

一般情况下，新植及幼龄果园套种马铃薯都采用地膜覆盖种植模式，要求按配方施肥比例将商品有机肥及缓释肥在覆膜前结合起垄一次性施入种植垄内，然后起垄覆膜，再点播马铃薯。由于春季干旱少雨，所以要及时进行顶凌覆膜，保墒增温，促进缓释肥养分提前释放，确保套种作物点播后能够正常生长。

4.2 马铃薯黑色全膜双垄集雨侧播缓释肥化肥减量增效技术

根据当地气候状况、土壤类型、耕作制度、灌溉条件等生产现状，通过“精”（推进精准施肥）、“调”（调整施肥结构）、“改”（改进施肥方式）、“替”（替代化学肥料）四大化肥减量增效技术措施，因地制宜探索出了适宜本区域化肥减量增效技术措施。

4.2.1 推广测土配方施肥技术和配方肥，提高肥效

配方肥是测土配方施肥技术最重要的物化成果，是根据土壤磷高钾低的养分状况和作物需求配制成的不同作物专用复合肥，与 45%（15－15－15）的复合肥相比，可减少化肥投入 10%～15%。

4.2.2 有机养分替代部分化肥

4.2.2.1 施用商品有机肥

每亩施用 200～300 千克，可减化肥施用量 5%～10%，目前农业新型经营主体和农民已自觉使用。

4.2.2.2 种植绿肥

与休耕试点工作相结合，在马铃薯种植相对集中、多年连作现象突出和土地流转集中乡镇大力推广种植绿肥，可减少化肥施用量 1/3。

4.2.2.3 秸秆还田

还田量不低于 1/3，可减少化肥施用量 5%，还田时前期要增施尿素 10 千克左右，以调节碳氮比。

4.2.2.4 沼液利用

目前规模养殖场均有沼液设施，可就近引入灌溉，每亩用 2～4 吨，可减化肥施用量 5%。

4.2.2.5 使用农家肥

农家人粪尿、猪栏肥、羊粪、鸡粪等经发酵后均可有效利用，相应减少化肥量。

4.2.3 推广缓控释肥

缓控释肥中的养分从固态变成液态的过程中，其释放的速率与作物吸收养分的规律相吻合，这样作物吸收养分多的时候，就释放得多，吸收养分少的时候就释放得少，可一次施肥省工节本，极大限度地提高了肥料的利用率。

4.2.4 改进施肥方式

因地制宜引进、推广适用施肥设备，改表施、撒施为深施、水肥一体化、叶面喷施等方式。水肥一体化技术在马铃薯滴灌应用中，灌水时将定量水溶肥随水施入土中，节省用工，并提高肥料利用率。

4.3 旱作区马铃薯增施有机肥化肥减量增效技术

通过“精、调、改、替”四字方针，实现化肥零增长。精，即推进精准施肥；调，即调整化肥使用结构；改，即改进施肥方式；替，即有机肥替代化肥。支持规模化养殖企业利用畜禽粪便生产有机肥，鼓励引导农民积造农家肥，直接堆沤腐熟还田，充分利用有机肥资源，增施有机肥减少化肥用量。通过不断创新农企合作模式，加快转变施肥方式，全面增强农民科学施肥意识，着力提升科学施肥水平。

4.3.1 大力推广测土配方施肥技术，提高肥料利用率

大力推广马铃薯测土配方施肥技术，使技术入户率达到95%以上，发放施肥建议卡20万份，指导农民科学施肥，肥料利用率提高5%以上。

4.3.2 推广有机肥替代化肥，减少化肥用量

4.3.2.1 推广马铃薯施用配方肥＋农户积造有机肥技术

推广马铃薯黑色全膜垄作侧播栽培技术，合理密植，密度3 500株/亩以上，选用庄薯3号脱毒种薯，施腐熟的农家肥2 000～3 000千克/亩。

4.3.2.2 马铃薯秸秆带状覆盖栽培技术

秸秆带状覆盖分覆盖带和种植带，两带相间排列，覆盖带50厘米，种植带70厘米，总带幅120厘米，玉米秸秆用量500～600千克/亩。

4.3.2.3 马铃薯施用沼肥综合利用技术模式

沼渣用量1 000～2 000千克/亩，全生育期喷施沼液2～3次。

4.4 马铃薯水肥一体化减量增效技术模式

4.4.1 滴灌系统组成及铺设方法

4.4.1.1 滴灌系统构成

滴灌系统一般由水源、首部控制枢纽、输水管道三部分组成。水源为河水时，选用离心泵；水源为机井时，选用潜水泵。首部控制枢纽由水泵、施肥罐、过滤装置、各种控制装置（各类阀门）和量测设备（水表、压力表）组成；输水管道由干管、支管、辅管、滴灌带、滴头组成。滴灌系统的铺设要事先进行设计，在设计方面，要根据地形、田块、单元、土壤质地、作物种植方式、水源特点等基本情况，设计管道系统的埋设深度、长度、灌区面积等。其安装要在技术人员的指导下进行。一般要提前连接好首部，铺设好干、支、辅管。

4.4.1.2　滴灌的铺设

采用一带双行铺设法，用内镶式滴管带，管径 16 毫米，滴头间距 30 厘米，滴头流量 1.38 升/小时。播种前，采用马铃薯起垄、铺管、覆膜机，一次性完成起垄、铺管、覆膜工作。覆膜要求用 0.008 毫米厚度、幅宽 90 厘米的地膜，覆膜要求“紧、展、严、实”，并每隔 2 米横压土带（防止大风揭膜），达到田间作业标准化。

4.4.2　灌溉施肥的操作

4.4.2.1　肥料溶解与混匀

施用液态肥料时不需要搅动或混合，一般固态肥料需要与水混合搅拌成液肥，必要时分离，避免出现沉淀等问题。

4.4.2.2　施肥量控制

施肥时要掌握剂量，注入肥液的适宜浓度大约为灌溉流量的 0.1%。例如，灌溉流量为 50 米^3/亩，注入肥液大约为 50 升/亩，过量施用可能会使作物死亡以及环境污染。

4.4.2.3　灌溉施肥的程序分 3 个阶段

第一阶段，选用不含肥的水湿润；第二阶段，施用肥料溶液灌溉；第三阶段，用不含肥的水清洗灌溉系统。

4.4.3　栽培技术

本条款没有说明的栽培措施，仍按常规农艺措施实施。

4.4.3.1　播前准备

4.4.3.1.1　选地整地

选择土层深厚、土质疏松、有灌溉条件的地块，实行三年以上轮作，前茬作物以小麦、大麦、油菜作物比较适宜。秋季深松土壤，深度 30～35 厘米，整地要达到土地平整、土层细碎、上虚下实。

4.4.3.1.2　种薯选择及处理

根据市场需求因地制宜选用高产、优质、抗逆性强的原种或一级脱毒优质种薯。

4.4.3.1.3　种薯切块

对选择的一级脱毒优质种薯进行切块，每块种薯在 30～50 克大小，留 2～3 个芽眼，并用高锰酸钾水溶液、75%酒精或 40%甲醛进行切刀消毒。切块用稀土旱地宝每 30 毫升兑水 50 千克浸种 10 分钟，捞出后沥干水分待播种。

4.4.3.2　起垄、覆膜、点种

当气温稳定通过 5℃时即可播种。先用马铃薯起垄机一次性完成起垄、铺管、覆膜工作，然后采用人工点播。一般要求垄距 110 厘米、垄宽 70 厘米、垄高 25 厘米、垄宽 40 厘米。播深 12 厘米，每垄 2 行，行距 20～30 厘米，株距 15～20 厘米。不同品种植密度不同，如大西洋、克新 1 号每亩保苗 6 500 株左右为宜，克新 18 号、青薯 9 号，每亩保苗 5 500 株为宜。

4.4.3.3　田间管理

4.4.3.3.1　膜上覆土

在马铃薯播种后 15～18 天，即马铃薯出苗前一周左右，在苗距膜面 2 厘米前，进行人工或机械覆土，覆土厚度 3 厘米。

4.4.3.3.2　查苗放苗

出苗期及时查苗，靠薯苗顶力没有破膜出土的，应及时放苗，以避免幼苗被高温灼伤。

4.4.3.3.3　适时滴水

出苗后视幼苗生长情况和天气情况及时进行滴灌，滴水周期可以控制在 20 天，全生育期滴水 6～7 次，每亩滴水量 120～150 米^3，每次每亩滴水量为 20～25 米^3。现蕾至开花期是块茎增长期，不能缺水缺肥。

4.4.3.3.4　适时滴肥

施肥时要掌握剂量，注入肥液的适宜浓度大约为灌溉流量的 0.3%。根据马铃薯整个生育期需规律，马铃薯整个生育期总施肥量（纯量）26 千克。营养生长阶段用肥比例 35%，用量 9.1 千克；营养与生殖生长阶段用肥比例 40%，用量 10.4 千克；生殖生长阶段用肥比例 25%，用量 6.5 千克。前期和中期每个阶段的施肥量平均分配，后期施肥按前多后少分配。

4.4.3.3.5　病虫害防治

对于马铃薯早、晚疫病，应发现中心病株及时拔除，在发病前或发病初期预防，用 70%代森锰锌可湿性粉剂 400～500 倍液喷雾，或用 75%百菌清可湿性粉剂 600 倍液喷雾，或用 25%嘧菌酯胶悬剂（阿米西达）1 500 倍液喷雾，每次喷药的间隔期 10～15 天，连喷 2～3 次。发病后用 68.75%氟吡菌胺（75～100 毫升/亩），间隔 10 天喷 2 次，或用 58%甲霜灵·锰锌可湿性粉剂 500～700 倍液喷雾，或 72%可湿性克露 120 克/亩加水稀释喷雾，或 53%金雷多米尔水分散粒剂 100 克/亩加水稀施喷雾。多种药轮流使用，防止产生抗药性，每隔 7 天喷药防治一次。

4.4.3.4　收获

收获期一般应在植株大部分茎叶变黄枯萎时进行，到轻霜前收获完毕，收获前先撤除滴灌系统，收获后清理干净残膜。

华南红壤区甘蔗化肥减量增效技术模式

1　技术概述

甘蔗生育周期长，生物量高，养分需求量大。我国甘蔗 75%以上种植在旱坡地，水肥条件差，土壤类型多为红壤和赤红壤，淋溶风化程度高，土壤酸化、干旱、贫瘠严重，化肥投入量大，造成生产成本高、经济效益低。针对上述问题，本技术模式推荐结合深松耕犁耙整地，施用生石灰调节土壤酸碱度，增施有机肥改土，培肥地力；选用良种和健康种苗，减少品种退化对产量造成的影响；推荐测土配方施肥技术，调整氮、磷、钾比例，增施中微量元素，实现平衡施肥；优化肥料品种结构，推荐施用缓控释肥，使土壤供肥与甘蔗需肥同步；采用地膜覆盖栽培，减少土壤养分流失；推广蔗叶和制糖废弃物回田施用，实现养分循环利用，减少化肥投入。

2　技术效果

采用本技术模式与农民习惯相比，增产 0.7～2.0 吨/亩，减少化肥用量：纯 N 4.6～

9.2 千克，K_2O 6～18 千克（相当于含钾量 60%氯化钾 10～30 千克），P_2O_5 6.4～9.6 千克（相当于含磷量 16%过磷酸钙 40～60 千克）；氮肥、磷肥、钾肥利用率均有不同程度提高。

3 适用范围

本技术模式主要适用于华南红壤蔗区，包括粤西、琼北和桂东南红壤糖料甘蔗种植区域。

4 技术措施

本技术模式主要包括以下措施：改良土壤与培肥地力；测土配方施肥，平衡施用氮、磷、钾，增施中微量元素；优化肥料品种结构，推荐施用缓控释肥；采用地膜覆盖栽培，减少土壤养分流失；蔗叶和制糖废弃物回田，可实现养分循环利用，减少化肥投入。

4.1 改良土壤与培肥地力

新植甘蔗采用大马力拖拉机深松耕，犁深 30～40 厘米，两犁一耙。结合深松耕犁耙整地，每亩用生石灰 150 千克左右均匀撒施蔗田，调节土壤酸碱度。提倡每亩施用 200～300 千克商品有机肥或 1 000 千克左右农家肥进行改土，培肥地力。

4.2 优化施肥

4.2.1 施肥原则

因土因产定肥，即根据土壤肥力水平和目标产量来确定肥料用量，以氮、磷、钾为主，适当补充钙、镁、硼、锌等中微量元素养分。

4.2.2 施用量

4.2.2.1 目标产量 6 吨，肥力中等水平（有机质含量 1.5%～2.5%，全氮含量 0.5～1.0 克/千克，有效磷含量 15～30 毫克/千克，速效钾含量 90～130 毫克/千克），每亩基准推荐肥总量：纯 N 23 千克（相当于含氮量 46%的尿素 50 千克），P_2O_5 12 千克（相当于含磷量 12%的过磷酸钙 100 千克），K_2O 18 千克（相当于含钾量 60%的氯化钾 30 千克），MgO 2 千克（相当于七水硫酸镁 12.3 千克）。

4.2.2.2 如施用缓控释肥，施用量则下调 10%。

4.2.2.3 根据测土结果作适当增减，土壤肥力水平低时，施肥量上调 20%左右；土壤肥力水平高时，施肥量下调 10%左右。

4.2.2.4 对缺硼、锌的蔗田，适当补充硼、锌元素。

4.2.3 施用时期及方法

肥料一般分基肥和追肥两次施用，也可以结合地膜覆盖栽培一次性施用。

4.2.3.1 基肥

种植时施用。如采用单质化肥，如尿素，氮肥施用施氮总量的 20%～30%，磷肥 100%和钾肥施用总施钾量的 20%～30%，镁肥 100%；如采用复合肥，可选用中氮高磷中钾复合肥（如 15-20-15），用量 30～40 千克/亩。基肥撒施于植沟底部，尽量避免与种茎接触。

对于宿根甘蔗，第一次施肥时间在宿根甘蔗苗全部长出40～50厘米后配合破垄松蔸进行，施肥后进行覆土。

4.2.3.2 追肥

分蘖后期—拔节初期施用。如采用单质化肥，氮肥施用施氮总量的70%～80%，钾肥施用总施钾量的70%～80%；如采用复合肥，可选用高氮低磷中钾复合肥（25-10-16），用量70～80千克/亩，追肥施用后培土。

4.2.3.3 一次性施用

采用全膜覆盖栽培方式，可将所有肥料在新植下种时或宿根蔗开垄时一次性施用，覆土盖膜，肥料类型可采用复合肥或者缓控释肥。

4.3 蔗叶和制糖废弃物回田施用

收获后把蔗叶粉碎均匀覆盖留宿根的蔗田，同时补充尿素10～20千克/亩，促进蔗叶腐化，可有效增加蔗田湿度，减少杂草生长，增加土壤有机质。糖厂滤泥等也是很好的磷、氮肥源，经堆沤发酵后作为盖种肥回施蔗田（用量：500～2 000千克/亩）。糖蜜酒精发酵残液含有丰富的钾、镁、硅、氮、磷等养分，可在新植犁耙整地后均匀淋施蔗田，每亩淋施5吨，然后再开沟种植甘蔗；也可在宿根蔗仍有蔗叶覆盖、未发株前，直接淋施，每亩淋施5吨。可实现养分循环利用，减少常规总用肥量30%以上的化肥投入。

4.4 注意事项

4.4.1 品种对促进甘蔗健康生长、提高产量至关重要，要选用适宜当地栽培条件的高产高糖、抗逆性强、宿根性好的新良种，如粤糖03-393、粤糖09-13、柳城05-136、粤糖99-66和新台糖22等，并采用健康种苗种植。

4.4.2 蔗田土壤水分多少与肥效有密切关系，要做好田间水分管理，确保甘蔗需肥关键时期耕作层土壤湿润，做到以水促肥、以水调肥。

4.4.3 此外，还需要做好其他的田间管理措施，尤其是要做好病虫草害的防治，保证甘蔗健康生长。

南方丘陵坡地糖蔗化肥减量增效技术模式

1 技术概述

本技术针对糖蔗主产区丘陵坡地酸性强、有机质含量较低，缺乏养分种类多且程度严重问题，以及农民在生产过程中重施氮、磷、钾肥，忽视中微量营养元素补充和土壤改良，从而导致养分利用率低、土地生产力下降等问题。经对糖蔗养分需求特征、产量形成规律、中微量元素效应、营养调控技术、养分运筹技术等系统研究，提出糖蔗化肥减量增效的“123”技术模式，即“以养分平衡供应为核心，优化糖蔗氮、磷、钾养分用量，并配施镁、锌、锰或中微量元素复混物。该技术模式可显著增加植株单茎重，提高甘蔗商品品质；以土壤改良与有机培肥为支撑，通过糖蔗配方肥配施土壤改良剂及精制有机肥，改善蔗区土壤严重酸化和有机质含量缺乏现状；以配方肥三次运筹为手段，在生产上采用基肥、促蘖肥和促茎肥三次施用的方式。其中，基肥创造良好的出苗环境、生根环境，并促进幼苗生长；促蘖肥促根促蘖；促茎肥促进茎叶发育，形成高秆粗壮的植株，实现了甘蔗减肥增效和高产稳产。

2 技术效果

前期应用示范结果表明，该技术较农民习惯施肥可减少化肥用量21.8%～28.5%，糖蔗平均单茎重增长10.9%～20.0%，亩产较习惯施肥提高9.5%～12.6%。该技术的应用实现了土壤培肥，提高了土壤质量，实现了化肥减量增效。

3 适用范围

适用于我国糖蔗种植区。

4 技术措施

4.1 肥料推荐与用量计算

本技术建议肥料采用氮、磷、钾养分配比以1∶(0.35～0.50)∶(0.75～1.00)的糖蔗配方肥或专用肥。

肥料用量以氮素用量折算，即亩产低于4吨，氮素用量为15.0～20.0千克；亩产4～6吨，氮素用量为20.0～25.0千克；亩产6～8吨，氮素用量为25.0～30.0千克；亩产高于8吨，氮素用量为30.0～35.0千克。同时，也需参考土壤肥力水平，低肥力田块取高限，高肥力田块取低限。

4.2 施肥方法

4.2.1 基肥

每亩施用酸性土壤改良剂50～75千克，有机肥100～200千克，10%～15%的配方肥作基肥。施肥方法为条施，如为新植蔗，则在植蔗行下部先施基肥，轻覆土后再植蔗；如为宿根蔗，则在蔗行旁开沟施肥。

4.2.2 第一次追肥

在4月上、中旬即出苗后30天，进行第一次追肥，肥料用量占总用肥量25%～30%，施肥方法为开沟条施。

4.2.3 第二次追肥

在6月中、下旬，进行第二次追肥，追施全部剩余肥料，施肥方法为开沟条施。

甘蔗“测土配方施肥＋控释肥”化肥减量增效技术模式

1　适用范围

适用于广西来宾、崇左、南宁等地的甘蔗种植区。

2　技术原理

2.1　测土配方施肥技术

根据作物需肥规律、土壤供肥性能和肥料效应，通过取土化验、田间试验数据结果建立施肥模型，由测土配方施肥决策系统利用施肥模型提出施肥配方，推荐氮、磷、钾及中、微量元素等肥料的施用数量、施肥时期及施用方法，可缺什么补什么，缺多少补多少，有效地利用化肥资源，减少化肥用量。

2.2　缓控释肥料技术

缓控释肥是采用高分子树脂或其他包膜材料将肥料包裹而制成的肥料，它的释放速率与土温度呈正相关关系。甘蔗生长随气温升高而生长量加大，对营养需求量也随之增大，从而减少肥料淋失，使肥料利用率得到大幅度提高，在进一步挖掘产量潜力的同时，减少化肥的用量。

3　技术措施

3.1　对农田土壤状况、立地条件和生产条件进行调查

了解农田的养分供给状况和所采用的甘蔗品种产量潜力。

3.2　根据产量潜力推荐施肥

5～6 吨目标产量，施用纯氮 23 千克/亩、五氧化二磷 5 千克/亩、氧化钾 20 千克/亩。具体施肥方法：在甘蔗分蘖期与拔节期（约 4 月下旬至 5 月上旬）之间，每亩一次性施用 48%甘蔗专用控释肥料（N：P_2O_5：K_2O=23：5：20）87 千克，结合中耕培土进行。

6～7 吨目标产量，施用纯氮 22～24 千克/亩、五氧化二磷 6～7 千克/亩、氧化钾 16～18 千克/亩。具体施肥方法：在甘蔗分蘖期与拔节期（约 4 月下旬至 5 月上旬）之间，每亩一次性施用 48%甘蔗专用控释肥料（N：P_2O_5：K_2O=23：5：20）100 千克，结合中耕培土进行。

7 吨以上目标产量，施用纯氮 24～26 千克/亩、五氧化二磷 7～8 千克/亩、氧化钾 18～20 千克/亩。具体施肥方法：在甘蔗分蘖期与拔节期（约 4 月下旬至 5 月上旬）之间，每亩一次性施用 48%甘蔗专用控释肥料（N：P_2O_5：K_2O=23：5：20）109 千克，结合中耕培

土进行。

4 效益分析

根据试验结果统计显示缓控释肥与同浓度肥料相比，肥料利用率可提高 30%以上。甘蔗采用该模式比常规施肥模式平均每亩增产 0.2 吨。平均每亩减少化肥用量 5 千克（折纯）。另外，由于采用一次性施肥方法，比常规施肥模式减少施肥人工 2 次。

5 推广前景

据统计，广西近年来每年甘蔗种植面积约为 1 600 万亩，平均亩产不足 5 吨，肥料利用率较低，施肥人工费较贵。采用测土配方施肥配合一次性施用缓控释肥料技术，不仅能减少人工成本投入，而且可以较好地提高肥料利用率，减少传统化肥的使用量，降低肥料成本。如全面推广该技术，不仅增产增收潜力巨大，且减肥节本增效明显，应用前景广阔。

甘蔗“测土配方施肥＋蔗叶还田”化肥减量增效技术模式

1 适用范围

适用于广西来宾、崇左、南宁等地的甘蔗种植区。

2 技术原理

2.1 测土配方施肥技术

根据作物需肥规律、土壤供肥性能和肥料效应，通过取土化验，由田间试验结果建立的测土配方施肥决策系统提出施肥配方，推荐氮、磷、钾及中、微量元素等肥料的施用数量、施肥时期及施用方法，可缺什么补什么，缺多少补多少，有效地利用化肥资源，减少化肥用量。

2.2 蔗叶还田技术

甘蔗叶是蔗地重要的有机肥来源，广西蔗地多为旱坡地，雨季蔗田的肥料容易被冲刷而损失。通过蔗叶还田技术，提高蔗田土壤有机质含量，增强蔗田保水保肥能力，减少雨水对肥料有效养分的冲刷而损失；蔗叶矿化过程，释放可供甘蔗生长发育所需的养分，增加蔗田养分有效供给，平衡营养供给（特别是微量元素营养供给），减少最小养分的限制，提高肥料利用率，从而减少化肥用量。

3 技术措施

3.1 蔗叶还田技术

直接还田技术要点：宿根蔗结合破垄松蔸，将蔗叶直接覆盖或通过机械粉碎后均匀撒在种植沟内，并盖土，一方面可减少水分蒸发，另一方面蔗叶腐烂后可变成肥料；新植蔗在宿根蔗地翻耕新种甘蔗，把蔗叶放到种植沟内或通过机械粉碎后均匀撒在种植沟内，盖上土，然后放蔗种，盖土，再淋水。

集中堆肥还田技术要点：把蔗叶集中堆沤，按比例：500 千克蔗叶+50 千克人畜粪便或 2 千克尿素+1 千克磷酸二氢钾或 5 千克过磷酸钙+5 克催腐剂施用，将要处理的蔗叶分层码放，每层高 30 厘米左右，在每层上喷施混匀的人畜粪便和菌液，喷后再加盖细泥压实，重复码放 2～3 层，堆高至 60～90 厘米、长 2 米、宽 1 米，再盖土覆盖黑色塑料膜。要注意定时加水，保证所处理的蔗叶相对湿度不低于 70%，温度在 20～50℃，超过 50℃时必须揭膜降温。15～20 天后翻堆，加水，制堆。蔗叶腐熟后，作为有机肥施用还田。

3.2 测土配方施肥技术

3.2.1 对农田土壤状况、立地条件和生产条件进行调查

了解农田的养分供给状况和所采用的品种甘蔗产量潜力。

3.2.2 根据产量潜力推荐施肥

肥料施用量：在蔗叶还田的基础上，一般亩产 4～6 吨原料蔗，需亩施纯 N 16～20 千克、P_2O_5 6～9 千克、K_2O 12～18 千克。亩产 7～10 吨原料蔗，需亩施纯 N 24～30 千克、P_2O_5 8～12 千克、K_2O 18～26 千克。

施用时期与比例：

基肥：20%氮肥、全部磷肥和 50%钾肥用作基肥。基肥宜在下种前施于植沟内，施后覆土。

苗肥：10%氮肥作苗肥，在齐苗时施下。

攻蘖肥：20%氮肥作攻蘖肥，在分蘖初期施下。

攻茎肥：50%氮肥和 50%钾作攻茎肥，在伸长初期，结合中耕大培土施入。

4 效益分析

通过采用蔗叶还田加测土配方施肥技术模式种植比常规施肥种植模式平均每亩增产 0.1 吨。

5 推广前景

据统计，广西近年每年甘蔗种植面积约为 1 600 万亩，平均亩产蔗叶 1 吨左右（风干基），传统模式因耕作不便和相关配套技术脱节的原因，蔗叶采用就地焚烧，不仅浪费富贵资源，而且易发生火灾和污染环境。近年农业机械的进步和蔗叶腐熟技术的成熟，蔗叶还田

技术被越来越多的蔗农所接受。采用测土配方施肥配合蔗叶还田技术，提高蔗叶养分的利用率，降低肥料成本和可减少化肥用量，将更容易使蔗农关注和接受，大面积推广应用前景看好，总体效益也较为可观。因此，该模式也是实现到2020年实现化肥零增长目标的有效技术措施之一。

滇南甘蔗缓释肥技术模式

1 技术概述

根据当地甘蔗生产实际，推广甘蔗高产高糖品种，采用合理密植、地膜全覆盖、配施有机肥、实施测土配方施肥，提高肥料利用率，在此基础上，进一步做好对农民宣传培训指导工作，开展化肥减量增效和增施有机肥替代化肥试验、示范，减少化肥使用量10%～20%，实施绿色生态环保种植，保证甘蔗生产产量，提高农产品品质。

2 技术效果

采用该技术模式可减少10%的氮肥用量。有利于降低生产成本，减少肥料浪费，避免过量施用化肥给农业带来面源污染，保护好生态环境，为生产优质农产品创造良好的产地条件，实现甘蔗稳定增产和农民持续增收。

3 适用范围

本技术模式适用于滇南甘蔗种植区域。

4 技术措施

根据当地情况，因地制宜，合理规划，选择高产区域，以选用良种、深耕深种和全膜覆盖、缓释配方肥和缓释药一次性施用、残膜收集和集中处理、蔗叶综合利用等主要内容，选择甘蔗高肥力区，按照最高施肥水平，在每亩总施化肥用量上减少10%的氮肥用量，进行深耕施肥、科学合理施肥，避免肥料流失，提高肥料利用率，确保甘蔗产量稳定提高。

4.1 选用良种

采用粤糖93-159、粤糖00-236、新台糖22、新台糖25、云蔗05-51、云蔗08-1609、福农38号、柳城03-182等高产高糖良种。

4.2 适时栽种

冬植蔗在11月中下旬至翌年1月下旬种植，春植蔗在2月上旬至4月上旬种植，秋植蔗在8月下旬至9月底种植。

经济指标：甘蔗产量8吨/亩以上，蔗糖分15%以上。

4.3 新植蔗栽培

4.3.1 深耕深沟

根据蔗地情况，采用机械深耕30～35厘米，细耙土壤，行距100厘米 开沟；或沿等高线采用挖掘机开沟深35厘米以上甘蔗种苗沟底板土层，施足基肥。

4.3.2 适量下种

甘蔗种苗采用3～5芽苗下种，下种量10 000～12 000芽/亩。

4.3.3 减量施肥（减10%）

种植沟施用甘蔗专用配方肥80千克/亩（N∶P_2O_5∶K_2O=10∶14∶8）作基肥；追肥施用甘蔗专用配方肥40千克/亩（N∶P_2O_5∶K_2O=23∶9∶8）。8月底至9月初，再补施尿素14千克/亩作为壮尾肥，促进后期生长。

4.3.4 减量施药

螟虫、蔗头象虫、绵蚜、蓟马等发生区，采用3.6%杀虫双颗粒剂6千克/亩+70%噻虫嗪可分散粉剂40克/亩；蔗龟或白蚁、绵蚜、蓟马发生区，采用8%毒死蜱·辛硫磷颗粒剂5千克+70%噻虫嗪可分散粉剂40克/亩。5～6月结合培土和追肥，将药剂和肥料混均匀后撒施于蔗沟内。

4.3.5 施用方法

肥料、农药混匀后施入甘蔗种苗两侧，一次性施用；细土覆盖3～5厘米压实，实现化肥农药施用量零增长。

4.3.6 全膜覆盖

采用厚0.008～0.010毫米，幅宽2米或4米地膜，下种后，沿垂直种植沟方向全覆盖田间土壤墒面。5月底至6月初要求揭膜。

4.3.7 残膜处理

甘蔗收获后对残留地膜进行收集，集中堆放处理。

4.4 宿根蔗管理

4.4.1 平铲蔗蔸

根据预留宿根蔗园实际情况，入表土3～5厘米，利用机械平铲蔗蔸。

4.4.2 机械深松

采用大马力拖拉机对宿根蔗园进行深松，深度不低于30厘米。

4.4.3 生长管理

松蔸后，参照新植蔗及时施肥、施药、盖全膜。

华北棉区棉花化肥减量增效技术模式

1 技术概况

化肥为作物生长提供了氮、磷、钾、钙、镁等必需的矿质元素以及有益元素，能够起到保育地力、促进作物增产的作用。但是，近年来在棉花生产上，棉农盲目过量施用化肥，减少甚至不施有机肥的现象普遍存在，不仅使土壤中养分不能被有效地吸收利用，造成土壤养分结构失调；而且增加棉花生产成本，使增产增收潜力受限，最终还会造成农业生态环境恶化，影响农业可持续发展。棉花化肥减量增效技术是指在基于棉花稳产的前提下，通过推广测土配方施肥、增施有机肥等集成技术，调整耕作制度，改进施肥方法，并结合高产优质栽培技术等一系列措施，减少化肥施用量，充分发挥肥料的最大增产效益，提升肥料利用率，最终实现农业节本增效、减少农业面源污染、保护生态环境的一项重要技术。

2 技术效果

2.1 节肥增产，效果明显

可实现平均每亩增产籽棉 50 千克左右，减少不合理化肥使用量 0.48 千克（折纯）。

2.2 培肥地力，保护生态环境

使土壤中养分得以补偿和平衡，对培肥土壤、提高土壤肥力起到积极作用，而且使土壤生态得以保护。

2.3 协调养分，提高品质

一定程度上调控氮肥营养，增强磷、钾肥与微量元素肥料之间的合理施用，消除土壤中的养分障碍因子，进而在获得农作物显著增产的同时，产品的品质也大大提高了。

2.4 调控营养，防治病害

可以调控土壤和作物的营养，对一些菌病（真菌病和细菌病）和病毒病的发生起到防治作用。

3 适用范围

适用于冀南棉区。冀南棉区（包括河北省南部邯郸市、邢台市）是河北省最主要的棉花生产基地，该区是棉花传统种植区域，棉花连年连作，其中氮、磷肥用量偏高，有机肥施用不足，土壤速效养分处于中低水平，速效钾属于中低水平。

4　技术措施

4.1　棉花需肥规律

棉花是生育期长、需肥较多的作物。据分析测定，生产100千克皮棉，需吸收纯氮13.35～13.8千克、五氧化二磷4.65～4.8千克、氧化钾13.35～14.4千克，氮、磷、钾吸收比例大体为1∶0.34∶1。棉花一生吸收氮、磷、钾的数量，随生育时期不同而异。苗期气温低，生长慢，植株小，吸收养分少。蕾期气温逐渐升高，棉株生长加快，枝叶增大，吸肥力增强，吸收养分的数量和速度都显著增加。花铃期气温最高，棉株生长达到顶峰，是营养生长和生殖生长的旺盛期，吸肥速度快，需肥数量多。吐絮期气温逐渐下降，生长逐渐停止，吸肥能力减弱，需肥数量减少。总的吸肥趋势是两头少、中间多，对氮、磷、钾吸收的高峰期为花铃期。

4.2　施肥原则

肥料施用与土壤养分测试结果相结合，适当调减氮、磷肥用量；氮肥分期施用，适当增加生育中期的氮肥施用比例；依据棉田土壤钾素状况，高效施用钾肥；增施有机肥，提倡有机无机配合；注重锌、硼等微量元素的配合施用；肥料施用与高产优质栽培技术相结合。

4.3　棉花施肥技术

4.3.1　施肥数量

根据近几年的测土配方施肥研究成果，不同产量水平施肥量推荐如下。

4.3.1.1　亩产籽棉350～400千克

亩施氮肥（N）18～20千克、磷肥（P_2O_5）8～10千克、钾肥（K_2O）6～8千克。

4.3.1.2　亩产籽棉300～350千克

亩施氮肥（N）15～17千克、磷肥（P_2O_5）7～9千克、钾肥（K_2O）4～6千克。

4.3.1.3　亩产籽棉250～300千克

亩施氮肥（N）13～15千克、磷肥（P_2O_5）5～7千克、钾肥（K_2O）4～6千克。

4.3.1.4　增施有机肥，每亩施用300～400千克商品有机肥。

4.3.1.5　土壤有效锌含量低于2.0毫克/千克、有效硼含量低于0.5毫克/千克时，补充锌、硼肥，每亩施1～2千克硫酸锌和硼砂。

4.3.2　施肥方法

4.3.2.1　比例

氮肥总量的35%～40%作基肥，35%～40%在初花期作追肥，15%～20%在盛花期作追肥。有机肥、磷、钾肥全部作基肥，锌、硼肥可作基肥也可叶面喷施。

4.3.2.2　基肥

采用棉秆机械还田、有机肥与配方肥作基肥相结合的方式，在播种前结合翻地每亩施商品有机肥300～400千克、配方肥40～50千克。推荐配方为（N－P_2O_5－K_2O）：48%（22－12－14）、51%（18－15－18）、40%（16－8－16）或相近配方。

4.3.2.3 追肥

采用精准分阶梯供肥和喷施微肥相结合的方式，在初花期亩追施尿素 8～10 千克，盛花期亩追施尿素 5～8 千克。实施机械深施肥技术，深施 8～10 厘米。

4.3.2.4 根外施肥

从盛花期开始，结合施药每亩混喷 0.5%～1.0%尿素和 0.3%～0.5%磷酸二氢钾溶液 50 千克，每隔 7～10 天喷一次。对于缺锌和硼的棉田，一般每亩用 0.2%的硫酸锌和硼砂溶液 40～50 千克，在现蕾期至始花期叶面喷施两次，每次间隔 7 天左右。

5 推广前景

化肥减量增效技术能有效提高化肥利用效率，减少化肥使用量，达到节本增效的目的，起到降低农业面源污染、改善生态环境的作用。随着进一步深入推广，以及土地流转面积的进一步扩大，该技术将被广大农民和新型农业经营主体接受，推广前景十分广阔。

冀南春播棉花减量增效技术模式

1 技术原理

棉花喜温、喜光，生长周期长，需肥较多，有 5～6 个月的生育期，是喜钾作物。据分析测定，生产 100 千克籽棉，需吸收纯氮（N）5 千克、纯磷（P_2O_5）1.8 千克、纯钾（K_2O）4 千克，$N : P_2O_5 : K_2O = 1 : 0.36 : 0.8$。棉花以生育期的形态指标为依据，可分为 4 个主要时期：苗期、蕾期、花铃期和吐絮期。苗期以发根、长茎和增叶为生长核心，但由于气温低，生长慢、植株小，吸收的养分少。蕾期气温升高，植株生长加快，吸肥量增加。

花铃期是营养生长和生殖生长的旺盛时期，为同步进行阶段，吸肥速度快，也是棉花一生中需肥量最大的时期，重施花铃肥对争取“三桃”有显著作用。吐絮期植株生长逐渐停止，吸肥量减弱，需肥减少。因此，棉花配方施肥能保障植株对氮、磷、钾的需求，又不造成养分的流失，从而达到高产的目的。

2 技术效果

本技术在遵从棉花生物学特性与需肥规律基础上，通过增施有机肥和微肥、基肥深施、磷、钾肥全部底施等措施实现按需供肥。同常规施肥技术相比，配方施肥技术应用后，当地棉花每亩产量提升到 120 千克，增产 10 千克，施肥成本较常规施肥成本降低约 56 元/亩，其中底肥减少复合肥用量 5～10 千克，节肥增效明显。同时土壤有机质每年逐步在提高，土壤理化性状得到改善，土壤污染情况得到有效遏制。

3　适用范围

适宜在邯郸南部春播地膜棉花，品种如邯棉802、冀优01、邯杂429、国欣棉等。

4　技术措施

按照“精、调、改、替”的技术路径，结合棉花生产实际，2～3年进行一次土壤深松，使用缓控释肥、配方肥，增施有机肥，深施基肥等，实现化肥的减量增效施用。

4.1　精准施肥，提高配方肥使用率

根据棉花需肥规律、土壤供肥性能和肥料效应，在合理施用有机肥料的基础上，确定氮、磷、钾及中微量元素等肥料的施用数量、施肥时期和施用方法。针对性地补充作物所需的营养元素，实现各种养分平衡供应。

4.2　增施有机肥，替代部分化肥，实现有机无机相结合

坚持化肥与农家肥混合使用，可改良土壤理化性状，增强土壤肥力，使迟效肥与速效肥优势互补，减少化肥的挥发与流失，增强保肥性能，较快地提高供肥能力，同时，也能提高作物的抗逆性，改善品质，并对减少环境污染有显著效果。

4.3　调整化肥使用结构

依据土壤肥力条件，调整氮、磷、钾养分比例，适当调减氮、磷化肥用量，合理使用钾肥，注意硼肥和锌肥的配合，提高化肥利用率。

4.4　改进施肥方式

氮肥分期使用，增加生育中期的氮肥使用比例，降低基肥比例。

4.4.1　基肥

4.4.1.1　施肥时期

整地前进行。

4.4.1.2　施肥品种

有机肥有秸秆、羊粪、牛粪、猪粪、商品有机肥、沼液、沼渣、生物有机肥等。化肥为三元素复合肥（高含量）等。

4.4.1.3　施肥用量

基肥的用量，按照有效成分计算，化肥宜占全年总施肥量的70%左右，每亩35～40千克。商品有机肥200千克/亩，农家肥1～2吨。锌、硼1千克/亩，可与有机肥掺匀撒施。

4.4.1.4　施用方法

化肥、普通农家肥和商品有机肥施用采取撒施畦表，然后深翻，旋耕，使地面平整。

4.4.1.5　注意事项

有机肥必须要事先进行充分腐熟发酵，绝对不能直接施用生鲜堆肥，以免发生肥害、烧

伤毛细根、加大病菌虫害扩繁。

4.4.2 追肥

4.4.2.1 追肥时期与方法

重施花铃肥，在开花前追肥，以氮肥为主，一般在离棉株主茎40厘米远的地方开沟深施并盖土。

4.4.2.2 追肥品种与用量

尿素、高氮低钾复合肥，每亩追15～20千克。

4.4.3 根外施肥

从盛花期开始对长势弱的棉田，结合施药混喷0.5%～1.0%和0.3%～0.5%磷酸二氢钾溶液50～75千克/亩，每隔7～10天喷一次，连续喷施3次。

鲁西北地区棉花化肥减量增效技术模式

1 技术概述

本技术模式通过整合测土配方施肥、增施有机肥料、施用新型肥料、改进施肥工艺和培肥土壤等技术措施，解决棉花生产过程中过量施用化肥、肥料利用率低、土壤板结、耕层浅、棉花早衰和产量低等问题。本技术实现了种地与养地相结合，达到改良土壤、减少化肥使用量、提高棉花产量和改善品质的目的。本技术模式简单易学，经济效益显著，群众接受程度高，符合绿色高产高效农业的发展要求。

2 技术效果

通过田间试验和典型农户调查确定，应用本化肥减量增效技术模式的地块，每亩可以减少化肥施用量40%～50%，平均每亩减肥20～30千克，增产5%～10%，同时，还可以实现改良土壤、减少面源污染的目的，具有良好的经济、环境和社会效益。

3 适用范围

本技术模式适用于鲁西北地区采用种肥同播及地膜覆盖栽培的地块，适用土壤类型为潮土和盐土等，质地为沙壤、轻壤或中壤。

4 技术措施

在土壤冬耕深松的基础上，综合测土配方施肥、增施有机肥和生物肥、种肥同播、轻简化栽培、病虫草害综合防治等技术措施，实现化肥的减量增效施用。

4.1　做好土壤养护

4.1.1　棉田冬耕深松

有条件的地块做好冬前深耕，耕深25～30厘米，隔两年深耕一次，耕后晒墒，或者在春季播种前开展土壤深松作业，深松30厘米左右，隔2年深松一次。

4.1.2　精细整地

播种前适时造墒，精细整地，达到“深、细、透、平、实、足”的标准。“深”就是深耕25厘米以上，打破犁底层。“细”就是适时耙地，耙碎土块，田间没有明暗坷垃。“平”就是耕地前粗平，耕后复平，避免出现墒沟伏脊和地头喇叭口。“实”就是上松下实，不漏耕漏耙，无架空暗垄。“足”就是底墒足，要求耕层土壤水分相对含水量为70%左右。

4.2　基肥的施用

基肥包括有机肥与化肥。

4.2.1　有机肥的施用

有机肥包括传统有机肥和商品有机肥。传统有机肥包括堆肥、禽畜粪便、沼渣、饼肥等，商品有机肥主要有生物有机肥和微生物菌剂等。

4.2.1.1　施用时期

传统有机肥和生物有机肥在整地时使用，最适宜时期为3月底至4月初，和播种期间隔20天以上，若有机肥腐熟比较完全，可以在播种前一周使用。微生物菌剂在播种时使用。

4.2.1.2　施用量

传统有机肥（堆肥、禽畜粪便、沼渣）等施用量为2 000～5 000千克/亩；饼肥施用量为100千克/亩；商品有机肥施用量为50～200千克/亩；微生物菌剂施用量为5～10千克/亩。

4.2.1.3　施用方法

传统有机肥采用撒施后旋耕法施用，微生物菌剂采用种肥同播法施用。

4.2.1.4　注意事项

畜禽粪便等有机肥料建议提前进行腐熟，并注意施用均匀，避免造成烧苗。

4.2.2　化肥的施用

棉花每形成100千克皮棉约需要吸收纯氮13.35千克、五氧化二磷4.65千克、氧化钾13.35千克，需肥量随产量水平的提高而增加。不同品种、产量水平的棉花，其需肥量略有差异。棉花吸肥高峰期在花铃期，氮肥吸收高峰期在盛花期，磷、钾吸收高峰期在盛花期至吐絮期。

4.2.2.1　采用化肥的类型、配方和用量

本技术模式建议采用肥料利用率较高的新型肥料，具体包括缓控释肥料和稳定性肥料。根据棉花需肥规律和土壤化验结果，建议配方为24-10-14，每亩用量为30～35千克。

4.2.2.2　施肥时期与方法

施肥时期为播种期，施肥方法为种肥同播。

4.2.3　微量元素肥的施用

棉花生长同时需要硼、锰、锌等微量元素，根据土壤化验结果，本地区没有明显缺乏的

微量元素，但目标产量较高的地块建议施用硼、锰和锌三种微量元素肥。

4.2.3.1 微量元素肥的类型和用量

本技术模式建议采用的硼肥为硼砂，锌肥为硫酸锌，锰肥为硫酸锰，有条件的建议施用螯合态微量元素肥。施用量为硼砂 0.5 千克/亩，硫酸锌和硫酸锰各 1 千克/亩，螯合态微量元素肥参照说明施用。

4.2.3.2 施肥时期与方法

施肥时期为播种期，施肥方法为种肥同播。

4.2.3.3 注意事项

硫酸锰毒性较强，吸入、摄入或经皮吸收对人体有害，施用时注意防护。

4.3 追肥的施用

本技术模式一般地块在正常气候条件下无需追肥，因土壤比较瘠薄、沙性较大或者遇到降水量较大的年份，建议选择性追肥。长势弱的棉田，7 月初见花后每亩施用尿素 5～7 千克。脱肥棉田 8 月上旬每亩追施尿素 5～7 千克。

4.4 配套管理措施

4.4.1 选用良种

选用高产、优质、抗病、耐贫瘠的品种，如鲁棉研 37 等，避免使用自留种或未包衣的散装棉种。

4.4.2 播前除草

每亩用 48%氟乐灵 150 毫升或 33%二甲戊灵 200 毫升地面均匀喷施，喷后耙耢混土。

4.4.3 播种施肥覆膜一体化作业

4.4.3.1 选择适用机械

选用能够机械化深施化肥的机械，重点推荐种下施肥、分层施肥的机械，实现肥料深施 12 厘米以上。

4.4.3.2 适期播种

5 厘米地温稳定通过 14℃时播种，盐碱地可稍晚，一般 4 月 20～30 日播种。

4.4.3.3 一体化作业

选择适用机械进行精量播种，每亩播种量 1.5～2 千克/亩，施肥、播种和覆膜作业一次完成，减少作业用工成本。

4.4.4 苗期管理

4.4.4.1 放苗补苗

棉苗出土子叶完全变绿后放出膜外并压严放苗孔。缺苗应尽早移栽补齐。

4.4.4.2 定苗

在 2 片真叶后定苗，盐碱涝洼棉田在 3 片真叶后定苗，留苗密度一般 3 500～4 000 株/亩。

4.4.4.3 松土

出苗后尽早中耕松土，保证棉田土壤无板结、田间无杂草。

4.4.4.4 控制肥水

采用本技术的棉田无需追肥，苗期一般不浇水。

4.4.4.5 病虫害防治

用10%吡虫啉防治蚜虫，用1.8%阿维菌素防治红蜘蛛，结合喷施多菌灵等防治苗期病害。

4.4.5 蕾期管理

4.4.5.1 田间管理

除长势非常弱的棉田外，其他棉田不追肥，遇旱隔沟轻浇水，浇水后及时中耕。

4.4.5.2 合理化控

于6月下旬化控1次。

4.4.5.3 整枝

于第一果枝出现后，及时打掉果枝以下的叶枝。

4.4.5.4 中耕

于盛蕾期结合深中耕（8～10厘米）锄草、培土、清膜。

4.4.5.5 防治病虫害

二代棉铃虫百株低龄幼虫达到15头时及时防治。并注意防治盲蝽、蚜虫等。

4.4.6 花铃期管理

4.4.6.1 选择性追肥

一般棉田无需追肥，长势弱的棉田，见花后每亩施用尿素5～7千克。脱肥棉田8月上旬追施尿素5～7千克。

4.4.6.2 浇水和排水

遇旱及时浇水，宜采用沟灌，切忌大水漫灌，但遇大雨田间积水时应及时排除。

4.4.6.3 合理化控

于7月中旬化控1次，7月下旬打顶后再化控1次，分别用缩节胺2克/亩、2.5克/亩。

4.4.6.4 整枝打顶

一般棉田于7月10～15日打顶，发育晚、长势弱的棉花，在7月20日前打顶。打掉一心一叶。

4.4.6.5 棉田培土

结合追施花铃肥进行培土，防止倒伏，预防后期早衰。

4.4.6.6 防治害虫

三代棉铃虫百株低龄幼虫达到10头时，应及时防治，同时注意防治盲蝽、蓟马、烟飞虱等害虫。

4.4.7 吐絮期管理

4.4.7.1 施肥浇水

不再根际追肥，脱肥棉田可采用叶面喷肥；视降雨情况和土壤墒情，在8月下旬干旱时浇1次水，如秋后持续干旱，浇水时间应坚持到9月中下旬。浇水不宜重新开沟，以免伤根。

4.4.7.2 后期整枝

在8月10～15日及时摘除无效蕾，并及时去掉空枝、赘芽等。

4.4.7.3 科学采摘

吐絮后5～7天及时采摘，严格执行分收、分晒、分存和分售。

棉花施肥表（千克/亩）

时　期	措　施	氮(N)	磷(P_2O_5)	钾(K_2O)	其　他	备　注
3月底至4月初	施用有机肥	0	0	0		
4月20日左右	播种施肥覆膜	7.8	3.3	4.6	微生物肥料、微量元素肥	
7月初	选择性追肥	2.8	0	0		根据长势确定是否追肥
8月上旬	选择性追肥	2.8	0	0		根据长势确定是否追肥
合计		7.8～13.4	3.3	4.6		

江汉平原棉花化肥减量技术模式

1 技术概况

棉花生长期长，需肥量大，对土壤肥力条件有较高的要求，一般每生产50千克籽棉需吸收氮（N）2.8千克、磷（P_2O_5）1.1千克、钾（K_2O）2.7千克，氮、磷、钾比例大约为3∶1∶3。棉花对氮的吸收量明显大于粮食作物，氮肥的增产效果也非常明显。但是氮肥施用过多或施用不当，会造成减产，也容易感染病虫害。磷肥的效果非常稳定，磷肥的施用使棉花产量有了大幅度提高。磷肥和氮肥配合施用能获得稳定的增产。钾肥能使茎秆坚韧、抗倒伏，能增强棉花抗旱、抗寒及抗病虫害能力。由于重茬连作和棉花产量的提高，单靠土壤中的钾很难达到高产的目的，因此在低钾土壤或高产棉田必须配合钾肥施用，否则，氮、磷、钾不协调，降低肥效，容易导致减产。

2 技术效果

通过施用农家肥或秸秆谷壳等有机肥源物质，土壤有机质含量可提高5%以上，化肥可减少1.45千克/亩（折纯），肥料利用率提高1个百分点，皮棉产量增加5%～10%。

3 适用范围

以江汉平原为主，鄂中北丘陵岗地、鄂东南丘陵等地可参照执行。

4 技术要点

4.1 施肥原则

4.1.1 养分推荐用量

氮肥（N）18～20千克/亩，磷肥（P_2O_5）5～7千克/亩，钾肥（K_2O）10～12千克/

亩，硼砂 0.5～1 千克/亩。缺锌的棉田，注意补施硫酸锌 1～2 千克/亩。

4.1.2 增施有机肥

增施有机肥，采用秸秆（麦秆、油菜秆壳、稻草）覆盖还田，保墒、增肥和压制杂草，实行有机无机相结合。

4.1.3 施肥方式

营养钵育苗移栽棉田，基肥采用穴施肥垫土再栽钵苗，或栽钵苗时不施肥，待钵苗成活后及时追施，追肥采用条施后中耕覆土，或条沟施覆土，或兑水灌施。

4.2 肥料管理与运筹

4.2.1 施足基肥

一般棉田播种前每亩应施用腐熟农家肥 2～3 吨或者粉碎的秸秆谷壳 400 千克，翻耕入土（20 厘米左右），平整土地。播种时可用少量的氮、磷、钾复合肥作种肥，以保证棉花出苗后能及时吸收养分，起到壮苗的作用。基施配方肥配方：23-8-14（$N-P_2O_5-K_2O$）或相近配方，用量 20～25 千克/亩。

4.2.2 早施提苗肥

对地力薄、底肥不足、棉苗瘦弱的，应早施提苗肥。苗肥以氮肥为主，也可与磷肥、腐熟的有机肥料混合追施，但氮肥数量不宜过多，一般亩施尿素 5 千克。对地力肥沃、底肥充足、棉苗壮旺的，可少施或不施。追肥时，应根据棉苗生长情况，掌握小苗多施、大苗少施或不施，促使小苗加快生长，达到生长整齐一致。追肥可距苗 10 厘米左右、深施 6 ～ 10 厘米，条施或穴施。如天旱墒情差时，可结合浇水，以便及时发挥肥效。

4.2.3 稳施巧施蕾肥

棉田肥力较高，基肥、苗肥充足，棉株生长旺盛的，要少施或不施氮素化肥，增施磷肥和钾肥，以防徒长。棉田瘠薄，底肥苗肥施的不足，棉株长势弱的，为争取稳长多结桃，蕾期可每亩追施 40 千克 9∶8∶8（$N:P_2O_5:K_2O$）比例的氮、磷、钾复混肥。追肥应以距离棉株 15 厘米左右、深施 10 厘米为宜，追施后要覆土盖严。

4.2.4 重施花铃肥

花铃肥是最关键的一次追肥，要注意掌握好施肥的时间、数量和施肥方法。土壤肥力高、棉花长势旺的，可在进入开花期时追肥；地薄肥少、棉花长势弱的棉田，要提早追施，见花就追。花铃肥的用量，一般每亩追尿素 10 千克左右。长势弱的可适当多施，密度小的（每亩 3 000 株左右）可多施一些。施肥要离开棉株 15 厘米左右，深度在地下 10 厘米左右，以便于根系的吸收。另外，在盛花期喷施 0.2%的硼酸或 0.15%的硼酸溶液 100 千克，连喷 2 ～3 次，有利于多结大桃。

4.2.5 补施盖顶肥

根据棉花长势，补施秋梢肥。地力足、棉花长势旺可以不施或少施；地力较差，棉花有可能早衰的，可每亩追施尿素 3～5 千克。少数发苗早、伏桃结得多的可适当多一些。时间在 7 月底前后，使用过晚或数量过大，棉花易贪青。

4.2.6 喷施叶面肥

叶面喷肥的时间，一般应在 8 月中旬至 9 月下旬。可以喷施的肥料有尿素、磷酸二氢钾等。棉株长势较壮的棉田可喷 0.2%～ 0.3%的磷酸二氢钾溶液；棉株长势弱的以喷施氮肥为主，用1%～2%的尿素溶液，也可以氮、磷混合喷施。时间以每天傍晚或阴天时喷施效果较好，连喷3～4次，每次间隔7～10天，如果喷施后遇雨，应当重新补喷。

环洞庭湖平原棉花“有机肥＋专用配方缓控释肥”技术模式

1　技术概况

棉花是湖南的重要经济作物，主要分布在湘北环洞庭湖冲、沉积平原。棉花传统施肥存在两个方面的突出问题：一是长期过量使用化肥而很少或不施有机肥，造成棉地土壤酸化，地力退化；二是棉花传统施肥次数多达3～4次，费工费时，最关键的一次施肥是花铃肥，一般是在7月上中旬施用。这一时期往往容易出现干旱和暴雨等极端天气，遇干旱时，肥料无法施下，即使勉强施下，肥料养分无法释放利用；而遇暴雨，则因养分短期大量释放导致棉花死苗。应用棉花“有机肥＋专用配方缓控释肥”技术模式，一方面通过棉地增施有机肥，提高土壤有机质，改善棉地土壤结构和微生物状况，增强土壤的缓冲性能，有效防止土壤酸化，提升土壤有效养分，增强土壤供肥能力。在增施有机肥的同时，应用棉花专用配方缓控释肥作基肥一次施下，既防止前期棉花疯长，又能避免后期缺肥，同时减少养分的流失，提高肥料利用率；而且将传统的3～4次施肥减少到1～2次，节省劳动成本，又很好地解决了花铃期因不利天气影响施肥及肥效的问题。

2　技术效果

应用有机肥＋棉花专用配方缓控释肥技术模式，与习惯施肥比较，平均增产幅度达到10.4%。节省化肥（折纯）6.8千克/亩，减肥15.8%。棉花由传统的3～4次施肥减少为1～2次，大幅度减轻了劳动强度。在施用缓控释肥的基础上增施有机肥，能够改良土壤，培肥地力。

3　适用范围

适用于湘北环洞庭湖平原棉区，土壤为河湖冲沉积物发育的潮土，品种为杂交棉，种植制度为油（菜）—棉，栽培方式为营养钵移栽。

4　技术措施

4.1　选用良种

选用国家或省级农作物品种审定委员会审定的杂交棉F_1代良种。

4.2　合理密植

采用营养钵育苗，苗龄25～30天，5月1～20日移栽，密度1 300株/亩。

4.3　施足基肥

4.3.1　施肥量

充分发酵的菜籽饼50千克/亩或商品有机肥150千克/亩＋棉花专用配方缓控释肥45%（19-8-18）60～80千克。

4.3.2　施肥方法

开沟深施。移栽后10天内，棉株旁15～20厘米开沟，沟深10～15厘米，然后将有机肥和缓控释肥混合后均匀施肥入沟中，然后覆土。

4.4　补施盖顶肥

施用盖顶肥的具体时间，应根据棉株的长势而定，在棉株“下部桃变老，中部桃结牢，上部开黄花”时进行，一般在7月底至8月上旬施用为宜，地瘦、苗旱、长势较弱，具有早衰趋势的，宜适当早施，否则适当迟施。用量一般施用尿素8～10千克/亩，最好在雨后或结合抗旱灌水后，趁土壤湿润时，均匀撒施于垄面。

4.5　因土补施硼肥

棉花对硼敏感，缺硼往往导致棉花花铃少，蕾、花、铃发育不正常，棉桃畸形等。棉地土壤水溶态硼低于0.5毫克/千克时，每亩用硼砂400～500克拌细土或与基肥拌匀后基施；土壤水溶态硼含量在0.5～1.0毫克/千克时，用0.2%硼砂溶液在蕾期、初花期和花铃期叶面喷施。

4.6　科学化控

根据棉花长势，依照及早、少量、多次的原则及时喷施缩节胺进行化控。

4.7　加强田间管理

及时中耕除草，经常保持“三沟”通畅，不渍水，依据棉花病虫防治预报，适期选准对口农药，搞好病虫防治。

北疆地区机采棉水肥一体化技术模式

1　技术概述

北疆地区是新疆重要的产棉区之一。近年来，化肥在促进北疆地区农业生产发展和棉花增产中起了不可替代的作用，但随着棉花种植年限的增加，存在化肥过量施用及不合理施用现象，带来了成本的增加和环境的污染，成为制约棉花产量及效益提高的瓶颈。基于这种现状，紧紧围绕“一控两减三基本”目标，技术上采取土壤改良、膜下滴灌、水肥一体化、精准施肥等配套措施实现化肥减量增效。该技术模式是基于区域内多年多点试验示范的肥料效应，在测土配方氮、磷、钾化肥计算施肥量的基础上，合理利用秸秆还田、增施高效商品有机肥，实现地力的提升；结合水肥一体化、少量多次滴灌施肥技术，实现化肥减量；支持企业研发高效智能施肥设施，大力推广高效水溶肥料，提高肥料利用率，实现增效的目标。

2 技术效果

棉花采用化肥减量增效技术模式，节约大量劳动力，减轻了劳动强度，有效缓解了农村劳动力严重不足的问题，有力推动新疆大面积机械化作业转型升级。较常规施肥土壤有机质含量提高 0.3%，化肥基肥每亩降低 10%，追肥每亩用量降低 10%，肥料利用率提高 6%，节水 30%以上，籽棉每亩增产 10%～15%。

3 适用范围

本模式适用于昌吉回族自治州、塔城地区、博尔塔拉蒙古州、克拉玛依市棉花种植区域。适宜品种为新陆早 57 号、新陆早 65 号和新陆早 72 号等，生育期 120 天左右，全生育期生长势较强，不早衰，叶枝少，无赘芽，通透性、结铃性好，吐絮畅快、絮色洁白，含絮好、易采摘；株高 75～85 厘米，株型较紧凑，茎秆粗壮坚硬，霜前花率 97%；抗枯萎病，耐黄萎病品种；纤维长度 29～30 毫米，断裂比强度 29cn/tex，马克隆值 4～4.5。

4 技术措施

4.1 水肥一体化技术

将测土配方成果与水肥一体化技术结合，在前茬作物收获后，利用机械将作物秸秆粉碎，并施以秸秆腐熟剂，增强秸秆腐熟效果。秸秆粉碎还田后，按每亩撒施商品有机肥 50 千克、磷酸二铵 10 千克/亩，秋灌深翻，秋翻深度要求达 25～30 厘米，翻耕均匀，不拉沟，不漏犁，残茬覆盖严密，废膜要清除干净，入冬前整成待播状态。

追肥是整个生育期最重要的技术环节。采用滴灌设备加智能施肥灌，追肥的种类主要以不同养分配比的高效水溶肥为主，不同生育期追施不同含量的肥料。

4.1.1 苗期—现蕾期追肥

4.1.1.1 施肥时期与方法

苗期至现蕾期共追肥 2 次。第一次追肥时间掌握在 6 月 10 日左右，第二次追肥时间掌握在 6 月 20 日左右，两次滴灌间隔掌握在 6～10 天。结合滴灌利用施肥镤滴施。第一次灌水量 45 米^3/亩，第二次灌水量 40 米^3/亩。

4.1.1.2 施肥类型与追肥量

追肥类型以含微量元素、低氮、高磷、高钾的水溶肥为主。第一次滴肥建议肥料配方为

$(N-P_2O_5-K_2O)$ 10－15－33，施肥量为 2 千克/亩配方肥＋1.0 千克/亩尿素。第二次滴肥施用量为 3 千克/亩配方肥＋2.0 千克/亩尿素。

4.1.1.3 注意事项

播种后及时滴出苗水，滴水量 25～30 米^3/亩，同时预防播种后遇风造成揭膜损失。定苗时间掌握在两片子叶展平显行后开始，1 片真叶前结束。二水要赶，宁可头水迟，不可二水晚，蹲苗至头水。滴施尿素补氮可以节约成本。

4.1.2 蕾期—花期追肥

4.1.2.1 施肥时期与方法

现蕾至花期共追肥 3 次。第三次追肥时间掌握在 6 月 25 日至 7 月 5 日，第四次时间掌握在 7 月 5～15 日，第五次时间掌握在 7 月 15～25 日。

三次滴灌间隔掌握在 7～9 天。结合滴灌利用施肥罐滴施。每次灌水量 35～40 米^3/亩。

4.1.2.2 施肥类型与用量

追肥类型以含微量元素、低氮、中磷、高钾的水溶肥为主。滴肥建议肥料配方 $(N-P_2O_5-K_2O)$ 7－15－38。第三次滴肥用量为 4 千克/亩配方肥＋3 千克/亩尿素＋25 毫升/亩“奈安—微蜜”有机肥。第四次滴肥用量为 6 千克/亩配方肥＋5 千克/亩尿素。第五次滴肥用量为 5 千克/亩配方肥＋5 千克/亩尿素。

4.1.2.3 注意事项

根据棉花长势，结合喷施缩节胺，控制节间，防止徒长，7 月 10 日前完成打顶。用叶面肥、磷酸二氢钾进行叶面追肥，补充生殖生长所需要的养分。

4.1.3 花期—盛铃期追肥

4.1.3.1 施肥时期与方法

花期至盛铃期共追肥 4 次。第六次追肥时间掌握在 7 月 25 日至 8 月 5 日，第七次时间掌握在 8 月 5～12 日，第八次时间掌握在 8 月 12～18 日，第九次时间掌握在 8 月 18～24 日。最后一次灌水时间控制在 9 月 1 日之前。四次滴灌间隔掌握在 6～8 天。结合滴灌利用施肥罐滴施。每次灌水量 35 米^3/亩。

4.1.3.2 施肥类型与用量

追肥类型以含微量元素、低氮、中磷、高钾的水溶肥为主。滴肥建议肥料配方为 $(N-P_2O_5-K_2O)$ 10－15－35。第六次滴肥用量为水溶肥 5 千克/亩＋尿素 4 千克/亩＋“奈安—微蜜”有机肥 25 毫升/亩。第七次滴肥用量为水溶肥 4 千克/亩＋尿素 4 千克/亩。第八次滴肥用量为水溶肥 4 千克/亩＋尿素 2 千克/亩。第九次滴肥用量为水溶肥 2 千克/亩＋尿素 2 千克/亩。

4.1.3.3 注意事项

花铃肥是追肥的关键环节，要根据土壤肥力高低、棉花长势、气温情况，把握好施肥的时间、数量和施肥方法，对棉花“促”“调”“控”合理调控。地薄肥少、棉花长势弱的棉田，可适当多施，提早追施。

另外，在花铃期连喷 2～3 次 0.15%的硼酸溶液 50 克/亩，有利于防止落花落铃，多结大桃。

4.2 有机肥替代部分化肥技术

棉花上施行有机肥替代部分化肥，100%棉花秸秆粉碎还田，每亩施商品有机肥 50 千克。

南疆地区棉花“水肥一体化+测土配方”技术模式

1 技术概述

农作物有收无收在于水，新疆南疆地区水资源严重短缺，节水灌溉显得尤为重要。棉花采用滴灌方式后，与漫灌相比，滴灌每亩节约用水 80 米^3。

冲积扇平原土壤养分具有磷含量丰富、钾含量中等或偏少的特征。应用测土配方施肥技术，棉花施肥本着减磷补钾的原则，并采用水肥一体化技术，提高化肥利用率，减少化肥用量。棉花生育期喷施微量元素叶面肥，促进棉花现蕾、开花、结铃，减少生理性脱落。

2 技术效果

通过调整施肥结构、改进施肥方式、改进用水方式等化肥减量增效综合技术措施，做到均衡施肥，达到肥料减量增效的目的。每亩较传统施肥节约磷肥（P_2O_5）3～5 千克，适当增加钾肥（K_2O）2～3 千克，整体节约化肥（纯量）2 千克。滴灌技术使得棉花每亩用水节约 80 米^3，有效遏制该区域因过量漫灌导致水资源浪费的问题。

3 适用范围

适用于新疆南疆昆仑山和天山支脉山前冲积扇平原地区。主要品种以新陆中系列和中棉所系列为主的棉花品种，一般生育期在 130～135 天。

4 技术措施

在棉花种植区，在开展测土配方施肥、水肥一体化等措施基础上，与有机肥施用等措施有机结合，实现化肥的减量增效施用。

4.1 测土配方施肥技术

在秸秆还田、增施有机肥或深耕深松的基础上，深化测土配方施肥技术推广，提高测土配方施肥技术覆盖率。

技术要点：①确定施肥量。土壤养分具有磷含量丰富、钾含量中等或偏少的特征，棉花每亩减少磷肥（P_2O_5）3～5 千克，适当增加钾肥（K_2O）2～3 千克，通过“一减少一增加”节约化肥（纯量）2 千克。产量水平 120～150 千克/亩（皮棉）：亩施用棉籽饼 80～100 千克，氮肥（N）18～22 千克，磷肥（P_2O_5）10～14 千克，钾肥（K_2O）3～5 千克。②适期适量施肥。膜下滴灌棉田 25%～30%的氮肥用作基施，70%～75%的氮肥用作追肥，70%～80%的磷肥用作基施，剩余用作追肥，钾肥 50%作为基肥、50%作为追肥，依据棉花长势随水滴施，随水施肥次数一般为 7～8 次，每次肥料用量不超过 2 千克/亩（折纯）。③补施中微量元素。在土壤缺锰和缺硼的地块上基施或叶面喷施锰肥、硼肥，棉花现蕾后通过叶面喷施 3～5 次中微量元素肥。

4.2　有机肥的施用

有机肥包括多种容易获得的有机肥源（圈肥、豆类肥）、商品有机肥。

技术要点：①施用时期。不含微生物的有机肥的最佳施用时期为整地时，若有机肥腐熟比较完全也可在整地后施用，距离棉花播种前要在一周以上。②施用量。农家肥（圈肥、豆类肥）等 2 米^3/亩，或商品有机肥在 200 千克左右。③施用方法。有机肥施用采取撒施畦表，然后旋耕混匀。④注意事项。有机肥要利用夏季高温时期提前进行腐熟，要避免直接施用鲜物。

4.3　水肥一体化技术

适用于新疆南疆昆仑山和天山支脉山前冲积扇平原地区，有滴灌设施并种植棉花的区域，采用水肥一体化技术施肥。

技术要点：①确定施肥量和施肥时期。根据测土配方施肥成果确定棉花施用化肥的种类及数量和施肥时期。②滴灌施肥。采用滴灌技术替代漫灌，平均每次用水 25 米^3。其中现蕾期每亩用水 20 米^3，在初开花期每亩用水 25 米^3，花铃期每亩用水 30 米^3，结铃期每亩用水 25 米^3，棉铃膨大初期每亩用水 30 米^3，棉铃膨大期每亩用水 30 米^3，成熟期每亩用水 20 米^3，吐絮期每亩用水 20 米^3。依据棉花长势，看墒情、看天气滴水滴肥，先滴清水 1～2 小时，再滴施滴灌肥，然后再滴清水 1 小时，保证棉花肥水均匀一致输送到棉花根系，起到提质增效的作用。

4.4　棉花秸秆还田技术

充分利用棉花秸秆还田技术，把棉花秸秆变成有效有机肥源。棉花秸秆还田技术是当前增加棉田土壤养分最直接最有效的方法。

技术要点：①秸秆还田标准。秸秆还田量做到全量棉秆应还尽还，还田标准以全田秸秆均匀撒施、不堆积，还田秸秆长度 2～5 厘米为宜。②秸秆还田技术。秸秆机械打碎还田后，及时施氮肥 2～3 千克，加快秸秆腐烂腐熟；及时灌冬水，促进秸秆和肥料的充分腐熟。

塔里木河流域库塔垦区
棉花水肥一体化化肥减量增效技术模式

1　技术概述

化肥是重要的农业生产资料，是作物的“粮食”。化肥在促进塔里木河流域农业生产发展和棉花增产中起了不可替代的作用，但目前也存在化肥过量施用、盲目施用等问题，带来了成本的增加和环境的污染，急需提升施肥水平，提高肥料利用率，减少不合理投入，保障棉花生产绿色优质高产高效，紧紧围绕“一控两减三基本”目标，加快推进供给侧结构性改革，节约资源和保护环境，形成绿色发展方式，推广棉花水肥一体化条件下的化肥减量技术。

2　技术效果

棉花化肥减量增效技术模式较化肥常规施肥技术模式增产增效明显。通过2015—2016年小区肥效试验得知，化肥减量增效技术模式总投肥量（折纯，下同）41.6千克/亩，平均籽棉单产381千克/亩，化肥常规施肥技术模式处理总投肥量60千克/亩，平均籽棉单产372千克/亩。棉花通过化肥减量增效模式，肥料减少18.4千克，减幅30.6%，产量却增加了9千克/亩，增幅2.4%。

棉花化肥减量增效技术的推广可有效遏制施用化肥对土壤及地下水的污染，有效节约了化肥资源，保护了棉区的生态环境。农户习惯施肥用量大，施肥技术落后，大量施用化肥造成肥料径流污染，土壤板结。棉花化肥减量增效技术减少了肥料用量，优化了施肥比例，提高肥料利用率，有效地保护了棉区的生态环境。

3　适用范围

本模式适用于新疆生产建设兵团塔里木河流域库尔勒垦区、塔里木垦区（简称库塔垦区）棉花种植区域。

4　技术措施

4.1　水肥一体化条件下化肥减量增效技术

以测土配方施肥技术为基础，按照有机无机相结合，根据土壤养分状况、棉花需肥规律和单产水平科学确定施肥量和肥料配比。

4.1.1　施肥总量

增加有机肥施用量，棉花秸秆粉碎还田，耕地前基施农家肥1米^{3}或油饼100千克；根据目标单产确定并限定化肥总投肥量，按照1千克皮棉需投入0.6千克化肥的原则，确定180千克皮棉目标产量需投入108千克左右的化肥，150千克皮棉目标产量需投入90千克左右的化肥。与之前相比，化肥减少18.4千克。

4.1.2　氮、磷、钾的投肥比例

氮、磷、钾肥比例总体控制在库尔勒垦区1∶0.35∶0.35，塔里木垦区1∶0.35∶0.30，即库尔勒垦区需施纯氮肥30千克、纯磷肥11千克、纯钾肥12千克，塔里木垦区需施纯氮肥32千克、纯磷肥11千克、纯钾肥10千克。各垦区可以根据不同区域的养分含量，对投肥比例进行适当调整。

4.1.3　施肥原则

施足基肥，轻施蕾肥，重施花铃肥和盖顶肥，增施棉铃膨大肥，确保棉株上、中、下成铃均匀。

4.1.4　各生育期的具体施肥制度

塔里木河流域库塔垦区棉花水肥一体化施肥制度

垦区	总施肥量	氮、磷、钾比	秋施或春施基肥		蕾期（6月10～20日）		花铃初期（6月21日至7月10日）		花铃中期（7月11～31日）		花铃后期（8月1～15日）	
			肥料品种	数量	肥料品种	数量	肥料品种	数量	肥料品种	数量	肥料品种	数量
库尔勒	108	1∶0.35∶0.35	复合肥（库）	35	尿素	8	1号滴灌肥（库）	25	2号滴灌肥（库）	30	尿素	10
塔里木	108	1∶0.35∶0.30	复合肥（塔）	33	尿素	10	1号滴灌肥（塔）	25	2号滴灌肥（塔）	30	尿素	10

注：库指库尔勒垦区，塔指塔里木垦区，复合肥（库）含量7-23-18，复合肥（塔）含量8-26-17；1号滴灌肥（库）含量36-4-9，1号滴灌肥（塔）含量37-5-8；2号滴灌肥（库）含量37-4-8（微量元素：B 0.10%，Fe 0.07%，Zn 0.07%），2号滴灌肥（塔）含量38-4-7（微量元素：B 0.10%，Fe 0.07%，Zn 0.07%）。

4.2　有机肥替代部分化肥技术

棉花上施行有机肥替代部分化肥，开展“六个一”提升耕地地力工作：100%棉花秸秆粉碎还田，亩施1吨厩肥，或亩翻压1吨绿肥，或翻施羊粪1吨，或翻施油渣100千克，或施商品有机肥100千克。

4.3　推广科学施肥技术

提升水肥一体化技术和施肥水平，大力推广新型高效水溶肥，提高农户科学施肥意识和技能。宣传引导农户使用成本低、技术成熟、使用便捷的肥料产品，秋季全层施肥和生育期滴施相结合。在巩固基础工作的同时，扩大在棉花上的应用，实现棉花减肥增效技术全覆盖。

4.4　推广提高化肥综合利用效率技术

将氮、磷、钾肥比例调整为1∶0.35∶(0.30～0.35)，降低化肥用量达到提高棉花肥料利用率的目的。

增加有机肥的施用量，改善土壤物理化学性状；优化基、追肥比例，提高追肥比例至65%，追肥原则上采取一水一肥、少量多次的方法；重视中、微量元素肥料的施用，采用因缺补缺的矫正施肥策略；选择速溶速效肥料科学合理施用；通过硝化抑制剂、多次少施等产品和技术减少氮肥损失，提高氮肥利用效率；在一些土壤有效磷较丰富的地方可以考虑在试验取得成功的基础上降低商品磷肥（P_2O_5）2～4 千克/亩。

4.5 棉花生育期水肥一体化节水节肥灌溉措施

4.5.1 棉花生育期灌溉制度

棉花生育期水肥一体化节水节肥灌溉措施的增产机理关键在于匀水匀肥，要坚持滴水不见水和浸润深度到位双重指标，严禁淹灌、漏灌。各垦区的棉花膜下滴灌生育期灌溉制度如下表所示。

塔里木河流域库塔垦区棉花水肥一体化灌溉制度

垦区	总灌溉量（米³/亩）	滴出苗水	蕾期（6 月 5～20 日）		初花期（6 月 20 日至 7 月 10 日）		盛花期（7 月 10 日至 8 月 15 日）		盛铃后期（8 月 15 日至 9 月 5 日）	
		灌溉量（米³/亩）	周期（天）	灌溉量（米³/亩）	周期（天）	灌溉量（米³/亩）	周期（天）	灌溉量（米³/亩）	周期（天）	灌溉量（米³/亩）
库尔勒	320～350	5	7～8	20	6～7	25	5～6	30	7～8	20
塔里木	350～380	5～15	6～7	20	5～6	25	4～5	30	6～7	20

注：灌溉时结合施肥制度将肥料随水施入。

4.5.2 棉花滴出苗水措施

在塔里木垦区，或在库尔勒垦区沙性土壤上，因地制宜地采取播后滴水出苗技术，即在播种后 2 天内及时连接滴灌带，滴补墒水 5～15 米³/亩，使播种行盐碱情况进一步淡化，土壤墒情更加均匀，有利于出全苗、出壮苗。

4.5.3 棉花头水时间与灌量要坚持不旱不灌的原则，以促进根系的发育

正常棉田库尔勒垦区推迟到 6 月 10 日以后、塔里木垦区推迟到 6 月 5 日以后灌溉头水，旺苗坚持见花灌头水，弱苗或墒情不足棉田可适当提前灌头水；头水灌溉量要到位，确保浸润深度达到 40 厘米，增强主根的发育，促进根系下扎。

4.5.4 浸润深度与灌溉质量要求

推行以浸润深度为主要指标的灌溉质量考核标准，克服滴灌浸润深度不足而根系过浅的弊端，采用木棍插入土壤测试灌溉水的浸润深度，从而判断灌溉是否达到质量要求，是否需要继续滴水，充分满足棉花根系生长的需要。

4.5.5 后期灌溉与停水时间

棉花生育后期，根系活性逐步下降，如灌量过大则易造成红叶早衰。因此灌溉后期（铃期）应适当减少灌量、延长间隔周期，防止根系过度早衰。

大兴安岭北麓区旱地油菜减肥增效技术模式

1 技术概述

耕地质量与油菜施肥方面存在的主要问题：一是重用轻养，土壤肥力下降；二是过度开垦，风蚀沙化严重；三是基础设施薄弱，抗逆能力低；四是有机肥投入严重不足，施肥比例不合理。针对上述问题，采取“一提、一改、两调”技术措施，改善土壤质量，减少肥料用量。“一提”即提高耕地质量。通过增施商品有机肥、秸秆还田等措施，改单施化肥为有机、无机配合，并结合深松、保护性耕作等技术，逐步创建深厚、肥沃、安全的耕层土壤，提高耕地质量。“一改”即改进施肥方式。将播种时一次性施肥改为以种肥为主，分层深施，配合叶面追肥等技术措施，使底肥与种肥相结合，分层施肥和分期施肥相结合。“两调”即调整施肥用量及比例，调优施肥结构。一是调整氮、磷、钾肥的用量及比例。通过进一步深化测土配方施肥技术推广，逐步稳氮、减磷、增钾，实现精准施肥。二是调优肥料结构。引进和筛选缓控释肥、水溶肥、生物肥等新型肥料，并进行大面积示范推广，逐步优化施肥结构。

2 技术效果

采取保护性耕作、测土配方施肥、增施商品有机肥等技术，可培肥地力使土壤有机质含量提高 0.3 个百分点，化肥利用率提高 5 个百分点，亩均减少不合理施肥量（纯量）0.5 千克左右，油菜增产 10%～15%，达到化肥减量增效的目的。

3 适用范围

本技术模式适用于大兴安岭西北高原丘陵区，区域包括牙克石市、额尔古纳市、海拉尔区、根河市、陈巴尔虎旗、新巴尔虎左旗、鄂温克族自治旗、海拉尔农牧场管理局的 11 个农牧场和乌拉盖农管局。总土地面积 158 546.4 千米^2，耕地面积 1 082.2 万亩，其中旱地面积 1 017.6 万亩，占耕地面积的 94.0%，该地区是内蒙古自治区重要的油菜生产基地。

4 技术措施

4.1 保护性耕作技术

保护性耕作主要包括五项技术内容：一是改革铧式犁翻耕土壤的传统耕作方式，实行免耕或少耕；二是免耕播种，在有残茬覆盖的地表实现开沟、播种、施肥、施药、覆土镇压复式作业，简化工序，减少机器进地次数，降低作业成本；三是改翻耕控制杂草为喷洒除草剂或机械表土作业控制杂草；四是利用作物秸秆残茬覆盖地表，用秸秆盖土、根茬固土保护土壤，减少风蚀、水蚀和水分无效蒸发，提高天然降雨利用率，同时培肥地力，减少化肥用量；五是实行作物轮作制度，均衡利用土壤养分，抑制杂草及病虫害，增加作物产量，改善品质。

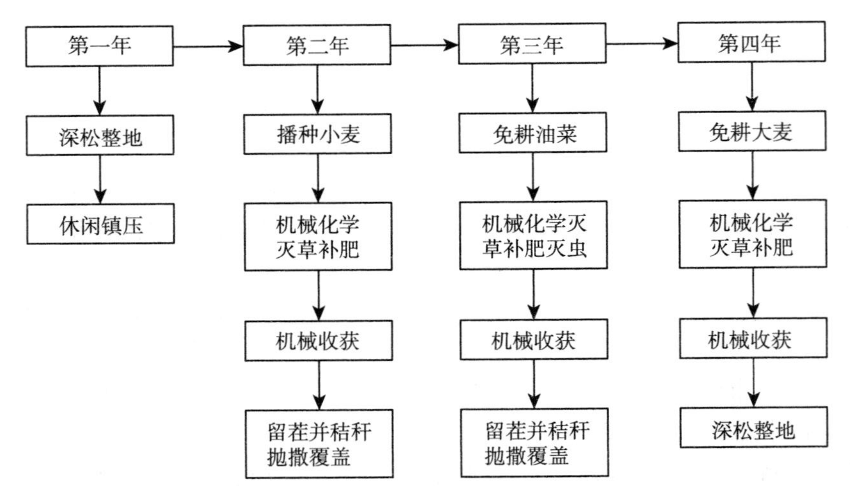

保护性耕作技术路线图

4.1.1 免耕播种技术

以进口美国大平原CPH－2010、CPH－1510和中国农业机械化科学研究院自主生产的MAE6119、2BMG－18免耕播种机为主。用免耕播种机一次性完成破茬开沟、施肥、播种、覆土和镇压作业。选择优良品种并进行精选处理，播前应适时对所用种子进行药剂拌种或包衣处理。

作业要求：落籽均匀、播深一致、覆土严密、镇压保墒。

免耕播种机械主要技术参数

机具名称	机型	技术指标						
		配套动力（千瓦）	作业效率（亩/小时）	自然亩油耗（千克）	作业行距（厘米）	开沟器数量（个）	作业幅宽（米）	单价（万元）
美国大平原免耕播种机	CPH－1510	91.94	52	0.33	19～25	24～18	4.6	42
美国大平原免耕播种机	CPH－2010	121.36	57	0.31	19～25	32～24	6.2	52
凯斯空气变量播种机	FLEXI－COIL 5000HD	275.81	125	0.8	18	85	15.5	146
免耕播种机	2BMG－24	88.26	32	0.38	19～25	24～18	4.6	12.6
免耕播种机	6119	73.55	28	0.39	19	19	3.6	14.8

配套机型：采用迪尔6603拖拉机＋大平原CPH－1510免耕播种机，国产徐工凯特迪尔1804拖拉机＋大平原CPH－2010免耕播种机（在深松地上播种），凯斯190－195拖拉机＋大平原CPH－2010免耕播种机（在深松地上作业），纽荷兰110－90或纽荷兰TM140＋国

产免耕播种机，凯斯 375 拖拉机＋空气播种机等几种机械组合进行免耕播种作业。

4.1.2 杂草、病虫害控制和防治技术

为了减少免耕地块农作物生长过程中的病、虫、草危害，保证农作物正常生长，应用化学药品防治病、虫、草害的发生，采用自走式和机载喷雾机在播种后出苗前或出苗后作物生长初期进行药剂喷施。

配套机型：主要采用美国进口凯斯高地隙自走喷药机 3185、3230、3330，约翰迪尔自走喷药机 4720、4730、4930 以及国产中机美诺 3880 型喷药机进行作业。

4.1.3 收获留茬、秸秆抛撒覆盖技术

油菜采取机械收获留茬，留茬高度在 15～20 厘米。抛撒覆盖方式可采用联合收割机自带抛撒装置和牵引式秸秆粉碎抛撒还田机作业两种。

配套机型：主要采用德国克拉斯，美国凯斯 2388，纽荷兰 CSX7070、CSX6080，约翰迪尔 1075、1076，加拿大 M100、M150 自走割晒机等大型进口机械进行收获和秸秆抛撒作业。

4.1.4 耕整地及深松技术

深松的主要作用是疏松土壤，作业后耕层土壤不乱、动土量小、减少了由于翻耕后裸露的土壤水分蒸发损失，增强土壤抗旱能力。深松可改善土壤通透性，抑制厌氧菌活动，促进土壤熟化，加速养分的分解和积累，提高肥料利用率，减少化肥施用量。根据土壤情况，一般每隔 3 年用全方位深松机进行深松，深度一般在 35～40 厘米，且尽可能不破坏地表覆盖。

作业要求：对于全方位深松后的农田进行镇压处理使地表平整，避免播种机拥堵，提高播种质量。

配套机型：主要采用国产徐工凯特迪尔 1804 拖拉机＋1SL－300 深松整地机，凯斯 190、凯斯 195 拖拉机＋527B 联合整地机，凯斯 375 拖拉机＋耕耘机，凯斯 380 拖拉机＋730B 生态虎联合整地机等几种组合进行深松及整地作业。

4.1.5 休闲轮作技术

麦—油休闲轮作是大兴安岭西北高原丘陵区保护性耕作的重要耕作制度，能够降低田间病、虫、草害，又有较好的培肥地力和土壤调节能力，使作物均衡利用土壤养分。主要采取第一年深松整地休闲，第二年播种小麦、收获留茬、秸秆抛撒覆盖，第三年创茬播种油菜，第四年地表处理（耙茬）、播种大麦的四年一个循环的耕作工艺。

4.2 增施商品有机肥

有机肥与化肥混合施用，可以改良土壤理化性状，增强土壤肥力，使缓效与速效肥料优势互补，减少化肥的挥发与流失，增强保肥性能，较快地提高供肥能力，提高作物抗逆性、改善品质，并对减轻环境污染有显著效果。推荐每亩增施商品有机肥 10 千克，与化肥混合施用，化肥总施用量可减少 10%左右。

4.3 测土配方施肥技术

在秸秆还田或增施有机肥或深耕深松的基础上，深化测土配方施肥技术推广，提高测土配方施肥技术覆盖率。①取土测土。利用现有的土测值结果或采集土壤样品分析化验土壤全氮、有效磷、速效钾含量。②确定施肥量。根据土测值结果和下表中的建议施肥量确定氮、

磷、钾肥或配方肥的用量。③分层分期施肥。氮肥和钾肥全部作底肥，深施于种下3～5厘米，种肥全部以磷酸二铵为主，种肥每亩用量4.5千克，保证种子和化肥搅拌均匀一致。推广“脲酶抑制剂”拌肥技术，每亩用25毫升，其能够抑制尿素分解酶的活性，减少尿素的挥发及淋溶，同时提高磷、钾肥的活性，减少磷、钾元素对土壤的固定，从而提高化肥利用率。追肥以叶面喷施为主，苗期、蕾薹期、花期结合化学灭草、灭虫、防病同时进行，油菜苗期每亩喷施禾稼欢乐（矮壮素）15克和液态氮50克，蕾薹期每亩喷施硕丰481（芸薹素内酯）5毫升和禾稼欢乐（矮壮素）15克，初花期每亩喷施富利金硼50克和磷酸二氢钾100克，以保花、保角、增粒重为目的，为减少损失，全部采用自走式喷药机进行后期追肥。

油菜土壤养分丰缺指标及经济合理施肥量

相对产量（%）	丰缺程度	土壤养分含量			氮、磷、钾肥建议施肥量（千克/亩）		
		全氮（克/千克）	有效磷（毫克/千克）	速效钾（毫克/千克）	N	P_2O_5	K_2O
≤50	极低	≤1.77	≤5.0	≤106	≥6.98	≥9.83	≥6.98
50～70	低	1.77～3.10	5.0～11.5	106～186	4.73～6.98	6.18～9.83	4.58～6.98
70～85	中	3.10～4.72	11.5～21.6	186～283	3.04～4.73	3.44～6.18	2.79～4.58
85～95	高	4.72～6.23	21.6～32.9	283～374	1.92～3.04	1.62～3.44	1.59～2.79
>95	极高	>6.23	>32.9	>374	<1.92	<1.62	<1.59

油菜施肥配方及建议施肥量

配　方	17-20-8				
肥力水平	极低	低	中	高	极高
施肥建议（千克/亩）	≥35	25～35	20～25	15～20	<15

沿江地区油菜配方施肥与增施有机肥技术模式

1　技术概述

针对江苏沿江地区油菜生产上存在过量施肥、偏施氮肥、氮磷钾配比不合理、重化肥轻有机肥等问题，推广测土配方施肥技术，做到“总量控制、结构优化、运筹科学、时期适宜、方法恰当”。氮肥推荐用量按照地力差减法确定，磷、钾用量按照土壤养分丰缺指标法确定，氮、磷、钾配比根据“3414”等田间试验确定。硼等微量元素用量，按照临界值法，实行因缺补缺。同时，实行秸秆还田、增施有机肥等措施，推进化肥减量增效，提升耕地质量。

2　技术效果

通过测土配方施肥，能够减少氮肥、磷肥用量，优化肥料施用结构，促进化肥减量增效。与习惯施肥相比，亩均节氮（N）1.18 千克、节磷（P_2O_5）0.24 千克，同时每亩增产 13.7 千克。通过增施有机肥，能够提升耕地质量，促进油菜品质提高。

3　适用范围

江苏沿江地区。

4　技术措施

4.1　增施有机肥

充分利用当地农作物秸秆和畜禽粪便等资源，增加有机肥投入，部分替代化肥。对于实行稻油轮作的，水稻收获时，实行稻秸秆机械化切碎全量还田，并调节碳氮比至 20～25：1。有条件的，同时每亩基施腐熟有机肥 200～500 千克。施用有机肥后酌情调减追肥中化肥用量。

4.2　配方施肥

应用测土配方施肥成果，根据县域测土配方施肥专家系统，筛选确定区域油菜主推配方，实行农企合作，定向生产配送配方肥。目标亩产 200～220 千克时，一般每亩施氮（N）13～15 千克、五氧化二磷 5～6 千克、氧化钾 6～9 千克。对于缺硼土壤，每亩增施硼砂 0.5～1 千克。

4.3　肥料运筹

按照“施足基肥，早施苗肥，重施腊肥和薹肥，巧施花肥”原则，基苗肥、腊肥、薹肥的氮素运筹比例掌握在 5：2：3 左右。磷、钾肥一次性基施。严格控制腊肥施用。在薹高 8～12厘米时重施薹肥，亩均施用尿素 10～12.5 千克，促进营养生长和生殖生长，增加单株有效分枝数、角果数和粒数。对于返青期长势较差的油菜提前至见薹就施，对于长势偏旺的适当推迟薹肥施用时间，并减少用量。

4.4　施肥方式

对于移栽油菜，主要实行穴施和沟施。

4.5　叶面喷肥

对于土壤缺硼或基肥中未施用硼肥的地块，在油菜初花期结合菌核病防治，每亩叶面喷施硼砂 50 克，喷施浓度掌握在 0.1%左右。

4.6 栽培管理

4.6.1 开沟防渍

在油菜播种移栽前后，及时开好腰沟、厢沟、围沟，提高沟系标准，并及时清理，做到排灌畅通、雨止田干。冬前做好清沟理墒，保证田间沟系畅通，及时排水降渍，避免冻融交替、渍害加重。油菜返青期，搞好内外三沟清理，增强防渍防涝能力。

4.6.2 覆盖防冻

利用秸秆、草木灰、农家肥行间覆盖，防止冻害。

4.6.3 化学防控

对于油菜旺长田块，在冬至前及时化控，一般每亩喷施 5%烯效唑可湿性粉剂 40～60 克或 15%的多效唑 50～80 克兑水 30 千克喷施，促进菜苗根部下扎，提高油菜苗抗冻耐寒能力。

4.6.4 中耕除草

在油菜封行前及时中耕除草，疏松表土，提高地温，改善土壤理化性状，促进油菜根系发育。

4.6.5 病虫防治

旱茬油菜在移栽前，稻茬油菜在移栽后及时搞好化除，初春杂草达标田块，抓住冷尾暖头，进行春季化除。油菜花期，选准药剂，搞好油菜菌核病的防治。

苏南丘陵地区油菜“配方肥＋有机肥”技术模式

1 技术概述

针对苏南丘陵地区油菜生产上存在过量施肥、偏施氮肥、氮、磷、钾配比不合理、重化肥轻有机肥等问题，推广测土配方施肥技术，做到“总量控制、结构优化、运筹科学、时期适宜、方法恰当”。氮肥推荐用量按照地力差减法确定，磷、钾用量按照土壤养分丰缺指标法确定，氮、磷、钾配比根据“3414”等田间试验确定。硼等微量元素用量，按照临界值法，实行因缺补缺。同时，实行秸秆还田、增施有机肥等措施，推进化肥减量增效，提升耕地质量。

2 技术效果

通过优化施肥，实现油菜高产和高油率并举。与习惯施肥相比，亩均节约纯养分 4.5 千克左右，每亩增产 5 千克左右，达到了减轻面源污染，改善农业生态环境的目的。

3 适用范围

南京、镇江等江苏南部丘陵地区。

4 技术措施

4.1 测土配方施肥

根据土壤供肥性能、油菜需肥规律和肥料使用效应，应用县域测土配方施肥专家系统，确定不同土壤、不同目标产量时的氮、磷、钾、中微量元素需求总量和运筹比例，实行“大配方、小调整”。按照筛选确定的肥料配方，制成配方专用肥，进行基施。施肥策略为“控氮、增磷、稳钾、补硼”。

4.1.1 控氮

亩产150～200千克的油菜总施氮（N）量控制在16～18千克为宜。

4.1.2 增磷、稳钾、补硼

油菜目标亩产150～200千克时，氮、磷、钾三元素比例控制在1∶0.4∶0.5左右。每亩施用磷肥（P_2O_5）6～7千克，钾肥（K_2O）8～9千克。对于“双低”油菜，每亩基施硼肥0.5～1.0千克，如基肥未施用硼肥的，可结合菌核病等防治，在开花期实行药硼混喷，防止“花而不实”和芥酸含量上升。

4.1.3 合理肥料运筹

坚持“施足基苗肥、增施有机肥、控制腊肥、重施薹肥”的原则，基苗肥、腊肥、薹肥的比例以5∶2∶3为宜。一般氮肥：基肥40%；苗肥20%；蕾薹肥40%。磷肥：基肥60%；蕾薹肥40%。钾肥：基肥60%；蕾薹肥40%。

4.2 推广应用油菜专用配方肥

应用“县域测土配方施肥专家系统”，筛选确定区域施肥主推基肥配方，生产加工配方专用肥，实行“大配方，小调整”。如主推基肥配方分别为16-16-10和20-14-6。不足的养分通过追肥施用进行补充。运筹方案如下表。

苏南丘陵地区油菜肥料运筹方案（千克/亩）

目标产量	基肥	苗肥	蕾薹肥
200	配方肥25	尿素10	尿素12.5、配方肥12.5
175	配方肥25	尿素10	尿素12.5、配方肥10

4.3 有机肥施用

增施有机肥，部分替代化肥。

4.3.1 有机肥用量

采用“同效当量法”来确定有机肥部分替代化肥的比例或数量。同效当量=（有机氮处理一无氮处理)/(无机氮处理一无氮处理)。例如：油菜亩施7.5千克有机氮的产量为110千克，施无机氮的产量为150千克，不施氮的产量为50千克，则同效当量为0.6，即1千克有机氮相当于0.6千克无机氮。一般每亩基施腐熟有机肥200～500千克。施用有机肥后酌情调减追肥中化肥用量。施用的农家肥必须充分发酵腐熟，以免二次发酵烧苗以及造成病虫草害。

4.3.2 施用方法

直播油菜一般采用全层施用法，即在耕翻前将有机肥料撒于地表，随即通过机械耕翻，施入耕层。移栽油菜可采用全层施用，也可采用穴施或条施。

4.4 叶面肥喷施

在油菜生长中后期，结合病虫防治，利用植保弥雾机或植保施肥一体机等机械，进行叶面肥料喷施。一般每亩用磷酸二铵或磷酸二氢钾50～60克兑水30千克（浓度为0.2%），于油菜蕾薹期喷施1～2次，每隔七天喷施一次。

皖西南地区油菜新型肥料与种肥同播施肥技术模式

1 技术概述

针对本区域油菜生产存在总体上化肥施用量偏高，且小区域间差异较大、过量施肥与施肥不足并存等现状，该技术模式基于区域内多年多点试验示范的肥料效应，根据土壤、气候和土壤潜在养分供应水平的特点，合理利用秸秆等有机养分资源，建立了区域性化肥施用的总量控制技术指标，并大力推广配方（缓控释）肥，在区域尺度上减少了农户施肥过高或过低、养分不均衡等不合理现象。同时，针对传统的油菜种植方式劳动强度大、占用劳力多、成本投入高、经济效益差的现状，采用种肥同播等轻简化栽培技术，把播种、整地、施肥等多次用工集为一次用工完成，既节约了劳动力、减轻了劳动强度，有效缓解了农村劳动力严重不足的问题，又可大幅度提高劳动生产效率，推动油菜种植技术转型升级。

2 技术效果

采用该技术模式可使亩生产用工降至1～2个，节约纯N 1～2千克、P_2O_5 0.5～1.5千克、K_2O 1.2～1.8千克，肥料利用效率提高5%以上，增产5%以上。同时，种肥同播所用肥料和施用方法使肥料养分不易流失，可减少对水等环境资源的污染，达到生态环保的效果。

3 适用范围

本技术模式适用于皖西南地区水稻—油菜轮作制下的冬油菜生产，安徽省江淮丘陵与沿江平原地区也可借鉴。

4 技术措施

该模式技术流程可以概括为“适宜品种＋种肥同播＋早播早管＋合理密植＋机防机收”。中稻收获后于9月下旬至10月上旬采用适合全程机械化生产的双低油菜品种，亩播量0.3千克左右。种肥同播采用油菜配方（缓控释）肥，苗期进行化学除草，追施尿素1～2次。初花期叶面喷施硼肥、农药，防止花而不实、防病、防早衰、防倒伏、促早熟。适期采取人割机脱或联合收获，秸秆粉碎翻压还田。

4.1 中低浓度配方（缓控释）肥方案

推荐配方：15-7-8（$N-P_2O_5-K_2O$）或相近配方。

施肥建议：①目标产量水平200千克/亩以上，配方（缓控释）肥推荐用量50～55千克/亩，苗期、抽薹期追施尿素4～6千克/亩、2～4千克/亩。②目标产量水平150～200千克/亩，配方（缓控释）肥推荐用量45～50千克/亩，苗期、抽薹期追施尿素3～5千克/亩、2～3千克/亩。③目标产量水平150千克/亩以下，配方（缓控释）肥推荐用量35～45千克/亩，苗期、抽薹期追施尿素3～4千克/亩、2～3千克/亩。

4.2 高浓度配方（缓控释）肥方案

推荐配方：20-12-13（$N-P_2O_5-K_2O$）或相近配方。

施肥建议：①目标产量水平200千克/亩以上，配方（缓控释）肥推荐用量35～40千克/亩，苗期、抽薹期追施尿素5～6千克/亩、3～4千克/亩。②目标产量水平150～200千克/亩，配方（缓控释）肥推荐用量30～35千克/亩，苗期、抽薹期追施尿素4～6千克/亩、3～4千克/亩。③目标产量水平150千克/亩以下，配方（缓控释）肥推荐用量25～30千克/亩，苗期、抽薹期追施尿素3～4千克/亩、2～3千克/亩。

4.3 配方（缓控释）肥方案调整原则

根据土壤供磷和供钾能力调整磷肥和钾肥用量。当土壤Olsen-P和速效钾含量为18毫克/千克和100毫克/千克左右时，按上述推荐用量施磷、钾肥料。土壤Olsen-P和速效钾含量增减达到6毫克/千克和30毫克/千克时，则推荐施磷（P_2O_5）、钾（K_2O）量应下浮或上调1千克/亩左右；如前茬作物秸秆进行粉碎翻压还田，推荐钾肥用量可以减少30%～40%，应通过调整配方（缓控释）肥配方和施用量实现。同时，根据中微量元素测定结果和临界值，适量补充硼、硫肥，合理喷施微量元素肥料。

4.4 种肥同播

采用2BFQ-6、2BFQ-5、2BXJ-5、2BFG-6、2BGF-6B等型号油菜联合播种机（或2BG-6A型稻麦条播机、IKH-35型机械开沟机），实行旋耕、灭茬、开沟、播种、施肥、喷除草剂、覆土等工序一次性完成油菜播种。机播时可机械侧深施肥，也可在机播前将肥料均匀地撒施在田面后机开沟覆盖。采取种肥混播方式，应尽量采用粒径小、吸水性差的颗粒肥料，防止化肥在肥箱内吸潮结块。侧深施肥，施肥量可调，行距可调，播深可调。播种前除按说明书要求安装调整机具外，还必须根据农艺要求和留苗要求，按照播种机排量的试验方法测定基施肥料用量和油菜种子播量。

4.5 注意事项

一要选质量过硬、发芽率高、适宜机收的种子，为一播全苗打下基础；二要选择适宜的油菜专用肥料，以满足油菜各个时期的营养需求；三要对机播手进行专门培训，按照种肥同播技术要求进行操作，确保播种播肥质量。

皖南山区油菜免耕直播轻简化施肥技术模式

1 技术概述

针对皖南山区土地分布零散的特点，油菜免耕直播技术应用因其省肥、节本、轻简等特点深受广大农户欢迎。该技术模式依据区域油菜种植土壤肥力条件和目标产量，增施有机肥，平衡施用氮、磷、钾肥，补充硼肥，防止油菜“花而不实”；使用石灰等碱性材料调节土壤酸性，为油菜生长提供较适宜的土壤环境，减少油菜根肿病的发生；施足基肥、早施苗肥、重视薹肥、巧施花肥；氮、钾肥分期施用，适当增加生育中期的氮、钾肥施用比例，提高肥料利用率。

2 技术效果

本技术模式与传统模式相比每亩可节省纯氮 2～3 千克、五氧化二磷 1～2 千克、氧化钾 2～3千克。

3 适用范围

本技术模式适用于皖南山区油菜免耕直播机开沟轻简化种植。

4 技术措施

4.1 机械开沟与抛土

土壤湿度在 70%左右为最佳开沟期，保证抛土细碎均匀，有利于出苗。如果土壤湿度过大，则土层黏重，起畦开沟困难，土块不易粉碎，抛土难到位，不能均匀覆土盖种，影响作物出苗和田间排水；湿度过小，则泥土过干，不利于操作。畦面宽 120 厘米左右，如果畦面过宽，则覆土厚度不够，而且中间低容易积水，不利于后期管理；畦面过窄，则覆土过厚，也不利于出苗。沟宽 20 厘米，沟深 15 厘米，将土均匀地覆盖在种子和肥料上，覆土厚度 2～3 厘米。同时要人工开好腰沟、围沟，做到沟沟相通，方便排灌，有利于油菜生长。

4.2 秸秆适量还田

种植油菜应将前茬秸秆还田，增加土壤有机质和保墒的作用，但田间秸秆或杂草垫层也是影响油菜直播出苗率的重要因素。因此，田间作物秸秆要适量还田，量太多影响出苗率，量少土壤质量和墒情较差。较适宜的方法是将适量秸秆粉碎均匀覆盖在已播种好的油菜田块。

4.3 撒施石灰

油菜种植开沟前，将每亩 100 千克石灰均匀撒施入田间，然后机耕开沟，这样可以中和土壤酸性，减少油菜根肿病的发生。

4.4 适时适量播种

4.4.1 适时早播

免耕直播油菜土壤相对含水量以 60%～70%为宜，一季稻收获后即能播种，播种方式为撒播。播种时掺细土拌匀，将种子与肥料混合均匀，一起撒下。

4.4.2 适度密植

对于油菜来说，其产量的提高很大程度上要依赖于植株的合理分布，因此，在油菜免耕直播过程中，油菜直播的播种量要比育苗移栽有所增加，这样才能更好地增加油菜苗母本量。一般亩播精选油菜种子 150 克左右为宜，亩基本苗达 2.0 万～2.5 万。

4.5 合理施肥

4.5.1 施足基肥

施用量一般为每亩农家肥 1 000～1 500 千克（或商品有机肥 100～200 千克），油菜专用配方肥或通用型复混肥 25～30 千克加硼肥 0.5～0.75 千克。施用方法，结合耕翻整地，将农家肥、复合肥（或配方肥）与硼肥耕翻至 20～30 厘米的耕作层内，切忌施肥过浅，以免造成油菜中后期脱肥。

4.5.2 早施苗肥

利用冬前短暂的较高气温，早施苗肥，促进油菜的生长，达到壮苗越冬。在定苗时或 5 片真叶时，每亩施尿素 5～6 千克；11 月下旬，可结合壅根培土追施腊肥，每亩撒施草木灰或碎秸秆 50～100 千克，起到蓄水保墒、增温防冻的作用。

4.5.3 稳施薹肥

根据油菜苗长势酌情稳施薹肥。基、苗肥充足，植株生长健壮，可少施薹肥，一般在抽薹中期、薹高 15～30 厘米时施用；以条施为宜，不能在早晨露水未干时施用。

4.5.4 巧施花肥

油菜抽薹后边开花边结荚，种子的粒数和粒重与开花后的营养条件关系密切。对于长势旺盛、薹期施肥量大的可以不施。一般在油菜开花结荚时期，每亩喷施 50 千克 0.1%～0.2%的尿素或 0.2%磷酸二氢钾+0.2%硼砂水溶液。

4.6 防除杂草

采用免耕直播技术的油菜种植地区，其杂草生长率普遍较高。因此，对除草的要求比其他栽种高。主要方法：一是清沟，以土覆盖压草；二是早施苗肥，促幼苗生长，以苗压草；三是化学除草，一般播后 3～5 天杂草出苗前用芽前除草剂防除杂草。

豫南沿淮油菜有机肥替代减量增效技术模式

1 技术概述

通过施肥技术的创新和集成、农作物种植制度的改革、施肥方法的改进、有机肥资源的利用、新型肥料的引进等一系列肥效提升措施，提高肥料利用率，减少化肥施用量，提高施肥效益。在油菜生产中推广秸秆还田、畜禽粪便资源化利用、用有机肥替代部分化肥、有机无机相结合等技术措施，可改良土壤、培肥地力、增加产量、提高品质。精细整地，土壤细碎平实，利于油菜种子出苗和幼苗发育。合理轮作倒茬，减少病害。进行测土配方施肥，满足油菜生长发育对养分的需求是优质油菜高产的基础。油菜施硼防止缺硼。

2 技术效果

采用多种方式提高肥料利用率，合理利用有机肥资源，优化农作物耕作制度，提高耕地地力水平，可以逐渐削减化肥用量。用商品有机肥替代化肥则施肥成本基本持平。在油菜生产过程中，减少化肥施用量，增施有机肥或有机肥替代化肥，以及相应配套技术的落实，社会生态效益显著。有机肥替代化肥，使农牧结合更紧密，把畜禽粪污利用起来，提升了农产品质量，有效改善了土壤理化性状，耕地得到有效的改良，是一举多得的举措。

3 适用范围

豫南沿淮区域内畈田、塝田、岗塝地及河边地。

4 技术措施

4.1 推广深耕整地技术

深耕的时间越早越好，即在前茬作物收获之后立即抢时耕翻，耕深一般应达 20 厘米以上。早耕晒垡灭草时间长，更有利于接纳较多的雨水，增加蓄墒效果。耕前先施入腐熟有机肥，并按比例施入部分氮、磷、钾化肥。掌握好土壤的适耕期，黏土地适耕期短，要争取在适耕期耕作。稻区在水稻蜡熟期排水晒田，待水稻收获后，土壤干湿适度时及时耕作。

4.2　充分利用有机肥资源，提高耕地质量

该区有机肥资源非常丰富，合理利用有机养分资源，既能节约施肥成本，又能很好地改良土壤。依据油菜需肥特征，逐年加大农家肥、商品有机肥的施用量，相应减少化肥的施用量，逐步实现有机肥替代化肥。一是推进秸秆养分还田。油菜种植田的上茬作物多为水稻，而水稻秸秆具有相当丰富的养分，是很好的有机肥料。据测算，1 吨水稻秸秆的养分量相当于 20 千克尿素、10 千克过磷酸钙、35 千克氧化钾。农作物秸秆还田既能改善土壤理化性状、提升土壤肥力，又能减少化肥的施用量。在秸秆利用的基础上，努力扩大秸秆还田量、还田面积，增加土壤有机质与孔隙度，降低土壤容重，增进微生物活力，补充钾元素等无机养分。重点推广秸秆粉碎还田、快速腐熟还田、过腹还田等技术，使秸秆来源于田、归还于田。二是推进畜禽粪便资源化利用。支持规模化养殖企业利用畜禽粪便生产有机肥，鼓励引导农民积造农家肥，推广应用商品有机肥。三是因地制宜种植绿肥。充分利用冬闲田光热和土地资源，通过种植紫云英、苕子、箭筈豌豆等绿肥作物进行轮作倒茬，促进豆科作物固氮肥田。四是开展深耕深松。翻耕整地时加大耕作深度，通过周年性的深耕，使土壤耕层达到 25 厘米左右，提高土壤保肥蓄水能力，促进作物根系下扎，全面保障农作物稳产高产。

4.3　普及测土配方施肥技术，推进精准施肥

根据不同区域土壤条件、作物产量潜力和养分综合管理要求，合理制定各区域、作物单位面积施肥标准，减少盲目施肥行为。一是深入推进测土配方施肥技术。推进农企对接，创新测土配方施肥技术推广应用模式，分区域、分地力水平和产量目标制定施肥指导方案，开展大范围的配方肥进村入户。二是推广施肥管理方法。做到科学合理施用化肥，坚持“4R”施肥法（正确的肥料、正确的时间、正确的施用部位、正确的施用量），达到化肥减量增效的目的。三是切实改进施肥方式。推进农机农艺融合，因地制宜推广化肥机械深施、机械追肥、种肥同播等技术，减少养分挥发和流失。

4.3.1　施肥原则

一是重施有机肥。油菜根系发达，主根深扎。增施有机肥对于油菜抵御严寒、安全过冬十分有利，并可以在油菜整个生育期源源不断地供给养分。油菜有机肥施用以底肥和腊肥为主。底肥一般施用优质农家肥或商品有机肥；在 12 月中下旬，施用腐熟粪尿液肥作腊肥。二是氮、磷、钾、硼配合施用。油菜对氮、磷、钾的需要量较大，特别是对缺磷、缺硼十分敏感。增施磷、钾肥可显著提高油菜抗寒、抗旱、抗倒伏能力，提高结实率和千粒重。增施硼肥可防止油菜“花而不实”。因此氮、磷、钾、硼多种营养元素配合使用是科学施肥的重要原则。

4.3.2　控制底肥施用量

以亩产 180 千克油菜籽为例，每亩底施优质农家肥 1 500～2 500 千克（或商品有机肥 75～150 千克），40%（20－8－12）的油菜专用配方肥 35～45 千克，或亩施碳酸氢铵 40～50 千克（或尿素 15～20 千克）、过磷酸钙 25～30 千克、氯化钾 7～9 千克。硼肥以底肥施入，每亩施硼砂 1 千克或高浓度颗粒硼肥 250～300 克。底肥撒匀后深翻整地。

4.3.3　适期追肥

要根据油菜各生育期对肥料的需求和田间油菜长势长相，确定各个时期的追肥及施肥量。

苗肥：施用原则是先少后多、分次施用。油菜定苗后每亩施用尿素 5 千克左右，兑水穴施或雨前撒施。十天后视苗情再补施一次。

腊肥：12 月中下旬每亩施腐熟粪尿液肥 1 000～1 500 千克。

薹肥：翌年 2 月上中旬、薹高 3～6 厘米时施用。长势旺迟施少施，长势弱或脱肥田早施重施。每亩施粪尿液肥 750～1 000 千克或尿素 8～10 千克。缺硼田块每亩用硼砂 150～200 克，兑水 30 千克喷雾。

花肥：在油菜抽薹至盛花期，尽早补施花肥，以叶面喷肥为主，促进油菜角果多、粒多，增加粒重和含油量。前期施肥多，长势好的可结合病虫防治根外喷施磷、钾肥；长势差的地块，每亩再加尿素 1～1.5 千克，兑水喷施 1～2 次。

4.4 推广应用新型肥料

结合高产创建和绿色增产模式攻关，示范推广缓释肥料、水溶性肥料、液体肥料、叶面肥、生物肥料、土壤调理剂等高效新型肥料，不断提高肥料利用率。提高农作物产量与品质，增强农作物抗逆应变能力，提高肥料利用效率，加快施肥方式转变，实现资源节约、环境友好。

4.5 因地制宜，合理调整农作物种植制度

根据油菜异花授粉的特点，油菜生产严禁连茬连作，必须实行 2～3 年的轮作倒茬，才能保证油菜的优良品质。秋作物可以采取油菜—小麦—绿肥轮作的方式进行倒茬，通过植物对土壤营养成分的自身调节，改善土壤肥力，减少化肥使用量，达到种地养地、节肥增效的目的。晚稻—冬油菜两熟种植影响油菜的适期早播，应采取育苗移栽的方式种植。

江汉平原油菜—水稻化肥减量增效技术模式

1 技术概况

针对该区域施肥不合理的现状，经过多年研究，逐步总结了“增、调、改、替、提”的化肥减量增效集成技术模式。一增为增施有机肥、农家肥等，以提高土壤有机质含量；二调为调整施肥结构和施肥方式并补充中微量元素肥料，将“秸秆还田前期增施氮肥技术”调整为“氮肥总量不变，前期增加用量，减少追肥数量和次数的氮肥前移”技术；三改为改变施肥方式，将传统的化肥撒施，改为与机械深耕深松结合的机械施肥；四替为利用秸秆还田替代部分化肥，可减少钾肥用量；五提是提高耕地质量，通过工程措施、农艺措施，提高耕地综合产出能力。

2 技术效果

与农民习惯施肥相比，油菜每亩平均增产 26.8 千克，平均增产 6.1%；化肥用量得到

减少，减施养分用量 1.45 千克/亩，肥料利用率提高 1 个百分点以上。同时，土壤有机肥含量提高 0.5～1.5 克/千克，耕地质量状况得到稳步提高。

3 适用范围

适用于江汉平原油稻轮作种植区域，其他区域可参照此方案根据测土配方施肥指导意见进行肥料配方调整。

4 技术要点

主要流程为油菜收割秸秆机械粉碎还田→放水泡田→机械整田→水稻种植→田间管理→水稻机械化收割→整田→种植油菜。具体技术措施如下。

4.1 对油菜栽培的技术要求

4.1.1 播种方式

以人工直播、移栽或者机械条播为主。直播油菜在 9 月下旬至 10 月上旬播种；移栽油菜在 10 月中下旬移栽。移栽油菜每亩 8 000～12 000 株；直播油菜用种量 0.25～0.3 千克/亩，机播油菜适当增加播种量，保证每亩有效苗在 20 000～22 000 株。

4.1.2 施肥运筹总体原则

施肥推荐量：氮肥（N）11～13 千克/亩，磷肥（P_2O_5）4～5 千克/亩，钾肥（K_2O）5～7千克/亩。

氮肥分次施用，基肥占 40%～50%，越冬肥占 30%～35%，蕾薹肥 20%～25%；磷肥、钾肥全部基施。

重视硼等微量元素施用，推荐基施硼砂 1～2 千克/亩。

加强水肥协调管理，“三沟”配套，防止渍害。

4.1.3 肥料用量与使用方法

4.1.3.1 中低浓度配方肥方案

推荐配方：17-6-7（$N-P_2O_5-K_2O$）或相近配方。

施肥建议：①一般产量目标，配方肥推荐用量 45～50 千克/亩，苗期、抽薹期分别追施尿素 3～5 千克/亩、4～6 千克/亩；②高产目标，配方肥推荐用量 50～55 千克/亩，苗期、抽薹期分别追施尿素 4～6 千克/亩、6～8 千克/亩。

4.1.3.2 高浓度配方肥方案

推荐配方：22-10-13（$N-P_2O_5-K_2O$）或相近配方。

施肥建议：①一般产量目标，配方肥推荐用量 30～35 千克/亩，苗期、抽薹期分别追施尿素 4～6 千克/亩、5～7 千克/亩；②高产目标，配方肥推荐用量 35～40 千克/亩，苗期、抽薹期分别追施尿素 5～7 千克/亩、6～8 千克/亩。

4.1.4 病虫害和杂草防治

根据生长情况，利用化学药剂或人工进行控制病虫害和杂草。

4.1.5 收割

直播油菜或者株型较小成熟度一致的可采用联合收割机进行收割。移栽油菜人工刈割后放置田间后熟，利用自捡式收割机进行脱粒，或者利用人工进行脱粒。

4.1.6 秸秆处理

采用安装秸秆粉碎装置和导流装置的联合收割机进行收割，粉碎的秸秆应均匀抛撒在田面。利用旋耕机灭茬整田后，种植水稻。

4.2 对水稻栽培技术的要求

4.2.1 种植方式

移栽、直播、抛秧或机械插秧，可根据劳动力情况进行选择，一般在油菜油菜收割后7～10天，在6月中下旬进行。种植密度以选用水稻品种推荐栽培技术为准，一般移栽每穴栽插2～3粒种子苗，每亩栽插1.8万～2万穴，直播水稻每亩播种量2.5千克。

4.2.2 施肥运筹总体原则

肥料养分推荐用量：氮肥（N）10.5～13.5千克/亩，磷肥（P_2O_5）3～5千克/亩，钾肥（K_2O）5～7千克/亩。

肥料施用方法：氮肥分次施用，氮肥适当后移，提高追肥比例；磷肥全部基施；钾肥以基施为主，缺钾田块可适当追施钾肥。

增施有机肥，实行秸秆粉碎翻压还田。施用有机肥的田块，基肥用量可适当减少；常年秸秆还田的田块，钾肥用量可减少15%～20%。

缺锌田块，基施硫酸锌1～2千克/亩。

4.2.3 肥料用量与使用方法

4.2.3.1 中浓度配方肥施用方案

推荐配方：15-6-9（$N-P_2O_5-K_2O$）或相近配方。施肥建议：①一般产量目标，基施配方肥50～60千克/亩，分蘖肥和穗粒肥分别追施尿素4～5千克/亩、3～4千克/亩。②高产目标，基施配方肥55～65千克/亩，分蘖肥和穗粒肥分别追施尿素5～6千克/亩、3～4千克/亩。

4.2.3.2 高浓度配方肥施用方案

推荐配方：22-9-14（$N-P_2O_5-K_2O$）或相近配方。施肥建议：①一般产量目标，基施配方肥35～45千克/亩，分蘖肥和穗粒肥分别追施尿素4～5千克/亩、3～4千克/亩。②高产目标，基施配方肥40～50千克/亩，分蘖肥和穗粒肥分别追施尿素5～6千克/亩、3～4千克/亩。

4.2.4 水分管理

采取少量多次灌溉的原则，尽量减少田间水分排放量。油菜秸秆粉碎还田作业后，应浅水泡田5～7天，水深度2～3厘米，沉降5天左右进行种植水稻。浅水栽秧，以秧苗不浮起为原则；直播水稻田面水深不宜超过1厘米，根据田面湿润情况进行补灌。有效分蘖期田间水深以3厘米为宜。当全田总茎蘖数超过计划穗数的85%时进行晒田。孕穗期田间保持5厘米的水深。到抽穗时尽量自然落干到2～3厘米。灌浆结实期宜干湿交替间歇灌溉。黄熟期后排水落干，促进籽粒饱满，以便收割。

4.2.5　病虫害和杂草防治

根据生长情况，利用化学药剂或者人工方式进行防控病虫害和杂草。

4.2.6　收割

水稻成熟后，采用安装秸秆粉碎装置和导流装置的联合收割机进行收割，粉碎的秸秆应均匀抛撒在田面。整田后，播种油菜。

4.3　秸秆粉碎还田要求

4.3.1　秸秆粉碎和还田量要求

油菜或水稻收获时，采取留茬5～10厘米收割，利用秸秆粉碎装置将秸秆粉碎至长度5～10厘米，利用导流装置将秸秆均匀抛撒在田面。秸秆还田量每亩不宜超过500千克，以原位全量还田为主。前茬作物发生严重病虫害的田块禁止秸秆还田。

4.3.2　秸秆翻压

翻耕深度应≥15厘米，土壤板结或犁底层较浅的田块适当增加耕深。根据田块性状制定作业路线，防止漏耕、重耕。秸秆切碎长度≤15厘米，切碎长度合格率≥90%，漏切率≤1.5%；留茬高度≤8厘米，抛撒不均匀率≤20%。秸秆切碎后抛撒均匀，不得有堆积和条状堆积。耕作后大田地表应平整，田块高低差不超过3厘米。

4.4　整田要求

4.4.1　油菜田块要求

种植油菜时按2.0～2.5米开沟分厢，围沟宽、深各20～30厘米；腰沟宽、深各30厘米；开好厢沟、腰沟和围沟，然后平整厢面。或机械开沟整地，畦宽为120～150厘米，沟宽30厘米，沟深15厘米；腰沟、围沟深各20厘米。

4.4.2　水稻田块要求

种植水稻时应起垄作畦，畦宽2～3米，垄宽10～20厘米、高10～15厘米。

洞庭湖平原地区油菜“有机肥＋缓释肥”减肥增效推广技术模式

1　技术概述

针对洞庭湖平原地区，移栽油菜生产存在总体上化肥施用量偏高且小区域间差异较大、过量施肥与施肥不足并存、油菜生产期长、追肥次数多、肥料流失严重、占用劳力多、成本投入高、经济效益不高的现状，根据新型肥料试验示范的肥料效应，在增施有机肥的基础上，推广缓释专用肥，减少肥料流失，减轻劳动强度，提高油菜生产效益。

2　技术效果

推广配方缓释肥每亩生产用工减少1个以上，减少化肥用量（纯量）2.1千克，增产

7%以上，每亩节本增效约60元。同时，推广配方缓释肥能减少肥料流失，可减少农业面源污染。

3 适用范围

洞庭湖平原地区。

4 技术措施

主要流程如下：苗床整地播种→大田整地施基肥→移栽→田间管理→适时收割。

4.1 品种选择

华油杂12号、沣油682等高产品种。

4.2 肥料配方

根据本区域耕地地力状况和多年“3415”试验和油菜肥料利用率试验，油菜最佳肥料配比为：18－10－12。

根据油菜新型缓释肥对比试验，相同配比下，缓释肥肥料利用率高于普通配方肥4.6%，产量提高5.1%。

4.3 播种期

华油杂12号、沣油682油菜适播期在9月15～18日。

4.4 播种量

油菜苗床播量每亩0.5～0.6千克，移栽大田7～8亩。

4.5 整地

4.5.1 苗圃整地

油菜苗期要求有松细的土壤。整地质量差，湿耕烂种。土壤板结不仅导致移栽油菜缓苗慢，而且易造成烂根死苗。在前茬作物收获后，应抢晴天整地，耙细泥块，土壤疏松细碎，然后开沟作厢，厢宽2米左右，沟宽20厘米，沟深20厘米。

4.5.2 大田整地

晚稻收割，利用大型旋耕机实行旋耕、灭茬、分厢开沟，厢宽3米左右，开好围沟、厢沟，沟沟相通。

4.6 适时移栽，合理密植

苗龄达30～35天及时进行移栽，行距0.53～0.6米，株距0.2～0.33米，宽行窄株亩栽5 000株以上，及时查苗补缺。

4.7 施肥

4.7.1 基肥

低肥力田每亩用土杂肥 1 500 千克、40%（18－10－12）缓释肥 35 千克、菜籽饼 40 千克、硼砂 0.5 千克；中肥力田每亩用土杂肥 1 200 千克、40%（18－10－12）缓释肥 32.5 千克、菜籽饼 40 千克、硼砂 0.5 千克；高肥力田每亩用土杂肥 1 000 千克、40%（18－10－12）缓释肥 30 千克、菜籽饼 40 千克、硼砂 0.5 千克。

4.7.2 追肥

油菜移栽 15 天左右遇雨天每亩施尿素 7～10 千克、钾肥 2～3 千克。

4.8 病虫害防治

油菜主要虫害为蚜虫；防治方法：清除田间杂草、除去有蚜株，有蚜株率达 10%时用敌敌畏、乐果及菊酯类农药防治。

主要病害为菌核病、霜霉病；防治方法：在油菜初花期用硫菌灵、多菌灵、疫霜锰锌等农药防治。

4.9 适时收获

在油菜盛花期末 30 天左右，5 月上中旬约有 2/3 的角果呈黄色，角果内的种子大部分由绿色变为黄、红色时即可收获。

川东北丘陵区油菜“配方施肥＋稻草覆盖免耕直播栽培”技术模式

1 技术概述

针对本区域油菜生产存在总体上化肥施用量偏高，且小区域间差异较大、过量施肥与施肥不足并存等现状，该技术模式基于区域内多年多点试验示范的肥料效应，根据土壤、气候和土壤潜在养分供应水平的特点，合理利用秸秆等有机养分资源，建立了区域性化肥施用的总量控制技术指标，并大力推广配方肥，在区域尺度上减少了农户施肥过高或过低、养分不均衡等不合理现象。同时针对传统的油菜种植方式劳动强度大、占用劳力多、成本投入高、经济效益差的现状，采用免耕直播油菜“一道清”施肥轻简化栽培技术，栽培操作简便，既节约了劳动力、减轻了劳动强度，有效缓解了农村劳动力严重不足的问题，又可大幅度提高劳动生产效率，推动油菜种植技术转型升级。

2 技术效果

川东北丘陵区油菜配方施肥＋稻草覆盖免耕直播栽培技术模式与农民习惯栽培模式相

比，亩均可节约耕地、育苗、苗期管理等用工约 3 个，节约纯 N 1.0～1.5 千克、P_2O_5 0.5～0.75 千克、K_2O 0.5～0.75 千克，肥料利用效率提高 5%以上，增产 5%以上。

油菜配方施肥+稻草覆盖免耕直播栽培技术模式具有改善土壤结构、保持水土、提升土壤肥力等优点，同时解决了作物秸秆综合利用问题。不仅实现土壤耕地力保护，减少化肥施用量，还使秸秆变废为宝，有效改善和保护了生态环境。

稻草覆盖免耕直播栽培技术可以减少劳动力投入，为当前农村劳动力严重老年化等问题提供了解决方案，深受广大农户欢迎。同时，也为农业新型经营主体规模化种植提供技术支持，对当前农业改革具有重要意义。

3 适用范围

本技术模式适用于川东北浅丘、平坝区域水稻—油菜轮作制下的油菜生产，周边水稻—油菜种植区域也可借鉴。

4 技术措施

4.1 规范开沟作厢，排除田间积水

土壤适耕时开沟抛土，以利于出苗。漕沟田、下湿田按 2～3 米开厢，磅田或坝田按 4～5 米开厢，沟宽 20 厘米、沟深 15～20 厘米，做到主沟、厢沟、边沟、背沟四沟配套，达到明水自排，暗水自降，雨住田干。

4.2 重施基肥

基肥是免耕直播油菜获得高产的基础，每亩施腐熟农家肥 1 000 千克、油菜专用配方肥 35 千克（$N:P_2O_5:K_2O=20:10:10$）、硼肥 0.75 千克，化肥与有机肥混合作基肥施用，均匀撒施在厢面上。

4.3 适期早播

一般 9 月 23～30 日为适宜播种期。

4.4 播种及稻草覆盖

免耕撒播、条播，是目前油菜种植中最简洁的播种方式。撒播应注意撒播密度，均匀撒播，选择在雨后的晴天进行，播种时可以与尿素混合撒播，一般每亩 1 千克尿素与 200～300 克种子混合进行量化撒播，撒播时尽量避免油菜种子成团，减少以后的匀苗工作。条播时也要注意每行的植株量，不宜过密，播种时每厢一般按行距 33 厘米，拉线开沟播种，沟深 3～5 厘米。条播要求落子稀而匀，最好用干细土拌种，顺沟播下，一般每亩播量控制在 150～250 克。播后立即用湿稻草覆盖厢面（一般一亩水稻稻草可盖 1～1.5 亩油菜），覆盖标准是既不露种，又不露土，即薄盖不露。盖草时，一般将稻草根部朝向厢沟，中间以稻草穗部接头，以免接头处过薄或过厚，影响出苗效果。

4.5　防除杂草

一是清沟，以土压草；二是早施苗肥，促幼苗生长，以苗压草；三是化学除草。一般进行两次，开沟结束后，每亩用草甘膦或乙草胺 120 克，喷施厢面，防除杂草。间、定苗结束后进行一次化学除草，禾本科杂草用“高效盖草能”或“精喹草除灵”进行防除；阔叶类杂草用“高特克”或“好施多”等进行防除。

4.6　病虫害防治

4.6.1　油菜菌核病

苗期在接近地面的根颈和叶柄上，形成红褐色斑点，后转为白色。叶感病后初生暗青色水渍状斑块，后扩展成圆形或不规则形大斑。病斑灰褐色或黄褐色，有同心轮纹，外围暗青色，外缘具黄晕。防治方法：①选用早熟、高产、抗病品种。②实行稻油轮作或旱地油菜与禾本科作物进行两年以上轮作减少菌源。③改善油菜生态环境。如重施基肥、苗肥，早施或控施蕾薹肥，施足磷、钾肥，防止贪青倒伏。深沟窄畦，清沟防渍。在油菜开花期摘除病、黄、老叶。适时播种，适当迟播。④药剂防治。药剂种类与用量为：40%菌核净·多菌灵可湿性粉剂 83～125 克/亩或 50%多菌灵硫酸盐悬浮剂 600～800 倍液。

4.6.2　油菜霜霉病

油菜各生育期均可感病，为害油菜地上部分各器官。叶片发病后，初为淡黄色斑点，后扩大成黄褐色大斑，受叶脉限制呈不规则形，叶背面病斑上出现霜状霉层。茎、薹、分枝和花梗感病后，初生褪绿斑点，后扩大成黄褐色不规则形斑块，斑上有霜霉病菌。花梗发病后有时肥肿、畸形，花器变绿、肿大，呈“龙头”状，表面光滑，上有霜状霉层。感病严重时叶枯落直至伞株死亡。防治方法：①选用抗病品种。②适期播种，雨后及时排水。③收货后彻底清除田间病残体，减少越冬菌源。④与小麦等禾本科作物轮作 1～2 年或水旱轮作，施足基肥，增施磷、钾肥，窄畦深沟，清沟防渍，摘除黄病叶等。⑤药剂防治。抽薹期病叶率达到 20%时，可用 64%恶霜·锰锌可湿性粉剂 500 倍液或者 58%甲霜灵·代森锰锌可溶性粉剂 500 倍液进行化学防治。

4.6.3　油菜蚜虫

蚜虫为油菜最严重的害虫，成蚜、若蚜都在油菜顶端或嫩叶背面刺吸汁液，使叶片受害。可选用黄板诱蚜防治或释放蚜茧蜂、蚜霉菌等减少蚜虫危害。也可以用 10%吡虫啉可湿性粉剂 20 克/亩或者 1.8%阿维菌素乳油 30～40 毫升/亩进行化学防治。

川东南丘陵区油菜“有机肥＋配方肥＋硼肥”减量增效技术模式

1　技术概述

油菜生产广泛分布于全国各地，是川东南丘陵区主要的油料作物。施肥方面存在偏施氮肥和过量施用化肥，忽视钾肥的施用，农户用肥量差异较大，肥料用量，N、P、K配比施肥时期和方法不合理，在黄沙泥土等缺硼土壤上，不重视硼肥的喷施，肥料利用率和产量低。“有机肥＋配方肥＋秸秆还田”施肥技术模式是通过川东南丘陵区十年测土配方施肥技术探索，以及油菜需肥规律和土壤供肥能力，以及目标产量制定施肥方案，提高化肥利用率，达到培肥改土、提升品质、优质高效的目的。

2 技术效果

川东南丘陵区油菜“有机肥＋配方肥＋硼肥”技术模式与农民习惯施肥相比，油菜产量可增产30%～45%，每亩减少化肥氮（纯量，下同）5～6千克、磷2～3千克、钾2～3千克，总减少化肥施用9～12千克。

3 适用范围

油菜“有机肥＋配方肥＋硼肥”技术模式主要适用于川东南亚热带温暖湿润季风气候丘陵区，推广稻—油种植。适用品种为“双低”油研系列、川油系列、绵油系列等油菜品种。

4 技术措施

4.1 施肥原则

增施有机肥，提倡有机、无机配合和秸秆还田；依据土壤有效硼状况，补充硼肥；适当降低氮肥基肥用量，增加薹肥比例；肥料施用应与其他高产优质栽培技术相结合。

4.2 肥料品种与施肥用量

4.2.1 有机肥

选择当地畜禽粪便等有机肥为原料生产的商品有机肥或农家肥。移栽后施用商品有机肥100～200千克/亩或农家肥1 000～2 000千克/亩。

4.2.2 配方肥

移栽后，施用氮肥（N）6～7千克/亩、磷肥（P_2O_5）3～4千克/亩、钾肥（K_2O）4～5千克/亩、硼砂0.5～1千克/亩（基施或水溶液叶面喷施）。

4.3 施肥时期与方法

4.3.1 苗床施肥

油菜播期一般是9月中旬。首先施足基肥，具体做法是：每亩苗床在播种前施用腐熟的优质有机肥200～300千克、尿素2千克、过磷酸钙5千克、氯化钾1千克，将肥料与土壤（10～15厘米厚）混匀后播种。结合间苗和定苗，追肥2次，追肥以人畜粪尿为主，并注意肥水结合，以保证壮苗移栽。

4.3.2 油菜移栽田施肥

4.3.2.1 基肥

在油菜移栽前1天穴施基肥，施肥深度为10～15厘米。基施氮肥占氮肥总量的40%，兑清粪水施尿素5.2～6千克/亩。磷肥全部作基施，施过磷酸钙18～24千克/亩。基施钾肥占钾肥总量的60%，施氯化钾4～5千克/亩。若不准备叶面喷施硼肥，可基施硼砂0.5～1千克/亩。

4.3.2.2 追肥

油菜追肥一般分为2次。第一次追肥在苗期，移栽后10～15天进行，结合中耕除草，施用氮肥占氮肥总量的20%，兑清粪水施尿素2.6～3千克/亩；施用钾肥占钾肥总量的20%，施氯化钾1.3～1.7千克/亩，若不进行中耕，可在行间开10厘米深的小沟，施肥后覆土。第二次追肥在薹期，12月中旬施用，撒施余下的尿素5.2～6千克/亩、氯化钾1.3～1.7千克/亩。

4.3.2.3 叶面追肥

若在施基肥时没有施用硼肥，则一定要进行叶面施硼。叶面喷施硼肥（一般为硼砂）的方法是：3次分别在苗期、薹期和初花期结合施药喷施硼，浓度为0.1%～0.2%，溶液量50千克/亩。

4.4 适期收获

适宜的收获期为油菜终花后25～30天，全田有2/3的角果呈黄绿色，主轴中部角果呈枇杷色，全株仍有1/3角果显绿色时收获为宜。川东南丘陵区油菜收获期一般在4月中下旬至5月上旬，一般采用人工收获方式。

辽宁花生“炭基肥＋根瘤菌剂”减肥增效技术模式

1 技术概述

花生是辽宁省的第一大油料作物，并且是列位于玉米和水稻之后的第三大种植作物。种植面积480万亩左右，总产量100万吨左右。花生炭基肥＋根瘤菌剂减肥增效技术模式是根据花生需肥规律和土壤供肥特性制定的以炭基肥36%（10－13－13）＋根瘤菌剂为主要产品，以一次性施用免追肥为主要施肥方式的减肥增效施肥技术，经过大量田间试验验证，成效显著。

2 技术效果

花生炭基肥＋根瘤菌剂减肥增效技术模式与农民习惯施肥相比，其产量及减肥效果显著。等产量条件下花生亩均减少肥料用量5千克，节肥达率8%～10%，以纯养分5.0元/千克计，可节约肥料成本15～22.5元；等养分条件下花生产量亩均增产13千克，增产率5%，按市场价6元/千克计算，每亩增收120元。总体产投比达25%以上。

3 适用范围

以风沙土、褐土和棕壤为主的花生种植区。

4 技术措施

4.1 品种选择

选择高产、稳产、商品性状好且经过审定的品种。油用型品种：阜花11号、阜花13号、花育20号、冀花7号等。出口型品种：阜花10号、阜花12号、白沙1016、唐油4号、远杂9102、锦花8号等。

4.2 选地、整地

选择沙质壤土或轻沙壤土。每3～4年深翻一次，深度在25～30厘米。翻后及时耙耢，达到“深、平、绒”；风沙地耕翻最好在春季进行。不耕翻的土地在春季除净残茬，起、合垄平整好地表，随后播种。

4.3 轮作倒茬

较好的轮作作物是粮谷类、薯类等，如花生—杂粮、玉米、高粱、谷子、甘薯、土豆、糜子、荞麦等的二年轮作制，或花生—杂粮—甘薯、土豆等的三年轮作制。

4.4 种植密度

丘陵山坡地、土壤肥力较低及风沙土地块花生种植宜密，平肥地块宜稀。生育期偏短、植株偏矮的品种种植宜密，生育期较长、植株生长较繁茂的品种宜稀。一般情况下，裸地播种行距45～50厘米，株距6.5～7.5厘米。肥力较差地块亩保苗2万～2.2万株，平肥地亩保苗1.8万～2万株。当春季10厘米深的土壤地温持续5天稳定15℃以上即可播种，一般为5月上旬。

4.5 施肥技术

整地前撒施腐熟农家肥2 000～3 000千克/亩，然后机械旋耕灭茬起合垄。花生播种前使用花生根瘤菌拌种（拌种方法是将种子倒入容器中，然后将根瘤菌剂摇晃均匀后慢慢滴入，边滴边搅拌使种子表面均匀沾上菌剂，每亩用量为60～70毫升。拌种时宜在室内阴凉、避光处进行，拌种使用的根瘤菌不可兑水。如果花生种子进行包衣，待包衣72小时后再进行花生根瘤菌的拌种，拌好后3日内播种完，以免影响根瘤菌效果）。

以花生炭基肥（10－13－13）为主要产品，作底肥一次施用40～50千克/亩，播种时机械深施10～15厘米，免追肥。施肥量根据花生产量和土壤状况确定，肥力较低的地块建议另施种肥，可施用磷酸二铵5千克/亩。注意花生炭基肥不能作种肥施用。在风沙干旱连作花生产区，花生炭基肥可以配合施用以生物炭为核心的土壤改良剂，每亩 50 千克。

花生生育中后期结合防病虫害进行叶面施肥，以防早衰。叶面喷施大量元素水溶肥、有机水溶肥料、含腐殖酸水溶肥、含氨基酸水溶肥料等，每隔 7～10 天喷雾一次，连喷 2～3 次。

4.6　施肥方式

采用种肥同播施肥方式。肥料侧条施，种子条播，种肥距离 5 厘米，播种深度应掌握“干不种深，湿不种浅”的原则。土质稍黏的浅种，风沙地或沙性大的地块播种要适当深，即沙土地 5 厘米为宜，其他土壤 3～4 厘米。

5　推广前景

在花生上应用炭基肥＋根瘤菌剂技术模式既减少化肥用量、提高作物产量，达到减肥增效的目的，又促进了土壤形成良好的团粒结构，改善土壤理化性状，提高土壤保水保肥能力，具有广泛的应用前景。

胶东丘陵地区花生“配方肥＋有机肥＋微肥”技术模式

1　技术概述

花生全生育期对氮、磷、钾、钙、铁等元素的吸收量均较大。每生产目标产量 300 千克荚果需氮（N）6.8 千克、磷（P_2O_5）3.9 千克、钾（K_2O）11.4 千克、钙（Ca）1.6 千克、铁（Fe）0.16 千克。花生对微量元素硼、钼、铁较为敏感。花生对各种营养物质的吸收随生长发育阶段的不同而不同，幼苗期对氮、磷、钾的吸收较少，花针期开始显著增加，结果期达到高峰，荚果成熟后，对各种养分的吸收显著减少。花生对氮、磷的吸收最高峰在结荚期，对钾的吸收高峰比氮、磷早，一般在花针期。花生施肥以基肥为主适当追肥，以有机肥为主、化肥为辅。该模式通过土壤养分分析、花生需肥规律等进行测土配方施肥工作，增施有机肥、微肥，地膜覆盖种植，达到提高土壤有机质含量、改良酸化土壤、减少化肥用量、提高花生品质和产量、增加效益的目标。

2　技术效果

花生配方肥＋有机肥＋微肥技术模式较化肥常规施肥技术模式增产效果明显，通过 2012—2015 年小区肥效对比试验可知，该模式每亩减少化肥用量（折纯）5 千克，产量增加 25 千克左右。有机肥和中微肥的施用，对下茬作物的产量也会显著提高，并有效改善了土壤理化性状，减少水肥流失，提高肥料利用率，有效减少了化肥对土壤及地下水的污染，生态效益显著。

3 适用范围

该技术模式适用北方丘陵地区春播花生区域，可在我国北方春播花生种植区域进行推广。适宜土壤类型为棕壤等，适宜气候条件为大陆性季风型暖温带半干旱半湿润气候，以及四季变化分明的气候。

4 技术措施

4.1 有机肥的施用

4.1.1 有机肥类型

有机肥包括有生物有机肥类，商品有机肥类，豆粕、花生粕类，厩肥类，动物粪便类，沼液、沼渣类，秸秆腐熟类等。

4.1.2 施用时期

花生播种前整地时作为基肥全部施入。

4.1.3 施肥量

优质农家肥施用量为2 000千克/亩，优质有机肥（生物有机肥、商品有机肥等）施用量为200千克/亩。

4.1.4 注意事项

农家肥必须进行充分腐熟发酵，以免发生肥害、病菌虫害扩散传播。

4.2 化肥的施用

化肥按土壤养分含量配方施用，全部用作基肥。

4.2.1 化肥的类型和用量

花生每生产100千克荚果需吸收养分氮（N）6.8千克、磷（P_2O_5）1.3千克、钾（K_2O）3.8千克，花生可通过根瘤菌固定氮素。在土壤有机质含量10克/千克、碱解氮100毫克/千克、有效磷20毫克/千克、速效钾90毫克/千克左右条件下，每亩产量300千克荚果需施氮肥折纯N 6.8（6.0～8.0）千克［换算成尿素为14.8（13.0～17.4）千克］，施磷肥折纯$P_2O_5$3.9（3.0～5.0）千克［换算成12%过磷酸钙32.5（25.0～41.7）千克］，施钾肥折纯K_2O11.4（10.0～13.0）千克［换算成50%硫酸钾22.8（20.0～26.0）千克］。在土壤碱解氮小于80毫克/千克、有效磷小于15毫克/千克、速效钾小于70毫克/千克情况下施肥量取高值；在土壤碱解氮大于120毫克/千克、有效磷大于30毫克/千克、速效钾大于70毫克/千克情况下施肥量取低值。

4.2.2 化肥的配方

胶东丘陵地区确定花生配方肥基本原则为中氮低磷高钾，目前根据胶东丘陵区土壤养分状况确定配方为：16-10-16、16-4-10、12-6-12、14-7-11、15-8-17，按需施用40千克/亩左右。

4.3 微肥的施用

花生上用0.1%～0.15%钼酸铵拌种，拌种时用10～15克兑40℃温水溶解，加水稀释后拌种。硼肥一般用硼砂。硼砂作基肥用0.5～0.75千克/亩与有机肥或干细土15～20千克拌匀条施或穴施；或叶面喷施：一般浓度为0.1%～0.3%的硼砂溶液，在花期连喷2～3次，每次间隔7～10天。锌肥一般作基肥用量1～1.5千克/亩。微肥最好作基肥、种肥施用，这样省工省力，效果又好。微肥肥效一般长达2～3年，不必年年施，一般每隔2～3年施一次即可。

4.4 微生物肥的施用

播种前按根瘤菌和根瘤促进剂各0.5千克/亩混合均匀，随拌随播。

4.5 叶面追肥

喷施钼、硼、钙等微量元素肥料，硼砂一般用0.1%～0.3%的硼砂溶液、1%～2%尿素溶液、0.3%磷酸二氢钾溶液在花期连喷2～3次，每次间隔7～10天。

4.6 化学调控

在花生株高达到35～40厘米时，有徒长趋势的高产田每亩每次用壮饱安10～15克或花生超生宝20克进行2～3次化控。

4.7 注意事项

花生良种要质量过硬、发芽率高、适宜机播；农家肥要堆沤腐熟彻底；微肥要严格控制用量，尤其不能过量施用。

胶东丘陵区花生“有机肥＋缓释肥＋酸土改良”技术模式

1 技术概述

胶东地区多丘陵，花生生产条件差，土壤养分含量低，土壤质地粗，供肥能力差，耕作管理粗放；用肥不均，施肥比例不合理；有机肥的投入量严重不足，不注意施用微量元素肥料。而且该区的主要土壤类型是棕壤，主要发育在花岗岩、片麻岩和斜长角闪岩上，为酸性岩风化物母质。近年来，由于施肥和管理不当，导致土壤中pH下降，酸化趋势明显。针对以上问题，提出花生“有机肥＋缓释肥＋酸土改良”技术模式，传统的化肥易造成花生前期旺长、倒伏，使用缓释肥可防止后期脱肥早衰。通过增施有机肥，减少化肥用量，提高土壤有机质含量，增强根瘤固氮能力，减少氮肥使用量。使用生石灰或土壤调理剂调节土壤的酸碱度，进行酸土改良。补充微肥可减少花生秕果率。

2 技术效果

采用该化肥减量增效技术模式，花生减少化肥用量15%～30%，使用有机肥可增产4%～10%，并且能有效改良土壤，增加土壤有机质，调节土壤pH，达到高产优质高效节本的效果。

3 适用范围

该技术模式适用于胶东丘陵花生种植区域，品种为花育23号、山花9号、青花7号等，山东其他地方的丘陵区花生也可借鉴。

4 技术措施

4.1 整地施肥

4月中旬整地施基肥。深耕翻，加厚活土层，为花生生长发育提供适宜的土壤条件。耕地深度一般年份25厘米左右，深耕年份30～33厘米，每3～4年进行一次深耕。花生田一般采用全部肥料基施，针对本地区的土壤条件，耕地前撒施全部有机肥、磷钾肥和2/3的缓释氮肥，耙地前铺施剩余1/3的速效氮肥。有机肥料每亩施用优质圈肥1 500～2 000千克或腐熟鸡粪500千克，也可亩施商品有机肥100～200千克或生物有机肥100千克。一般采用耕地前撒施后耕翻。严禁施用未经腐熟的鸡粪、牲畜粪便等。提倡施用豆粕有机肥等高品质商品有机肥和有机无机复混肥料。无机肥料高产田施纯氮8～12千克/亩、五氧化二磷8～10千克/亩、氧化钾12～14千克/亩。中产田施纯氮6～10千克/亩、五氧化二磷5～8千克/亩、氧化钾8～10千克/亩。低产田施纯氮4～7千克/亩、五氧化二磷3～5千克/亩、氧化钾5～8千克/亩。

4.2 补施微肥

缺铁地块，一般可每亩施0.5～1千克硫酸亚铁作基肥，或0.1%硫酸亚铁溶液浸种12小时。缺锌地块，可用0.5～1千克/亩硫酸锌作基施，或每千克种子用4克硫酸锌拌种。缺硼地块，每亩可施用硼肥0.5～1千克作基施。

4.3 酸土改良

胶东丘陵区花生田土壤酸化比较严重，已严重影响到花生的产量。采用生石灰或贝壳粉类碱性（弱碱性）土壤调理剂进行酸化改良。具体用量根据土壤酸化程度强弱和质地类型确定，土壤pH越低用量越大，质地越黏用量越大。花生田一般生石灰亩用量30～50千克，其他商品类土壤调理剂50～100千克。生石灰要经过粉碎，使用粒径小于0.25毫米，即通过60目筛。选择无风天气，在耕翻前人工撒施或农用喷粉机喷施，力求均匀，并尽快耕翻。商品类土壤调理剂的使用参照产品说明。

4.4 根外追肥

在花生生长中后期，对花生长势弱或有脱肥趋势的田块，可叶面喷施1%～2%的尿素和0.2%～0.3%的磷酸二氢钾溶液2～3次，每次间隔7～10天，延长花生功能叶片寿命。

4.5 肥料施用与高产栽培技术相结合

一是起垄覆膜。花生起垄覆膜栽培具有提高地温、保墒抗旱、保持土壤疏松通气、减少肥料流失、促进植株和荚果发育的作用。二是间作。玉米间作花生，能提高自然资源利用率和种植效益，稳定了玉米产量，增收了花生产量，促进了粮油同步发展。三是化控。夏季阴雨季节，密度较大的高产田花生植株容易旺长倒伏，应及时配施植物生长延缓剂抑制茎、叶生长，控制旺长，防止倒伏。在盛花后期至结荚前期的生长最旺盛时期，当主茎高达到35厘米、日增量超过1.5厘米时，可用15%多效唑15～20克/亩，兑水45～60千克/亩，喷洒植株。起到抑制主茎伸长、增加叶片厚度、提高叶片叶绿素含量、提高光合强度的作用。

黄淮海平原地区夏花生种植化肥减量增效技术模式

1 技术概述

该技术模式，具体可归纳为“一底两喷三追四补”技术路线。即肥料底施，花生生长期三次追肥，后期喷两次叶面肥，防病治虫的同时补喷四种微肥。主要解决施肥量大和施肥结构单一的问题。根据不同土壤条件、作物产量潜力和养分综合管理要求，合理确定施肥用量，减少盲目施肥行为，实现精准施肥。在底施有机肥的基础上，优化氮、磷、钾配比，促进大量元素与中微量元素协调配合，大力推广专用肥，实现品种协调。

2 技术效果

此模式可以培肥地力，提高土壤有机质含量，增加花生果的饱满度，提高花生品质，增加收益。在施有机肥的基础上，精确施肥可以实现每亩化肥减肥（折纯）6～8千克，增产5%左右。

3 适用范围

本技术模式适用于河南黄淮海地区夏花生种植区域。

4 技术措施

4.1 精准施肥

4.1.1 确定合适的配方、用量及时期

在土壤化验和底施有机肥的基础上，精准施用追肥。全程推广应用花生专用肥。提倡三次追肥，黄淮海夏花生一般在5月20号左右进行点种。第一次追肥应在小麦收获后及早进行，亩施尿素或者（30∶5∶5）的高氮复合肥15～20千克；第二次追肥在盛花期，亩施硫酸钾型复合肥（14∶16∶15）或类似配方30～35千克；第三次追肥在膨果期，亩施硫酸钾型（15∶7∶16）或类似配方20～25千克。

4.1.2 合理补用中微肥

钙是花生的有益元素，在生产中，重视补施钙肥，同时，叶面补施钼肥、铁肥和硼肥，增产效果明显。具体措施：在花生封行前每亩用30～35千克磷石膏浅施于结荚层；在苗期和花期用浓度为0.05%的钼酸铵溶液各喷施1次；雨后或灌水后用浓度为0.2%的硫酸亚铁溶液连喷2～3次，用浓度为0.1%的硼酸溶液在始花至盛花期喷施2次。采取上述措施可以达到增产效果。

4.1.3 取长补短喷施叶面肥

花生生长后期，每亩用尿素1千克加磷酸二氢钾200克兑水50千克叶面喷施2～3次，即尿素喷施浓度1%～1.5%，磷酸二氢钾喷施浓度0.3%～0.4%，防止早衰，增加产量。

4.2 改变施肥方式

4.2.1 农艺农机相融合

夏花生属于麦间套种花生，在小麦种植时就预留宽行，打1.5米的畦，播种6行小麦，预留间种4行花生或者0.8米的畦，播种3行小麦，预留间种2行花生。花生采用双行机械播种，因行间距宽可推广机械追肥，减少养分挥发和流失。

4.2.2 推广水肥一体化

花生一般宜种植在沙土和沙壤土的耕地上，因沙土和沙壤土保水保肥性能差，宜采用滴灌施肥、喷灌施肥等，将花生专用肥采用水肥一体化方式进行追肥，提高肥料和水资源利用效率。

4.3 提高耕地质量水平

完善农田水利配套设施建设，改善耕地基础条件。在增施有机肥、生物菌肥、新型肥料的同时，每三年采用大型机械深耕，将花生叶、秸秆粉碎还田，改良土壤，培肥地力，提高耕地地力等级。

豫北花生"配方肥＋中微量元素肥"减量增效技术模式

1　技术概述

在优化氮、磷、钾配比施肥的基础上，根据土壤中微量元素测试结果，结合作物对中微量元素的需求状况，施用符合作物生长的中微量元素品种及适用量，促进大量元素与中微量元素高效结合，改善品质，提高产量，发挥其减肥增产增效作用。在种植技术上采用配方肥＋中微量元素肥的施肥技术，以及复合微生物肥技术。

2　技术效果

平均亩产花生 340 千克，与常规施肥平均亩产 265 千克相比，增加 75 千克。花生生育期使用配方肥（折纯）16 千克/亩，与常规施肥亩施化学肥料（折纯）27.1 千克/亩相比，减少肥料使用量（折纯）11.1 千克/亩。

3　适用范围

豫北平原夏播花生区。

4　技术措施

4.1　播前准备

4.1.1　品种选择

选择株型紧凑，结荚集中，抗逆性强的适合豫北区域种植的优良品种，如豫花 9327、山花 15、濮花 28、青花 6 号、冀花 4 号、花育 25 等。

4.1.2　种子晒种

花生播种前要带壳晒种（严禁剥壳后晒花生仁，否则会使花生种皮破裂而影响花生发芽和出苗）。选择晴天上午，摊厚 8～10 厘米，每隔 2 小时翻动一次，晒 2～3 天。这样可增强种皮的透水性，加速种子的吸水过程，促进酶的活性，有利于种子内营养的转化，提高种子的发芽势和发芽率，苗全、苗壮。

4.1.3　剥壳时间

一般提倡播种前 10～20 天剥壳为宜。剥壳最好选择人工剥壳方式，不宜采用机械剥壳。

4.2　播种

4.2.1　播种日期

夏直播时间一般在麦收后 6 月 15 日前均可。

4.2.2 播种量

根据品种的大小科学安排播量。一般大果形不超过 20 千克/亩，中果型 17.5 千克/亩，小果型不超过 15 千克/亩。

4.2.3 播种密度

株行距 30～40 厘米，每穴 2 粒、每亩 10 000 穴左右。

4.2.4 播种深度

播种深度要根据土质、墒情、气温及地下水分灵活掌握。土质黏的要浅些，一般以 3.3～5 厘米为宜。沙土和沙土性大的土壤以 5～7 厘米深为宜。土壤墒情差时可适当深些，墒情好可适当浅些。要把握干不种过深，湿不种过浅，以 5 厘米左右最为宜。

4.3 施肥管理

播种时，施入花生测土配方肥 N－P_2O_5－K_2O（20－12－8）40 千克/亩。6 月底至 7 月上旬，叶面喷施硼肥（20 克/升）50 毫升/亩。8 月中上旬，叶面喷施糖醇钙 50 毫升/亩和天达 2116 氨基酸叶面肥 50 毫升/亩。

按照“前促、中控、后保”的原则制定花生田间综合管理技术。分三次喷施，第一遍在花生开花期，这个时期是决定花生结果多少的关键时期，加入氮、磷、钾叶面肥及硼、钼微量元素，促进花生快速生长，改善品质，同时加入杀菌剂、杀虫剂防治花生苗期病虫害。其主要作用是使花生苗齐、苗壮，根系发达，开花多，提高授粉率，增加结果数，为花生高产奠定基础。第二遍是在花生结荚期，这个时期是决定花生成果率和果仁大小的关键时期，在施入花生所需的氮、磷、钾和钙、硫等营养物质的同时，加入花生控旺剂和杀菌剂，控制茎叶徒长，促进茎叶的养分向根部转移，防治花生叶斑病、白绢病等病害。其主要作用是增加花生双仁果，使花生果大果饱。第三遍是在花生结荚后期，即收获前 15～20 天，这个时期是决定花生荚果饱满度的关键时期，补充花生果仁所需要的磷、钾叶面肥，延长花生生长期。其主要作用是防治花生后期发生病害，增加养分，保茎叶，使花生不早衰，活秆成熟，增加花生的饱满度，从而提高花生的产量。

大湘西地区茶叶“茶园绿肥＋有机肥＋配方肥”施肥技术模式

1 技术概述

大湘西地区包括湘西、张家界、怀化、邵阳、娄底 5 市（自治州）所辖的 42 个县（市、区）及雪峰山、武陵山片区的安化、石门、桃源 3 县，共 45 个县（市、区）。该区域处于我国绿茶、黑茶黄金产业带，有古丈、保靖、沅陵、会同、洞口、石门、桃源、安化等茶叶主产县，有安化黑茶、古丈毛尖、保靖黄金茶、沅陵碣滩、石门银峰等国家地理标志保护产品和“中国驰名商标”，有年产值 5 000 万元以上的茶叶生产企业 17 个，茶叶产业已成为大湘西地区加快区域经济发展、全面建成小康社会的优势特色产业，但在茶园施肥上也存在一些不容忽视的问题：茶农忽视有机肥的施用和土壤改良培肥；片面追求短期经济效益，偏施氮肥和过量施用化肥，氮、磷、钾不协调；施肥时期和方法不合理，肥料利用率低。“茶园绿肥＋有机肥＋配方肥”技术模式关键技术是在茶园种植绿肥并适时翻压入土，同时根据土壤测试结果和茶叶需肥规律，增施有机肥，施用茶叶专用配方肥。实践证明，推广技术模式是解决上述问题、实现化肥减量增效、提升茶叶品质、保护茶园生态环境的有效途径。

2　技术效果

大湘西地区茶园采用“绿肥＋有机肥＋配方肥”技术模式可实现“四个促进”的目标：一是促进化肥减量增效。化肥用量（纯量）可减少15%以上，亩均减少纯N 3千克、P_2O_5 1千克、K_2O 2千克，共减少化肥用量8千克，干毛茶产量可增产5%～8%，名优茶提高5%左右，亩均节本增收300元以上。二是促进有机肥资源利用。推动畜禽粪便、沼渣沼液、农作物秸秆等废弃物肥料化利用。有机肥用量提高20%以上，畜禽粪污综合利用率提高5个百分点以上。三是促进产品品质提升。茶叶内含物明显增加，质量明显改善，产品100%符合食品安全国家标准或农产品质量安全行业标准。四是促进土壤质量提升，增加土壤有机质，有效防治土壤板结、贫瘠、酸化等问题。

3　适用范围

本技术模式适用于湖南大湘西地区雪峰山、武陵山茶区无性系良种茶园和实生苗茶园。本区域主要包括雪峰山、武陵山中低山区和部分丘陵区茶园，土壤为黄红壤、黄壤及红壤土，土壤有机质含量较丰富，土壤pH微酸性，年降水量1 300～1 690毫米。

4　技术措施

4.1　施肥原则

重视施用有机肥，有机肥与无机肥配合，提高土壤肥力，提倡在幼龄茶园种植绿肥；以氮为主，氮、磷、钾三要素合理配合，实现养分平衡供应；以基肥为主，基肥与追肥配合，实现养分平衡供应，提高茶叶产量；以根际施肥为主，根际施肥与根外施肥相结合；提倡机械开沟深施，施后立即覆土，减少养分流失；茶叶属忌氯作物，宜施用含硫酸钾型茶叶专用配方肥。

4.2　肥料品种

4.2.1　有机肥

有机肥主要选择以茶园附近大型养殖场经无害化处理后的畜禽粪污、沼渣沼液，其次有菜籽饼肥、堆肥、厩肥及其他农家肥和商品有机肥。

4.2.2　配方肥

幼龄茶园选用40%（20－10－10）硫酸钾型茶叶专用配方肥或相近配方，成龄茶园选择38%（18-8-12）茶叶专用配方肥或相近配方。

4.3 施肥时期、施肥量与施肥方法

4.3.1 基肥

有机肥于10月上中旬作基肥施入。1～2年生的茶树亩施堆、厩肥1 000～1 500千克，或菜籽饼肥50～100千克，或商品有机肥100～150千克，施肥方法为开沟深施，在距根颈10～15厘米处开宽约15厘米、深15～20厘米平行于茶行的施肥沟施入，施后盖土；3～4年生与成龄茶园亩施无害化处理后的畜禽粪污1 500千克，或沼液4 000千克，或沼渣500千克，或堆、厩肥1 500～2 500千克，或菜籽饼肥100～150千克，或商品有机肥150～200千克，施肥方法为开沟深施，在距根颈35～40厘米处开深20～25厘米的沟施入，施后盖土。

4.3.2 追肥

茶园追肥施用硫酸钾型茶叶专用配方肥。幼龄茶园第一年在苗木成活之前不需要追肥，以后随着树龄的增长逐渐增加施肥量。成龄茶园追肥施用原则为以产定肥，薄肥勤施，提高肥料利用率。

4.3.2.1 催芽肥

3月中下旬春梢处于鳞片至鱼叶初展时施催芽肥，2～4年生幼龄茶园每亩施40%茶叶专用配方肥25～40千克，穴施或点施，施后覆土；成龄茶园催芽肥宜早施，以提高肥料对春茶的贡献率，每亩施38%茶叶专用配方肥40～50千克，以芽丛蓬面边缘垂直向下为原则，开沟深施，施肥沟深度为10～30厘米，施后覆土。

4.3.2.2 夏肥

2～4年生幼龄茶园在5月中、下旬追施夏肥，每亩施40%茶叶专用配方肥15～20千克；成龄茶园在5月下旬春茶采摘后追施夏肥，每亩施38%茶叶专用配方肥25～30千克，施法与催芽肥相同。

4.3.2.3 秋肥

成龄茶园在8月上旬施用秋肥，每亩施38%茶叶专用配方肥15～20千克，施法与催芽肥相同。

4.3.3 叶面施肥

根据树势和结合病虫害防治灵活进行叶面施肥。大量元素类：1%硫酸铵、1%～2%尿素、1%～2%过磷酸钙、0.35%～0.7%磷酸二氢钾；微量元素：0.05%硫酸锌、0.001%～0.005%硼酸；氨基酸叶面肥根据产品说明书使用。一般茶园每亩施液肥50～100千克。当新稍大多数刚展出1～2片新叶时，进行叶面施肥较为合适，施后最好在1～2天内不下大雨，否则需补施。

4.4 幼龄茶园绿肥栽培技术

4.4.1 茶园冬绿肥紫云英栽培技术

紫云英养分含量丰富，其中含有机质12%左右，含氮0.33%、五氧化二磷0.08%、氧化钾0.23%，以及大量中微量元素。幼龄茶园间种紫云英鲜草每亩平产量为1 000～1 500千克，每亩可减少化肥施用量20%以上。

紫云英品种应选择适应性强、产量高的中迟熟品种。播种时间以 9 月中下旬至 10 月上旬为宜，适时早播植株分枝多、根系发达，可提高鲜草产量和根瘤菌数量。每亩播种量以 1～1.5 千克为宜。播种时，如遇干旱天气，茶园应先松土再播种。未种过紫云英的茶园可用根瘤菌粉剂拌种以增加紫云英根部的根瘤菌数量。

对土壤磷、钾养分缺乏、肥力较低的茶园，在 12 月上中旬，每亩施钙镁磷肥 25 千克、硫化钾 5 千克，以增强抗寒能力，减轻冻害。开春后每亩看苗追施尿素 2～3 千克，以加速春暖后枝叶猛发，提高鲜草产量。

茶园紫云英宜在盛花期至初荚期翻压。

4.4.2 茶园夏绿肥茶肥 1 号栽培技术

夏季绿肥茶肥 1 号是湖南省茶叶研究所近年选育的茶园专用绿肥品种，属豆科植物，植株全氮含量 4%左右，全磷含量 0.3%左右，全钾含量 1%以上。全年每亩鲜草产量 1 500 千克左右，每亩可减少化肥施用量 25%。

幼龄茶园间种茶肥 1 号，可结合施用春肥于 4 月下旬至 5 月上旬播种，每亩播种量以 1.5 千克左右。播种方式以条播为主，由于用种量少播种可拌细沙，有利于播种均匀，行距 0.6～0.8 米；先开 8～10 厘米深的浅沟，施用以磷肥为主的基肥，再盖 2 厘米厚土，然后在土层上进行播种，最后在种子上盖薄薄一层土。当幼苗达 5～10 厘米时控制田间杂草。7 月底离地 20 厘米时进行第一次割青；9 月上旬离地 30 厘米时进行第二次割青，割下来的秸秆可以放于行间或开沟翻埋；10 月底结合基肥施用，对绿肥进行第三次割青并翻埋。

川西南平丘区茶叶配方施肥精细化技术模式

1 技术概述

川西南是川茶主产区，仅乐山市茶叶种植面积和产量分别达 124 万亩、10.5 万吨，占四川省的 24.9%和 37.5%，“峨眉山茶”是国家地理标志保护产品，乐山市获“中国绿茶之都”荣誉称号。平丘区茶叶普遍施用无机复混肥加氮肥，存在过量施用化肥、偏施氮肥、忽视有机肥、肥料利用率低等问题。本技术模式以土壤养分基础大数据制作的《土壤区域地图》为指导，根据茶叶需肥规律和树龄调整制定配方，按照肥料用量精准化的理念推广配方施肥，推进有机肥替代化肥。以“增、减、改、调”技术措施，实现配方施肥的精细化，最终使土壤有机质得到补充，理化性状得到优化，土壤微生物更加协调，从而实现化肥减量增效、改土培肥的目的。增就是增加有机肥，有针对性地施用中微量元素；减就是减少化肥施用量 20%以上；改是将茶叶施用粮油等其他作物无机复混肥改为有机无机茶叶专用复混肥；调就是根据不同茶龄调整施肥策略。

2 技术效果

通过增施有机肥，减少化肥施用量，改用茶叶专用肥料，调减低龄茶叶施肥量，每亩可减少总纯养分 20 千克以上，使土壤有机质含量提高 0.2%以上，肥料利用率由 35%左右提高到 50%，土壤透气性得到改善。成龄茶园茶叶鲜叶产量亩均增产 8%～10%，增加收益 200 元，茶叶质量得到明显改善，扣除有机肥平均投入 100 元，亩均节本 40～100 元，增收 240～300 元。

3 适用范围

本技术模式主要适用于川西南平丘区茶园，包括不同树龄的茶园。

4 技术措施

4.1 利用《土壤区划地图》指导茶叶测土配方施肥

《土壤区划地图》中包含土壤酸碱度、土壤有机质、全氮、碱解氮、有效磷、速效钾、重金属含量分布。以此可掌握茶叶种植区域的土壤养分状况以及植物营养状况，根据土壤养分状况、茶叶需肥规律，确定施肥量和肥料配比，因地制宜指导茶叶生产，并推广使用专用配方肥。

4.2 技术措施

按照“增、减、改、调”思路，以亩产茶叶 100 千克（鲜叶 400 千克）以上高产标准，实施精细化配方施肥。

4.2.1 增施有机肥

以多种方式，增施有机肥，使每亩有机肥用量达到 250 千克（干基如饼肥）或有机粪水 1 500 千克以上，满足茶叶需要。同时根据土壤缺素状况，针对性地施用中微量元素肥料。

4.2.2 减少化肥用量

根据生产实际，减少氮肥、磷肥用量，合理施用钾肥，氮、磷、钾化肥施用量控制在 12 千克、5 千克和 8 千克，即亩施尿素 24 千克（纯 N 11 千克）、磷酸一铵 11～12 千克（纯 N 1 千克、P_2O_5 5 千克）、硫酸钾 16 千克（K_2O 9.6 千克）。

4.2.3 改用专用肥

根据茶叶吸收 N∶P_2O_5∶K_2O 为 1∶0.4∶0.6 的规律，将生产上普遍施用的纯 N∶P_2O_5∶K_2O 为 15∶15∶15 的复混肥比例，调整为有机无机复混肥，N∶P_2O_5∶K_2O 为 12∶5∶8，并增加 20%有机质。氮、磷、钾投入分别减少 20%、67%、47%；每生产 100 千克茶叶可减氮（N）3 千克、磷（P_2O_5）10 千克、钾（K_2O）7 千克。注重高效肥料的应用，改过磷酸钙为磷酸一铵或磷酸二铵；禁止使用不合格有机肥和氯化钾。

4.2.4 以树龄调整肥料用量

按照“幼树肥料扩大树冠、成年树肥料调节生长、老树肥料促进更新”的原则，对茶叶不同树龄进行调整施肥。其比例和用量，坚持“少量多次勤施肥”，以区别于成龄茶园。1～3 年幼龄茶园每年施有机肥 750～2 000 千克/亩，有条件时可增加 100～200 千克/亩饼肥；

尿素 10～30 千克/亩，磷酸一铵 8～12 千克/亩，硫酸钾 10～16 千克/亩。

4.3 施肥比例

4.3.1 基肥

一般在 9～11 月结合深耕作基肥深施。有机肥、磷肥和 40%的氮、钾作基肥施用。

4.3.2 追肥

在茶树开始萌动和新梢生长期间施用，以含氮素较多的速效氮肥为主，氮、钾肥配合施用，每季采茶后及时追施，春、夏、秋三季的氮、钾肥追施比例分别占总追施量的 40%、25%和 35%。只采春茶不采秋茶的茶园可按 7∶3 比例分配春夏追肥。幼龄茶园基追肥比例为 4∶6。春、夏、秋追肥比例按照 4∶3∶3 或 2∶1∶1 的方式分配。

4.4 施肥方法

幼年茶园穴施：施肥穴距离根颈 10～15 厘米、深 15～25 厘米；成年茶园沟施：在两行茶树之间挖宽、深为 20 厘米左右施肥沟，将肥料拌匀后深施，施后及时覆土。

同时积极推广茶叶全程机械化管理技术，减少人工投入，才能使本技术模式能够持续扩大应用。

图书在版编目（CIP）数据

化肥减量增效技术模式 / 全国农业技术推广服务中心编著. —北京：中国农业出版社，2017.12（2021.12 重印）
ISBN 978-7-109-23762-9

Ⅰ.①化… Ⅱ.①全… Ⅲ.①化学肥料—肥效—研究 Ⅳ.①S143

中国版本图书馆 CIP 数据核字（2017）第 316530 号

中国农业出版社出版
（北京市朝阳区麦子店街 18 号楼）
（邮政编码 100125）
责任编辑　魏兆猛

中农印务有限公司印刷　新华书店北京发行所发行
2017 年 12 月第 1 版　2021 年 12 月北京第 2 次印刷

开本：787mm×1092mm　1/16　印张：27.25
字数：661 千字
定价：88.00 元